"十三五"应用型人才培养规划教材

UG NX 11.0 机械设计案例教程

◎ 王兴涛 丁来源 李国琳 编著

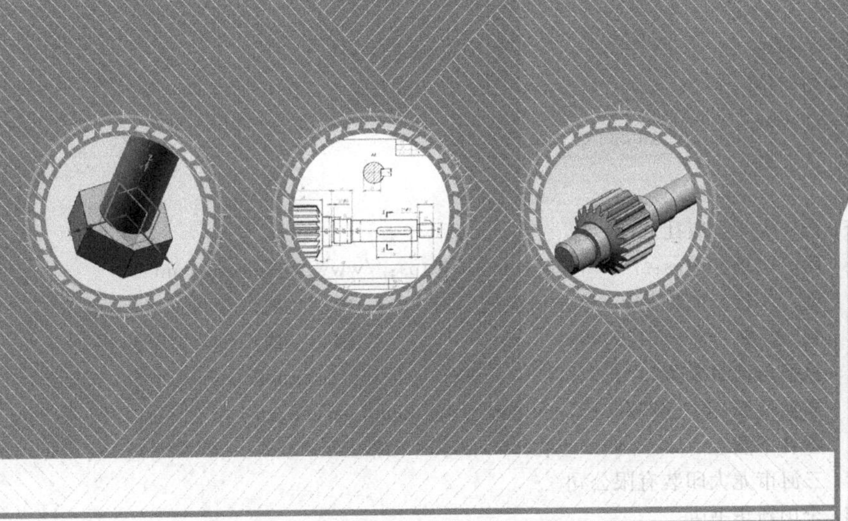

清華大学出版社

北京

内 容 简 介

本书共分为4章，主要介绍了在UG NX 11.0软件中进行典型机械零件的三维建模方法和思路，并依托典型机械产品讲解了装配、工程图的创建过程（扫描二维码可观看案例制作的视频）。每章都以典型任务（课题）为依托，详细介绍操作步骤。在完成案例过程中学习各个操作命令，并在“知识拓展”中将使用的命令进行详细介绍，便于读者进行拓展。

本书可作为高职高专、技工院校机械设计与制造、机电一体化等专业的教材，也可作为相关技术人员的参考书。

图书在版编目(CIP)数据

UG NX 11.0机械设计案例教程/王兴涛，丁来源，李国琳编著.—北京：清华大学出版社，2018（2024.8重印）
（“十三五”应用型人才培养规划教材）
ISBN 978-7-302-50501-3

Ⅰ.①U… Ⅱ.①王… ②丁… ③李… Ⅲ.①机械设计－计算机辅助设计－应用软件－高等学校－教材 Ⅳ.①TH122

中国版本图书馆CIP数据核字(2018)第136951号

责任编辑：王剑乔
封面设计：刘 键
责任校对：刘 静
责任印制：沈 露

出版发行：清华大学出版社
网 址：https://www.tup.com.cn，https://www.wqxuetang.com
地 址：北京清华大学学研大厦A座 **邮 编**：100084
社 总 机：010-83470000 **邮 购**：010-62786544
投稿与读者服务：010-62776969，c-service@tup.tsinghua.edu.cn
质量反馈：010-62772015，zhiliang@tup.tsinghua.edu.cn
课件下载：https://www.tup.com.cn，010-62770175-4278
印 装 者：三河市龙大印装有限公司
经 销：全国新华书店
开 本：185mm×260mm **印 张**：16.75 **字 数**：405千字
版 次：2018年8月第1版 **印 次**：2024年8月第9次印刷
定 价：59.90元

产品编号：079362-02

前言 FOREWORD

党的二十大报告中提到“建设现代化产业体系”，其中明确指出“推动制造业高端化、智能化、绿色化发展”和“构建新一代信息技术、人工智能、生物技术、新能源、新材料、高端装备、绿色环保等一批新的增长引擎”。计算机辅助机械设计技术(简称“CAD技术”)是信息技术在现代制造业中的典型应用，已经成为制造业工程师的必备技能，CAD技术在推动制造业高端化、智能化和绿色化发展中发挥着重要作用。

本书针对高等院校机械及相关专业使用计算机辅助机械产品设计应用技术或三维造型课程教学编写。编著者有从事CAD机械设计教学和研究的高校教师，有从事机械产品设计的工程师，还有专业从事CAD软件培训的讲师，内容集成编著者多年来在CAD机械设计领域教学、培训和工程项目经验。

全书共分为4章，第1章是UG XN 11.0基础环境，主要介绍软件的安装、界面和基本操作；第2章是核心部分，用十余个案例讲解了如何使用UG NX 11.0软件进行典型机械零件的三维建模，基本涵盖了常用的三维造型命令；第3章是装配设计，主要讲解如何使用软件进行自底而上的装配和自顶而下进行机械产品的开发设计；第4章是典型零件的工程图设计，主要以案例讲解使用UG NX 11.0软件进行工程图设计的方法和步骤，其中特别设置了装配工程图的章节。

本书的特色如下。

(1) 本书将UG NX 11.0软件的常用命令融入各个典型的机械零件中，通过案例学习命令应用，在拓展知识环节将该命令进行翔实的剖析，通过课后练习进一步强化命令的使用。

(2) 本书从入门案例到使用软件进行机械设计，不仅讲授软件简单操作和命令的使用，还重点提出如何根据实际案例进行机械设计，可作为机械产品设计工程师的入门指导。

(3) 本书配套所有案例的详细讲解及配套视频(扫描书中二维码即可观看)，每个案例后都附带大量的课后练习题，方便读者在业余时间进行学习。

本书第1章由李国琳编写，第2章由王兴涛、朱长臻、吴东生编写，第3章由王兴涛、丁来源、张宝泉编写，第4章由丁来源、徐雪彦、孙永华编写。本书在编写过程中参阅了大量相关的文献资料，并作为山东劳动职业技术学院共享精品资源课的重点建设资源，受到学院相关部门和机制工艺系的大力支持，在此，一并深表感谢。

限于编著者水平，书中必然存在需要改进和提高的地方，望读者及专业人士指正。

本书配套课件

编著者

2023 年 6 月

目录 CONTENTS

第1章

UG NX 11.0基础环境

1.1 UG NX 11.0简介

UG NX 软件由美国麦道飞机公司开发，于 1991 年 11 月并入世界最大的软件公司——EDS，2007 年 5 月被西门子公司收购。UG NX 11.0 汇集了美国航空航天和汽车专业经验，融入各行业所需的各个模块，涵盖了产品设计、工程制图、结构分析、运动仿真等，为产品从研发到生产的整个过程提供了一个数字化设计平台。

伴随着 UG NX 版本的不断更新，绝大多数功能都可以通过按钮操作来实现，并且在进行对象操作时，具有自动推理能力。每个操作步骤中，绘图区的提示栏会提示信息，便于用户做出正确的选择。

UG NX 可以进行复合建模，可以进行全参数化设计。在设计过程中不需要定义和参数化新曲线，可以直接利用实体边缘创建特征，可以方便地在模型上添加键槽、凸台、边倒圆及抽壳等特征。三维模型创建完成后，可以直接投影生成二维工程图。这样大大地缩短了设计周期，提高了工作效率。图 1-1-1 所示为用 UG NX 软件制作的机械产品模型。

图 1-1-1 计算机辅助机械产品设计

1.2 界面认识

1.2.1 UG NX 11.0启动与退出

1. 启动 UG NX 11.0

(1) 双击桌面上 UG NX 11.0 的快捷方式图标，即可启动 UG NX 11.0 中文版。

(2) 在桌面上选择“开始”→“程序”→Siemens NX 11.0→NX 11.0 命令，启动 UG NX 11.0 中文版。

2. 退出 UG NX 11.0

在创建完一份设计工作之后，需要将该软件关闭。选择“文件”→“退出”命令，或者单击 UG NX 11.0 标题栏中的按钮 ×，将退出 UG NX 11.0 软件。如果当前文件没有保存，UG NX 11.0 将会弹出“退出”对话框，提示用户是否需要保存后退出。

1.2.2 UG NX 11.0中文版操作界面

UG NX 11.0 操作界面是用户对文件进行操作的基础，如图 1-2-1 所示为“新建”或“打开”一个文件后的初始界面，包括标题栏、快速访问工具栏、菜单栏、资源条、提示栏及工作区等。

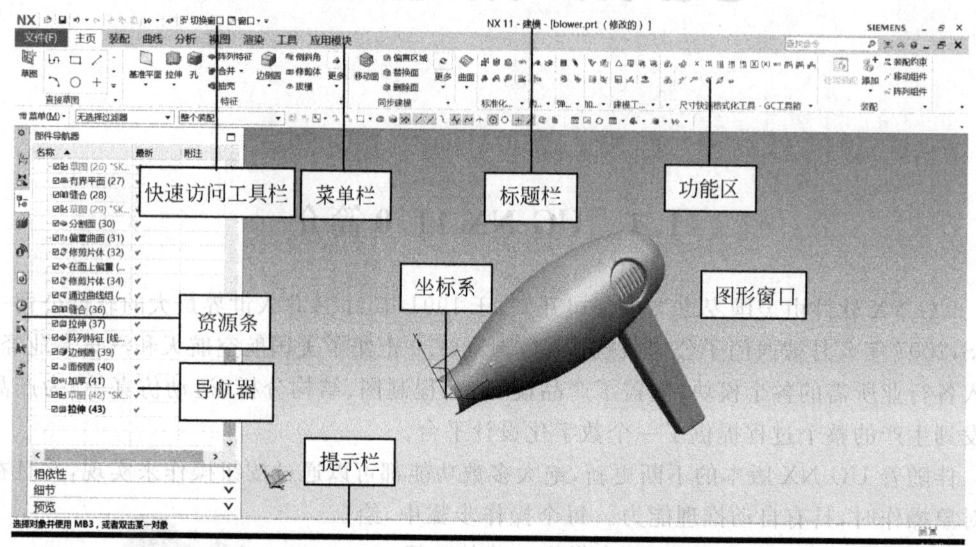

图 1-2-1 UG NX 11.0 主界面

UG NX 11.0 的新版界面风格与之前不同，考虑到用户的使用习惯，新版界面可转换为经典操作界面，具体操作步骤见 1.2.4 小节。

(1) 标题栏：用于显示 UG NX 版本、当前模块、当前工作部件文件名、当前工作部件文件的修改状态等信息。

(2) 菜单栏：用于显示 UG NX 中各功能菜单，主菜单是经过分类并固定显示的。通过主菜单可激发各层级联菜单，UG NX 的所有功能几乎都能在这里找到。

(3) 快速访问工具栏：用于提供建模过程中比较实用的工具。

(4) 图形窗口：用于显示模型及相关对象。

(5) 坐标系：为建模提供设计参照。

(6) 提示栏：用于显示下一操作步骤。

(7) 资源条：提供快速导航工具。

(8) 导航器：用于显示当前实体中所包含的特征信息，装配中的所有组件和近期所修改的 UG 文件等资源信息。

1.2.3 主菜单

UG NX 11.0 的主菜单如图 1-2-2 所示。

(1) 文件：模型文件的管理。

(2) 编辑：模型文件的设计更改。

(3) 视图：模型的显示控制。

(4) 插入：建模模块环境下的常用命令。

(5) 格式：格式组织与管理。

(6) 工具：复杂建模工具。

(7) 装配：虚拟装配建模功能，是装配模块的功能。

(8) 信息：信息查询。

(9) 分析：模型对象分析。

(10) 首选项：参数预设置。

(11) 窗口：窗口切换，用于切换到已经打开的其他部件文件的图形显示窗口。

(12) GC工具箱：用于弹簧、齿轮等标准零件的创建及加工准备。

(13) 帮助：使用求助。

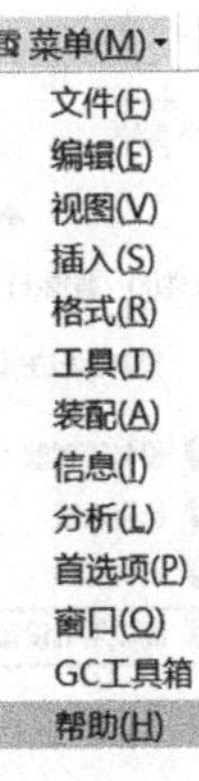

图1-2-2 主菜单

1.2.4 UG NX 11.0新界面转换为经典操作界面

建议用户使用新版本的界面，由于UG NX 11.0在“首选项”中取消了“用户界面”的设置，如果用户在使用新版本时不适应，可以转换为经典操作界面，具体操作步骤如下。

(1) 右击“此电脑”，在弹出的快捷菜单中选择“属性”选项，如图1-2-3所示。

图1-2-3 查找“属性”

(2) 单击“高级系统设置”按钮，弹出“系统属性”对话框，在“高级”选项卡中，单击“环境变量”按钮，如图1-2-4所示。

(3) 在弹出的“环境变量”对话框中单击“新建”按钮，系统弹出“新建用户变量”对话框。在“变量名”文本框中输入UGII_DISPLAY_DEBUG，“变量值”设定为“1”，单击“确定”按钮，如图1-2-5所示。

(4) 打开UG软件，在主界面按Ctrl+2组合键调出“用户界面首选项”对话框，将“布局”内的“用户界面环境”改选为“经典工具条”(见图1-2-6)。此时可以看到界面默认的选项卡样式改为熟悉的经典工具条(见图1-2-7)。

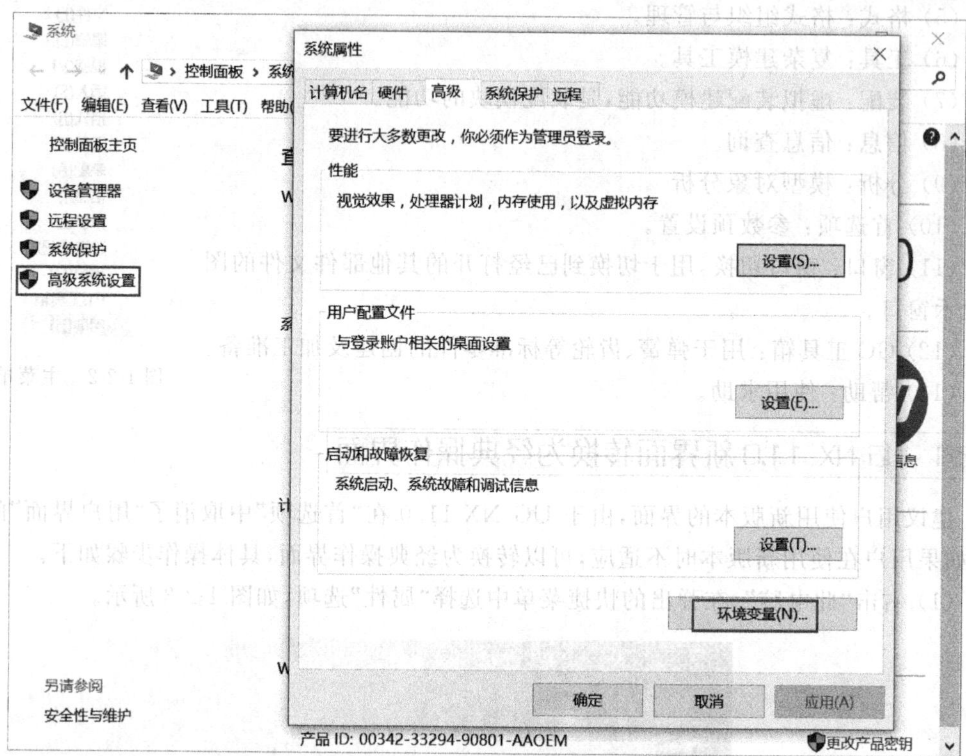

图 1-2-4　查找“环境变量”

环境变量

hp 的用户变量(U)

变量	值
LANG	CHS
TEMP	%USERPROFILE%\AppData\Local\Temp
TMP	%USERPROFILE%\AppData\Local\Temp

新建(N)...　编辑(E)...　删除(D)

新建用户变量

变量名(N): UGII_DISPLAY_DEBUG

变量值(V): 1

浏览目录(D)...　浏览文件(F)...　确定　取消

图 1-2-5　“环境变量”和“新建用户变量”对话框

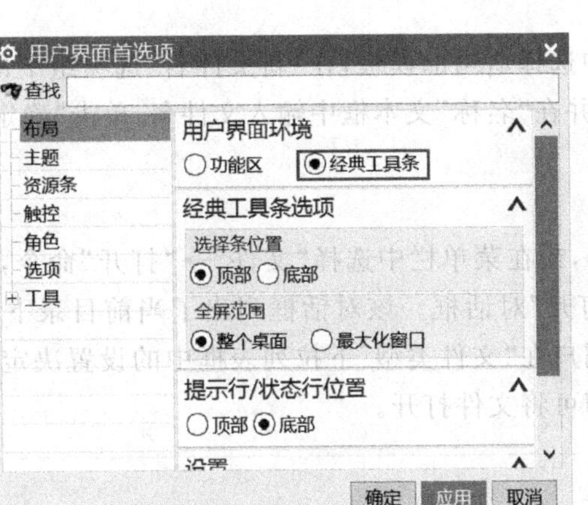

图 1-2-6　"用户界面首选项"对话框

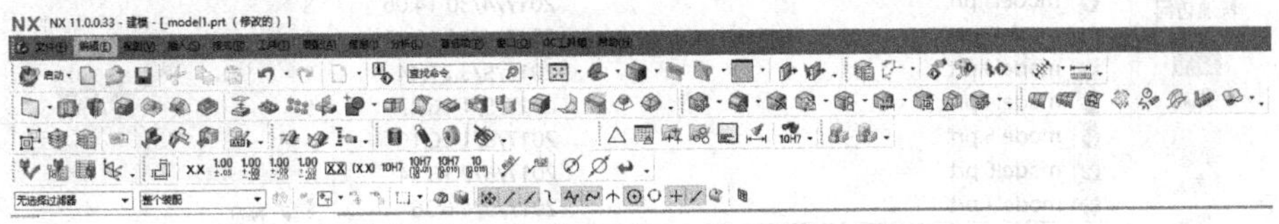

图 1-2-7　经典用户界面

1.3　文件操作

本节将介绍文件的相关操作，其中包括新建文件、打开文件、关闭文件和保存文件。

1.3.1　新建文件

单击"新建"按钮，在菜单栏中选择"文件"→"新建"命令，或按 Ctrl＋N 组合键，打开如图 1-3-1 所示的"新建"对话框。

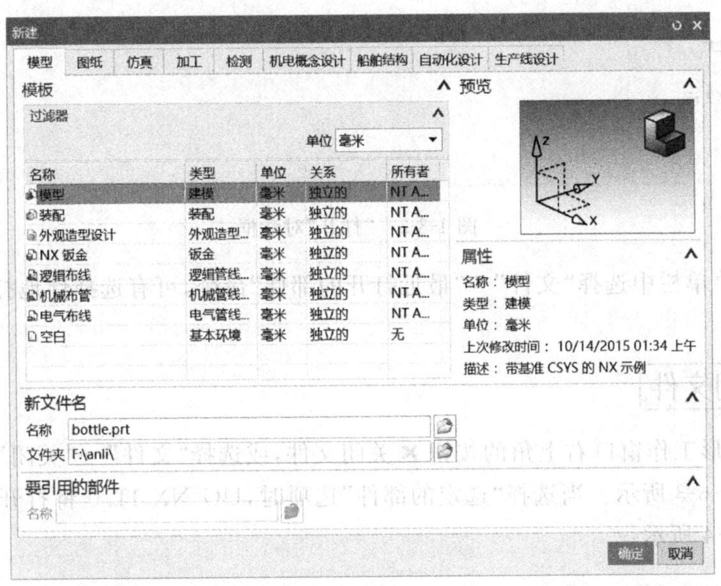

图 1-3-1　"新建"对话框

在“模板”选项组中选择适当的模板，在“新文件名”选项组下的“文件夹”文本框中设置新建文件的保存路径，并在“名称”文本框中输入文件名，单击“确定”按钮。

1.3.2 打开文件

单击“打开”按钮，或在菜单栏中选择“文件”→“打开”命令，或按 Ctrl+O 组合键，弹出如图 1-3-2 所示的“打开”对话框。该对话框列出了当前目录下的所有有效文件(这里所说的有效文件是根据用户在“文件类型”下拉列表框中的设置决定的)，从中选择所需文件，然后单击“OK”按钮，即可将文件打开。

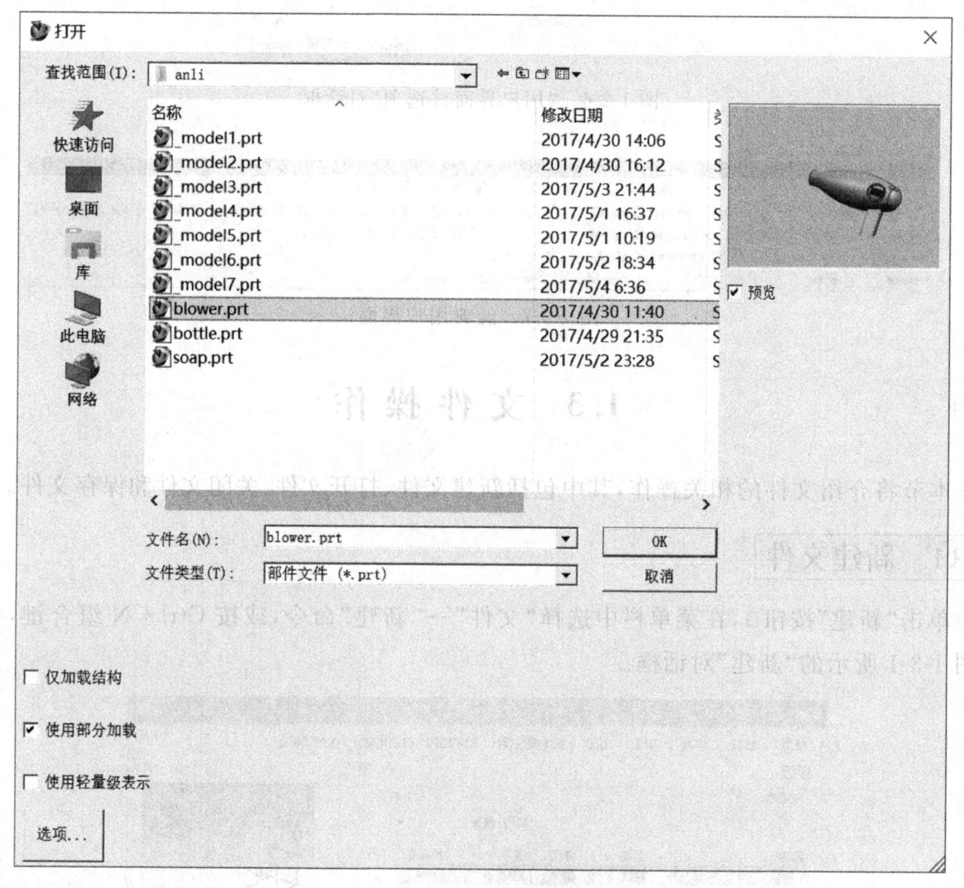

图 1-3-2 “打开”对话框

另外，在菜单栏中选择“文件”→“最近打开的部件”命令，可有选择性地打开最近打开过的文件。

1.3.3 关闭文件

可单击图形工作窗口右上角的按钮 ✖ 关闭文件，或选择“文件”→“关闭”子菜单中相应的选项，如图 1-3-3 所示。当选择“选定的部件”选项时，UG NX 11.0 将打开“关闭部件”对话框，如图 1-3-4 所示。

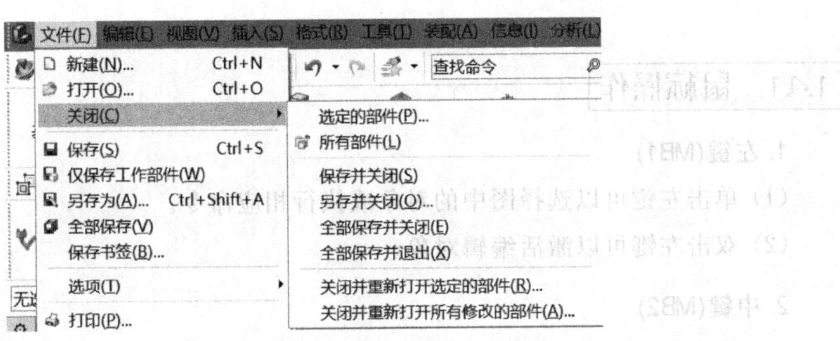

图 1-3-3　“关闭”子菜单

1.3.4　保存文件

保存文件时,既可以保存当前文件,也可以另存文件。常见保存文件的方法有以下两种。

(1) 单击“保存”按钮,直接保存文件。

(2) 在菜单栏中选择“文件”→“保存”→“保存选项”命令,弹出“保存选项”对话框。如图 1-3-5 所示,在这里可以对保存选项进行设置。

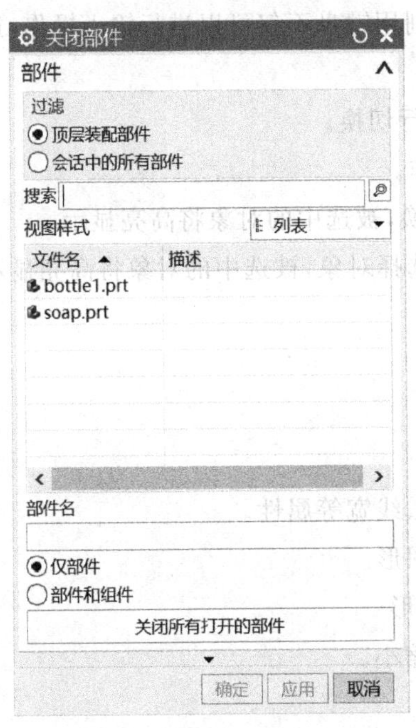

图 1-3-4　“关闭部件”对话框

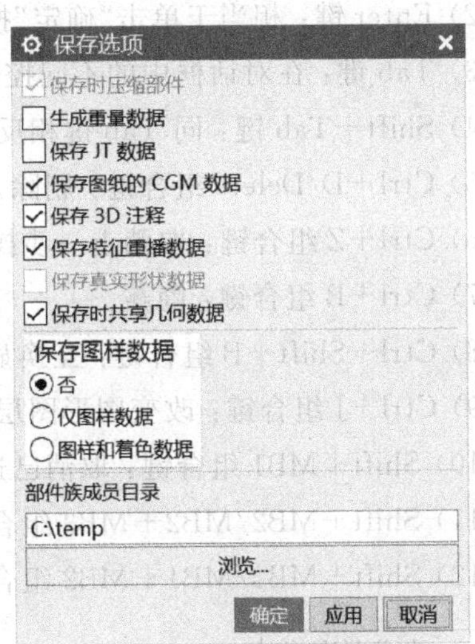

图 1-3-5　“保存选项”对话框

1.4　其 他 操 作

对于 UG NX 的初学者来说,熟练使用鼠标和键盘快捷键,可以快速提高作图效率。

1.4.1 鼠标操作

1. 左键(MB1)

(1) 单击左键可以选择图中的对象或执行相应命令。

(2) 双击左键可以激活编辑对象。

2. 中键(MB2)

(1) 单击中键相当于按 Enter 键确认。

(2) 滑动中键实时缩放图形。

(3) 在图形区按住中键并拖动,可以旋转视图。

3. 右键(MB3)

在不同工作区域右击,系统会弹出快捷菜单,可选择相应的选项。

1.4.2 键盘操作

UG NX 11.0 中,可利用键盘操作控制窗口。利用键盘不仅可以进行输入操作,还可以在对象之间进行切换。

(1) 方向键:在同一控件内的不同元素之间进行切换。

(2) Enter 键:相当于单击"确定"按钮确认操作。

(3) Tab 键:在对话框中的不同控件上进行切换,被选中的对象将高亮显示。

(4) Shift+Tab 键:同 Tab 键相反,用于反向选择对象,被选中的对象将高亮显示。

(5) Ctrl+D/Delete 组合键:删除。

(6) Ctrl+Z 组合键:取消上一步操作。

(7) Ctrl+B 组合键:隐藏。

(8) Ctrl+Shift+B 组合键:互换显示与隐藏。

(9) Ctrl+J 组合键:改变图形图层、颜色、线形、线宽等属性。

(10) Shift+MB1 组合键:取消已选择的某个图形。

(11) Shift+MB2/MB2+MB3 组合键:平移图形。

(12) Shift+MB2/MB1+MB2 组合键:放大/缩小。

1.4.3 定制键盘

对常用工具可以设置自定义快捷键。选择"文件"→"定制"命令,或按 Ctrl+1 组合键打开"定制"对话框。单击"键盘"按钮,系统弹出的"定制键盘"对话框。在"类别"列表中选择合适的类型,在右侧的"命令"列表中选择相应的命令,然后在下方的"按新的快捷键"文本框中输入新的快捷键,单击"指派"按钮完成操作,如图 1-4-1 所示。

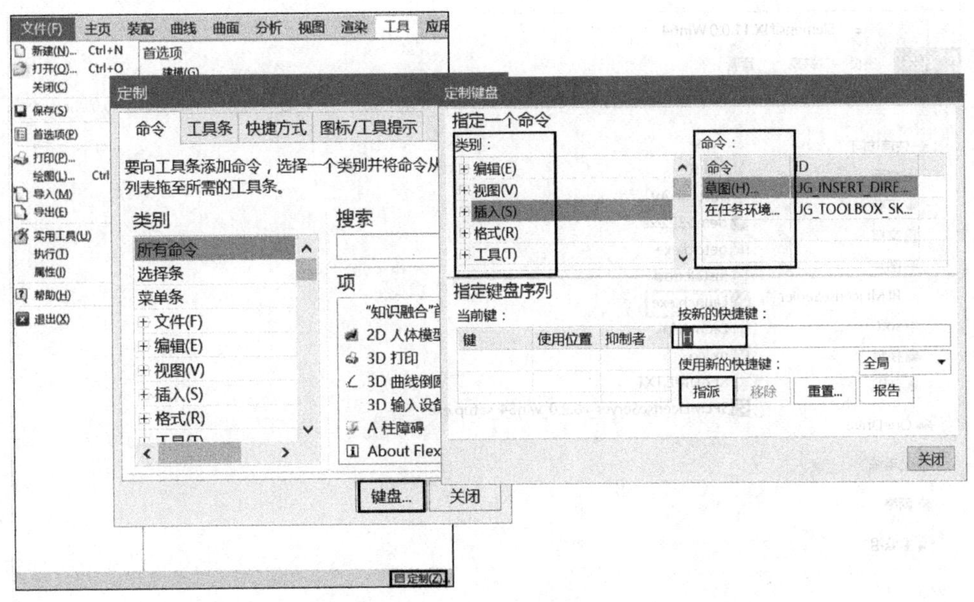

图 1-4-1　自定义快捷键

1.5　拓展：UG NX 11.0 的安装

1.5.1　安装要求及安装前的准备

UG NX 11.0 软件系统可在工作站或个人计算机上运行，如果装在个人计算机上，为保证软件安全和正常使用，计算机要采用 64 位操作系统（UG NX 9.0 以上的版本不支持 32 位操作系统）。对于 UG NX 8.5 以上的版本，在安装前需要先安装 Java 编程语言。

1.5.2　安装许可证管理模块

（1）打开安装目录下的 Siemens. NX. 11. 0. 0. Win64 的 Launch. exe 文件，系统弹出 NX 11.0 Software Installation 对话框，单击对话框中的 Install License Server 按钮，如图 1-5-1 和图 1-5-2 所示。

（2）在弹出的对话框中保持默认的语言“简体中文”，单击“确定”按钮，如图 1-5-3 所示。

（3）在弹出的 Siemens PLM License Server v8. 2. 0. 8 对话框中单击“下一步”按钮，如图 1-5-4 所示。

（4）在 Siemens PLM License Server v8. 2. 0. 8 对话框中单击“下一步”按钮，选择安装路径，选择修改好的许可证文件，其过程如图 1-5-5 至图 1-5-9 所示。

1.5.3　安装软件主体

（1）打开如图 1-5-10 所示的 NX 11. 0 Software Installation 对话框，单击 Install NX 按钮。

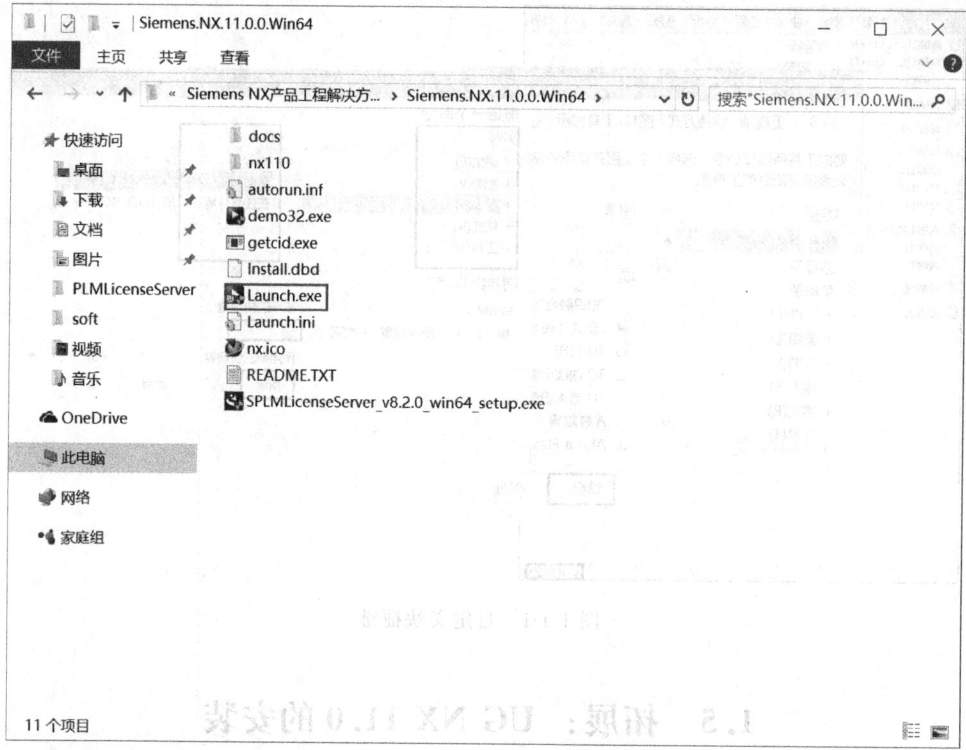

图 1-5-1 查找 Launch. exe 文件

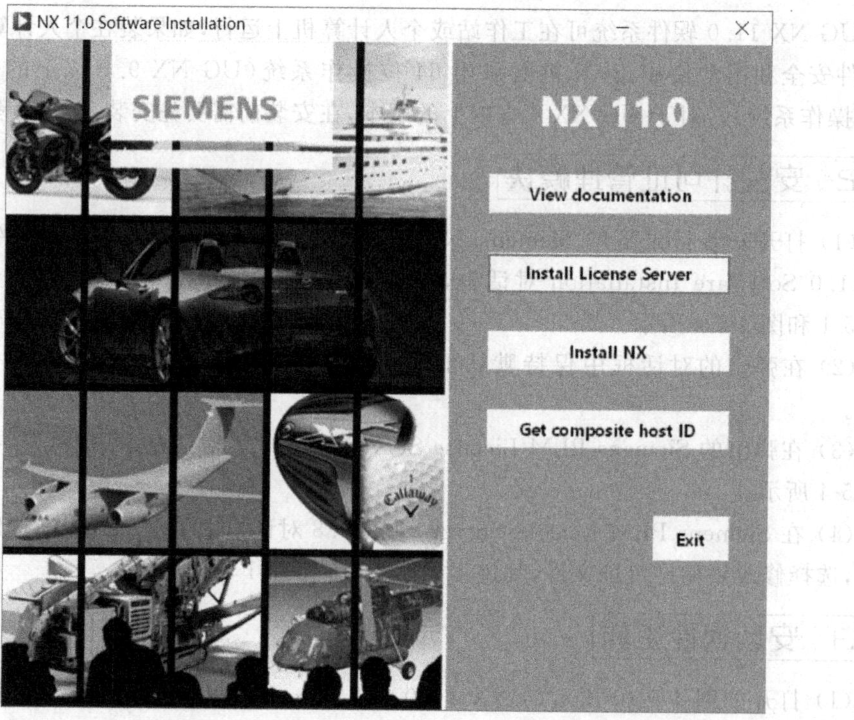

图 1-5-2 NX 11. 0 Software Installation 对话框

图 1-5-3 选择语言

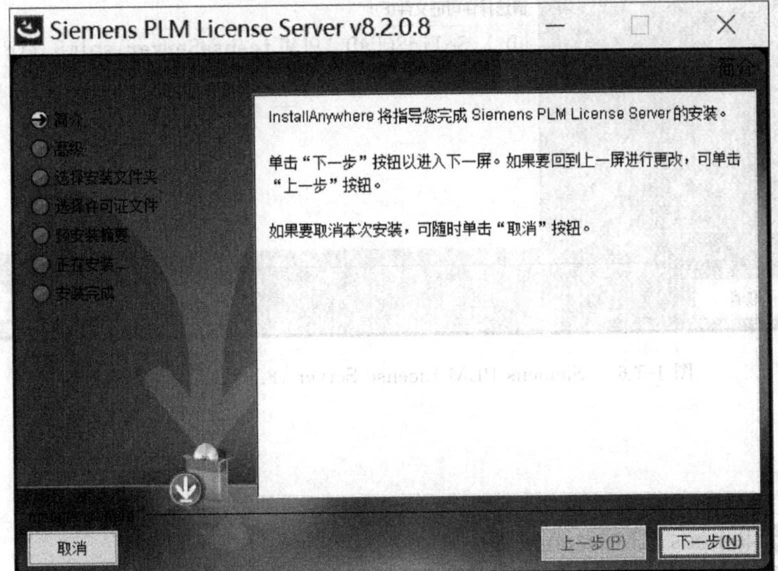

图 1-5-4 Siemens PLM License Server v8. 2. 0. 8 对话框(1)

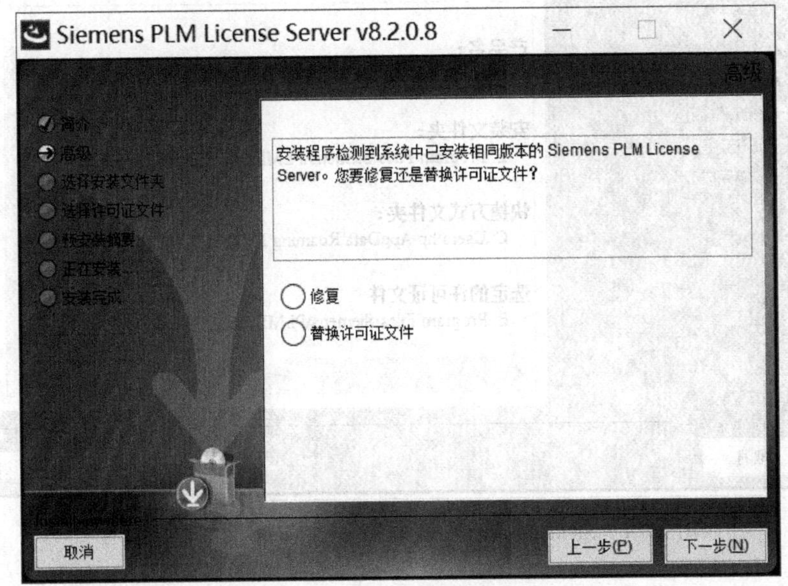

图 1-5-5 Siemens PLM License Server v8. 2. 0. 8 对话框(2)

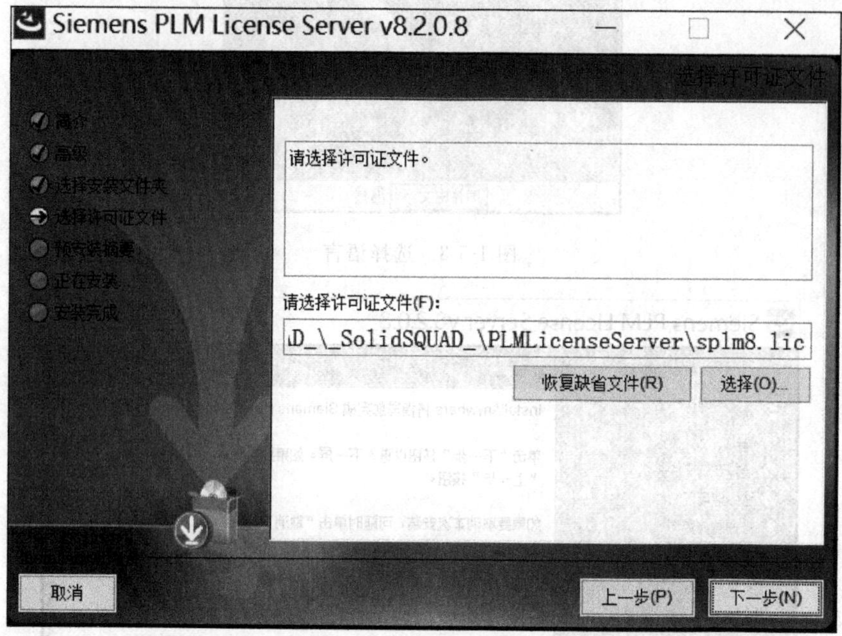

图 1-5-6　Siemens PLM License Server v8.2.0.8 对话框(3)

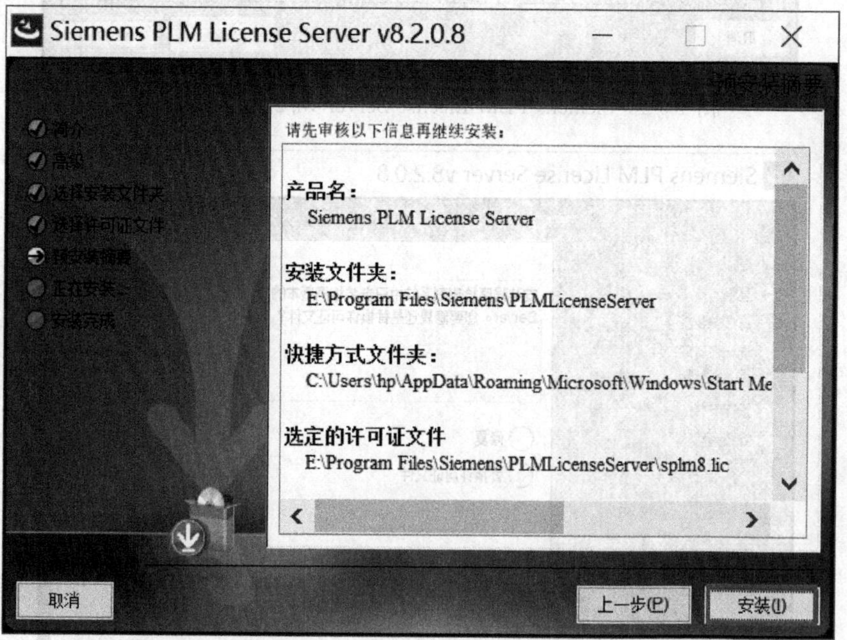

图 1-5-7　Siemens PLM License Server v8.2.0.8 对话框(4)

图 1-5-8　Siemens PLM License Server v8.2.0.8 对话框(5)

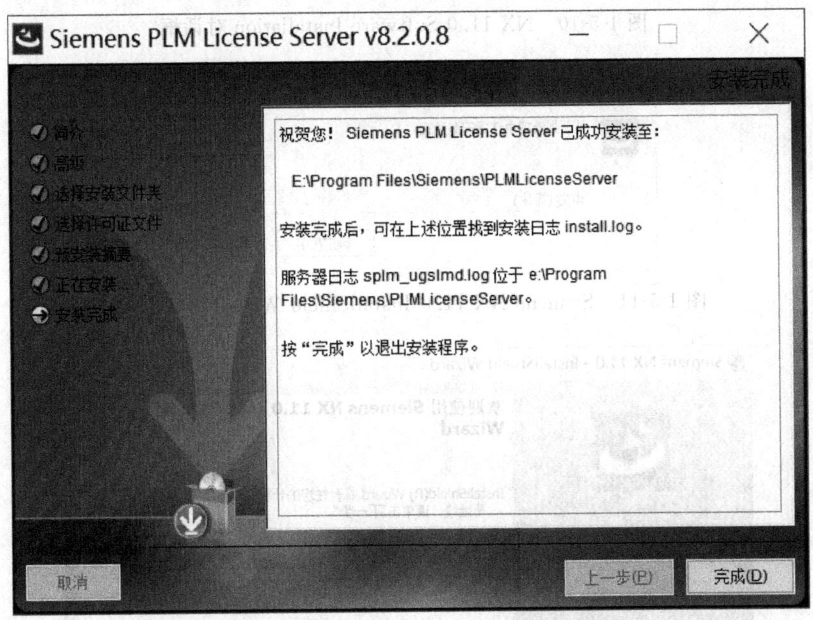

图 1-5-9　Siemens PLM License Server v8.2.0.8 对话框(6)

(2) 系统弹出如图 1-5-11 所示的 Siemens NX 11.0-InstallShield Wizard 对话框(1)，保持系统默认的语言“中文(简体)”，单击“确定”按钮。数秒后，系统弹出如图 1-5-12 所示的 Siemens NX 11.0-InstallShield Wizard 对话框(2)，单击“下一步”按钮。

(3) 系统弹出如图 1-5-13 所示的 Siemens NX 11.0-InstallShield Wizard 对话框(3)，选择系统默认的安装类型“完整安装”单选按钮，单击“下一步”按钮。

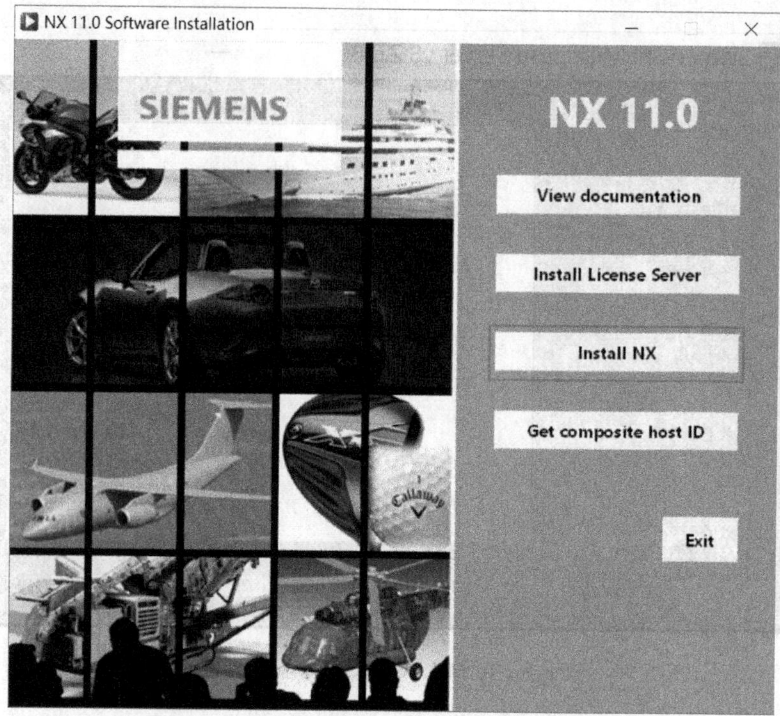

图 1-5-10　NX 11.0 Software Installation 对话框

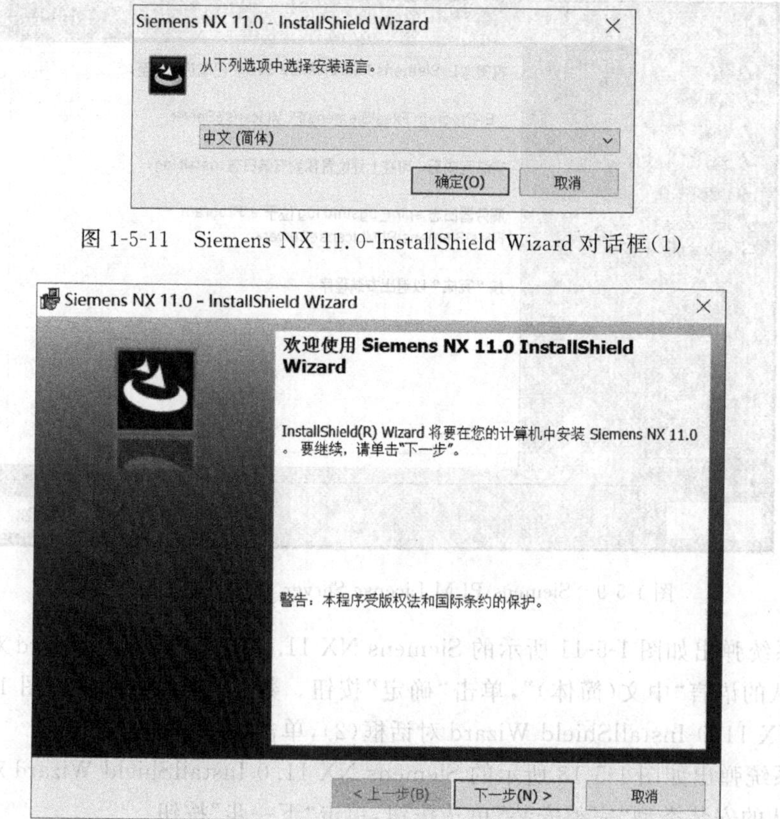

图 1-5-11　Siemens NX 11.0-InstallShield Wizard 对话框(1)

图 1-5-12　Siemens NX 11.0-InstallShield Wizard 对话框(2)

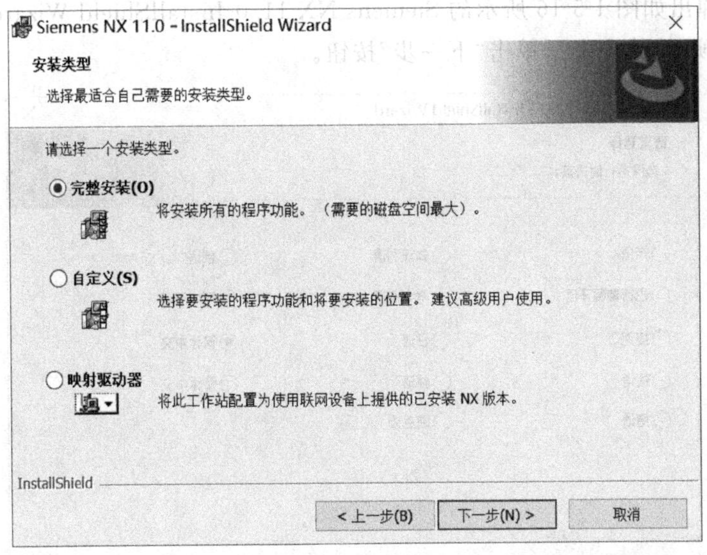

图 1-5-13　Siemens NX 11. 0-InstallShield Wizard 对话框(3)

(4) 系统弹出如图 1-5-14 所示的 Siemens NX 11. 0-InstallShield Wizard 对话框(4)，保持系统默认的路径或单击"更改"按钮，自定义安装路径，单击"下一步"按钮。

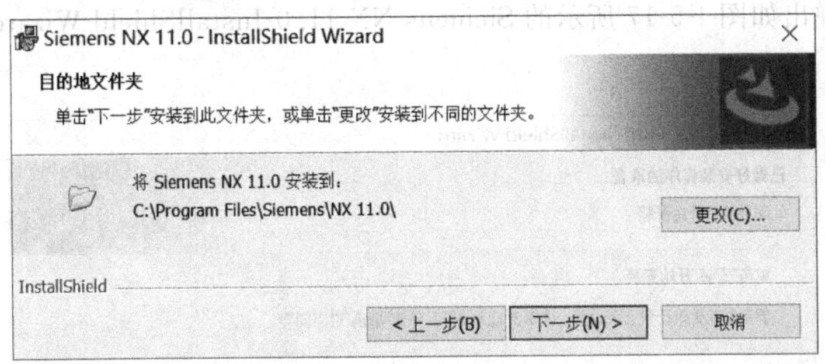

图 1-5-14　Siemens NX 11. 0-InstallShield Wizard 对话框(4)

(5) 系统弹出如图 1-5-15 所示的 Siemens NX 11. 0-InstallShield Wizard 对话框(5)，确认文本框中 28000@后面的内容 lgl 是本机计算机名称。单击"下一步"按钮。

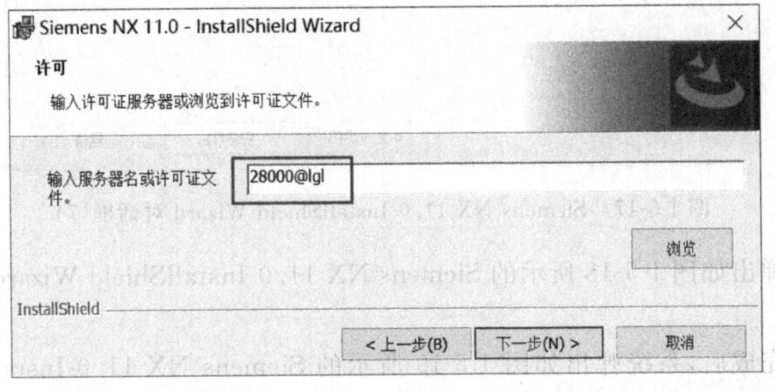

图 1-5-15　Siemens NX 11. 0-InstallShield Wizard 对话框(5)

(6) 系统弹出如图1-5-16所示的Siemens NX 11.0-InstallShield Wizard对话框(6),保持系统默认选项"简体中文",单击"下一步"按钮。

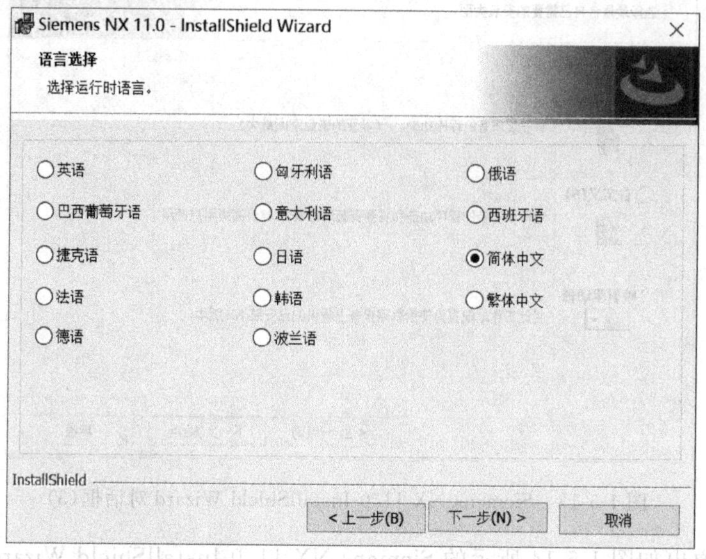

图1-5-16 Siemens NX 11.0-InstallShield Wizard对话框(6)

(7) 系统弹出如图1-5-17所示的Siemens NX 11.0-InstallShield Wizard对话框(7),单击"安装"按钮。

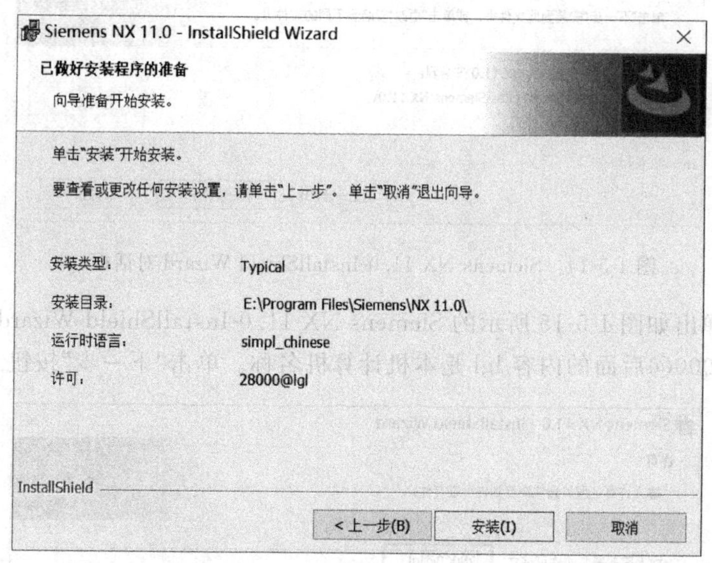

图1-5-17 Siemens NX 11.0-InstallShield Wizard对话框(7)

(8) 系统弹出如图1-5-18所示的Siemens NX 11.0-InstallShield Wizard对话框(8),并显示安装进度。

(9) 进度完成后,系统弹出如图1-5-19所示的Siemens NX 11.0-InstallShield Wizard对话框(9),单击"完成"按钮,完成安装。

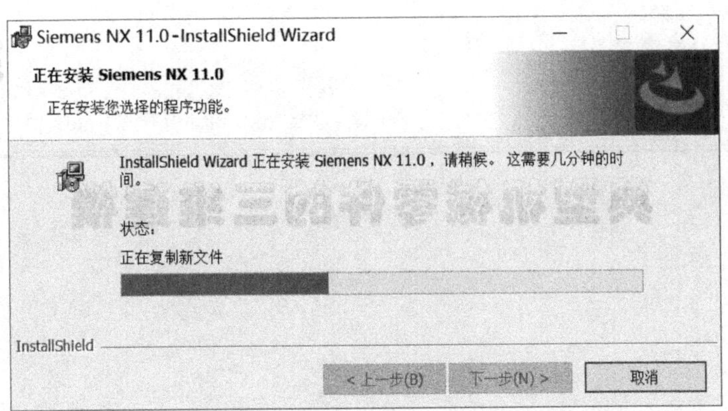

图 1-5-18　Siemens NX 11.0-InstallShield Wizard 对话框(8)

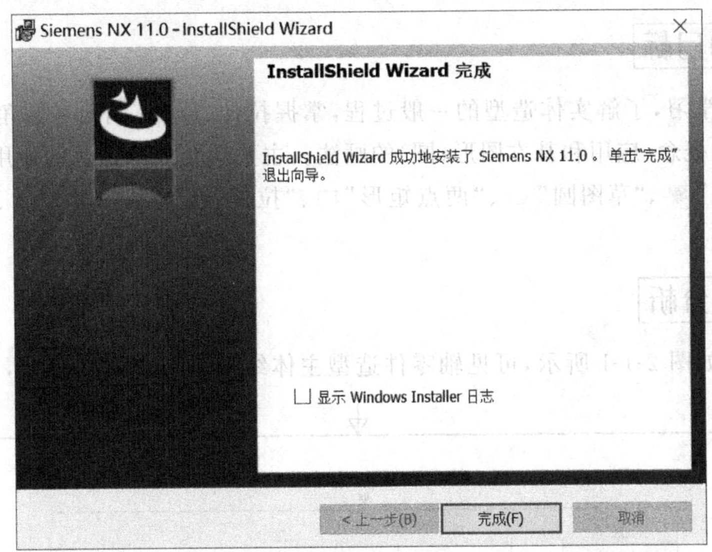

图 1-5-19　Siemens NX 11.0-InstallShield Wizard 对话框(9)

典型机械零件的三维建模

2.1 轴零件三维建模

2.1.1 学习目标

通过本章学习，了解实体造型的一般过程，掌握拉伸、旋转、倒角和圆角等特征造型方法，掌握草图的概念、应用和基本图形(圆)的画法。主要学会以下命令的使用方法：

"新建草图"、"草图圆"、"两点矩形"、"拉伸"、"倒斜角"、"倒圆角"、"旋转"。

2.1.2 任务分析

轴零件图如图 2-1-1 所示，可见轴零件造型主体结构由 5 个圆柱组成，自右而左各个

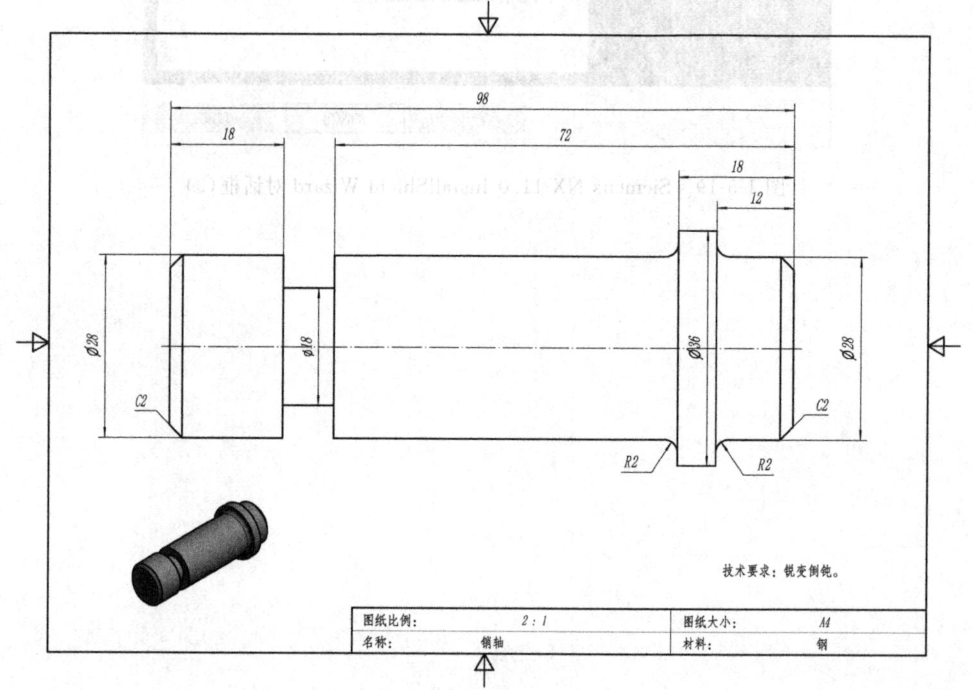

图 2-1-1 轴零件图

圆柱的具体参数为“直径 28，高度 12”“直径 36，高度 6”“直径 28，高度 54”“直径 18，高度 8”“直径 28，高度 18”。圆柱可以使用拉伸圆的命令得到，把它们像摞积木一样，按着位置关系摞在一起，然后进行倒角、圆角处理，即可完成该造型，绘制过程如图 2-1-2 所示。

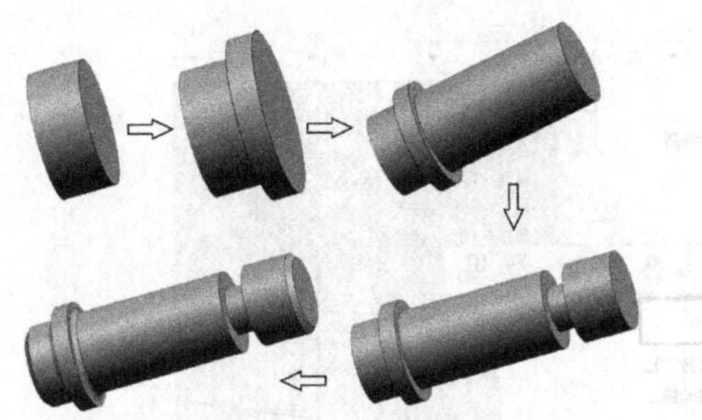

图 2-1-2　绘制过程

轴零件造型第一种方法

2.1.3　作图步骤

1. 新建文件

启动 UG NX 11.0 软件，在菜单栏中单击“新建”按钮，新建一个“模型”文件。在“新建”对话框中，输入文件名为“2.1 轴.prt”，修改保存路径为 E：\UG 案例\，如图 2-1-3 所示。

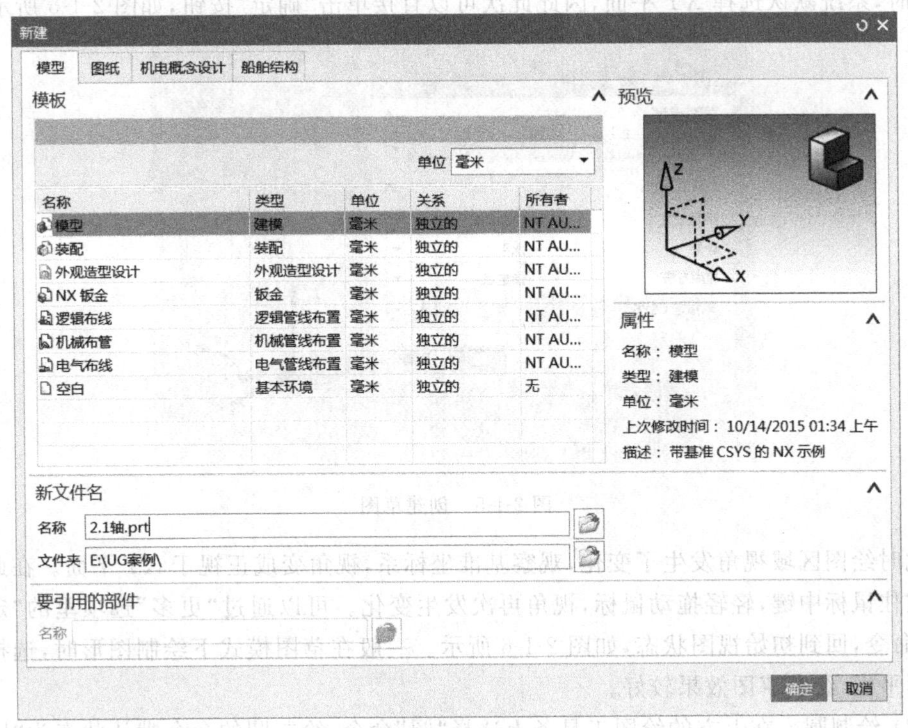

图 2-1-3　“新建”对话框

2. 绘制第一个圆柱体，参数“直径 28，高度 12”

(1) 显示基准坐标系。UG NX 11.0 版本中，基准坐标系默认情况下是显示的，老版本中，需要手动设置，具体操作方法是在“资源条”上单击“部件导航器”选项卡，在“部件导航器”列表中，右击“基准坐标系”，选择“隐藏”或者“显示”选项，在图形窗口中即可隐藏或显示出基准坐标系 CSYS，如图 2-1-4 所示。

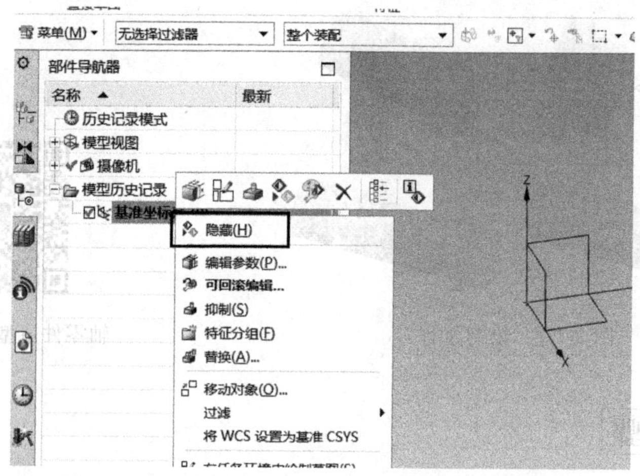

图 2-1-4　隐藏或显示坐标系

进入草图模式。在软件右上角工具栏上，单击选择“草图”命令，出现“创建草图”对话框，此时，系统默认选择 *XY* 平面，因此此次可以直接单击“确定”按钮，如图 2-1-5 所示。

图 2-1-5　创建草图

此时绘图区域视角发生了变化，观察基准坐标系，视角变成正视于 *XY* 平面。在此可尝试以按住鼠标中键，轻轻拖动鼠标，视角再次发生变化。可以通过“更多”选项里的“定向到草图”命令，回到初始视图状态，如图 2-1-6 所示。一般在草图模式下绘制图形时，选择定向到草图平面，绘制草图效果较好。

(2) 绘制圆。在上方的绘图工具条上选择“圆”命令，绘制圆的命令默认状态为“圆心＋半径”模式。

在坐标系的原点附近单击(软件会自动捕捉坐标原点从而确定圆心)，松开左键后，小范围移动鼠标指针，一个圆会跟随鼠标指针的移动而变化，此时在键盘上输入“28”并随之按

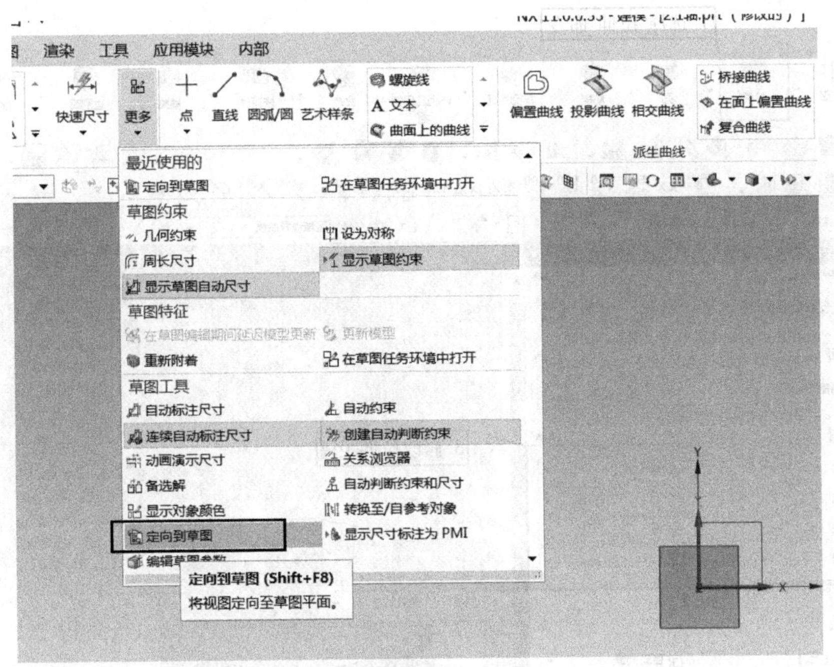

图 2-1-6　定向到草图

Enter 键确认。这时的鼠标仍然处于绘制直径为 28 的圆的状态下，需要连续按两次 Esc 键(键盘左上角)退出该命令，如图 2-1-7 所示。

提示：在输入圆的直径并按 Enter 键确定大小后，可单击鼠标中键进行确定，效果同按 Esc 键退出命令一致。在 NX 软件中，单击鼠标中键一般代表“确定”。

选择工具栏左上方“完成草图”命令，如图 2-1-8 所示，退出草图。

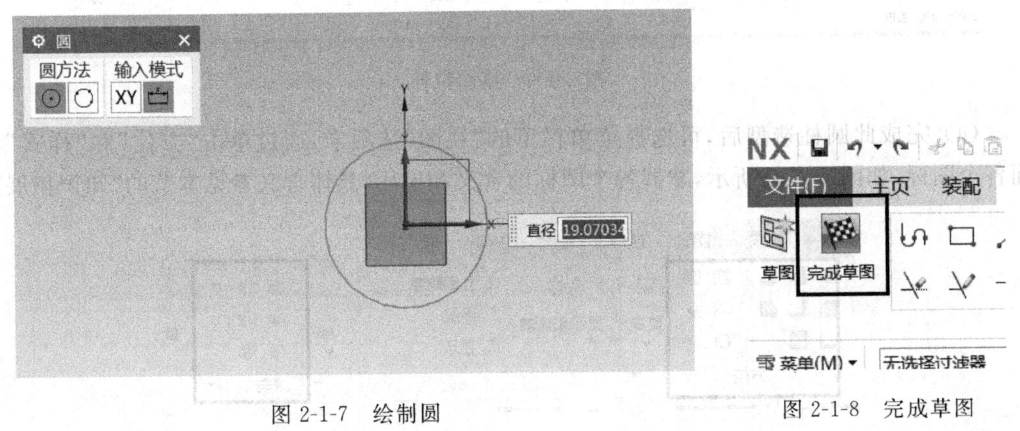

图 2-1-7　绘制圆　　　　图 2-1-8　完成草图

提示：在草图比较简单的情况下，可以不用完成草图，跳过此步骤，直接进行拉伸等特征操作。

(3) 草图拉伸。在“特征”工具条上选择“拉伸”命令，弹出“拉伸”命令对话框，使用鼠标单击选择刚刚绘制直径为 28 的圆，修改结束距离为“12”，单击“确定”按钮，完成草图拉伸。详细步骤如图 2-1-9 所示。

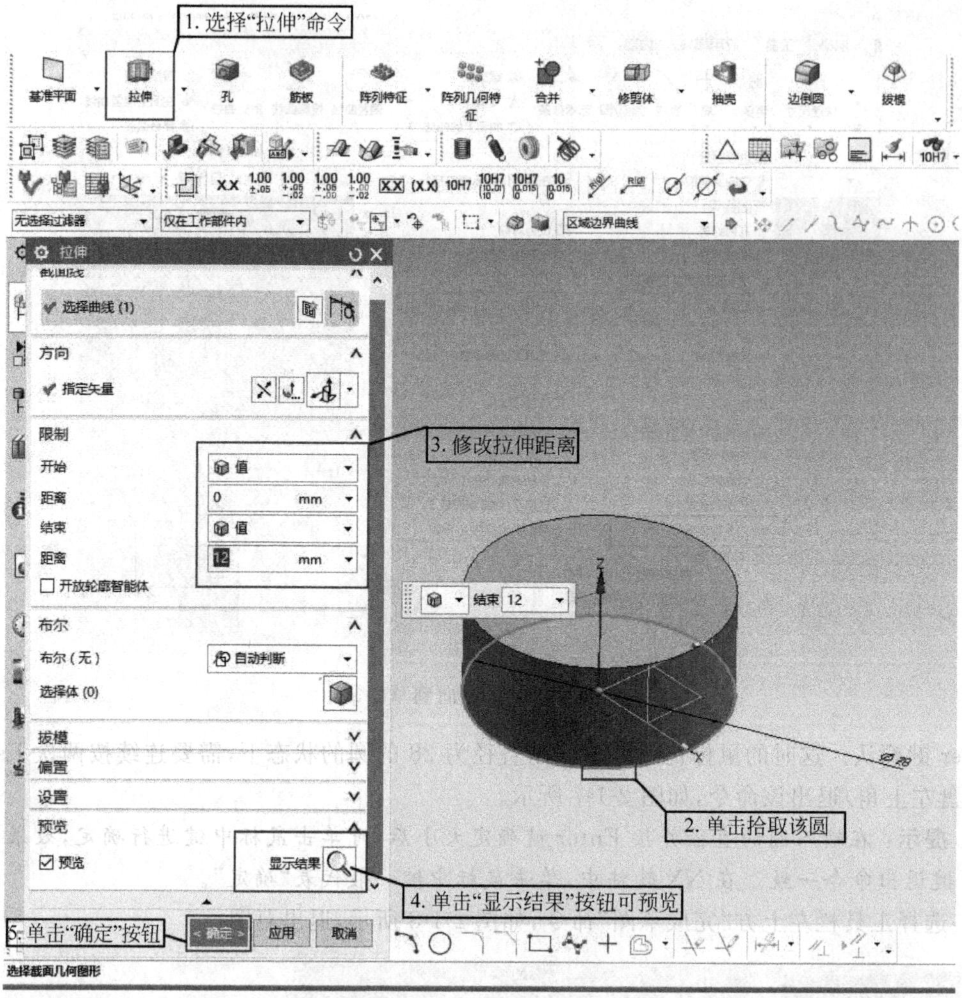

图 2-1-9　草图拉伸

(4) 完成此圆柱造型后，可选择菜单栏里的“视图”选项卡，通过单击“方位”和“样式”里面各个图标，如图 2-1-10 所示，掌握各个图标的含义和应用，具体含义参见本节的“知识拓展”。

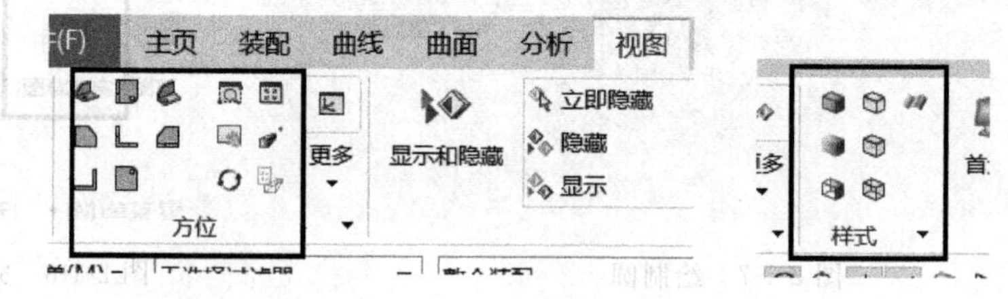

图 2-1-10　“方位”和“样式”

3. 绘制第二个圆柱体，参数“直径 36，高度 6”

(1) 绘制草图。选择“草图”命令，打开“创建草图”对话框后，不再进行设置，直接单击“确定”按钮，而是通过按住鼠标中键，调整第一个圆柱角度，单击选取第一个圆柱的上表面，此时“创建草图”对话框中“草图平面”已经确定，如图 2-1-11 所示，单击“确定”按钮。

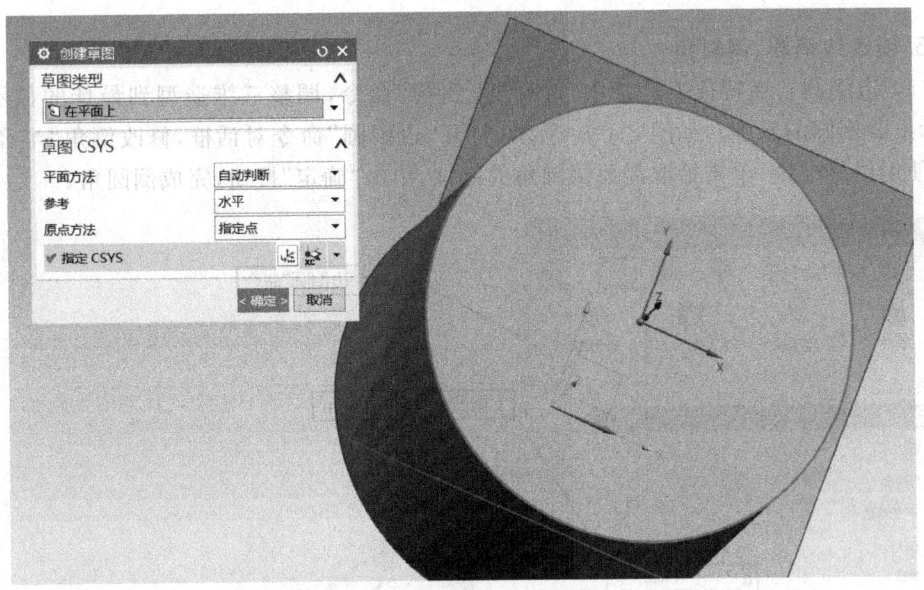

图 2-1-11　创建草图平面

进入草图模式重复上述绘制圆的步骤，以坐标原点为圆心，绘制一个直径为 36 的圆。

(2) 草图拉伸。选择"拉伸"命令(可直接按快捷键 X)，打开"拉伸"对话框后，调整拉伸结束距离为"12"，在"布尔"运算这个选项中，注意保持默认状态"布尔(求和)"，如图 2-1-12 所示。

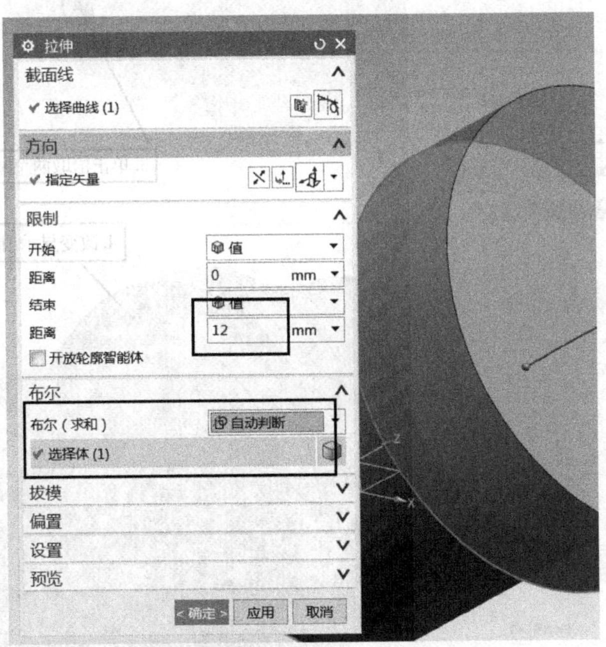

图 2-1-12　草图拉伸、布尔求和

4. 绘制其他三个圆柱体

使用以上步骤的方法，依次绘制剩下的三个圆柱体，其参数依次是"直径 28，高度 54""直径 18，高度 8"和"直径 28，高度 18"。

5. 创建边倒圆、倒斜角

(1) 边倒圆。在特征工具条中，选择“边倒圆”命令，调整三维造型到最佳的显示角度(显示出要倒圆的轮廓)，如图 2-1-13 所示，打开“边倒圆”命令对话框，修改倒角“半径 1”为“2”，使用鼠标左键，单击拾取需要倒圆角的部位，单击“确定”按钮，完成倒圆角。

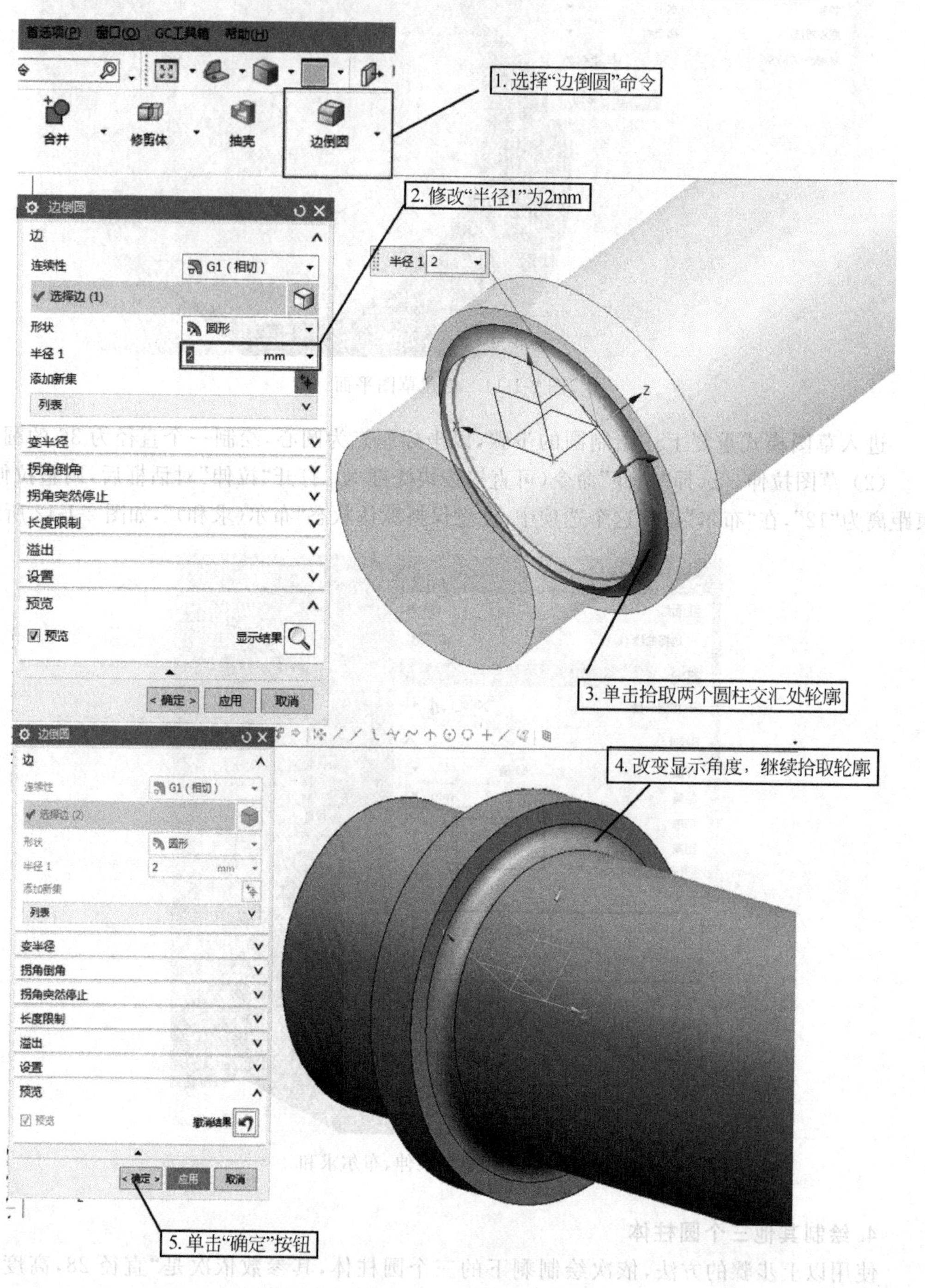

图 2-1-13　倒圆角

（2）倒斜角。选择“边倒圆”命令后的黑色三角形符号，选择“倒斜角”，打开“倒斜角”对话框，修改倒角“距离”为“2”，如图 2-1-14 所示，使用左键，单击拾取需要倒斜角的部位，单击“确定”按钮，完成倒斜角。

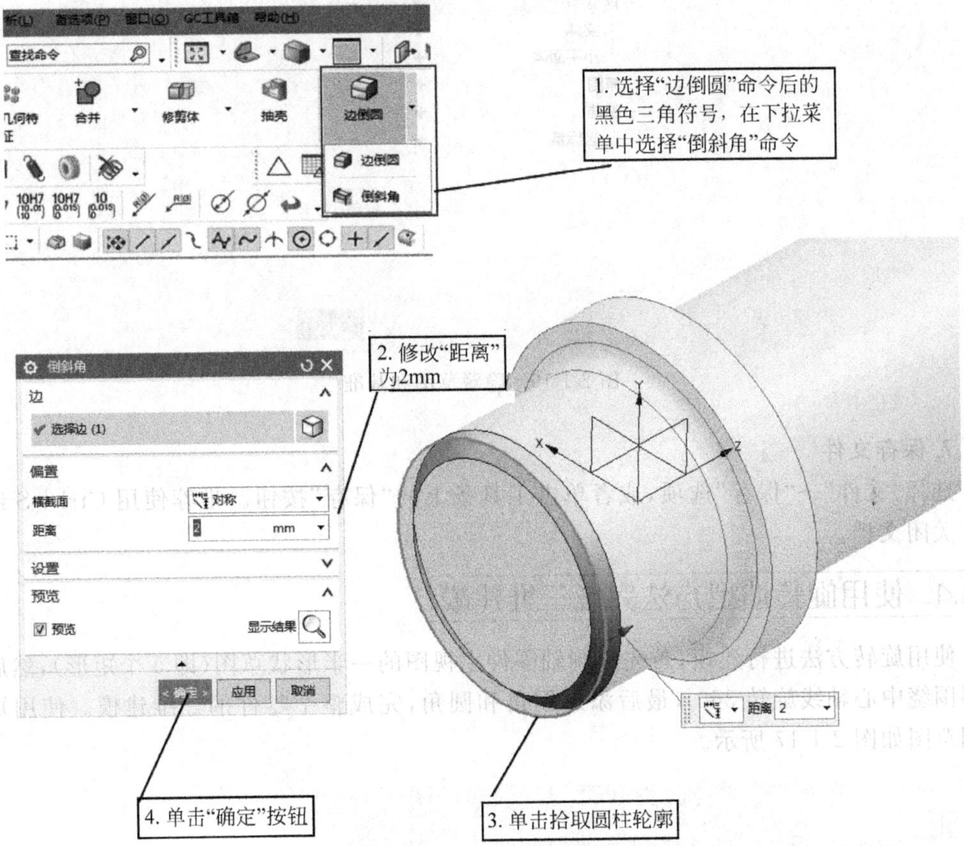

图 2-1-14　倒斜角

6. 显示和隐藏

在菜单栏的“视图”选项卡中，单击选择“显示和隐藏”命令（或直接按 Ctrl＋W 组合键），如图 2-1-15 所示。打开“显示和隐藏”对话框，如图 2-1-16 所示，单击“草图”和“基准”后面的“－”按钮，此时模型中的草图和基准被隐藏，按 Home 键后可观察零件的轴测图效果。

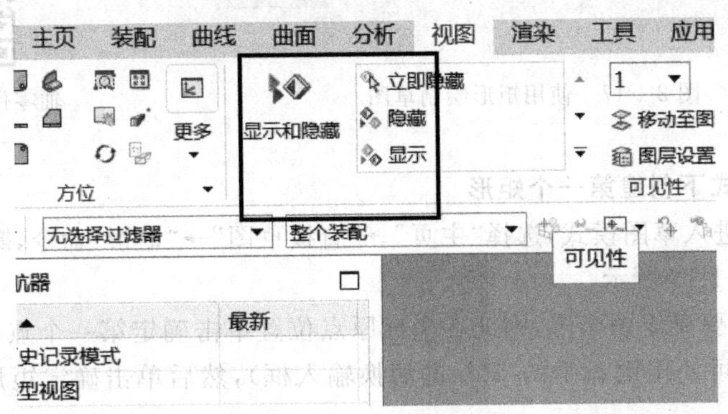

图 2-1-15　显示和隐藏

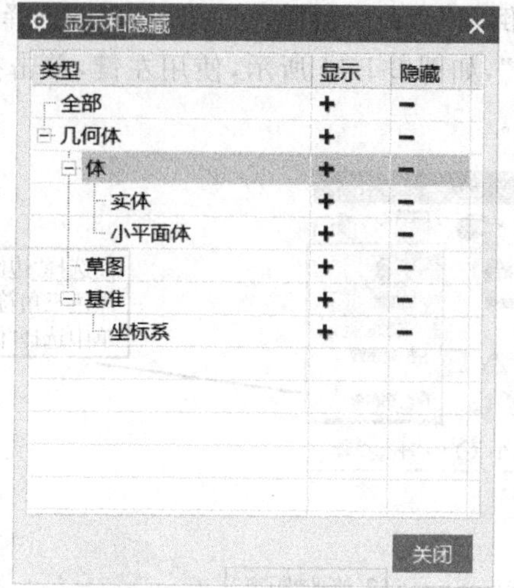

图 2-1-16　隐藏草图和基准

7. 保存文件

选择“文件”→“保存”选项，或者单击工具条上的“保存”按钮。推荐使用 Ctrl+S 组合键。关闭文档。

2.1.4　使用旋转造型方法完成三维建模

使用旋转方法进行建模，首先绘制轴零件主视图的一半形状草图(即 5 个矩形)，然后将草图围绕中心轴线旋转 360°，最后添加倒角和圆角，完成整个零件的三维建模。使用矩形绘制草图如图 2-1-17 所示。

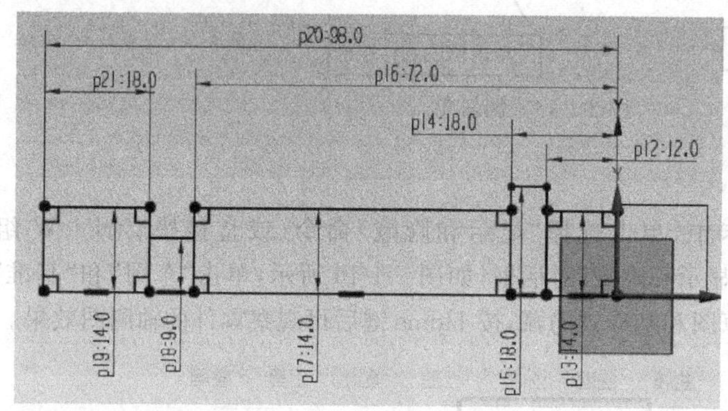

图 2-1-17　使用矩形绘制草图

轴零件造型第二种方法

1. 在草图模式下创建第一个矩形

按前面要求进入草图模式，选择“主页”→“直接草图”→“矩形”命令，默认情况下为两点矩形模式，如图 2-1-18 所示。

根据要求，需要确定两个点，因此在坐标原点位置单击确定第一个点，然后在尺寸对话框内输入 12、14(可使用键盘上的 Tab 键切换输入框)，然后单击确定矩形的第二个点，如图 2-1-19 所示。

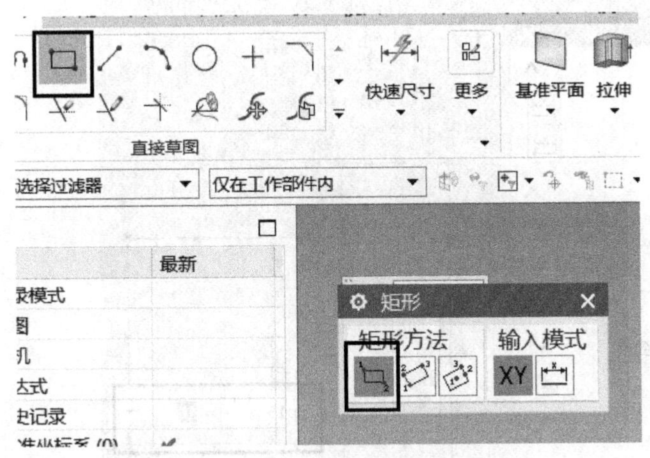

图 2-1-18　矩形的使用方法

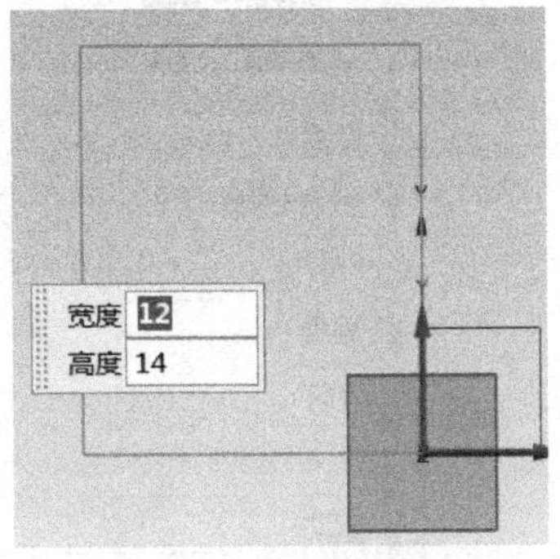

图 2-1-19　绘制矩形

2. 在草图模式下创建其他几个矩形

根据图纸尺寸信息，其余 4 个矩形尺寸需要计算，在此可以先绘制出大体形状，然后根据图纸标注尺寸进行一一修正，具体做法如下。继续绘制第二个矩形，在此不输入具体的宽度和高度，而是参照第一个矩形，捕捉前一个矩形的左下角点，随意绘制 4 个两点矩形，如图 2-1-20 所示。尺寸前面带表达式 p12:12.0 这样的尺寸称为被约束；不带表达式的尺寸，例如 10.8，未被约束，这些未被约束的尺寸，可以双击尺寸的数值，出现对话框后（这是 UG NX 11.0 版本新样式，之前版本只有数值框），输入准确数值，确定即可，如图 2-1-21 所示。没有标出的尺寸可使用“快速尺寸”命令，将直线 1 与直线 2 之间的距离进行约束，选择“快速尺寸”命令，如图 2-1-22 所示，按提示选择直线 1 作为“第一个对象”，选择直线 2 作为第二个对象。将数值修改为“18”，如图 2-1-23 所示。依次修改各个尺寸至图纸要求。

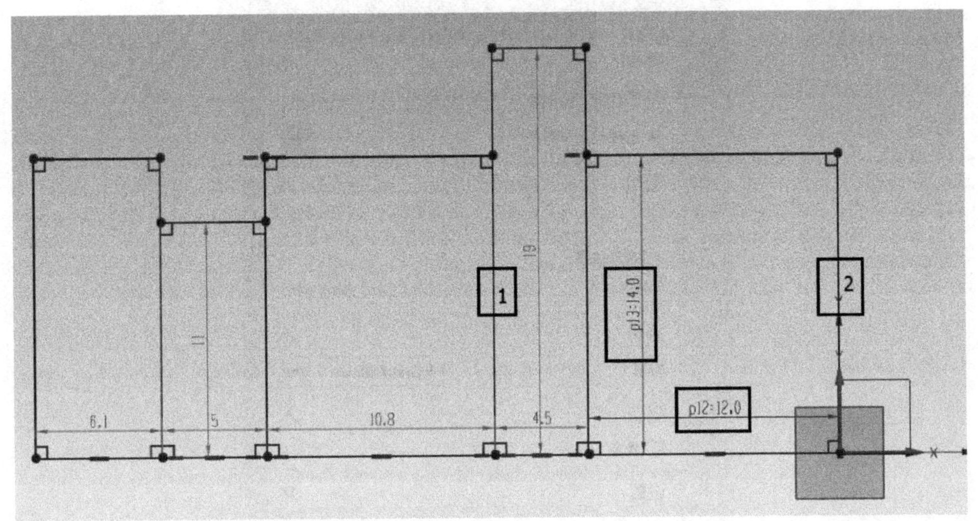

图 2-1-20　绘制其余 4 个矩形

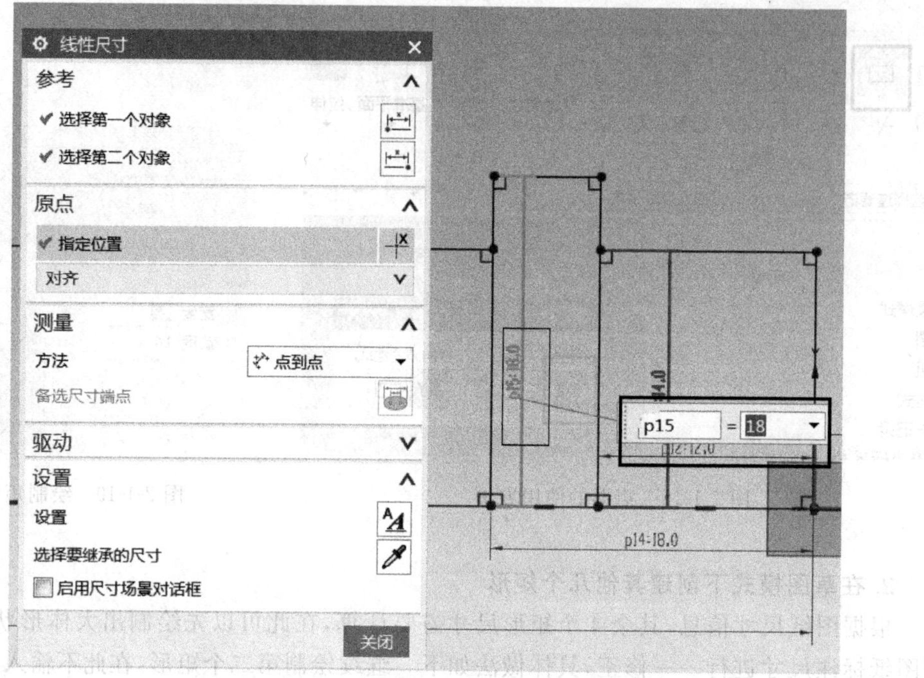

图 2-1-21 双击约束尺寸

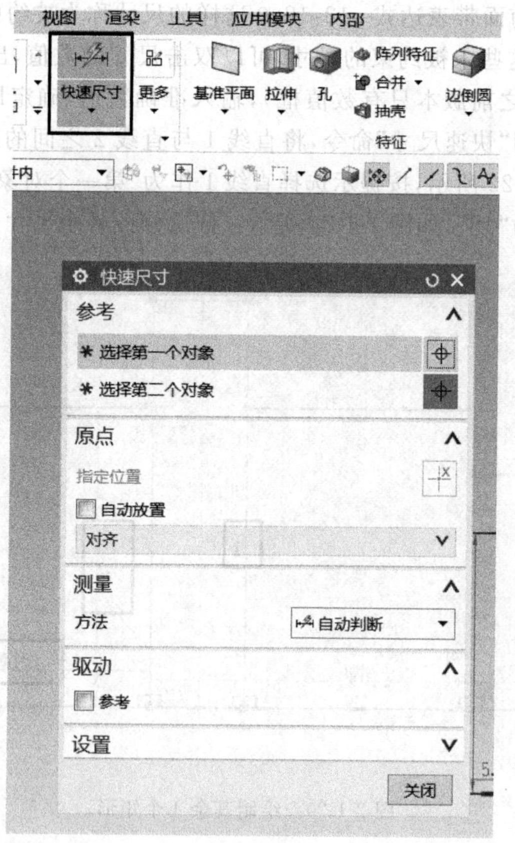

图 2-1-22 快速尺寸

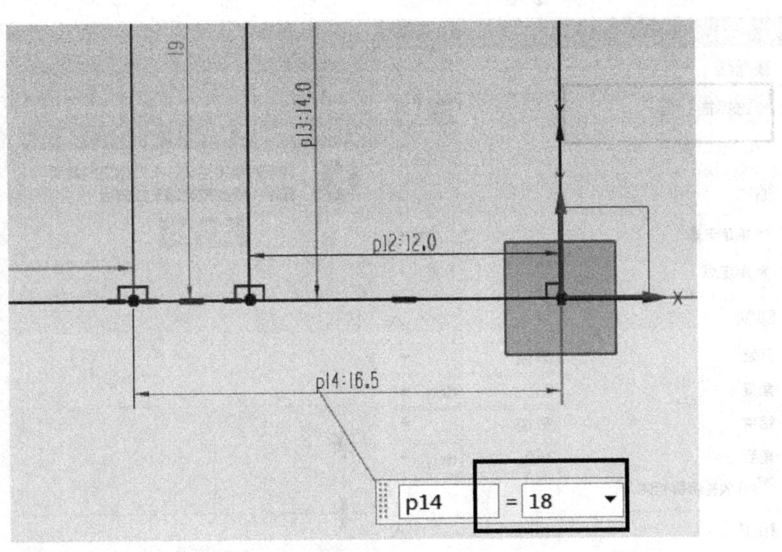

图 2-1-23　修改尺寸数值

3. 草图旋转

完成草图后，在“主页”→“特征”里选择“旋转”命令（在“拉伸”命令下面隐藏），如图 2-1-24 所示，首先要为“旋转”选择曲线，在此如果直接选取已经绘制的草图，会出现报警提示，如图 2-1-25 所示，解决的方法是单击“确定”按钮取消报警后，修改“选择过滤器”选项“自动判断曲线”为“区域边界曲线”，如图 2-1-26 所示。然后使用鼠标依次拾取各个区域，如图 2-1-27 所示。完成“选择曲线”选项后，选择“指定矢量”选项，如图 2-1-28 所示。左键拾取坐标系的 X 轴，或者拾取草图里矩形位于中心线位置的那条边线，如图 2-1-29 所示。单击“确定”按钮，完成旋转，如图 2-1-30 所示。

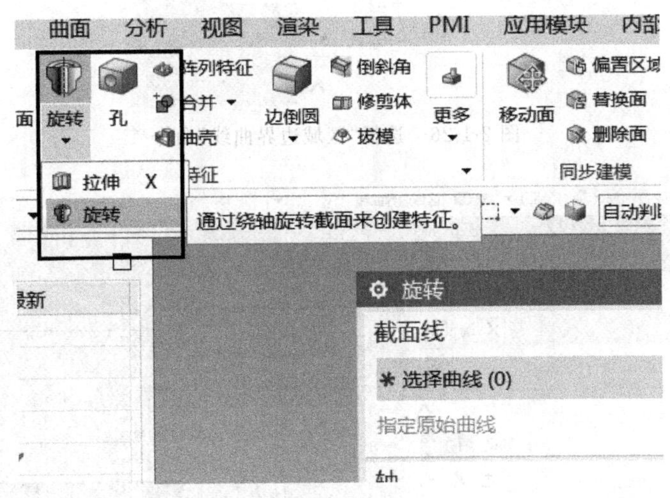

图 2-1-24　“旋转”命令

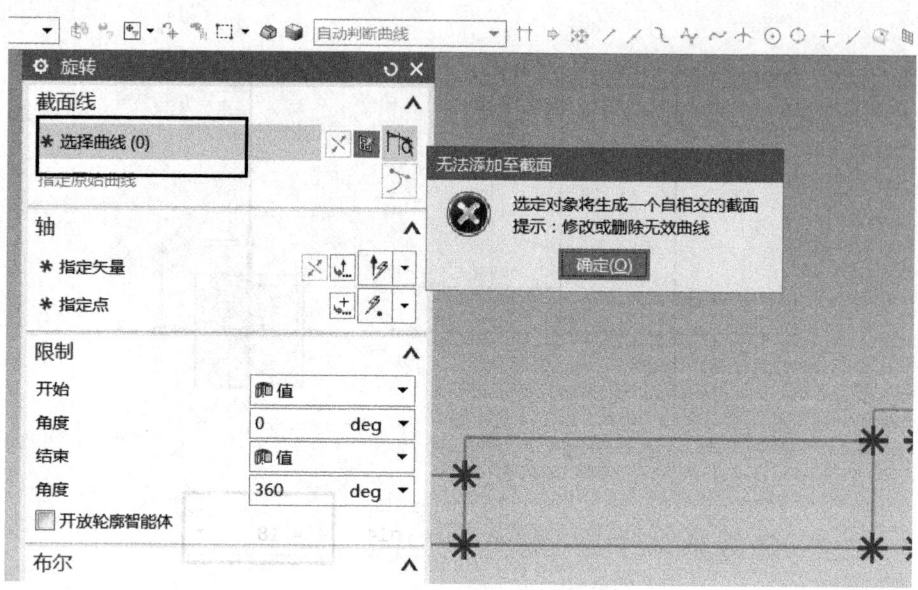

图 2-1-25　报警提示

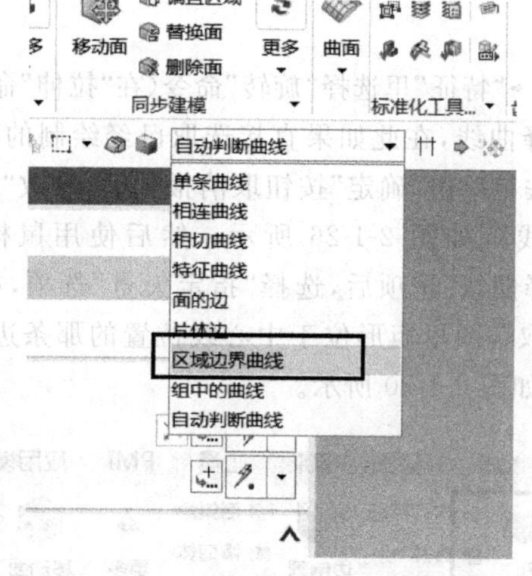

图 2-1-26　选择“区域边界曲线”命令

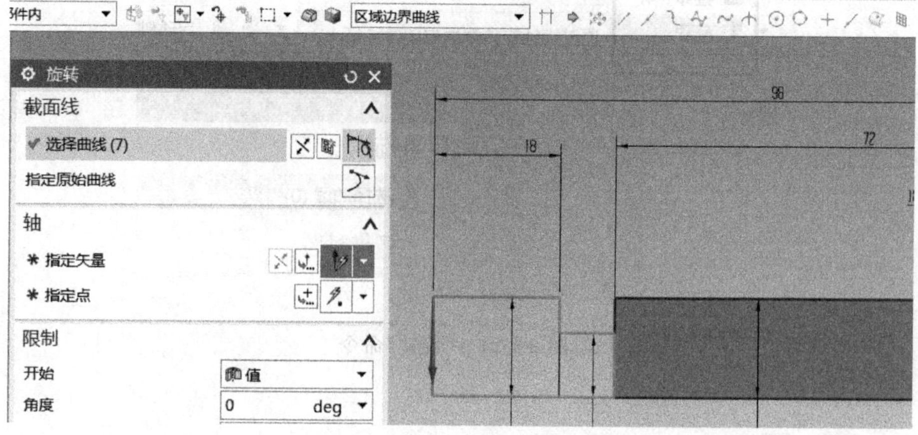

图 2-1-27　依次拾取各个矩形区域

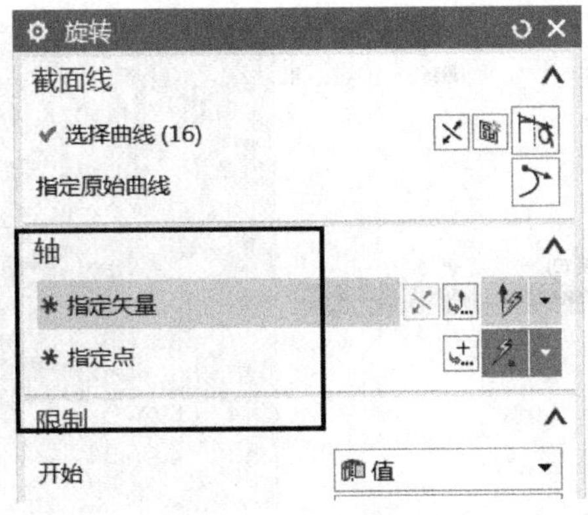

图 2-1-28　指定矢量

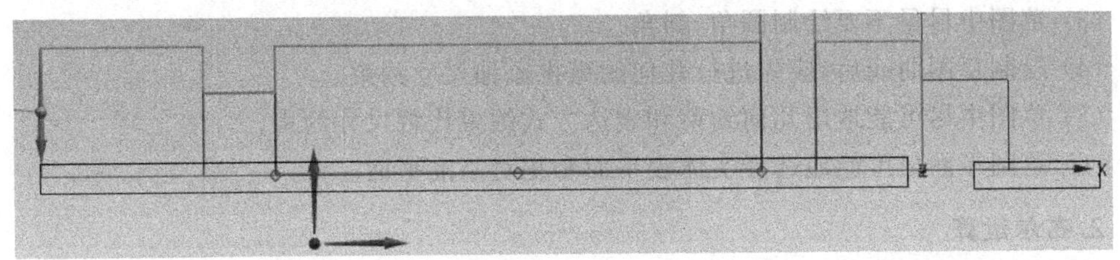

图 2-1-29　指定旋转轴

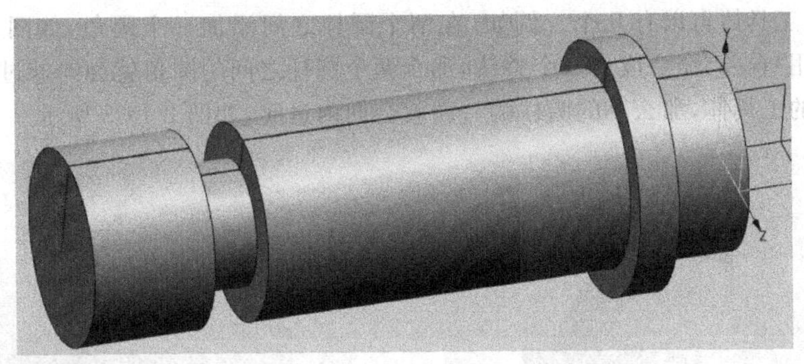

图 2-1-30　完成旋转

2.1.5 知识拓展

1. 草图

草图在 UG NX 中被视为一种特征，是一个二维工作环境，需要指定一个平面作为草图所在平面，每创建一个草图，“部件导航器”中都将添加一个对应的草图特征，如图 2-1-31 所示。草图是组成轮廓曲线的二维图形的集合，通常与实体模型相关联。绘制二维图时一般只需要先绘制出一个大致的轮廓，然后通过约束条件来精确定义图形。

绘制草图的一般规律如下。

(1) 草图是二维曲线，它必须在一个平面里。

(2) 草图尽可能是在一个封闭的区域内，便于其他操作。

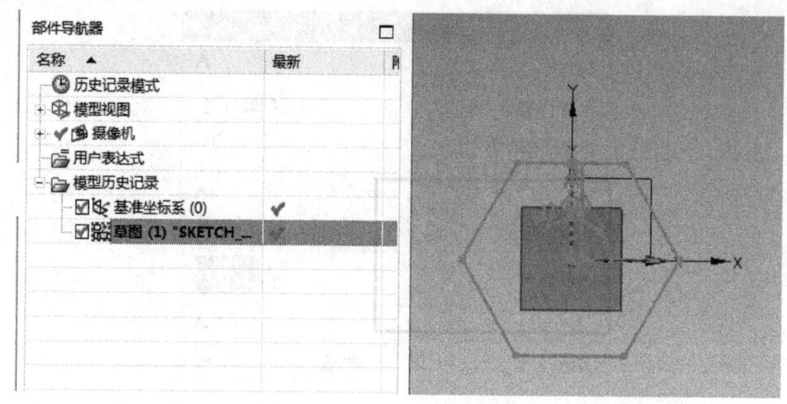

图 2-1-31　部件导航器

（3）草图中尽量不要绘制圆角、斜角。

（4）绘制草图曲线后，应先进行几何约束再添加尺寸约束。

（5）草图中尽可能地用几何约束和表达方式约束代替尺寸约束。

（6）草图平面尽可能地选择实体表平面和相对基准平面。

2. 布尔运算

1）合并

“合并”命令是将两个或两个以上的实体结合起来，使之成为一个单一实体。其中，目标体只有一个，工具体可以有几个。例如，在两个圆柱之间添加一个圆角，如图 2-1-32 所示，两个圆柱使用“合并”命令成为一个整体，那么两个圆柱之间的圆角就会向外过渡，如果两个圆柱是单独的工具体，那么小的圆柱的一端就会向内过渡，如图 2-1-33 所示。

图 2-1-32　合并后的过渡方式

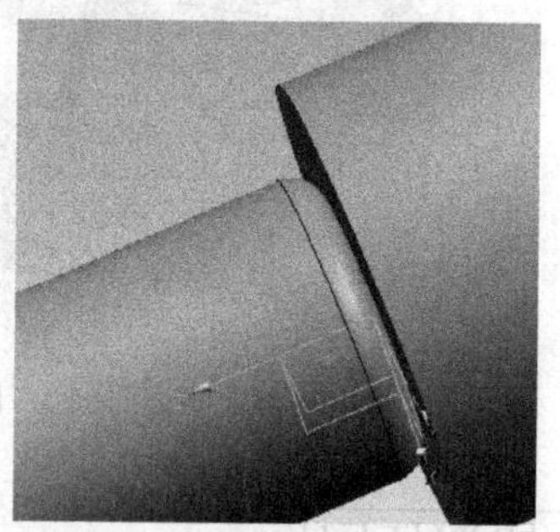

图 2-1-33　未合并过渡后的情况

2）减去

“减去”命令是从目标体中减去一个或多个实体形成一个新的实体，减去的时候，目标体和工具体之间必须有公共的部分，体积不能为零。

3）求交

“求交”命令是求出目标体和工具体的共同部分，并形成一个新的实体。

在下节内容中将用相应的案例详细讲解“减去”命令与“求交”命令的使用。

课后练习题

按以下图纸要求，在软件中创建其三维模型。

1.

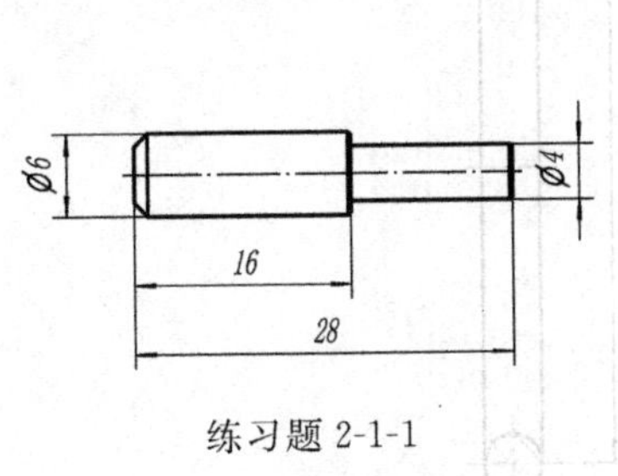

练习题 2-1-1

2.

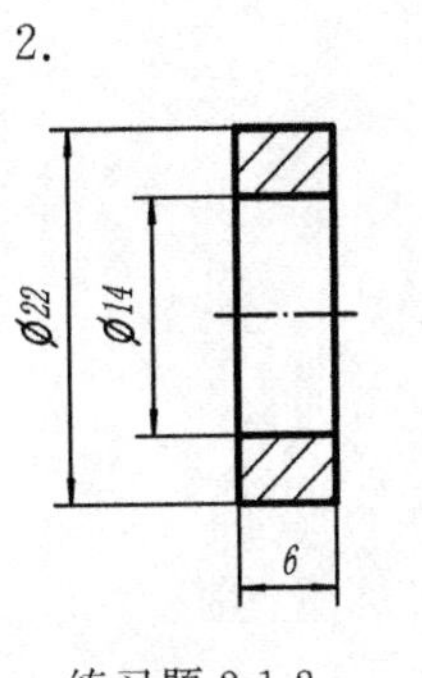

练习题 2-1-2

3.

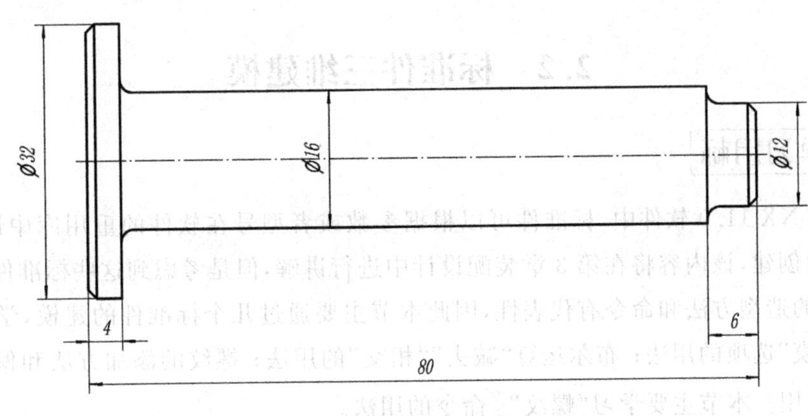

练习题 2-1-3

4.

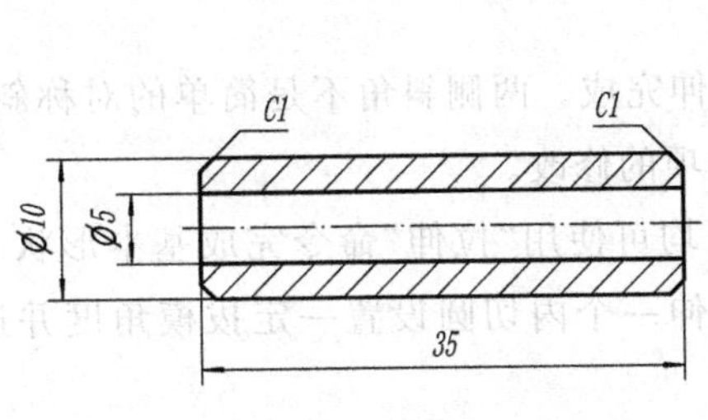

练习题 2-1-4

5.

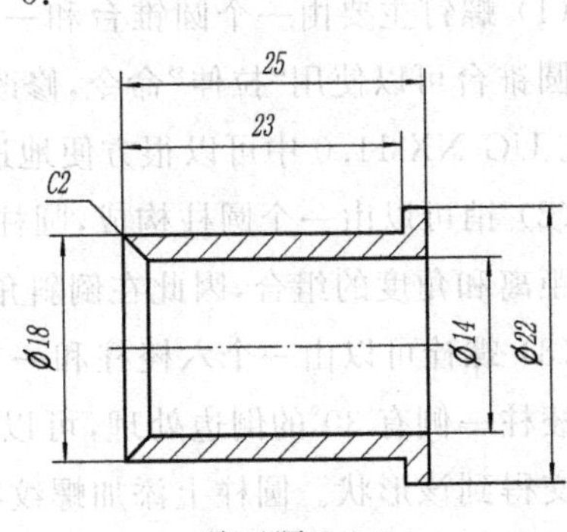

练习题 2-1-5

6.

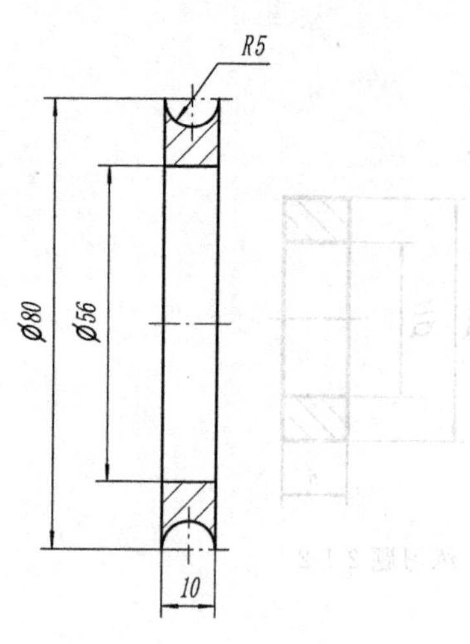

练习题 2-1-6

7.

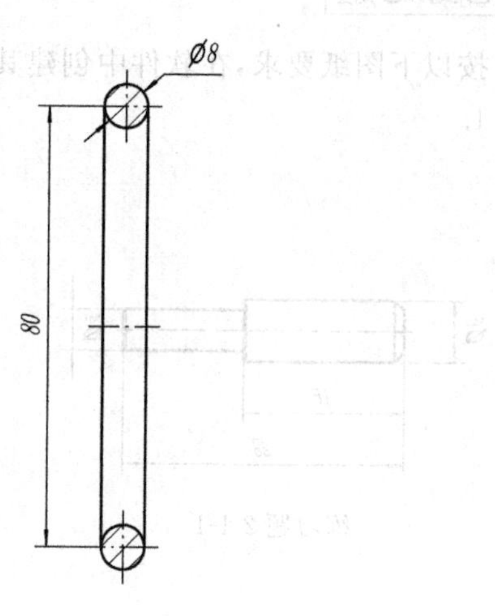

练习题 2-1-7

2.2 标准件三维建模

2.2.1 学习目标

在 UG NX 11.0 软件中，标准件可以根据参数或者型号在软件的重用库中调出，不必进行模型的创建，该内容将在第 3 章装配设计中进行讲解，但是考虑到这些标准件造型比较典型，使用的造型方法和命令有代表性，因此本节主要通过几个标准件的建模，学习“拉伸”命令中“拔模”选项的用法；布尔运算“减去”“相交”的用法；螺纹的添加方法和偏置及角度倒斜角的使用。本节主要学习“螺纹”命令的用法。

2.2.2 任务分析

标准件零件图如图 2-2-1 所示。

(1) 螺钉主要由一个圆锥台和一个圆柱体组成，圆柱体上附加螺纹，圆锥台的端部开槽。圆锥台可以使用“拉伸”命令，修改其中“拔模”选项。螺纹是机械零件中常用的一种特征，在 UG NX 11.0 中可以很方便地进行添加。

(2) 销可以由一个圆柱构成，圆柱可以使用拉伸完成。两侧斜角不是简单的对称斜角，而是距离和角度的组合，因此在倒斜角时要进行选项的修改。

(3) 螺栓可以由一个六棱柱和一个圆柱组成，均可使用“拉伸”命令完成基本形状。不过六棱柱一侧有 30°的倒边处理，可以考虑使用拉伸一个内切圆设置一定拔模角度并进行求相交得到该形状。圆柱上添加螺纹特征。

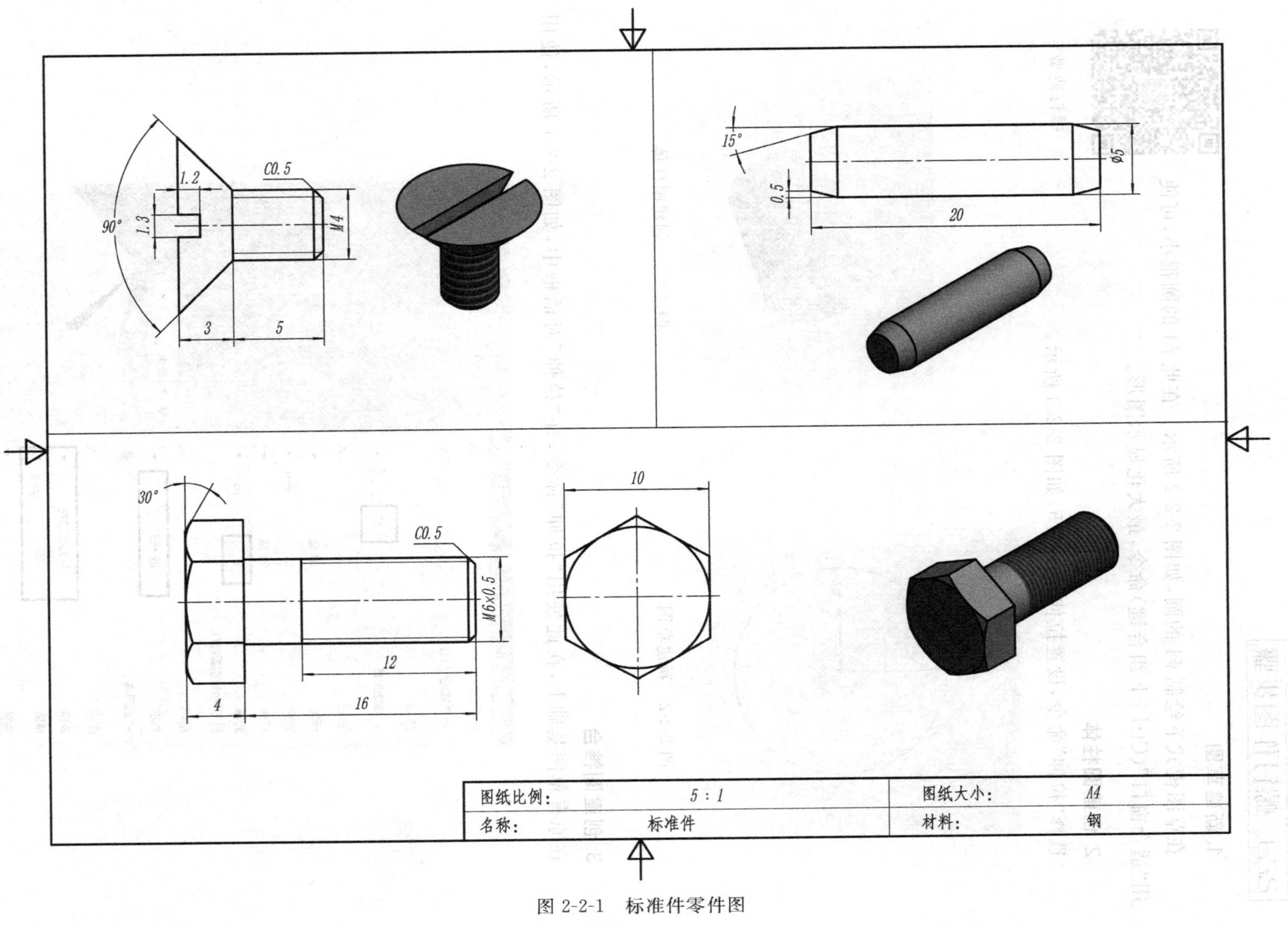

90°
1.2
1.3
C0.5
M4
3
5
15°
φ5
0.5
20
30°
C0.5
M6×0.5
12
4
16
10
图纸比例：5：1
图纸大小：A4
名称：标准件
材料：钢

图 2-2-1　标准件零件图

2.2.3 螺钉作图步骤

螺钉造型

1. 新建草图

在草图模式下绘制 $\phi4$ 的圆，如图 2-2-2 所示。在此 $\phi4$ 的圆很小，可使用“适合窗口”(Ctrl＋F 组合键)命令，最大化显示图形。

2. 创建圆柱体

选择“拉伸”命令，设置拉伸长度为 5，如图 2-2-3 所示。

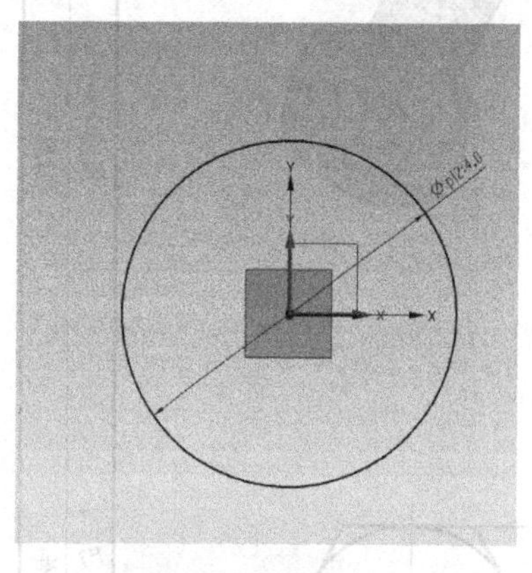

图 2-2-2　新建草图

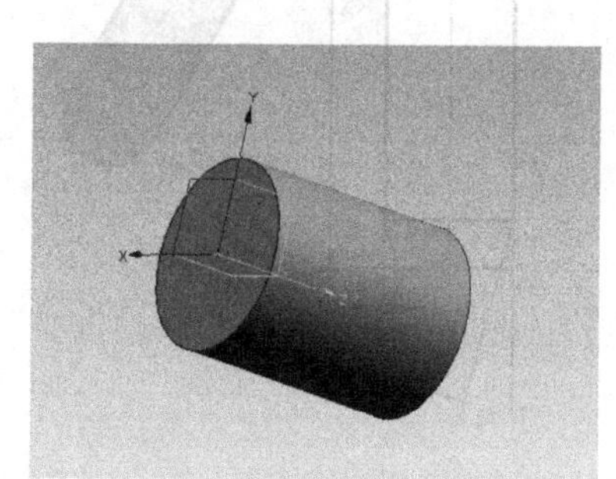

图 2-2-3　创建圆柱体

3. 创建圆锥台

在原有草图基础上，在此使用“拉伸”命令，在“拉伸”对话框中，如图 2-2-4 所示，使用

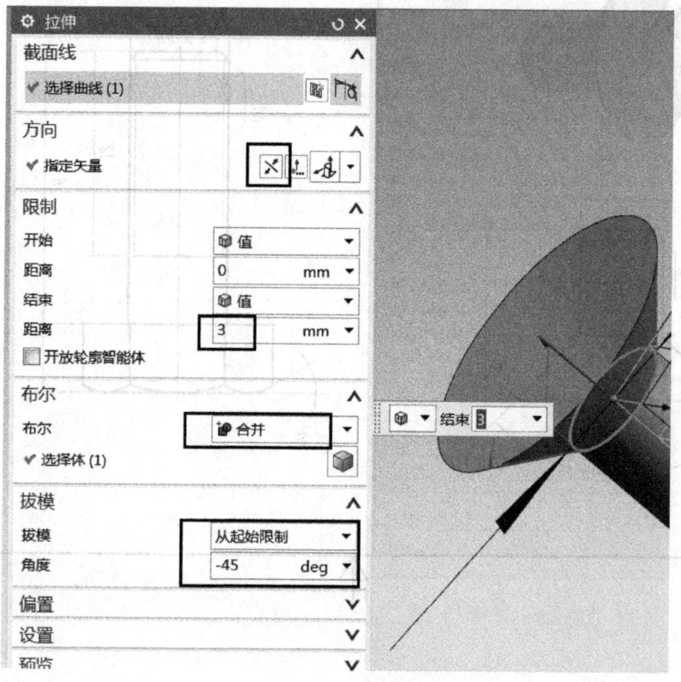

图 2-2-4　创建圆锥台

“反向”命令调整拉伸的方向；修改拉伸“距离”为“3”；打开“拔模”选项，选择“从起始限制”选项，设置拔模“角度”为“－45”(根据实际情况设置角度正负和数值)，设置“布尔”选项为“合并”，单击确定。

4. 创建凹槽

(1) 绘制中心矩形。在圆锥台顶平面上创建一个草图，在“直接草图”中选择“矩形”命令，“两点矩形”调整为“从中心”命令，如图 2-2-5 所示。按图标要求，第一点选择坐标原点，横向拉动鼠标指针后单击，确定第二点，然后在此单击确定第三点。此时需要双击该矩形的高度尺寸，修改为“1.3”，长度大于圆锥的外圆即可，不需要准确数值，如图 2-2-6 所示。

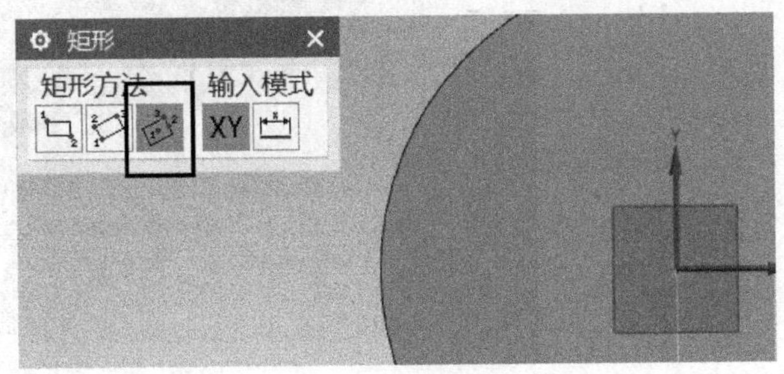

图 2-2-5 中心矩形

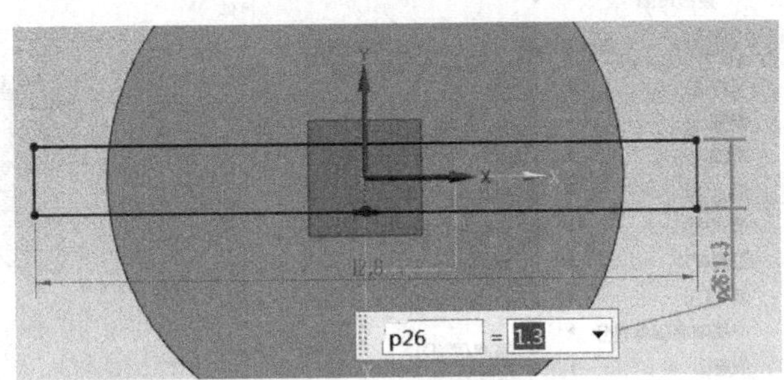

图 2-2-6 修改矩形尺寸

(2) 选择“拉伸”命令，选择刚刚绘制的草图作为“拉伸曲线”，改变拉伸方向，指向圆锥台拉伸，修改“距离”为“1.2”，设置“布尔”选项为“减去”，单击确定，如图 2-2-7 所示。

5. 添加螺纹

(1) 选择“菜单”→“插入”→“设计特征”→“螺纹”命令，如图 2-2-8 所示，或者在“主页”→“特征”→“更多”→“螺纹”工具面板中，打开“螺纹”对话框，如图 2-2-9 所示。

(2) 选择“详细”螺纹类型，拾取 $\phi4$ 圆柱面，系统默认选取圆柱右端面为起始面，默认测算出“小径”为“3.3”，“长度”为“5”，“螺距”为“0.7”，如图 2-2-10 所示，单击“确定”按钮。

6. 倒斜角

在“导航栏”中，找到刚刚完成的螺纹特征，将其前面的“√”取消，如图 2-2-11 所示。然后进行倒斜角操作。完成倒斜角后，再次勾选螺纹特征，观察螺纹特征和斜角特征。

提示：*在此也可以选择先进行倒斜角处理，然后进行螺纹添加，但由于倒角将圆柱的右端面破坏了，需要重新进行起始面的确定，步骤较为烦琐，不推荐使用。*

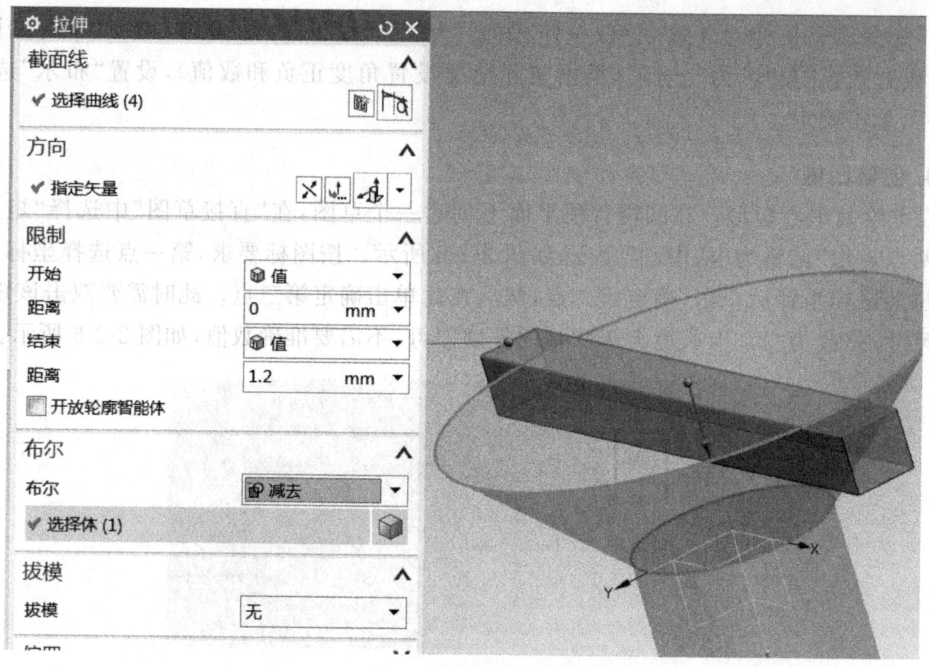

图 2-2-7 拉伸矩形草图

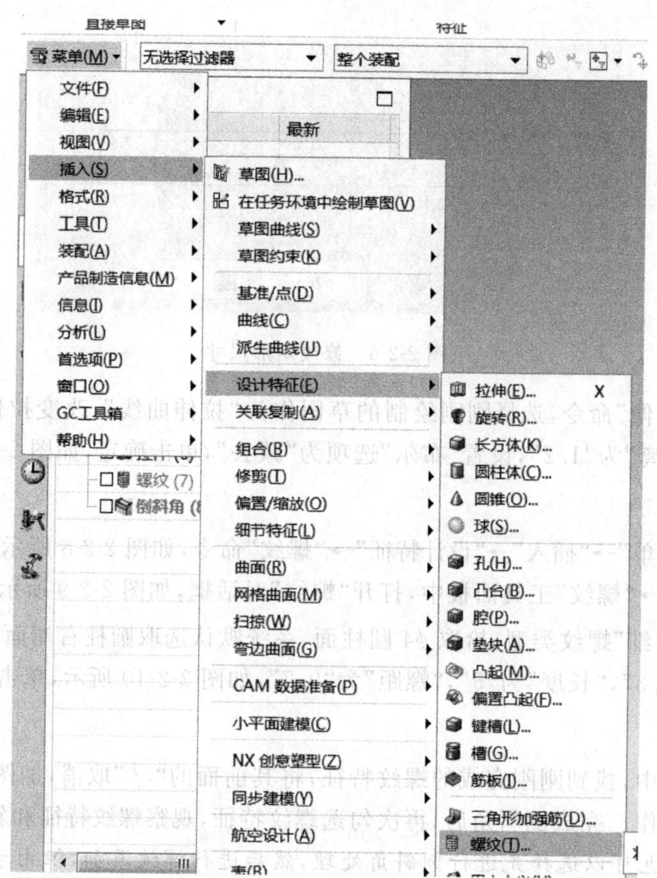

图 2-2-8 插入“螺纹”特征命令(1)

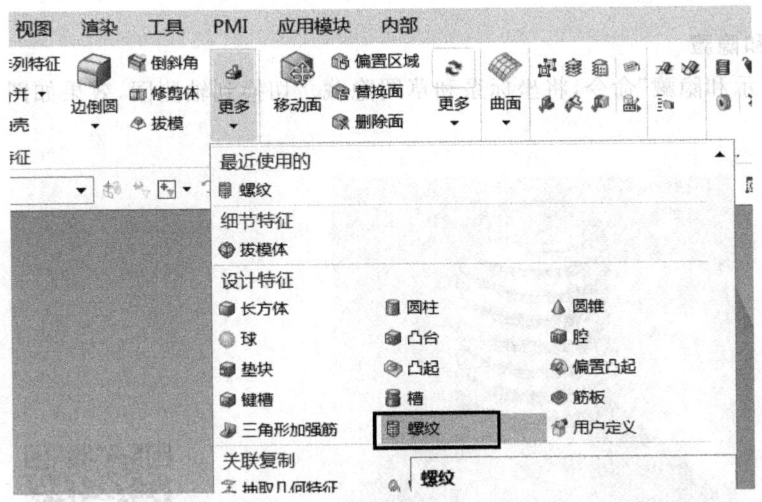

图 2-2-9　插入“螺纹”特征命令(2)

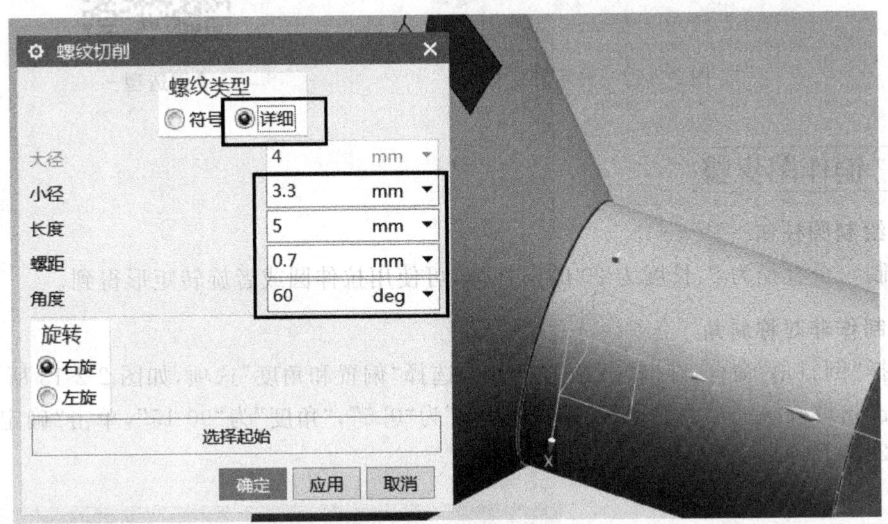

图 2-2-10　选择螺纹类型

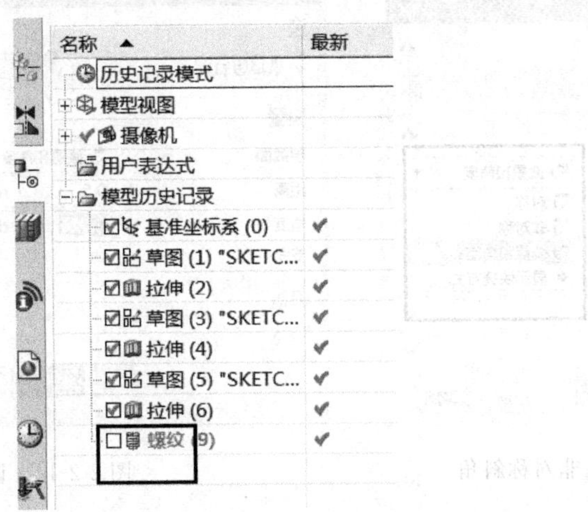

图 2-2-11　取消“螺纹”特征命令

7. 显示和隐藏

选择“显示和隐藏”命令，将坐标系和草图隐藏。切换到轴测图，效果如图 2-2-12 所示。保存文件。

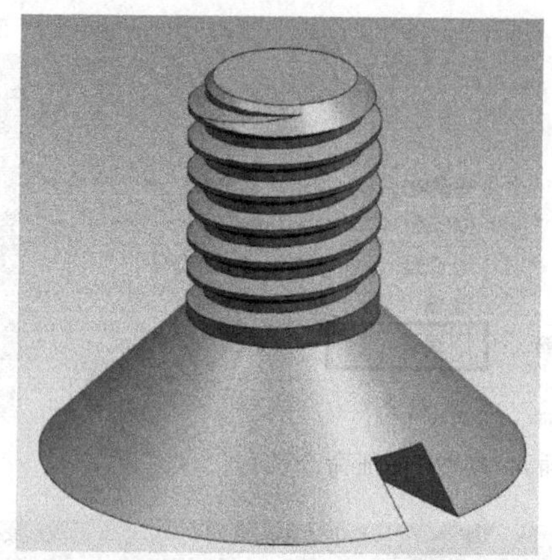

图 2-2-12　显示和隐藏

销造型

2.2.4　销作图步骤

1. 绘制圆柱体

绘制一个直径为 5、长度为 20 的圆柱体，可使用拉伸圆或者旋转矩形得到。

2. 制作非对称斜角

选择“倒斜角”命令，在“横截面”选项内，选择“偏置和角度”选项，如图 2-2-13 所示。

单击拾取圆柱一端的轮廓线，输入“距离”为“0.5”，“角度”为“90-15”，单击“确定”按钮，如图 2-2-14 所示。

图 2-2-13　非对称斜角

图 2-2-14　调整角度和距离

另一端重复上步操作步骤时，注意将距离和角度进行"反向"操作，如图 2-2-15 所示。

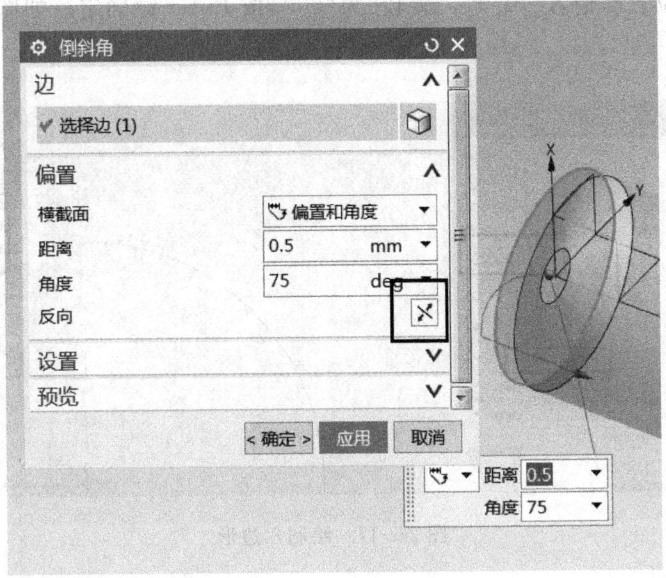

图 2-2-15　反向调整角度和距离

3. 显示和隐藏

隐藏坐标系和草图，切换到轴测图，保存。

2.2.5　螺栓作图步骤

1. 新建草图

在创建该草图时，可以将六边形和圆在同一个草图内绘制。

螺栓造型

选择 XY 平面，创建一个草图，进入草图模式后，绘制一个 $\phi6$ 的圆，然后在"直接草图"工具栏中找到"多边形"命令，或者选择"菜单"→"插入"→"草图曲线"→"多边形"命令，如图 2-2-16 所示。

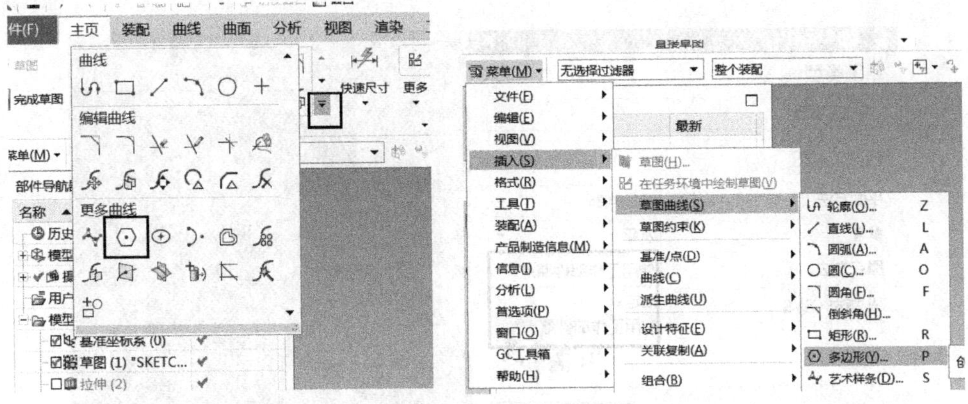

图 2-2-16　"多边形"命令

在“多边形”对话框内，指定坐标原点作为中心点，修改“边数”为“6”，选择“内切圆半径”选项，在“半径”位置框输入“10/2”，“旋转”为“90”，按 Enter 键确定。如图 2-2-17 所示。完成草图。

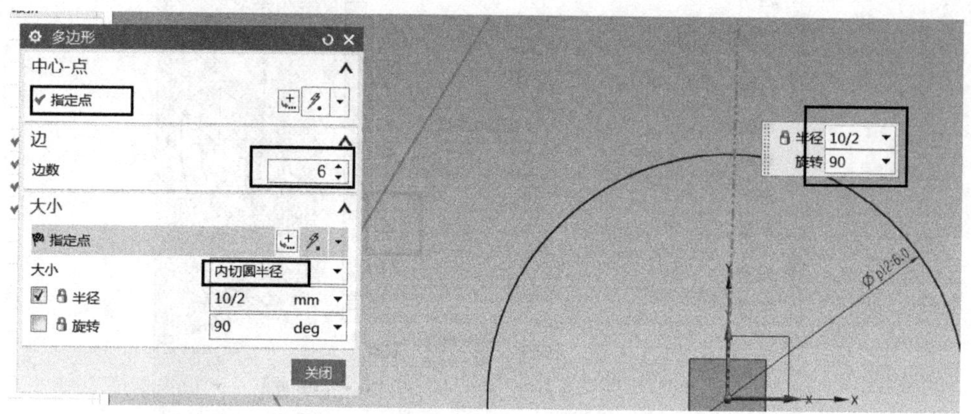

图 2-2-17　绘制六边形

2. 分别拉伸六棱柱和圆柱

使用“拉伸”命令，在“曲线规则”里可以尝试使用“相连曲线”选项分别拉伸圆和六边形，如图 2-2-18 所示。拉伸圆形长度为 16，反向拉伸六边形长度为 4，在拉伸时选择“布尔合并”命令。

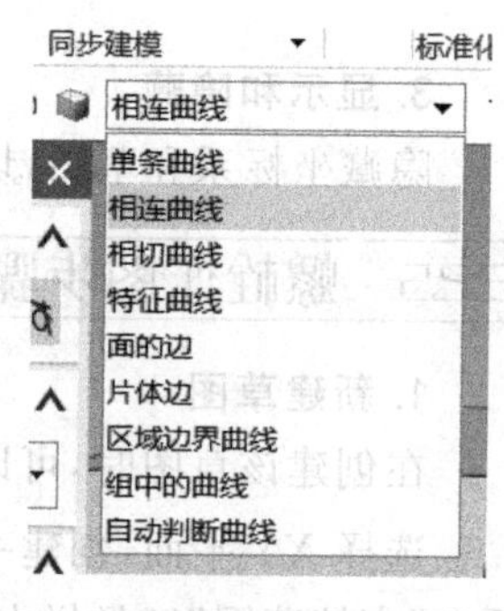

图 2-2-18　相连曲线

3. 30°倒角的绘制

在六棱柱端面新建草图，此处在选择平面时，可适当调整一下“原点方法”选项，修改为“使用工作部件原点”，如图 2-2-19 所示。在草图中绘制一个与六边形相切的圆，如图 2-2-20 所示。选择“拉伸”命令，选择反向，选择“拔模”→“从起始限制”选项，“角度”输入“−90＋30”，选择“布尔”→“相交”选项，注意拉伸距离要覆盖整个拉伸长度，如图 2-2-21 所示。

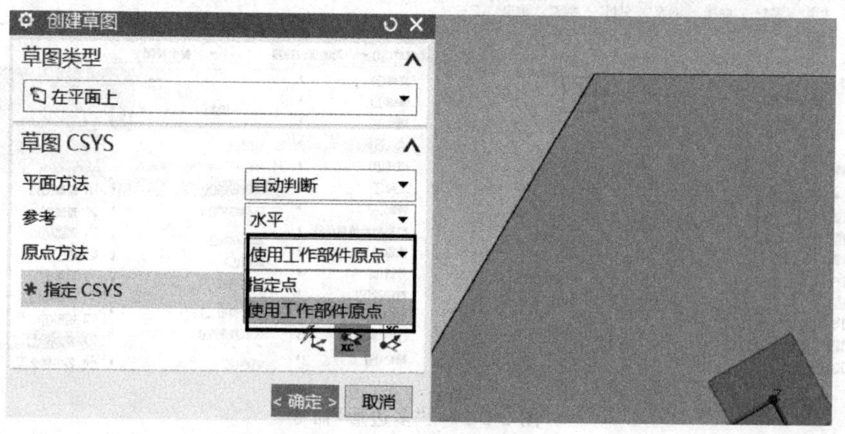

图 2-2-19　调整“原点方法”

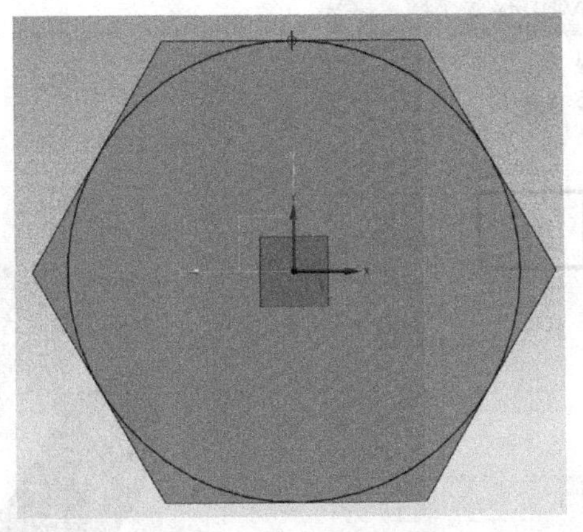

图 2-2-20　绘制相切圆

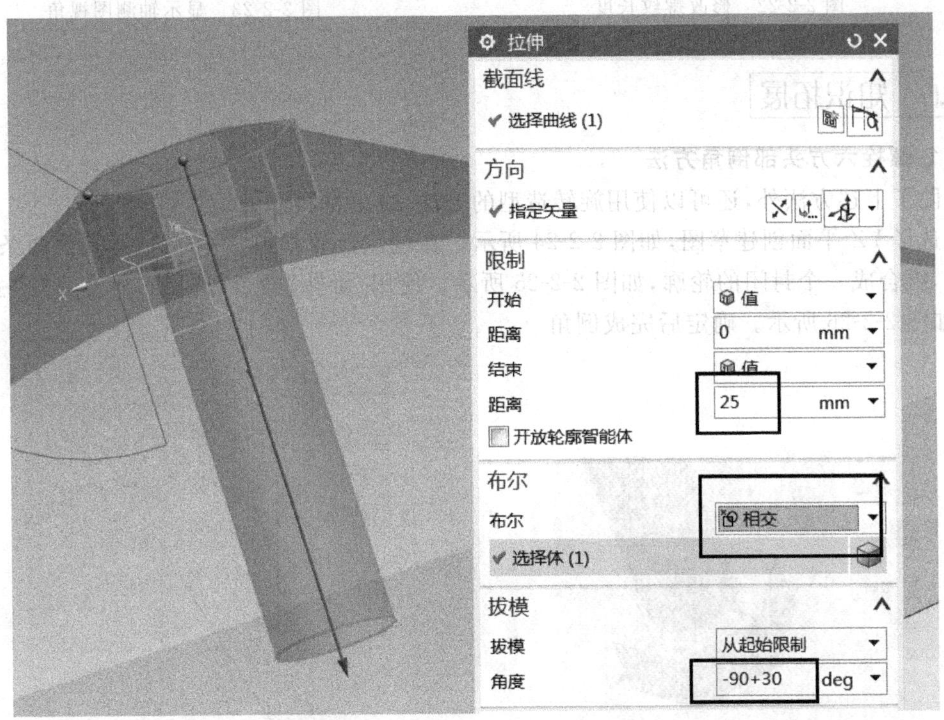

图 2-2-21　布尔相交命令和拔模角度

4. 添加螺纹和倒角

使用前面所讲的螺纹和倒斜角的方法，进行螺纹和倒角的特征添加。注意螺纹“长度”在此要修改为“12”，如图 2-2-22 所示。

5. 隐藏和显示

隐藏坐标系和草图，显示轴测图视角进行保存，如图 2-2-23 所示。保存文件。

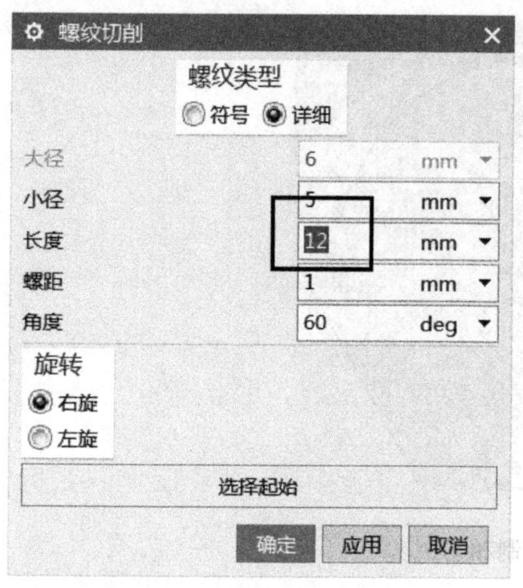

图 2-2-22　修改螺纹长度

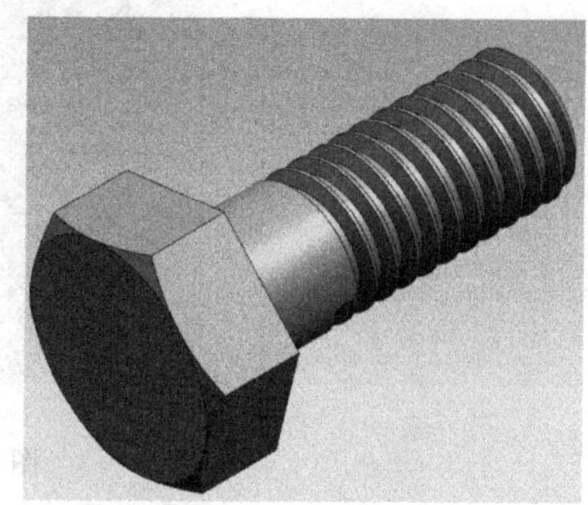

图 2-2-23　显示轴测图视角

2.2.6 知识拓展

1. 螺栓六方头部倒角方法

除了上述方法外，还可以使用旋转造型的方法，减去材料完成。

选择 *YZ* 平面创建草图，如图 2-2-24 所示。在端点位置绘制 30°的斜线，其他两条直线任意，组合成一个封闭的轮廓，如图 2-2-25 所示。使用"旋转"命令，选择布尔运算"减去"选项，如图 2-2-26 所示。确定后完成倒角。

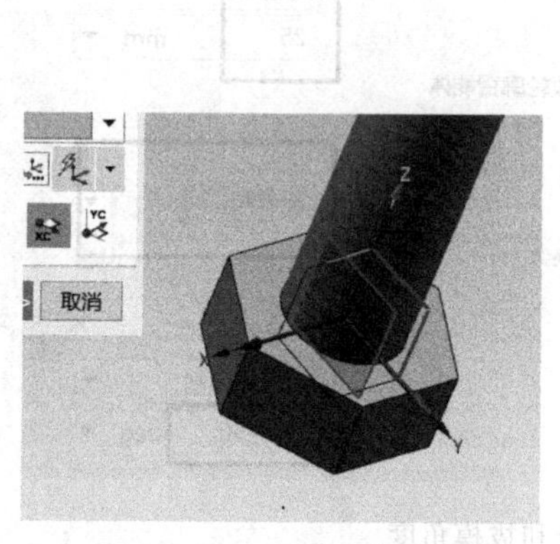

图 2-2-24　在 *YZ* 平面创建草图

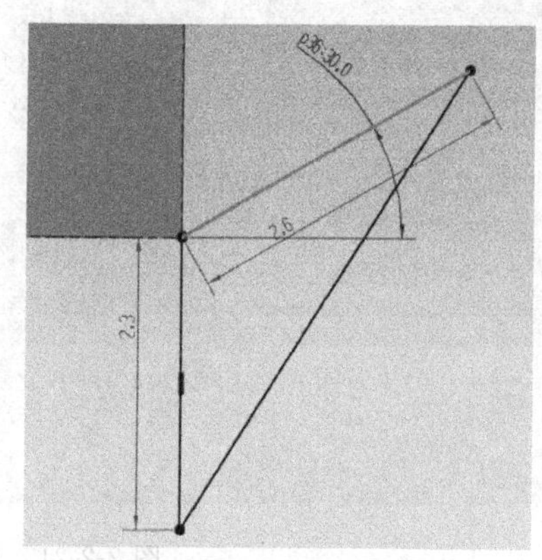

图 2-2-25　绘制草图

2. 螺纹特征

(1) 使用"螺纹"命令可以在具有圆柱面的特征上创建符号螺纹或详细螺纹，这些特征包括孔、圆柱、凸台以及圆周曲线扫掠产生的减去或增添部分，该命令主要用于在圆柱面、圆锥面上或孔内创建螺纹。

(2) 螺纹类型。指定要创建的螺纹类型，有"符号"和"详细"两种类型，如图 2-2-27 所示。

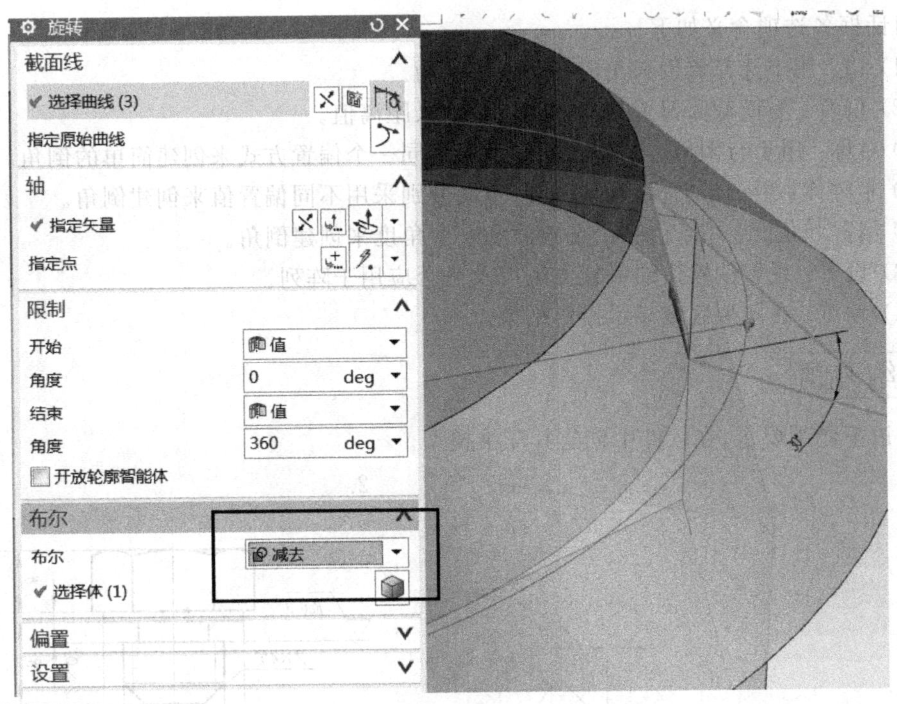

图 2-2-26　布尔求差

① 符号：可创建符号螺纹。系统生成一个象征性的螺纹，用虚线表示。这样做可以节省内存，加快运算速度。一般在机械产品设计时多采用符号螺纹的方法。

② 详细：可创建详细螺纹。系统生成一个仿真的螺纹，视觉效果形象直观，在主要体现螺纹特征时可采用该类型，但是在操作时很消耗硬件内存和速度，所以在设计大型装配文件时不建议使用。

3. 倒斜角

使用“倒斜角”命令可以将一个或多个实体的边斜接。根据实体的形状，倒斜角通过添加或减去材料将边斜接。如图 2-2-28 所示，通过之前对“倒斜角”命令的讲解可以了解到该对话框用于在已存在的实体上沿指定的边缘做倒角操作。

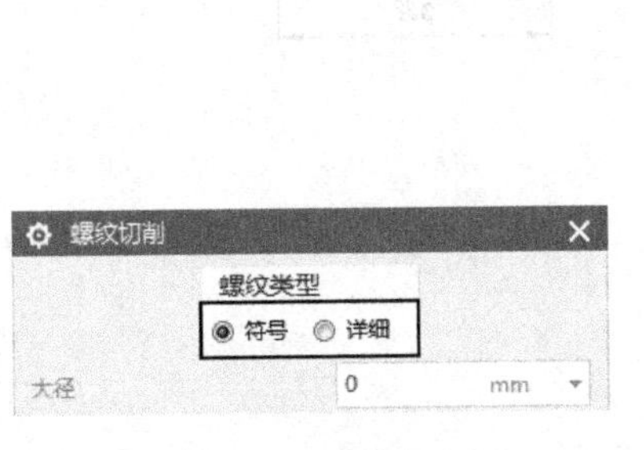

图 2-2-27　螺纹类型

图 2-2-28　“倒斜角”对话框

对话框各选项含义如下。

(1) 边：用于选择要倒斜角的一条或多条边。

(2) 偏置：为横截面偏置定义方法以及输入距离值。

① 对称：用于与倒角边邻接的两个面采用同一个偏置方式来创建简单的倒角。

② 非对称：用于与倒角边邻接的两个面分别采用不同偏置值来创建倒角。

③ 偏置和角度：用于由一个偏置值和一个角度来创建倒角。

(3) 设置：设置偏置边的偏置方法以及是否应用于阵列。

(4) 预览：在图形区域显示操作结果。

课后练习题

按以下图纸要求，在软件中创建其三维模型。

1.

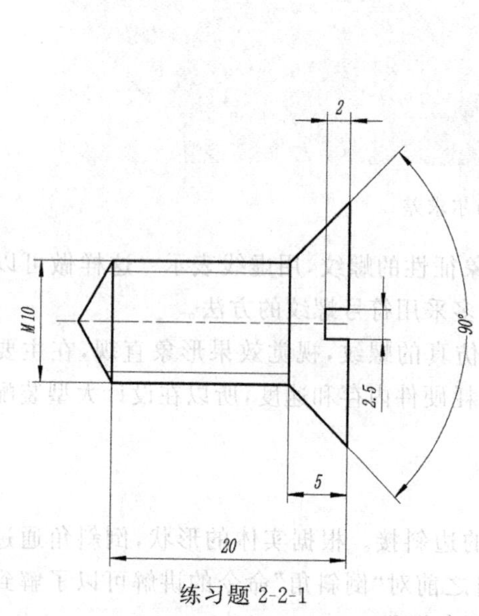

练习题 2-2-1

2.

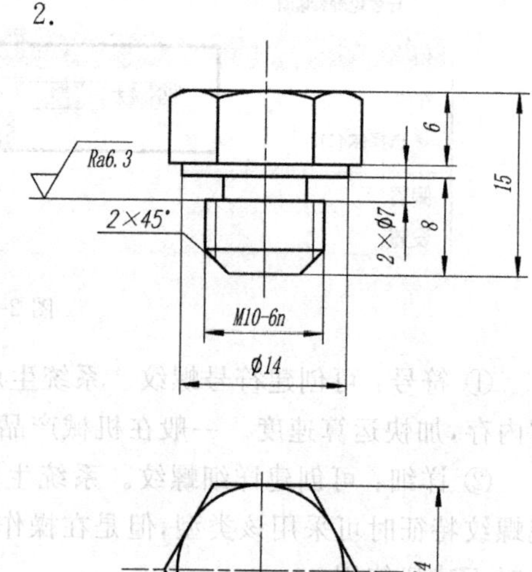

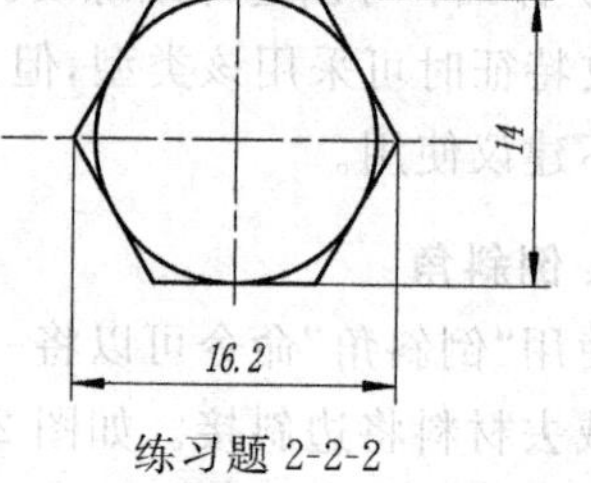

练习题 2-2-2

3.

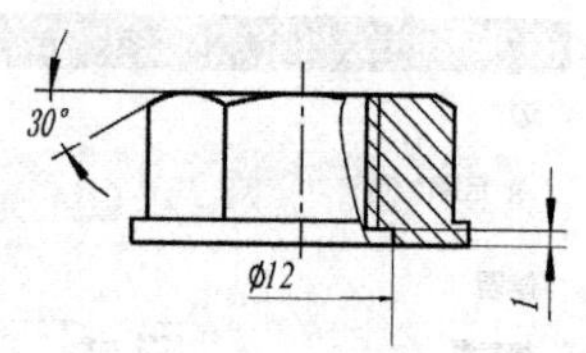

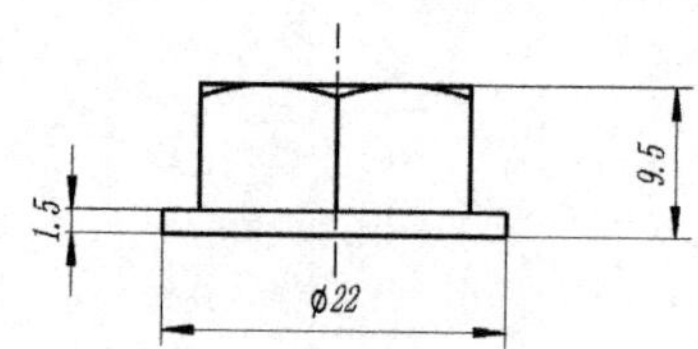

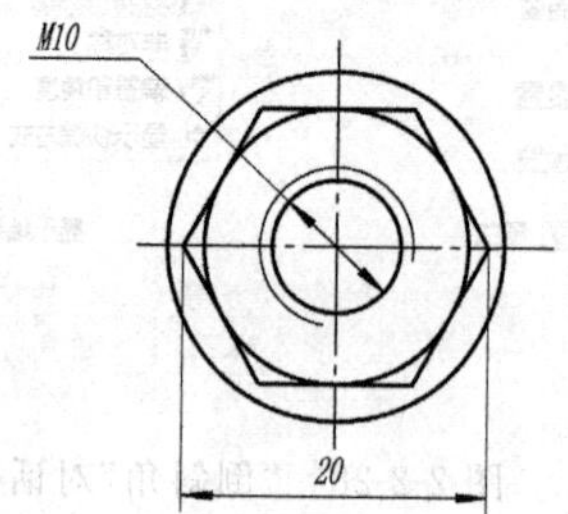

练习题 2-2-3

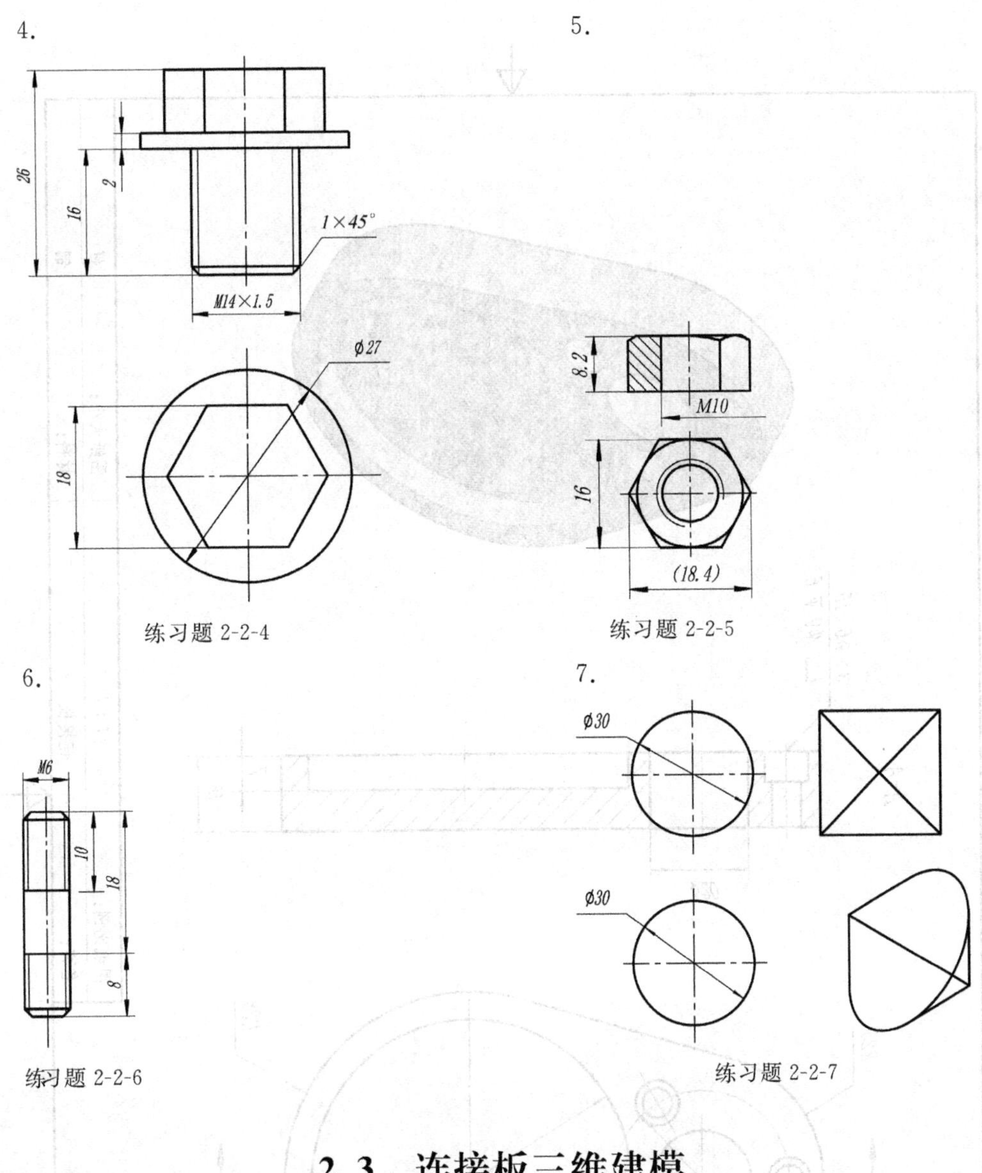

练习题 2-2-4

练习题 2-2-5

练习题 2-2-6

练习题 2-2-7

2.3　连接板三维建模

2.3.1　学习目标

本节主要学习常规零件的建模思路、复杂草图的画法和孔特征的添加，主要学会以下命令的使用方法：

"孔"、"阵列特征"、"直线"、"快速修剪"、约束等。

2.3.2　任务分析

连接板零件图如图 2-3-1 所示。该连接板主体使用拉伸完成，草图绘制较前几个项目复杂，包含两个圆和两条公切线。其他特征都可以通过孔特征来完成，主要有一个 $\phi20$ 的通孔、三个沉头孔和一个 $\phi65$ 深 7 的盲孔。

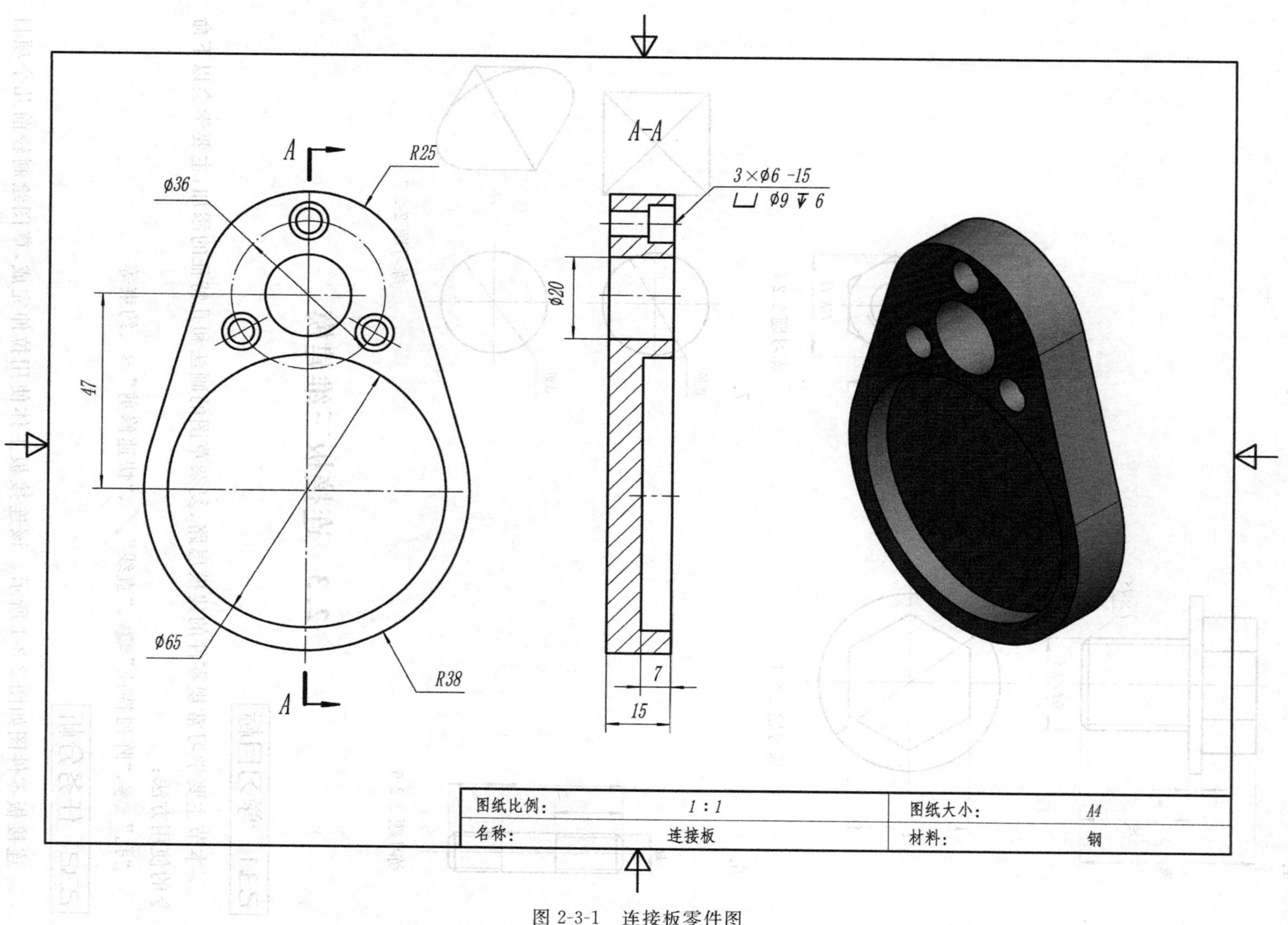
A-A
3×φ6 -15
⌴ φ9 ↧ 6
R25
φ36
47
φ20
φ65
R38
7
15
A
A
图纸比例: 1:1
名称: 连接板
图纸大小: A4
材料: 钢

图 2-3-1 连接板零件图

2.3.3　作图步骤

连接板造型

1. 底板的建模

1）创建草图

在 XY 平面上，创建一个草图。进入草图模式，在原点位置绘制一个 $\phi76(2\times R38)$ 的圆，向该圆的正上方移动鼠标，会看到一条虚线，如图 2-3-2 所示，单击确定 $\phi50$ 圆的位置，这样该圆与 $\phi76$ 的圆在竖直方向是对齐的，虚线的提示代表了两个圆在某个方向的预判约束。将两个圆心之间的距离修改为 47，两个圆的尺寸修改为 50 和 76，如图 2-3-3 所示。注意，不要出现两圆相切的情况，否则没有圆心距离可以修改，如图 2-3-4 所示。

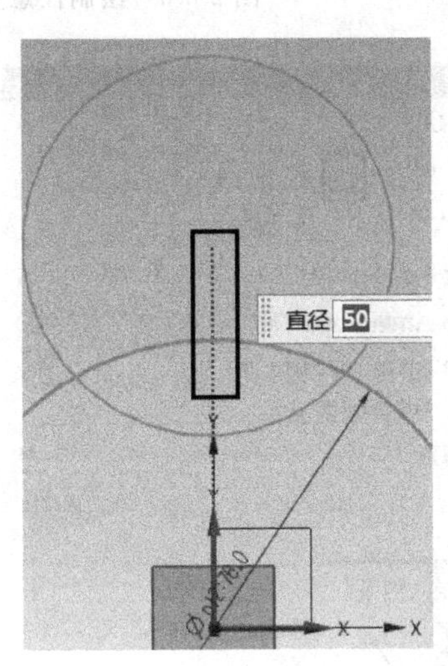

图 2-3-2　确定第二个圆

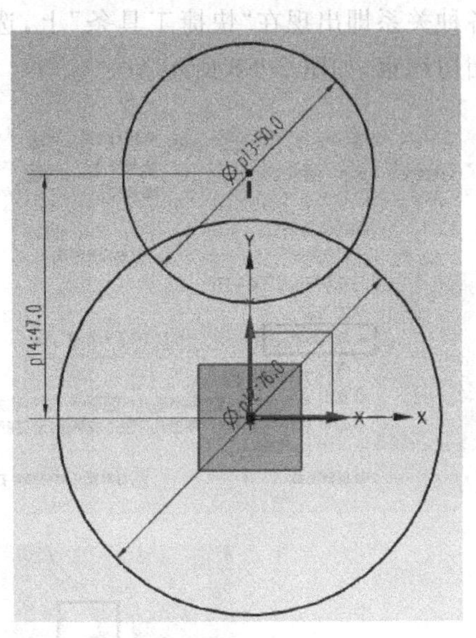

图 2-3-3　修改尺寸

选择“直接草图”→“直线”命令，绘制一条直线分别与两圆相切。在上方圆上单击，确定第一点，鼠标靠近下方的圆周，会出现相切的符号，如图 2-3-5 所示。单击确定第二点。

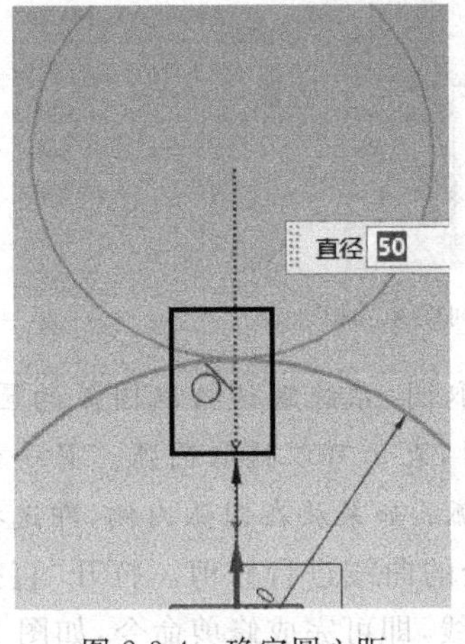

图 2-3-4　确定圆心距

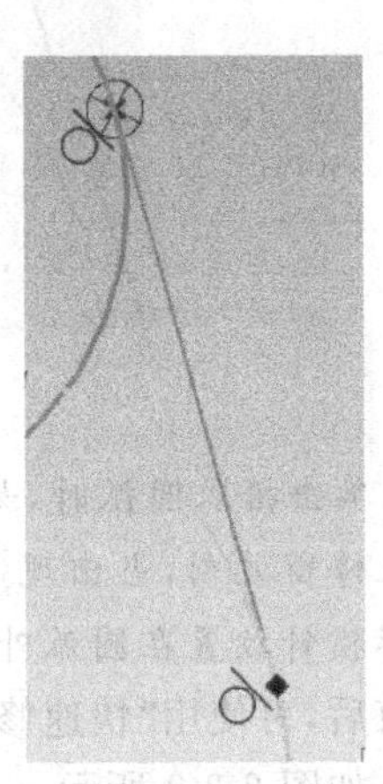
图 2-3-5　相切符号

公切线也可以这样绘制，在两个圆的一侧，任意绘制一条直线(尽量足够长，否则完成几何约束后需要延伸)，如图 2-3-6 所示。打开"直接草图"→"更多"→"几何约束"命令，选择"相切"命令，单击拾取直线，即完成"选择要约束的对象"，然后单击"要约束的对象"，单击拾取圆弧，此时完成两个对象的相切约束，如图 2-3-7 所示。使用同样的方法再次约束直线和大圆的相切约束，完成两圆公切线的绘制。

在 UG NX 10.0 以后，鼠标左键增加了"快捷工具条"功能，在此添加直线和圆弧的相切几何约束时可以很方便地使用。鼠标在无命令状态下，分别单击拾取圆弧和直线，此时两者可以出现的各种关系即出现在"快捷工具条"上，选择"相切"命令，即可完成相切约束，如图 2-3-8 所示。

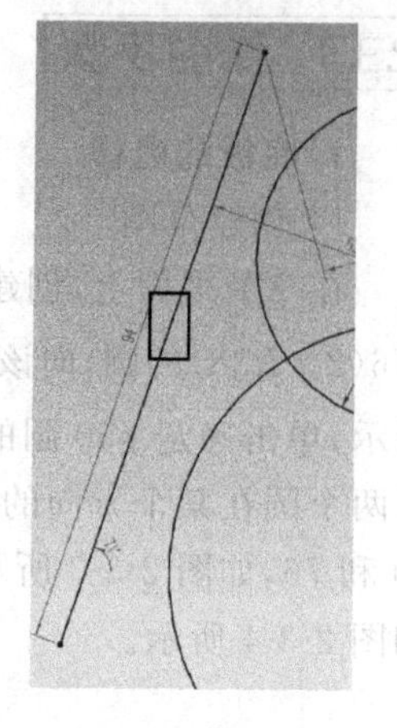

图 2-3-6　绘制任意直线

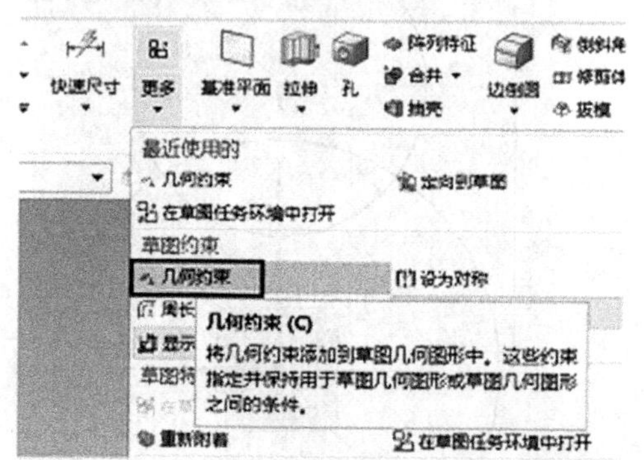

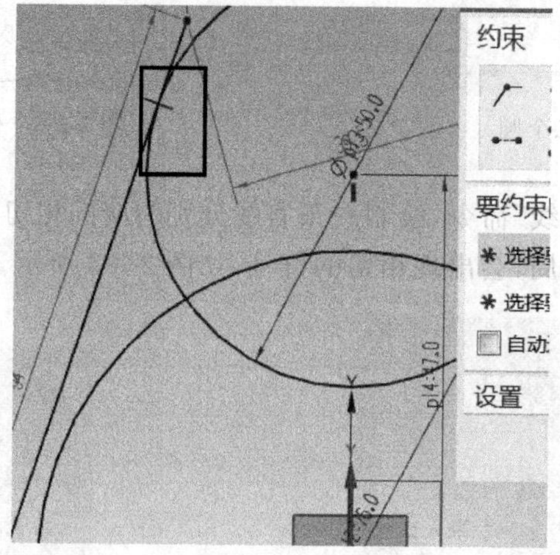

图 2-3-7　使用"几何约束"命令

注意：在单击拾取圆弧时，如果直接单击拾取圆，系统默认拾取圆弧的圆心，此时可将鼠标在圆弧上停留片刻，当出现 Arc3 / SKETCH_0C 时，表示可以拾取圆弧。另一种比较快捷的方法是将鼠标指针放置在圆弧外侧，即可选择圆弧；如果放在圆弧内侧，即选择圆心。

完成约束后，可使用"快速修剪"命令，将多余的曲线进行修剪。打开"直接草图"→"快速修剪"命令，如图 2-3-9 所示。单击拾取多余曲线，即可完成修剪命令，如图 2-3-10 所示。

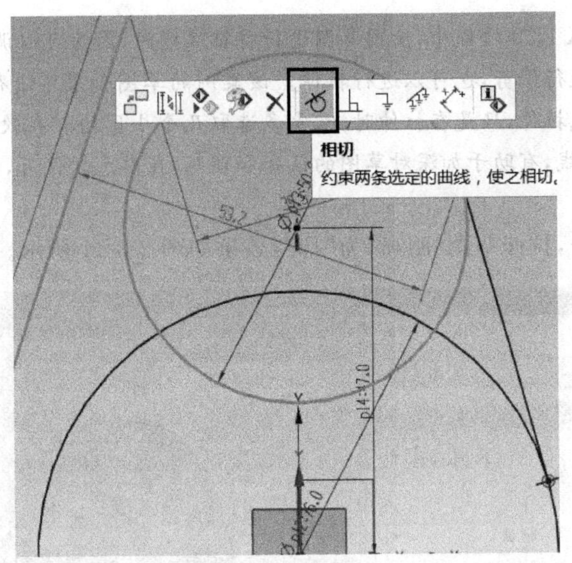

图 2-3-8　快捷工具条

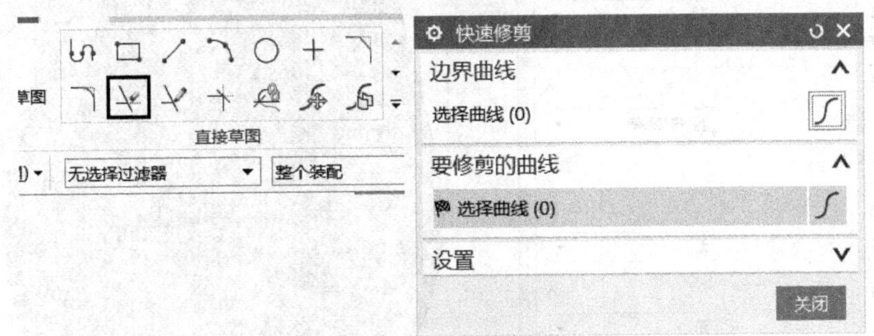

图 2-3-9　“快速修剪”命令

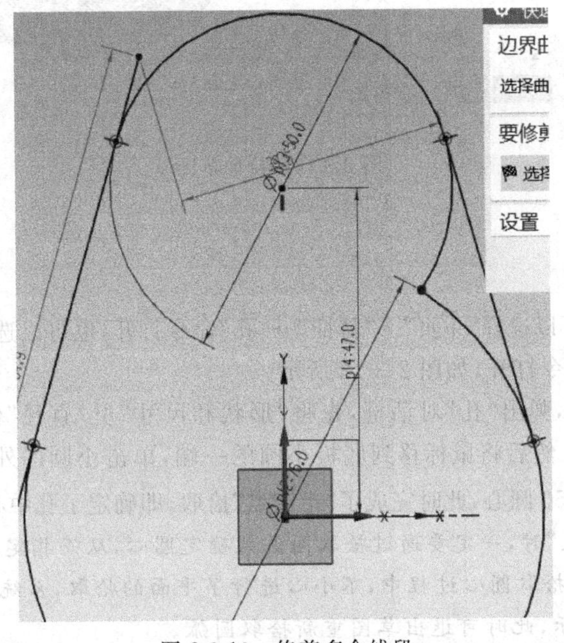

图 2-3-10　修剪多余线段

注意：在 UG NX 11.0 软件中，使用草图进行特征建模时，因为可以调整“曲线规则”选项，因此，很多草图可以不进行修剪，也可以进行拉伸。该案例的草图如果不进行快速修剪，可使用“区域边界曲线”选项完成拉伸，只是在拉伸时，需要多选取几个小区域。在软件学习初期，建议读者尽量修剪草图多余曲线，有助于加深对草图的认知和理解，在熟悉软件后，可以随意控制。

2）拉伸实体

使用“拉伸”命令，拉伸草图“距离”为“15”，效果如图 2-3-11 所示。

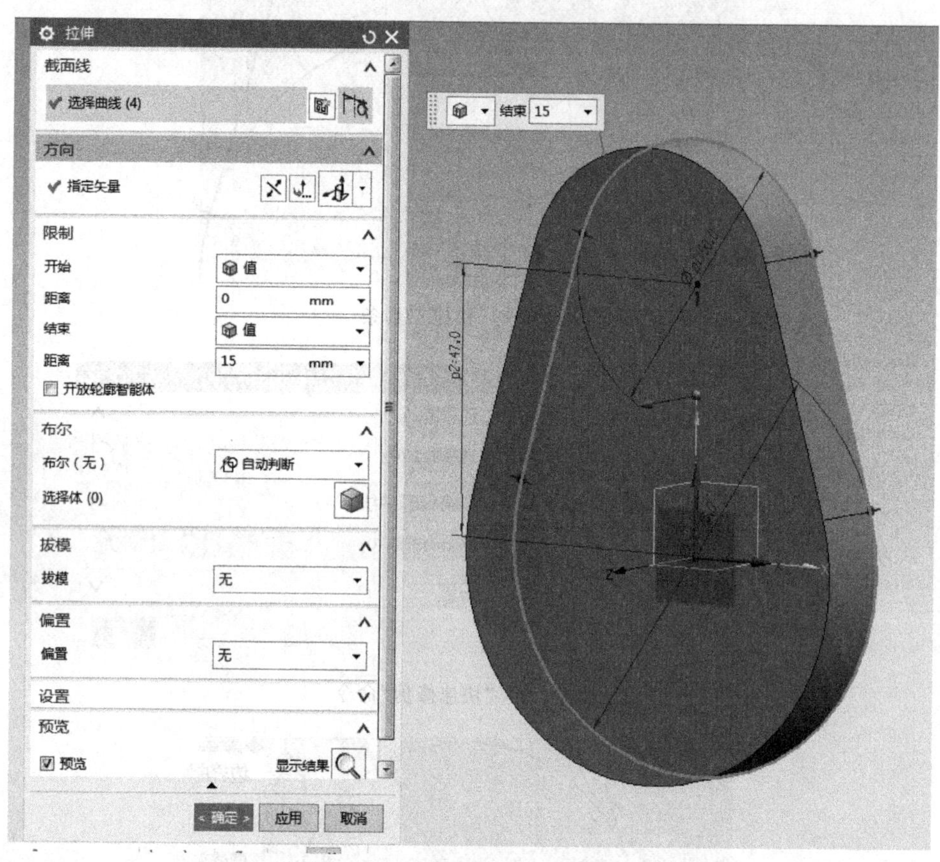

图 2-3-11　拉伸草图

2. 添加孔特征

1）ϕ20 通孔

打开“孔”命令，可以选择“主页”→“特征”→“孔”命令打开，也可以选择“菜单”→“插入”→“设计特征”→“孔”命令打开，如图 2-3-12 所示。

打开“孔”命令后，弹出“孔”对话框，先将“形状和尺寸”里“直径”修改为“20”，“深度限制”修改为“贯通体”；然后将鼠标移到底板小圆的一端，单击小圆的外轮廓，如图 2-3-13 所示，系统会自动选择 ϕ50 圆心，此时完成了“指定点”拾取，即确定了孔中心所在平面和位置。

注意：在“指定点”时，一定要通过拾取圆弧来确定圆心，从而指定孔的中心位置和外圆弧圆心共点。如果在拾取圆心过程中，不小心进行了平面的拾取，系统则默认进入草图绘制模式，如图 2-3-14 所示，此时可退出草图重新拾取圆弧。

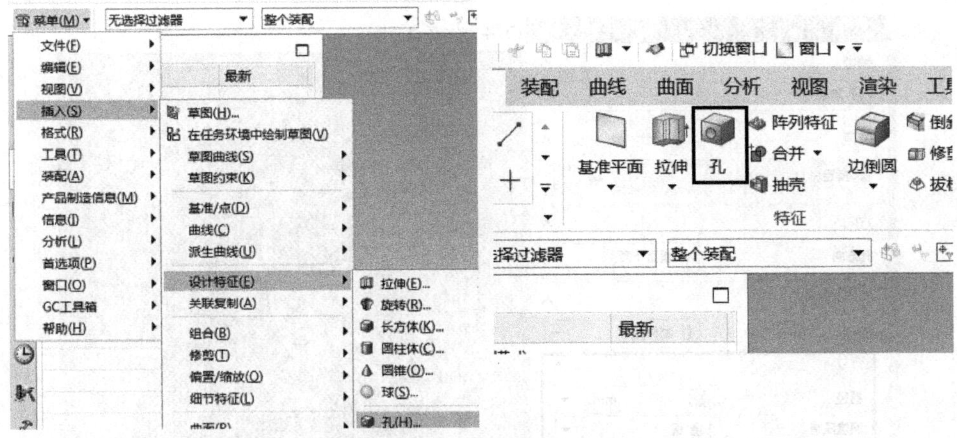

图 2-3-12　“孔”命令

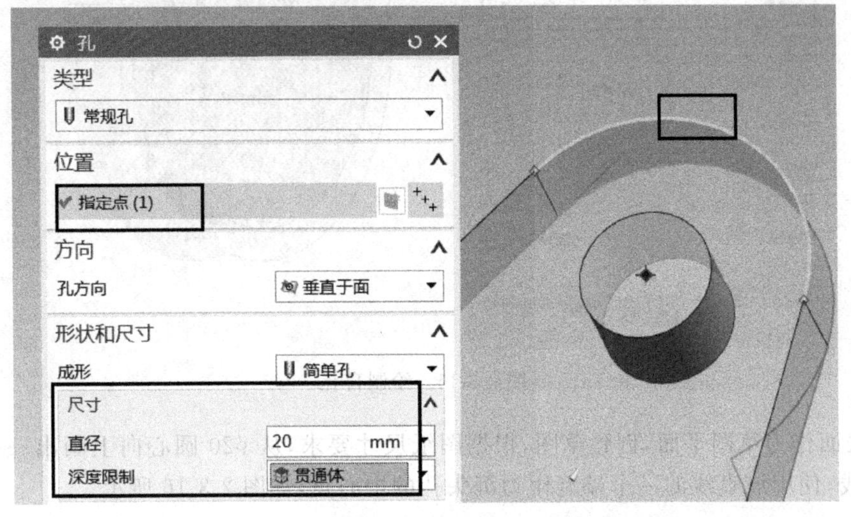

图 2-3-13　拾取圆心

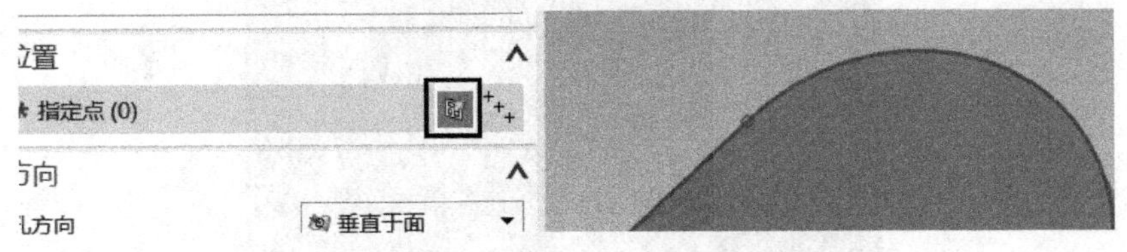

图 2-3-14　拾取过多的因素

2）ϕ65 盲孔

打开“孔”命令，更改“直径”为“65”，“深度”为“7”，将“顶锥角”设置为“0”，指定大圆弧圆心作为“指定点”，完成 ϕ65 盲孔的特征创建，如图 2-3-15 所示。

3）沉头孔

ϕ20、ϕ65 的孔中心分别和模型中的小圆、大圆圆心共点，因此可以直接“指定点”。沉头孔的中心点无法直接确定，需要在模型中通过草图等形式创建点。在此，可以选择拉伸出的

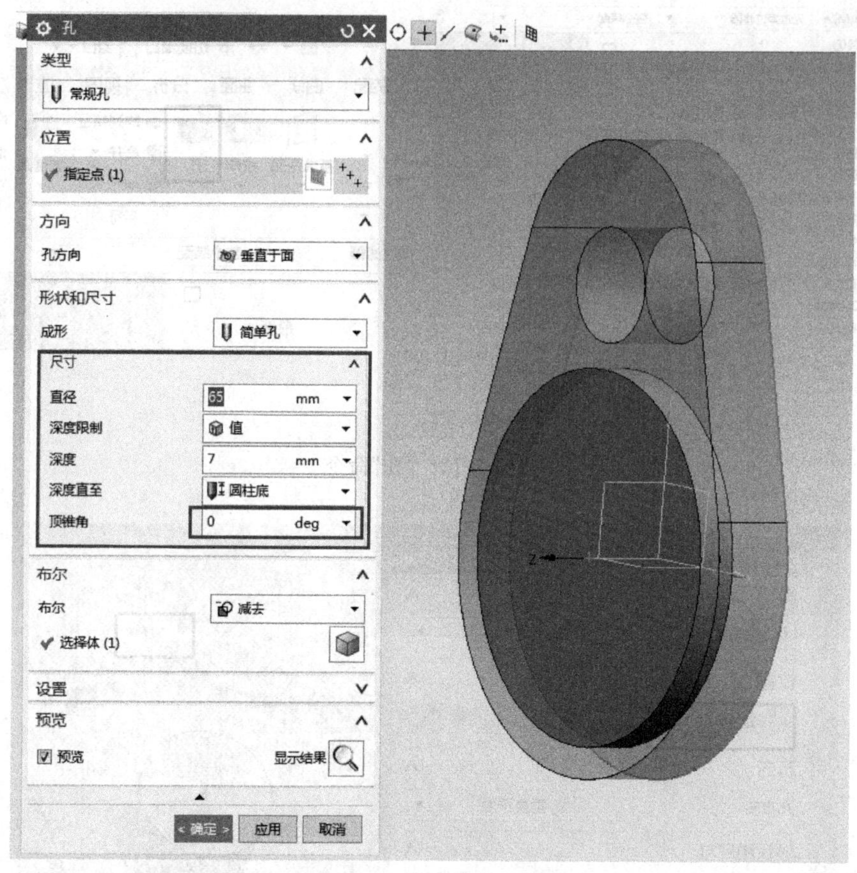

图 2-3-15　绘制盲孔

底座上表面作为草图平面，创建草图，根据图纸尺寸要求，从 ϕ20 圆心向上画出一条距离为 18 的直线，使用该直线的一个端点作为沉头孔的中心点，如图 2-3-16 所示。

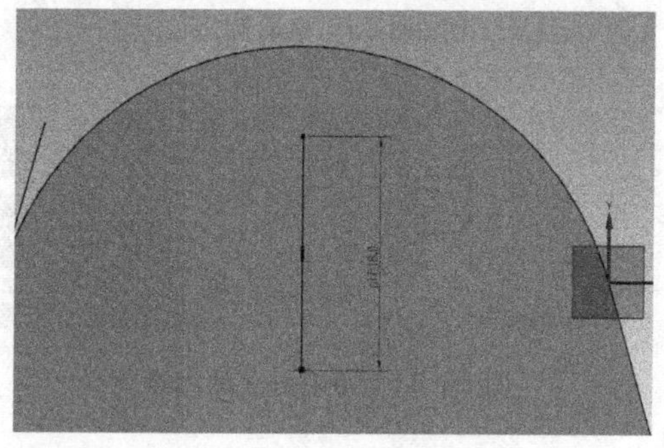

图 2-3-16　沉头孔的中心点

打开“孔”命令，以直线的端点为圆心，将“简单孔”改为“沉头孔”，根据图纸尺寸标注，设置“沉头直径”为“9”，“沉头深度”为“6”，孔径为“6”，“深度限制”选择“贯通体”，如图 2-3-17 所示。

3. 阵列

通过“阵列”命令，完成其他 2 个沉头孔的创建。阵列特征在老版本中称“对特征形成图

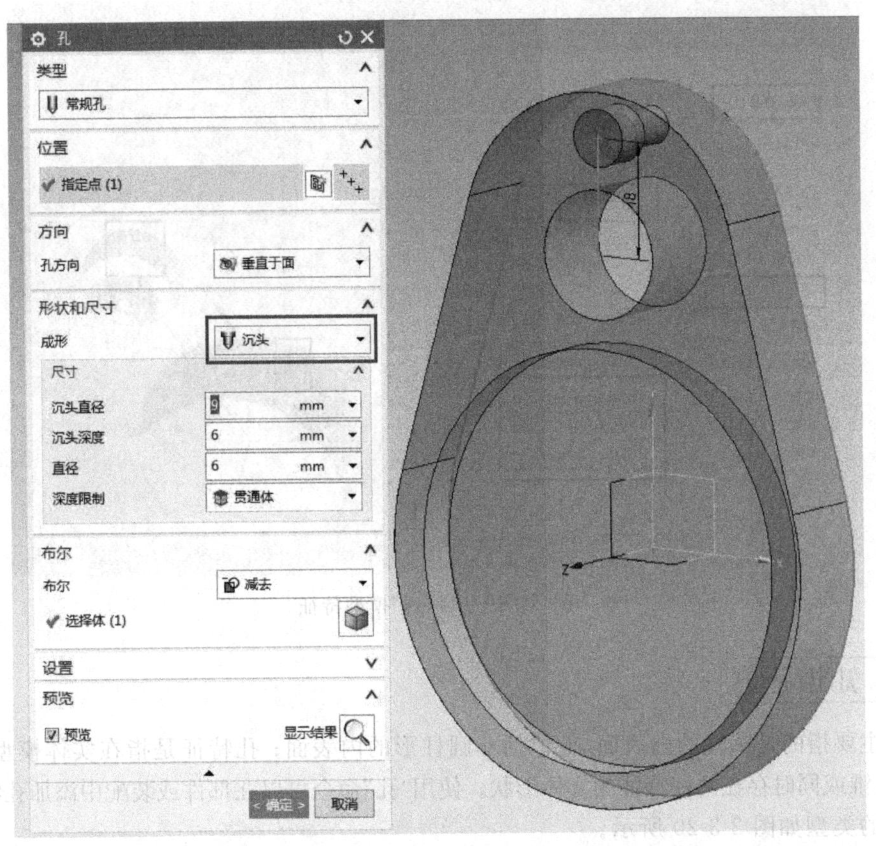

图 2-3-17　绘制沉头孔

样”,可通过选择“菜单”→“插入”→“关联复制”→“阵列特征”命令打开,也可以在工具栏上直接单击打开,如图 2-3-18 所示。

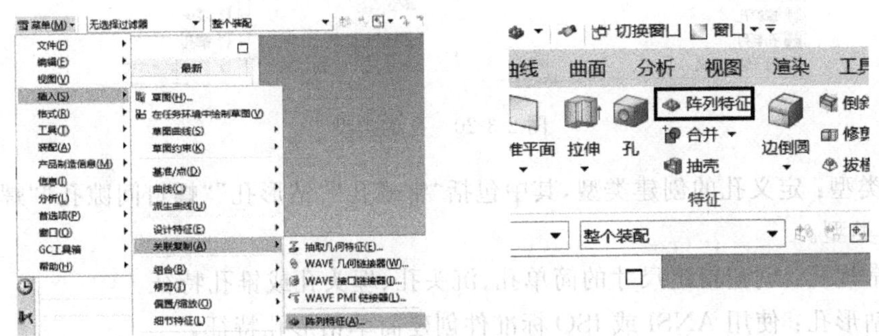

图 2-3-18　打开“阵列特征”命令

弹出“阵列特征”对话框,“选择特征”选择刚刚创建的“沉头孔”为阵列对象,“阵列定义”选择“圆形”,“旋转轴”拾取 ϕ20 孔内壁,阵列“数量”为“3”,“节距角”输入“360/3”,单击确定,如图 2-3-19 所示。

4. 显示和隐藏

隐藏坐标系和草图,保存文件。

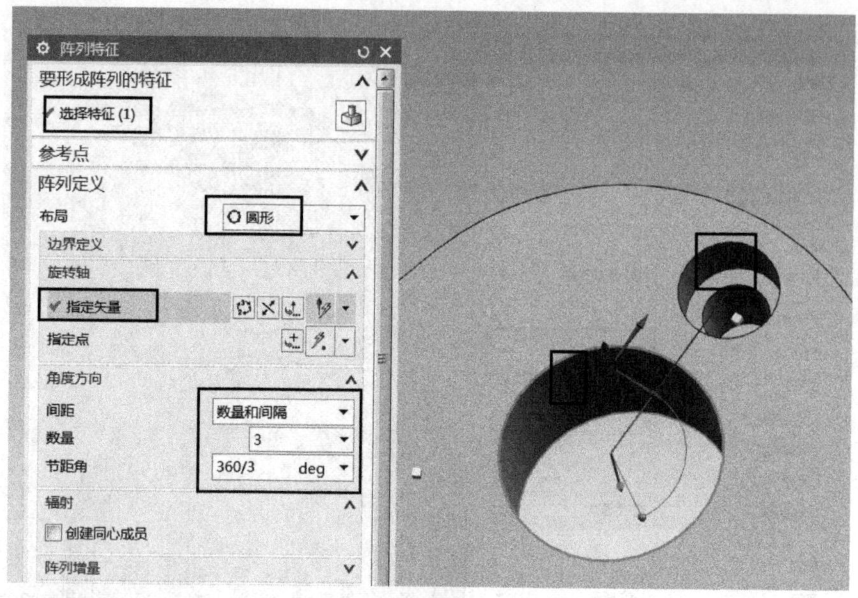

图 2-3-19 "阵列"模型特征

2.3.4 知识拓展

孔主要指的是圆柱的内表面,也包括非圆柱形的内表面;孔特征是指在实体模型中去除圆柱、圆锥或同时存在两种特征的实体形状。使用"孔"命令可以在部件或装配中添加孔特征。

孔的类型如图 2-3-20 所示。

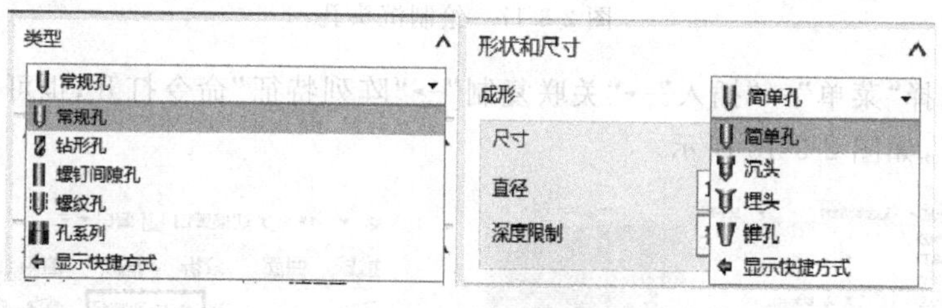

图 2-3-20 孔的类型

孔的类型:定义孔的创建类型,其中包括"常规孔""钻形孔""螺钉间隙孔""螺纹孔""孔系列"5 种类型。

(1) 常规孔:创建指定尺寸的简单孔、沉头孔、埋头孔或锥孔特征。

(2) 钻形孔:使用 ANSI 或 ISO 标准件创建简单钻形孔特征。

(3) 螺钉间隙孔:创建简单、沉头或埋头通孔,它们是为具体应用而设计的,例如螺钉的间隙孔。

(4) 螺纹孔:创建螺纹孔,其参数有大小、螺纹深度和旋向等。

(5) 孔系列:创建起始孔、中间孔和结束孔,尺寸一致的多形状、多目标体的对齐孔。

位置:确定孔中心的位置,通过已有草图中的点或者圆的边自动确定孔的中心。

方向:指定孔的方向。

形状和尺寸:指定孔特征的形状和尺寸,包括"简单孔""沉头孔""埋头孔""锥形孔"

4种成形方式。

简单孔：通过指定孔表面的中心点、制定孔的生产方向、设置孔的参数完成创建。

沉头孔：紧固件的头完全沉入的阶梯孔。

埋头孔：紧固件的头不完全沉入的阶梯孔。

锥形孔：通过指定孔的表面的中心点，制定孔的生产方向，然后设置孔的直径、孔深和锥角参数，完成创建。

布尔：指定布尔运算操作。

设置：定义选项和参数的标准与公差。

预览：在图形区域中预览结果。

注意：

(1) 通过指定多个放置点，在单个特征中创建多个孔。

(2) 通过"指定点"对孔进行定位，而不是利用"定位方式"对孔进行定位。

(3) 创建孔特征时，可以使用"无"和"减去"布尔运算。

课后练习题

按以下图纸要求，在软件中创建其三维模型，其中，练习题2-3-4的拉伸厚度为10mm。

1.

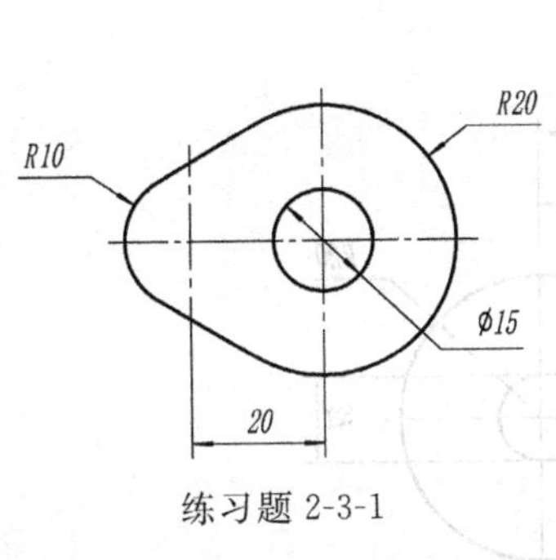

练习题2-3-1

2.

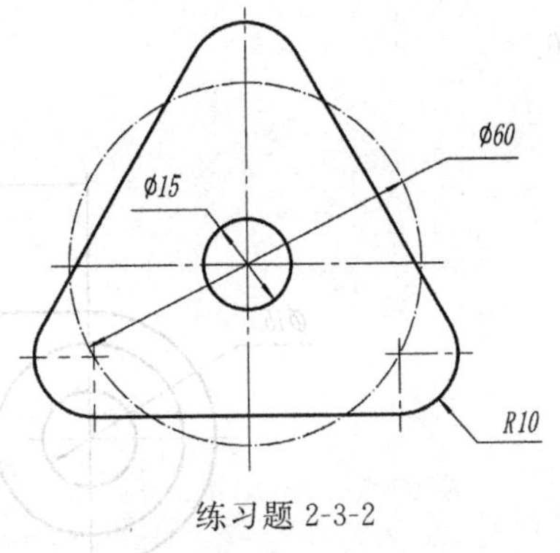

练习题2-3-2

3.

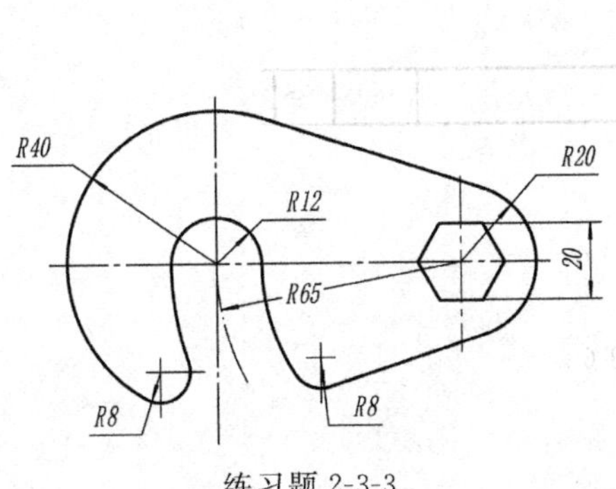

练习题2-3-3

4.

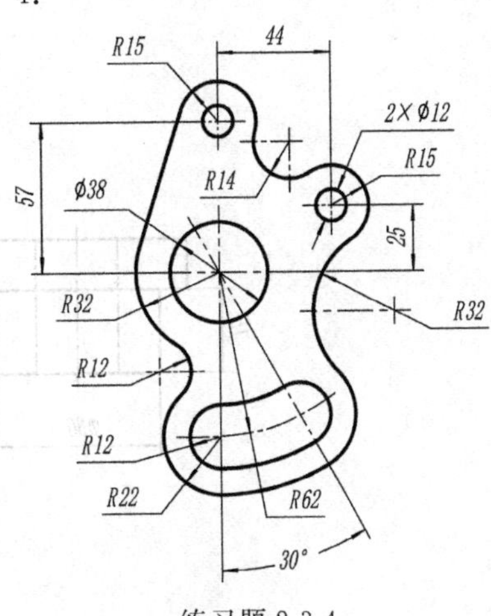

练习题2-3-4

5.

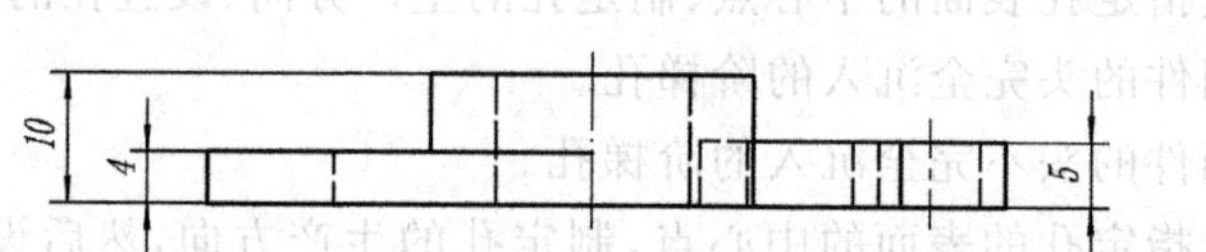

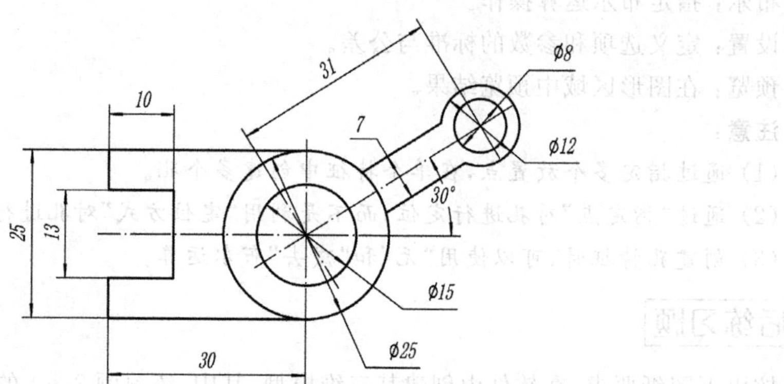

练习题 2-3-5

6.

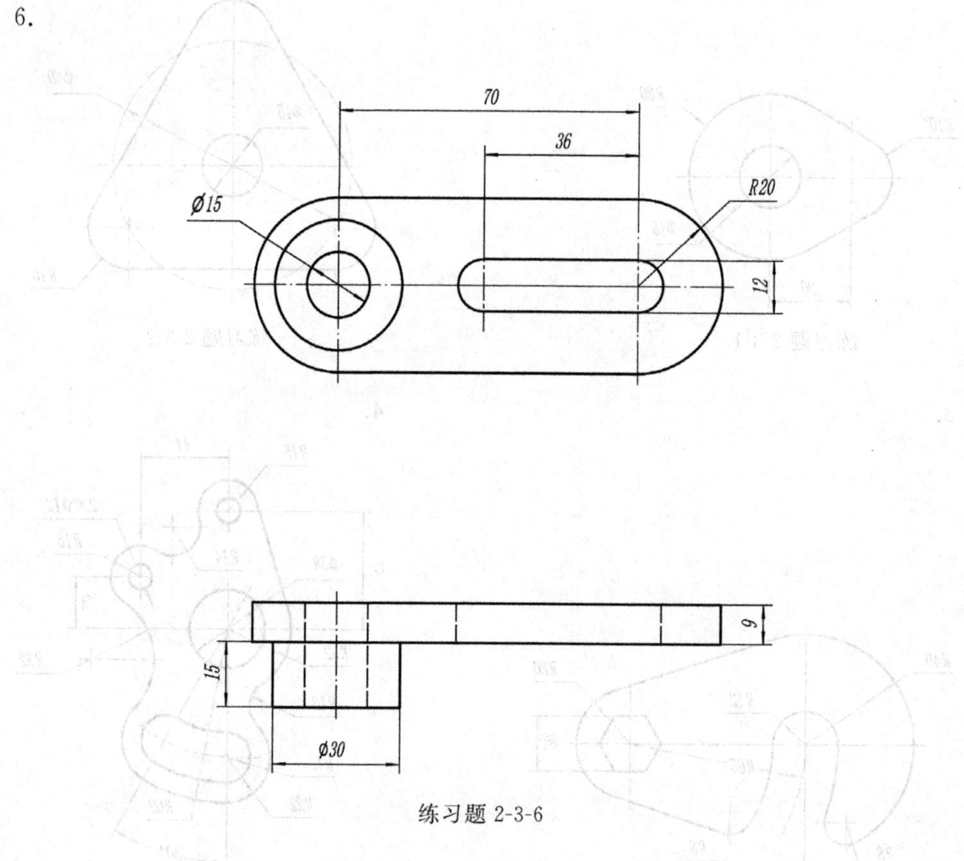

练习题 2-3-6

7.

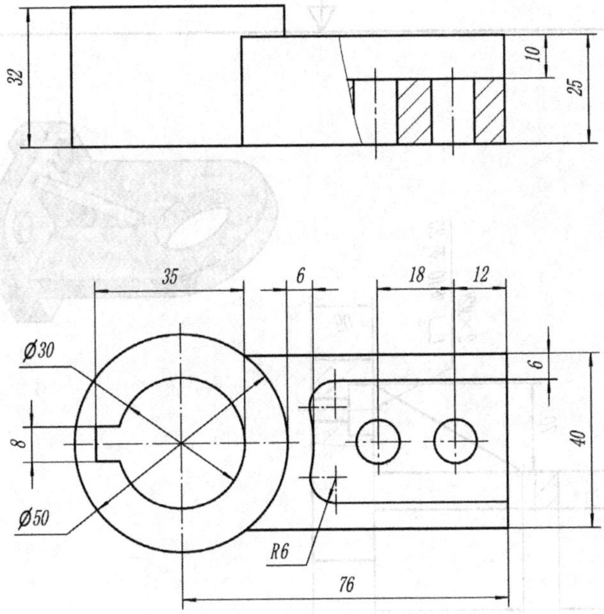

练习题 2-3-7

8.

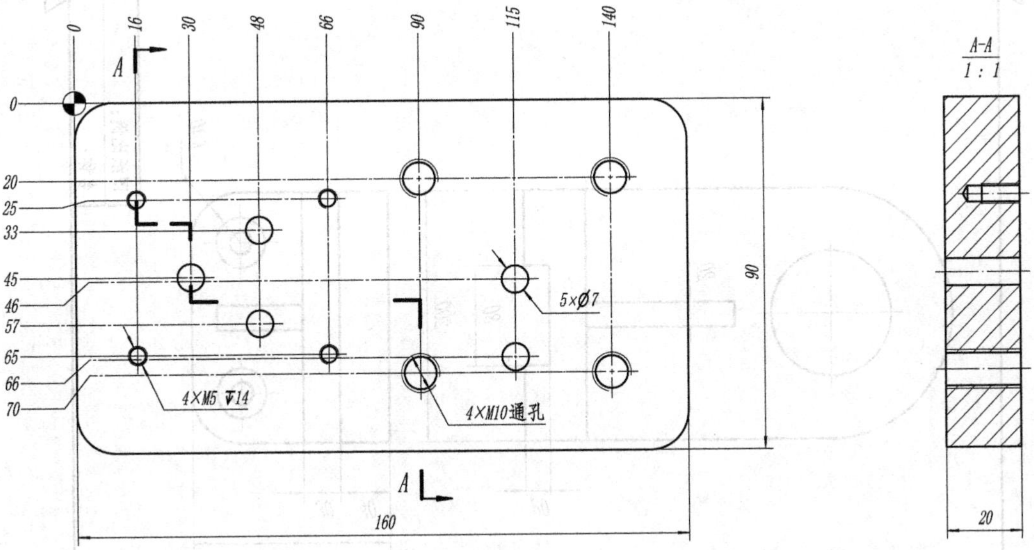

练习题 2-3-8

2.4　铰支座三维建模

2.4.1　学习目标

本节通过一个铰支座模型(见图 2-4-1),重点练习草图中几何约束和参数编辑的实际应

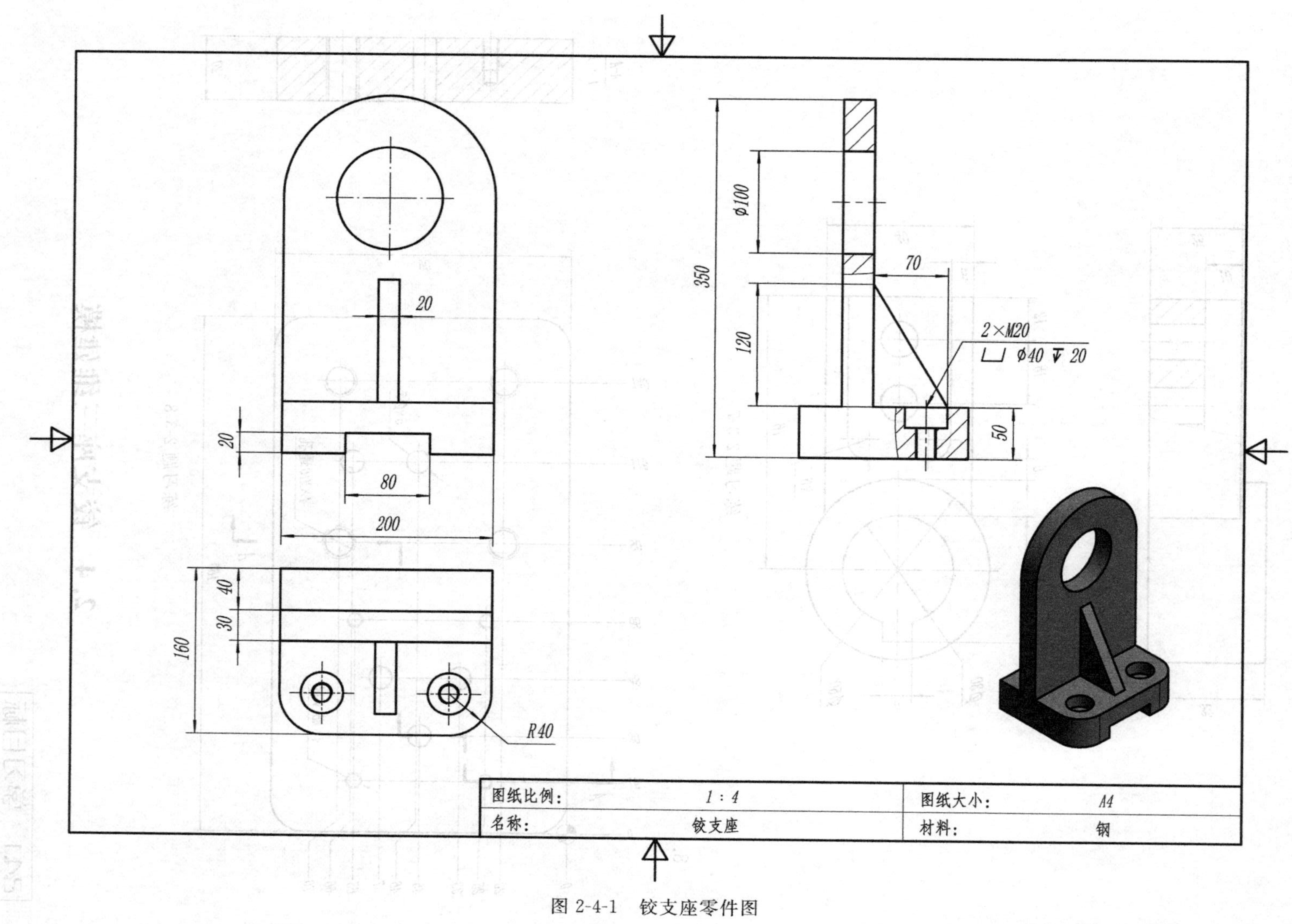
20
20
80
200
40
30
160
R40
350
Φ100
120
70
2×M20
⌴ Φ40 ↧ 20
50
图纸比例： 1 : 4
图纸大小： A4
名称： 铰支座
材料： 钢

图 2-4-1　铰支座零件图

用，并重点讲述零件的三维造型思路和方法，掌握如何通过不同平面创建草图实现特定造型的方法，增强空间立体感。

2.4.2 任务分析

使用三维软件进行造型时，一般遵循先加后减，先主后次的原则。指的是先进行增材操作，把主体结构通过拉伸、旋转等造型方法完成，然后再进行减材操作，即开槽、打孔、倒角和圆角等。例如，该任务一般造型的方法是拉伸底板、拉伸立板、拉伸加强筋，然后开底槽、倒圆角、打孔，如图 2-4-2 所示。本节将使用几种方法进行三维建模，试比较各方法的优劣。

2.4.3 作图步骤

铰支座造型

建模时，草图平面尽量使用软件的基准坐标系，因此基准坐标系在模型中的布局确定非常重要。合理确定坐标原点位置和 XYZ 轴的分布，将大大提高建模效率。在创建该模型时，根据零件放置情况（或者工作时的状态）可分为前后即 Y 轴、左右即 X 轴、上下即 Z 轴。原点位置放置在底板后部中心位置处，如图 2-4-3 所示。

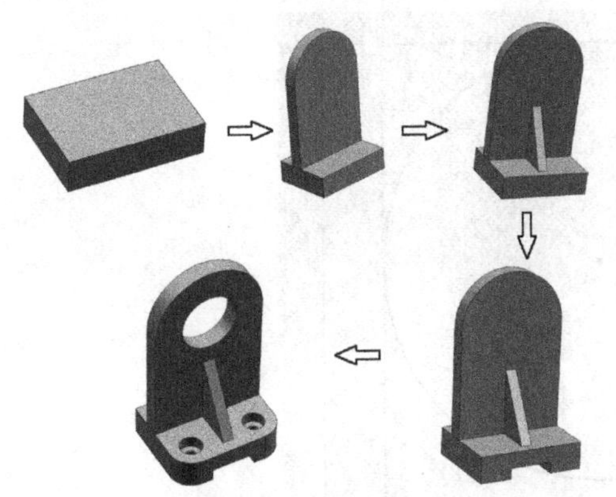

图 2-4-2　建模步骤

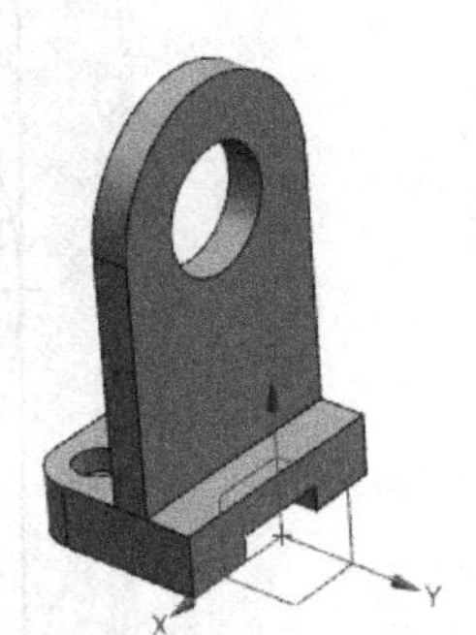

图 2-4-3　确定坐标原点位置

1. 创建底板

(1) 创建底板草图。UG NX 11.0 在几何约束方面更加方便、好用，例如，本案例草图需要用到的矩形边中点的重合约束。在之前的版本中（包括 UG NX 10.0 版本）几何约束时，无法对直线的中点进行拾取，而在 UG NX 11.0 版本中，可以直接拾取直线的中点进行重合约束，例如，底板草图中需要绘制一个长度为 200，宽度为 160 的矩形，需要矩形的上边线中点和坐标系原点重合，因此，可先在草图内任意位置绘制一个 200×160 的矩形。打开“几何约束”命令（可按键盘上的 C 快捷键），单击选择矩形上边中点作为“选择要约束的对象”，单击选择坐标原点为“选择要约束到的对象”，如图 2-4-4 所示。这样矩形的上边中点位置和坐标原点即可重合，如图 2-4-5 所示。

(2) 拉伸实体。退出草图（或者选择拉伸“X”命令），拉伸草图，拉伸距离为“50”，完成底板的创建。

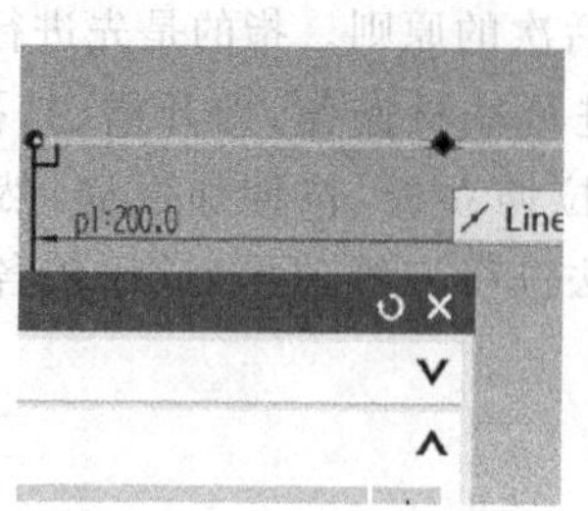

图 2-4-4　几何约束

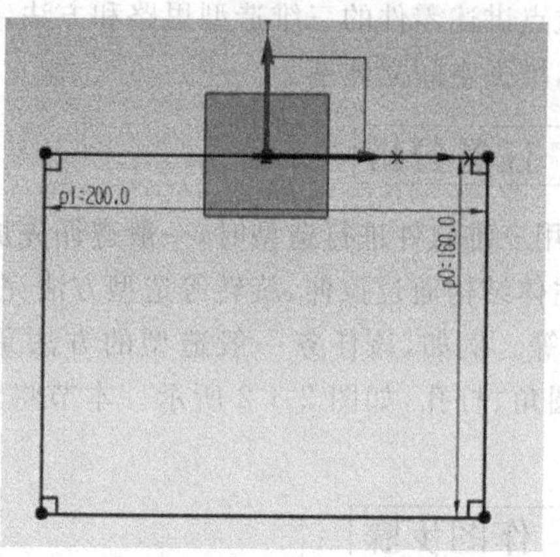

图 2-4-5　确定“矩形”位置

2. 创建立板

(1) 在 XZ 平面上建立草图，利用 200×300 的矩形，利用“重合约束”到正确位置，绘制一个任意大小的圆，使用“相切约束”命令，使其同矩形的三条边相切，如图 2-4-6 所示。

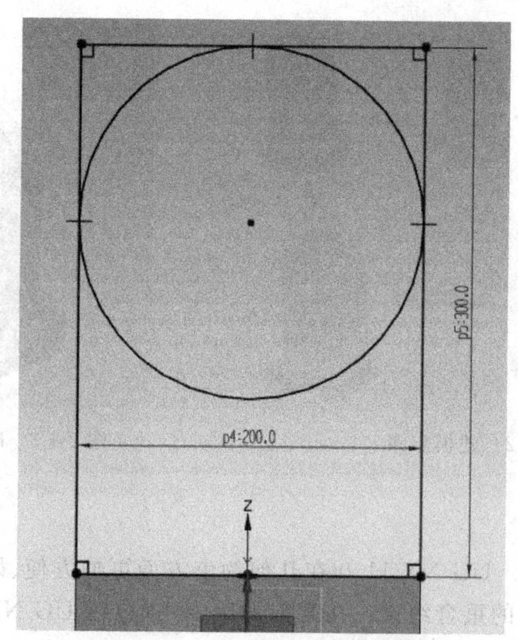

图 2-4-6　“相切”约束

(2) 拉伸。在“拉伸”选项中，指定开始的距离为“40”，结束的距离为“30＋40”，选择“布尔”→“合并”选项，如图 2-4-7 所示。

3. 创建加强筋

在 YZ 平面创建草图，利用“直线”命令，在草图中绘制如图 2-4-8 所示的图形。选择“拉伸”命令，将“限制”选项里的“开始”选项由“值”改为“对称值”，输入“距离”为“10”，如图 2-4-9 所示。

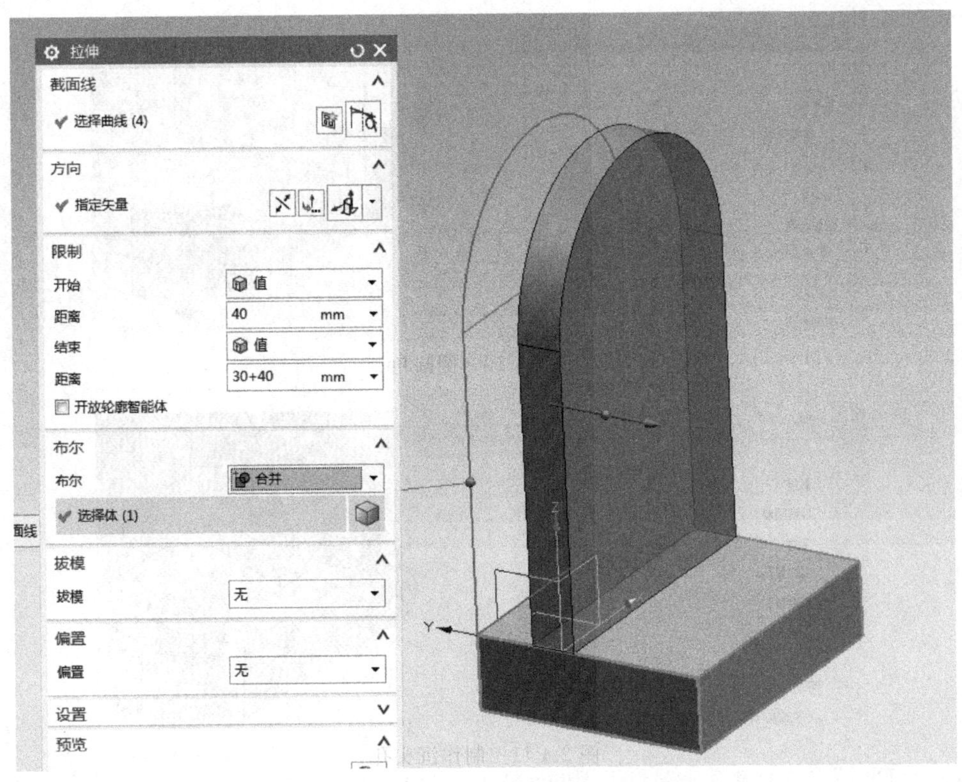

图 2-4-7　拉伸草图

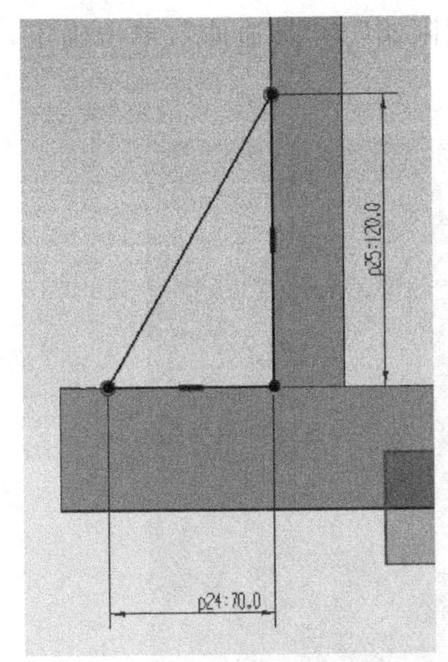

图 2-4-8　绘制三角草图

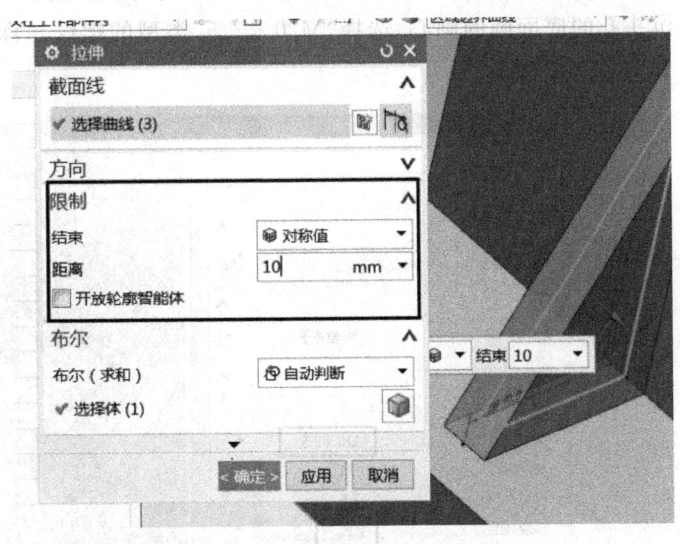

图 2-4-9　使用“对称”拉伸命令

4. 添加圆角、孔等特征

(1) 倒圆角。使用“边倒圆”命令，在弹出的对话框中输入圆角“半径 1”为“40”，单击底板前面的两条棱边，再单击确定，如图 2-4-10 所示。

(2) 制作沉头孔。使用“孔”命令，以圆角的圆心为孔的中心，绘制一个“直径”为“40”，“深度”为“20”，“角度”为“0”的平头孔，单击“应用”按钮，如图 2-4-11 所示。

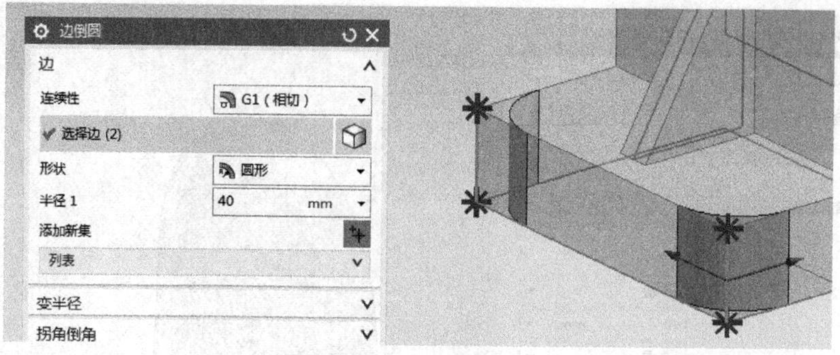

图 2-4-10　倒圆角

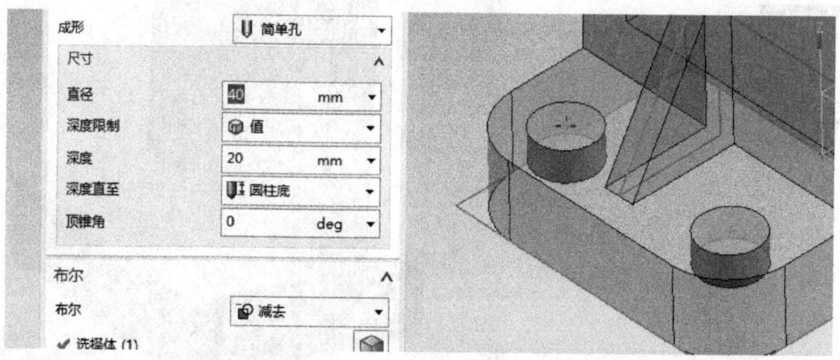

图 2-4-11　制作沉头孔

(3) 制作螺纹孔。在“孔”的对话框中,将“类型”切换为“螺纹孔”,拾取刚刚创建的两个沉头孔的底面圆的圆心,选择“M20×2.5”类型的螺纹,“深度限制”为“贯通体”,单击确定,如图 2-4-12 所示。

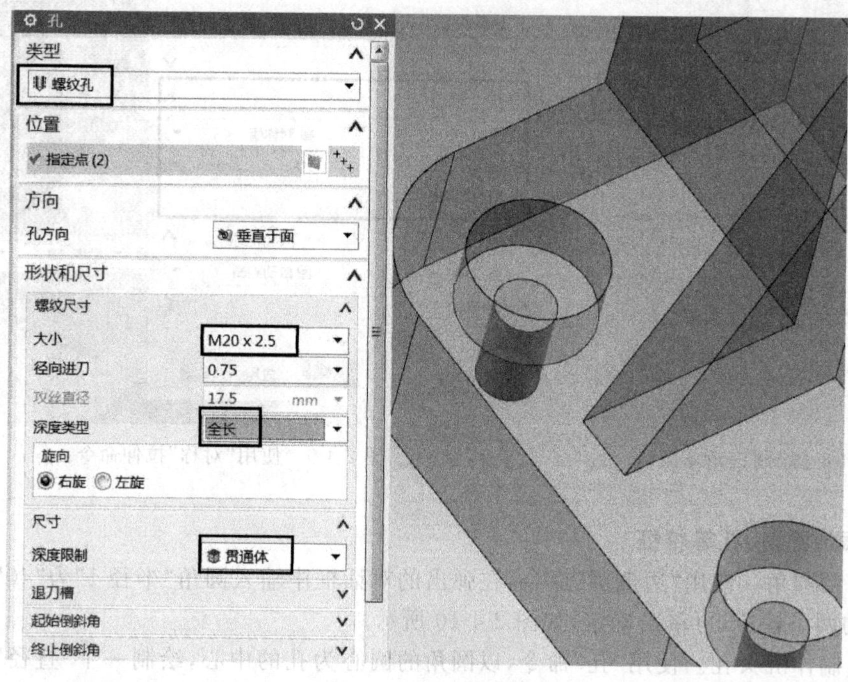

图 2-4-12　制作螺纹孔

(4) 添加 $\phi100$ 的通孔。使用"孔"命令，拾取立板外圆，修改孔"直径"为"100"，选择"深度限制"为"贯通体"，完成 $\phi100$ 通孔的添加。

5. 创建底槽

在 XZ 平面(或者在底板的前立面)创建草图，绘制 80×20 矩形，拉伸距离为"贯通"，布尔"减去"运算，如图 2-4-13 所示。

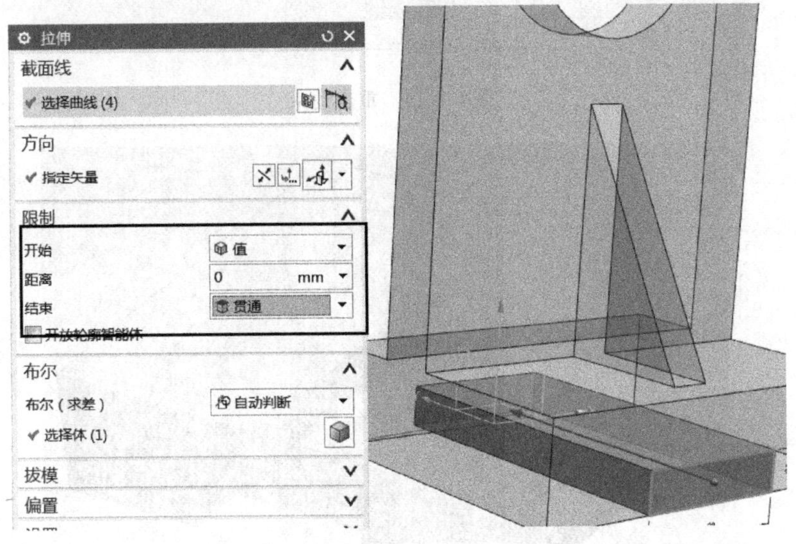

图 2-4-13 创建底槽

6. 显示和隐藏

隐藏坐标系和草图，选择适合视角，保存文件。

2.4.4 关于底板、立板和加强筋造型

1. 关于底板造型

在完成底板造型时，观察底面凹槽是贯通的，因此可以考虑从底板前面绘制两个矩形，一次性完成拉伸。

选择 XZ 面(零件的前面)创建草图，草图形状如图 2-4-14 所示。在此可以绘制出两个大致形状的矩形，通过"重合约束"，将两个矩形的下边中点和坐标系原点重合，完成草图后，使用"编辑参数"命令，修改 4 个尺寸至图纸要求。

拉伸使用"区域编辑曲线"，"距离"为"160"，这样可以一次性完成底板和底槽两个特征的创建，如图 2-4-15 所示。

2. 关于立板造型

立板造型上部为圆形，在建模时使用圆进行拉伸得到，但是在建模过程中，如果遇到此类造型，可以考虑使用两侧倒圆角的方法得到。

先拉伸 200×300 的矩形得到一个长方体，然后对两个角进行倒圆角处理，"半径 1"为"100"，完成边倒圆后，即可得到预期效果，如图 2-4-16 所示。这样绘制草图可节省大量时间，大大提高绘图效率。

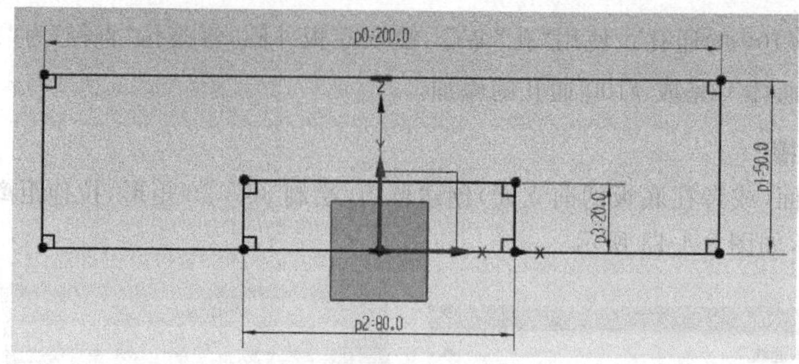

图 2-4-14 重合约束

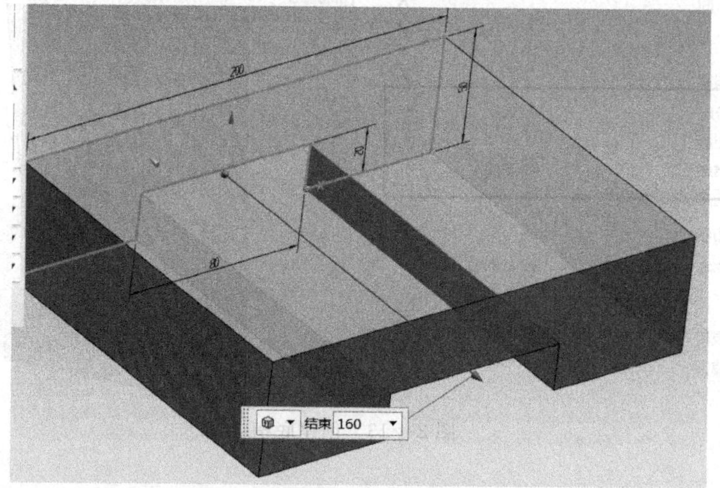

图 2-4-15 拉伸特征

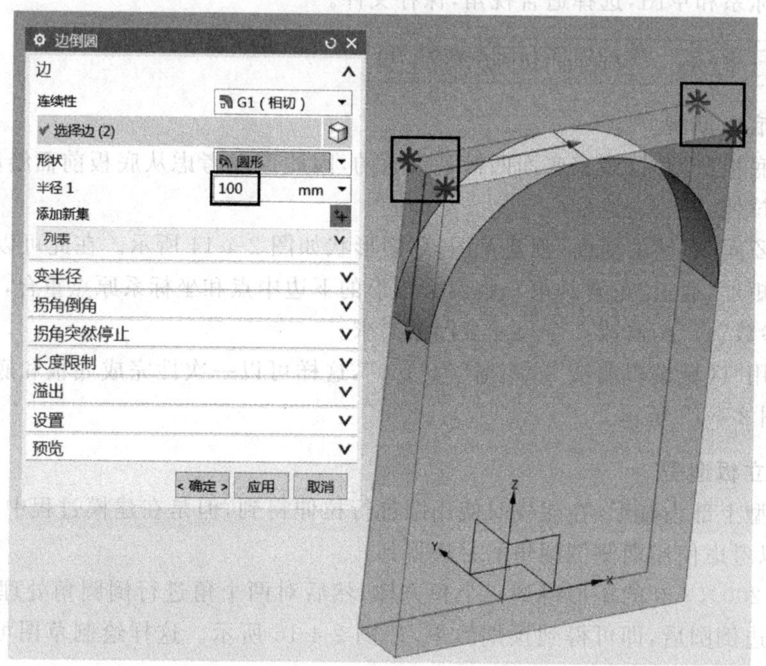

图 2-4-16 使用“倒圆角”命令

3. 关于加强筋造型

在创建加强筋时，可以考虑通过非对称倒角得到预期造型效果。首先创建一个 120×70×20 的长方体，然后使用非对称倒角，设置两侧距离(可使用鼠标左键拖曳两个箭头以区分“距离 1”和“距离 2”)，如图 2-4-17 所示。

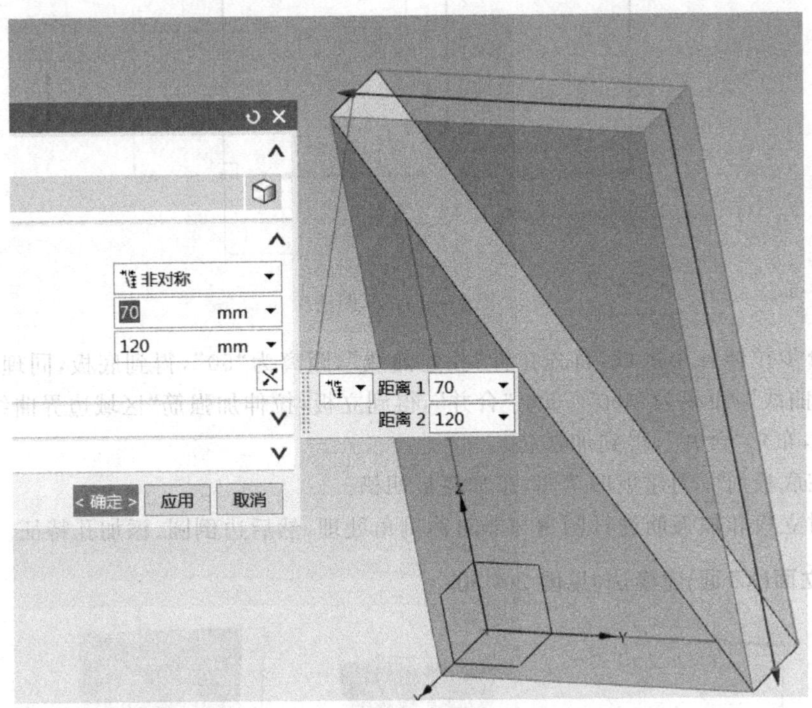

图 2-4-17　使用“倒斜角”命令制作加强筋

2.4.5 几种建模思路

通过以上各种建模技巧，在完成该零件的模型时，可以有很多种组合完成其造型，但是归纳起来可以有 3 种不同的成型方法。

1. 从底面(XY 面)建模法(见图 2-4-18)

(1) 从 *XY* 面开始创建草图，采用逐步拉伸，得到最终造型。草图形状如图 2-4-19 所示。在草图绘制过程中注意“重合约束”和“编辑参数”的使用。

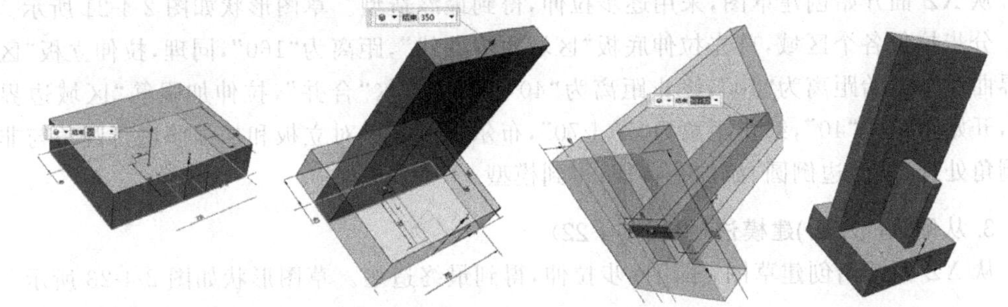

图 2-4-18　底面建模法

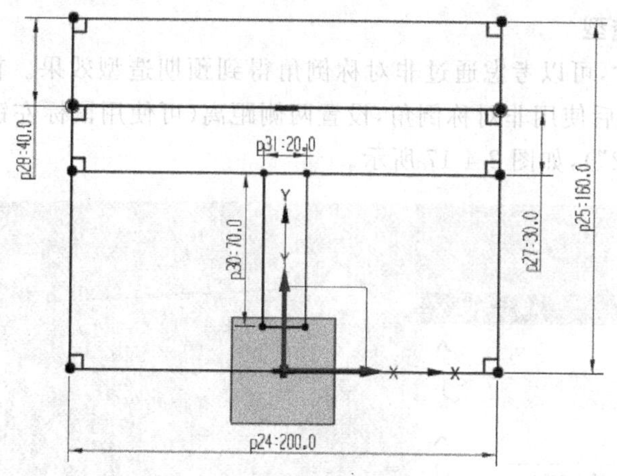

图 2-4-19　草图法

(2) 分步拉伸各个区域，首先拉伸“相连曲线”，距离为“50”，得到底板，同理，拉伸立板“区域边界曲线”，距离为“350”，布尔“合并”，得到立板，拉伸加强筋“区域边界曲线”，距离为“50＋120”，布尔“合并”，得到加强筋。

(3) 在底板前面创建矩形草图，添加底板凹槽。

(4) 对立板和加强筋进行圆角与非对称倒角处理，然后边倒圆、添加孔特征。

2. 从立面(XZ 面)建模法(见图 2-4-20)

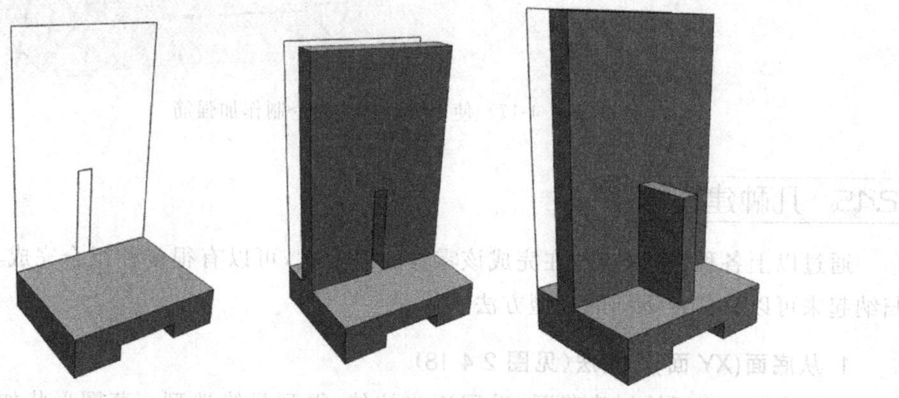

图 2-4-20　立面建模法

从 *XZ* 面开始创建草图，采用逐步拉伸，得到最终造型。草图形状如图 2-4-21 所示。

分步拉伸各个区域，首先拉伸底板“区域边界曲线”，距离为“160”，同理，拉伸立板“区域边界曲线”，开始距离为“40”，终止距离为“40＋30”，布尔“合并”，拉伸加强筋“区域边界曲线”，开始距离为“40”，终止距离为“70＋70”，布尔“合并”。对立板和加强筋进行圆角与非对称倒角处理，然后边倒圆、添加孔特征，得到模型。

3. 从侧面(YZ 面)建模法(见图 2-4-22)

从 *XZ* 面开始创建草图，采用逐步拉伸，得到最终造型。草图形状如图 2-4-23 所示。

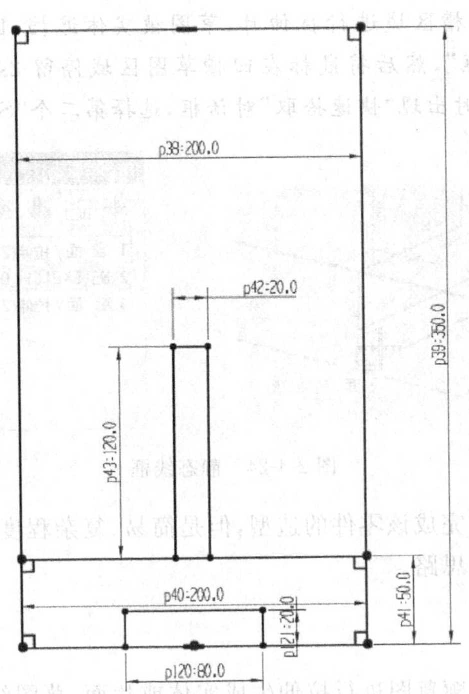

图 2-4-21　逐步拉伸法

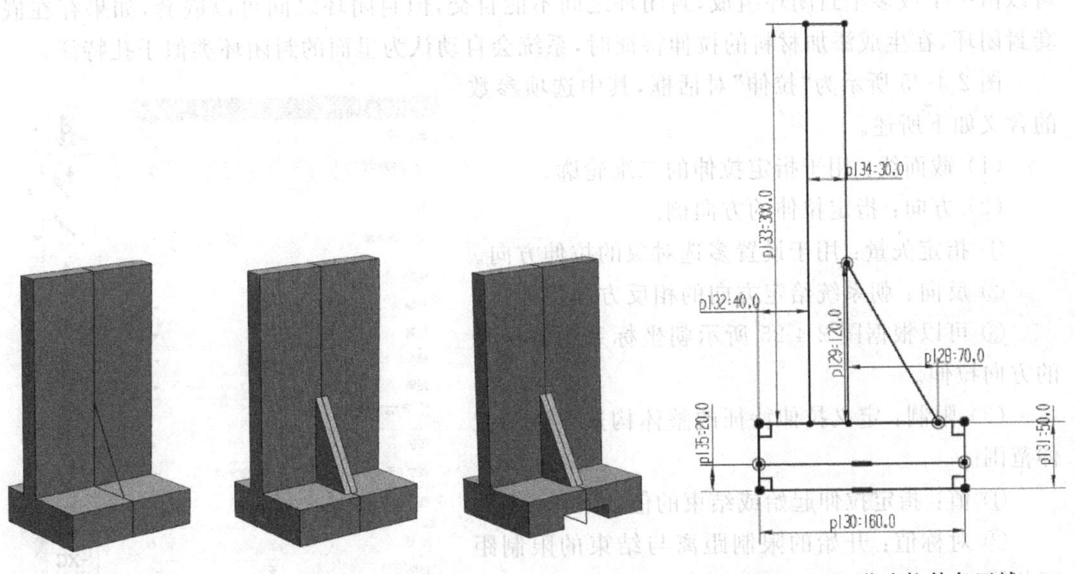

图 2-4-22　侧面建模法

图 2-4-23　分步拉伸各区域

分步拉伸各个区域，使用该侧面拉伸时，都是用“对称拉伸”选项。首先同时拉伸底板 160×50 和立板 300×30“区域边界曲线”，选择“对称拉伸”距离为“200/2”；拉伸加强筋“区域边界曲线”，选择“对称拉伸”距离为“20/2”，布尔“合并”；拉伸底板凹槽 160×20“区域边界曲线”，选择“对称拉伸”距离为“80/2”，布尔“减去”。对立板和加强筋进行圆角处理，然后边倒圆、添加孔特征，得到模型。

注意：在拾取底板凹槽区域进行拉伸时，草图被实体遮挡，因此先调整显示样式，"视图"→"样式"→"静态线框"，然后将鼠标在凹槽草图区域停留 2s，待鼠标指针变成十字形(见图 2-4-24)再单击，此时出现"快速拾取"对话框，选择第二个"SKETCH_007"(草图)。

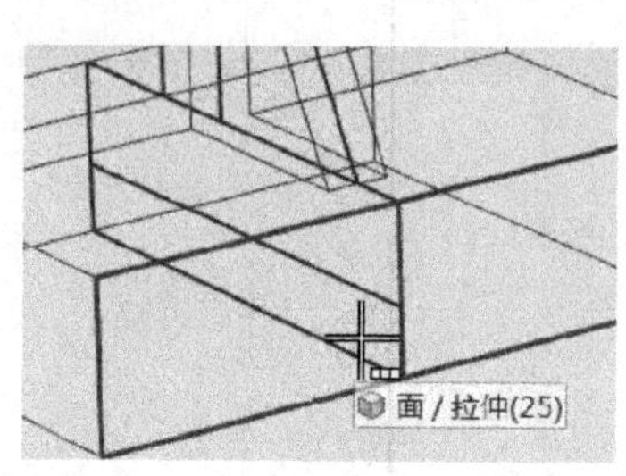

图 2-4-24　静态线框

这 3 种建模思路均可完成该零件的造型，但是简易、复杂程度不同，读者可根据自己习惯选择合适的建模方法和思路。

2.4.6 知识拓展

拉伸特征是将截面轮廓草图进行拉伸生成实体或片面，草图绘制截面可以是封闭的也可以是开口的，如果是开口的草图，那么拉伸出来的特征就会以片面的形式存在。拉伸特征可以由一个或多个封闭环组成，封闭环之间不能自交，但封闭环之间可以嵌套，如果存在嵌套封闭环，在生成添加材料的拉伸特征时，系统会自动认为里面的封闭环类似于孔特征。

图 2-4-25 所示为"拉伸"对话框，其中选项参数的含义如下所述。

(1) 截面线：用于指定拉伸的二维轮廓。

(2) 方向：指定拉伸的方向侧。

① 指定矢量：用于设置多选对象的拉伸方向。

② 反向：朝系统给定方向的相反方向拉伸。

③ 可以根据图 2-4-25 所示朝坐标系中各个轴的方向拉伸。

(3) 限制：定义拉伸特征的整体构造方法和拉伸范围。

① 值：指定拉伸起始或结束的值。

② 对称值：开始的限制距离与结束的限制距离相同。

③ 直至下一个：将拉伸特征沿路径延伸到下一个实体表面。

④ 直至选定对象：将拉伸特征延伸到选择的面、基准平面或体。

⑤ 直到被延伸：截面在拉伸方向超出被选择对象时，将其拉伸到被选择对象延伸位置为止。

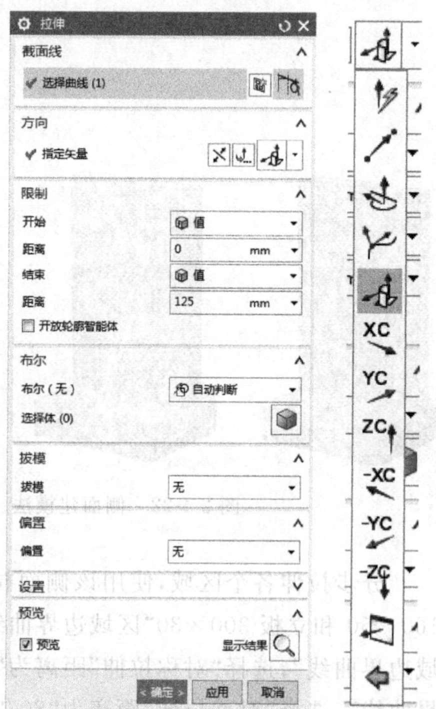

图 2-4-25　"拉伸"对话框

⑥ 贯通：沿指定方向的路径延伸拉伸特征，使其完全贯通所有的实体。

(4) 布尔：指定布尔运算操作；在创建拉伸特征时，要与存在的实体进行布尔运算，具体细节可以查看2.1节知识拓展。

(5) 拔模：在拉伸特征的一侧或多侧添加斜率，共有6种拔模方式，分别为无、从起始限制、从截面、从截面-非对称角度、从截面-对称角度、从截面匹配的终止处。

(6) 偏置：指定最多两个偏置来添加到拉伸特征，可以为这两个偏置指定唯一的值，用于设置拉伸对象在垂直于拉伸方向上的延伸，共有以下4种方式。

① 无：不创建任何偏置。

② 单侧：向拉伸添加单侧偏置。

③ 两侧：向拉伸添加具有起始值和终止值的偏置。

④ 对称：向拉伸添加具有完全相等的起始值和终止值(从截面相对的两侧测量)的偏置。

(7) 设置：用于设置拉伸特征为片体或实体，要获得实体，截面曲线必须为封闭曲线或带有偏置的非封闭曲线。

(8) 预览：选中"启用预览"复选框后，用户可预览绘图工作区临时实体的生成状态，以便及时修改和调整。

课后练习题

按以下图纸要求，在软件中创建其三维模型。

1.

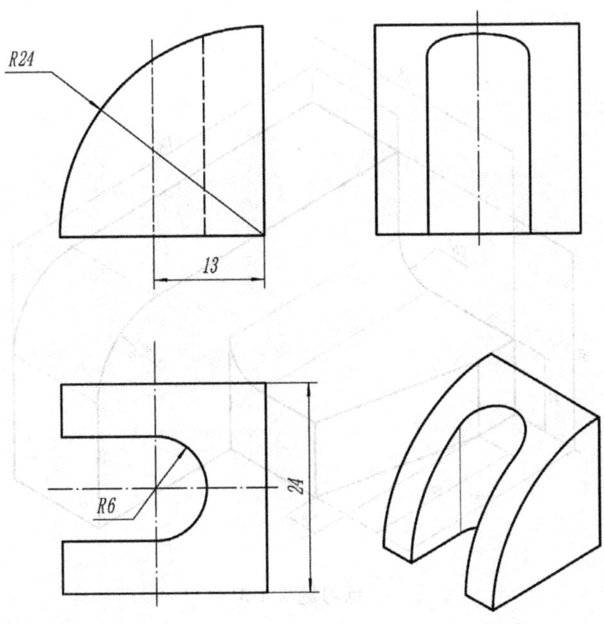

练习题 2-4-1

2.

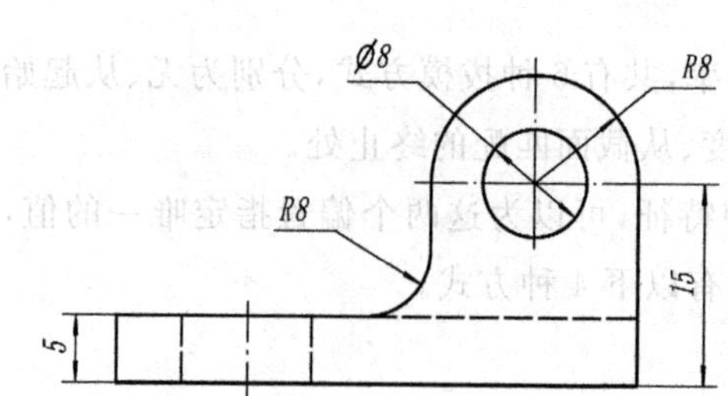

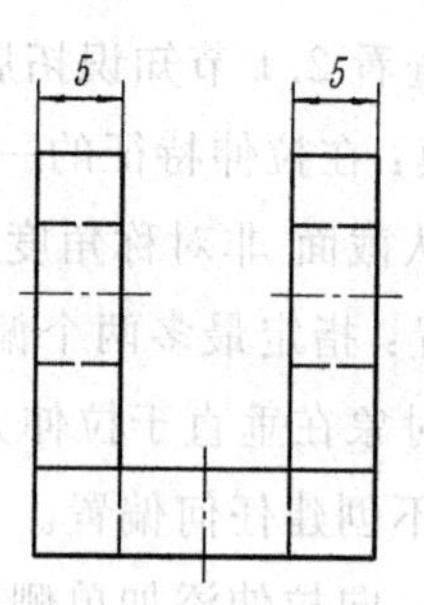

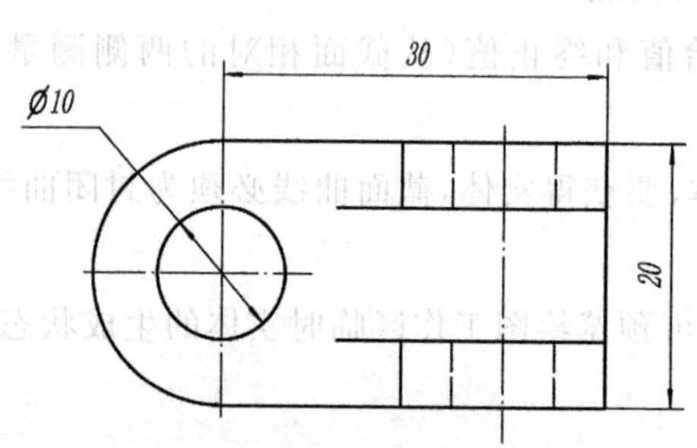

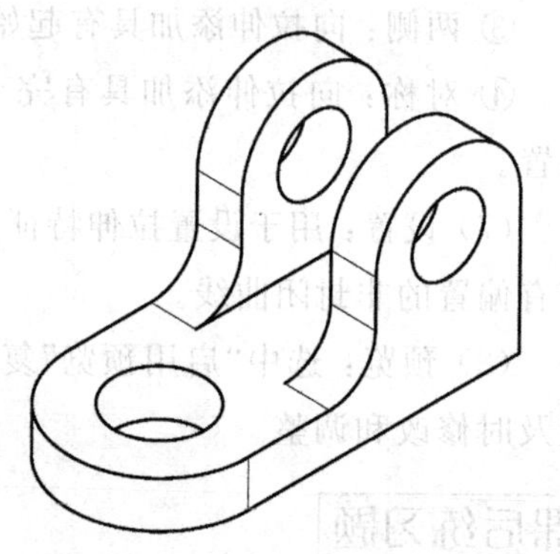

练习题 2-4-2

3.

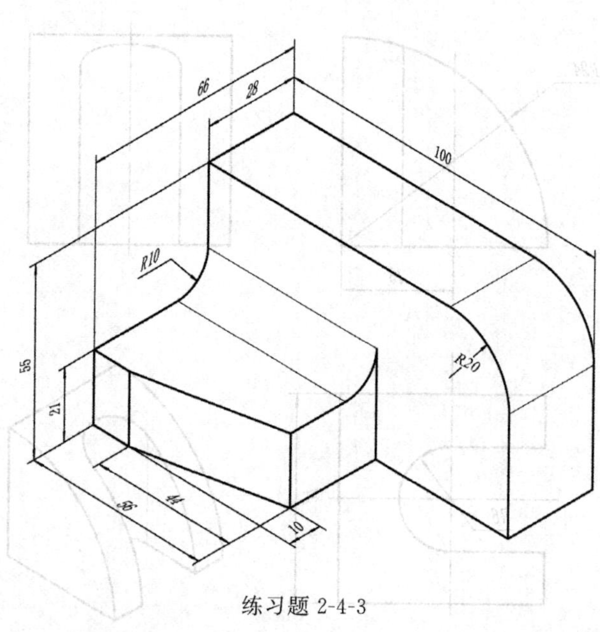

练习题 2-4-3

4.

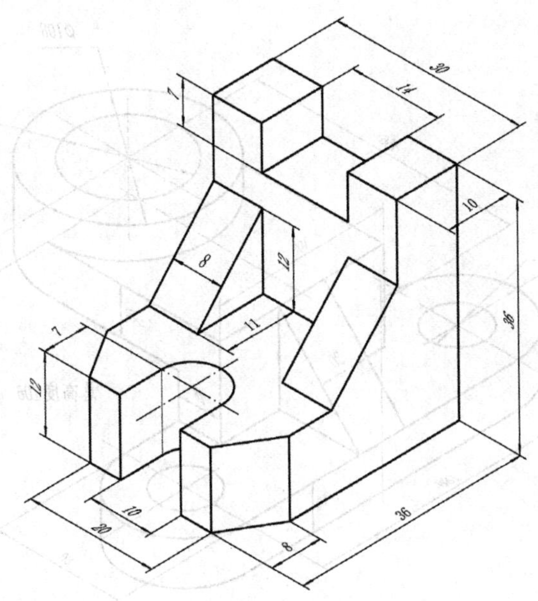

练习题 2-4-4

5.

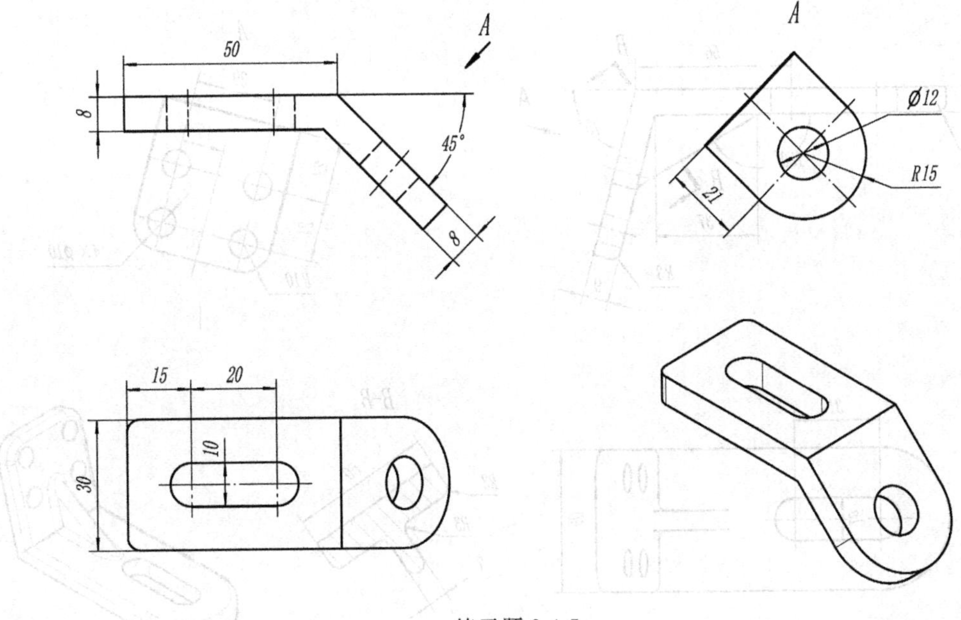

练习题 2-4-5

6.

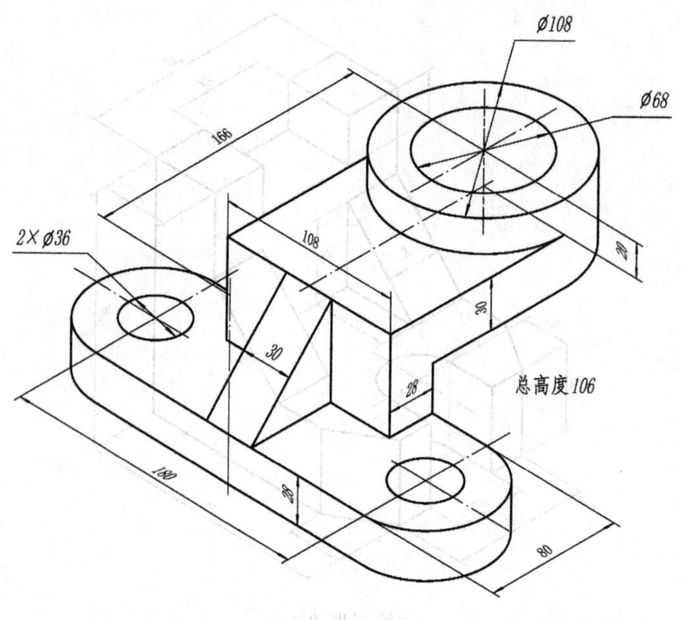

练习题 2-4-6

7.

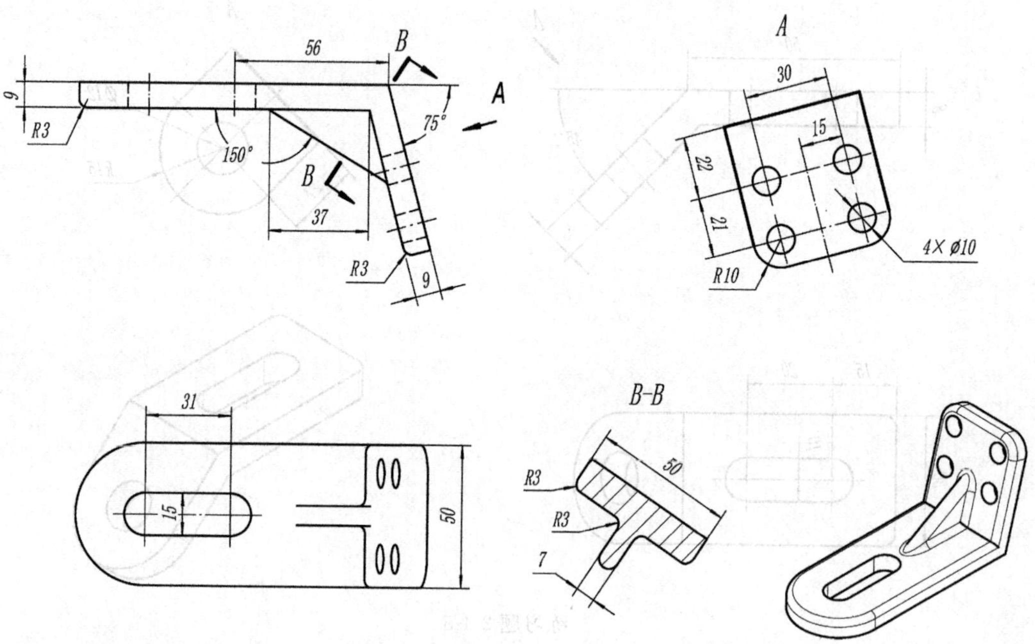

练习题 2-4-7

2.5 齿轮轴三维建模

2.5.1 学习目标

本节主要学习 UG NX 软件中齿轮的画法、外螺纹特征的添加和新平面的创建方法。学习的新命令主要有“柱齿轮建模”、“基准平面”、“镜像特征”。

2.5.2 任务分析

创建如图 2-5-1 所示的齿轮轴零件图，首先需要创建直齿圆柱齿轮，然后将其他轴端使用“旋转”的方法进行添加，右侧的外螺纹利用“螺纹”命令即可完成。

2.5.3 作图步骤

1. 创建齿轮

齿轮轴造型

打开“柱齿轮”命令方法有两种。方法一：选择“菜单”→“GC 工具箱”→“齿轮建模”→“柱齿轮”命令；方法二：选择“主页”→“齿轮建模”→“柱齿轮”命令，如图 2-5-2 所示。

打开“渐开线圆柱齿轮建模”对话框，选择“创建齿轮”单选按钮，单击“确定”按钮，在“渐开线圆柱齿轮类型”里选择“直齿轮”“外啮合齿轮”“滚齿”单选按钮，单击“确定”按钮，如图 2-5-3 所示。

在“渐开线圆柱齿轮参数”对话框内，自定义名称，修改“模数”为“2.0000”，“牙数”为“20”，“齿宽”为“34.0000”，“压力角”为“20.0000”，其他选项默认，单击“确定”按钮，如图 2-5-4 所示。

进入“矢量”对话框，在“选择对象”时，单击“基准坐标系”的“Y 轴”，单击“确定”按钮。进入“点”对话框，在此，默认使用“基准坐标系”的原点作为齿轮的放置点，不用修改直接单击“确定”按钮，如图 2-5-5 所示。观察软件的设计区域，齿轮创建完成。

2. 创建齿轮的倒角

1）创建草图

选择基准坐标系的 YZ 平面创建草图，使用“直线”命令，绘制任意两条直线。第一条直线从原点引出，向上引，超出齿轮（避免捕捉到齿轮的特定点）；第二条要倾斜一定的角度，并添加角度参数。使用“编辑草图参数”命令，修改首条直线长度为“26/2”，角度为“30”，再补充两条直线，使草图形成闭合曲线环，如图 2-5-6 所示。

2）旋转除料，创建单侧倒角

使用“旋转”命令，“区域边界曲线”为刚刚绘制的草图闭合区域，“轴”选择 Y 轴，布尔运算选择“减去”。完成旋转除料，创建单侧倒角，如图 2-5-7 所示。

3）创建中间平面，镜像“旋转”特征

在“主页”→“特征”中，选择“基准平面”命令，打开“基准平面”对话框，在“类型”中选择“二等分”，分别拾取齿轮两侧端面，随即产生中间平面，如图 2-5-8 所示。

注意：在实际操作时，“类型”可使用默认的“自动判断”，直接单击拾取齿轮两个侧面，也可以创建出中间平面。

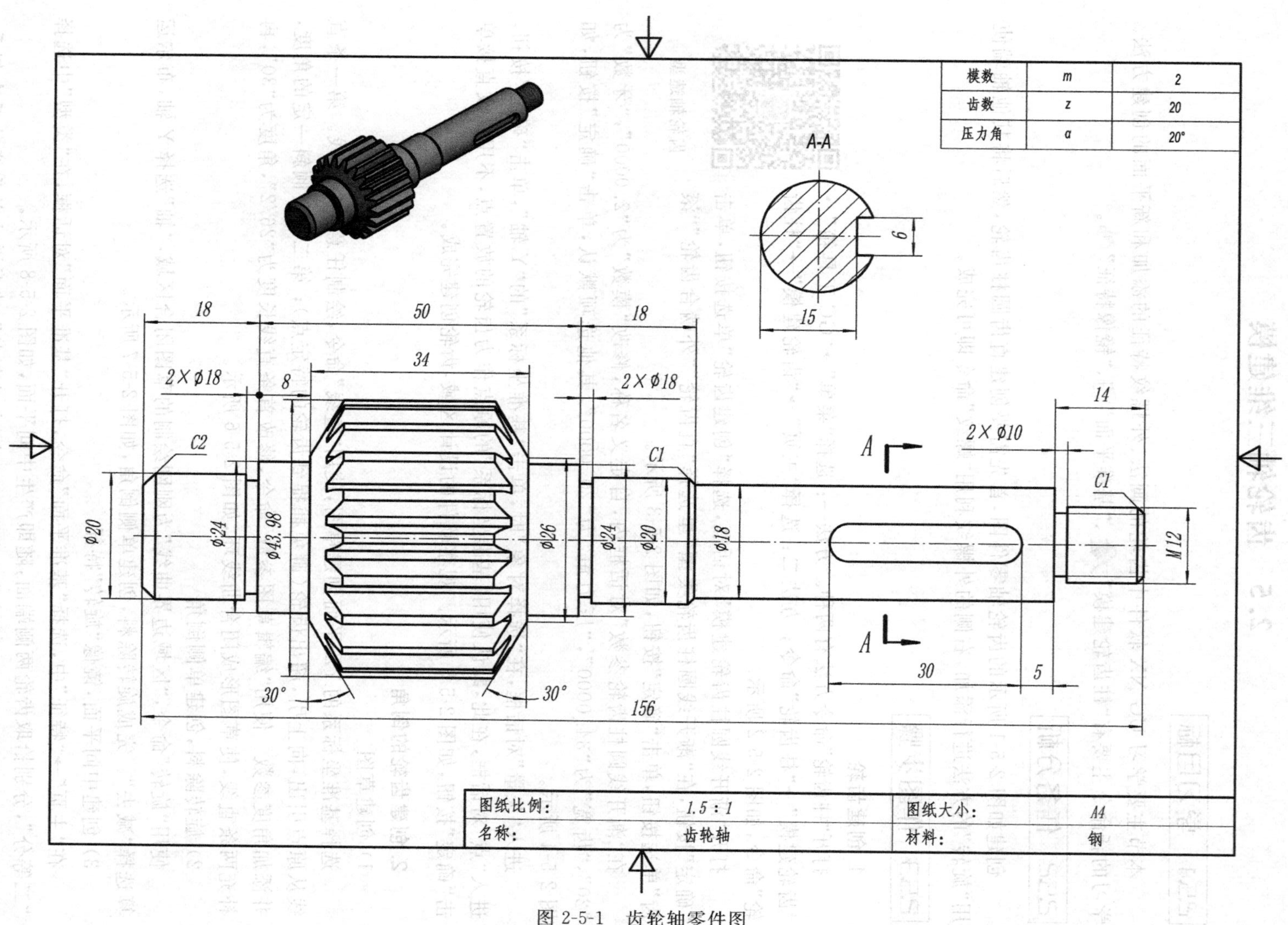

图 2-5-1 齿轮轴零件图

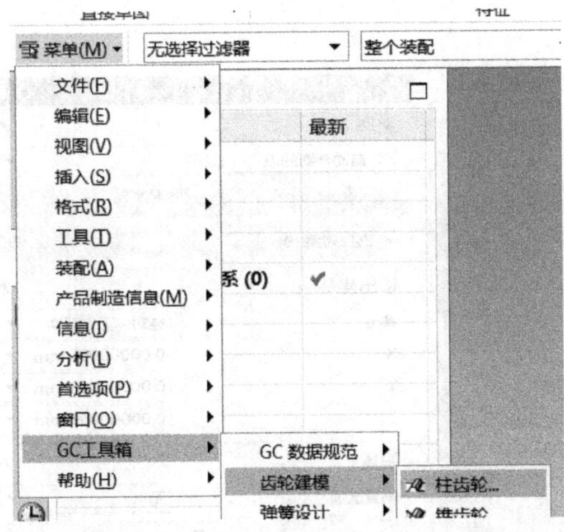

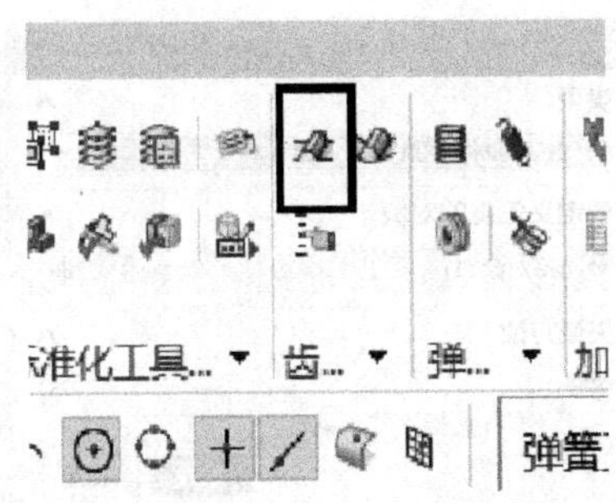

图 2-5-2　“齿轮”创建方式

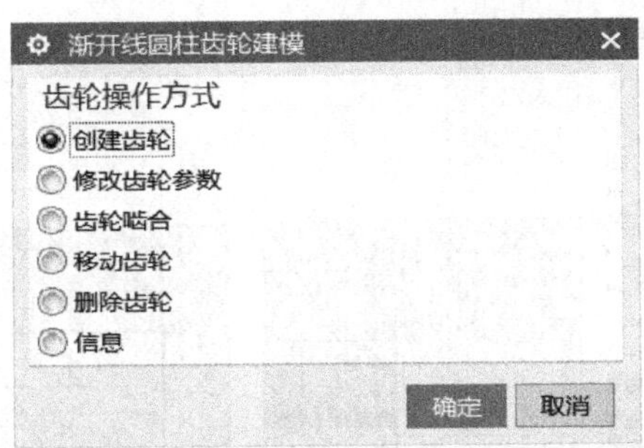

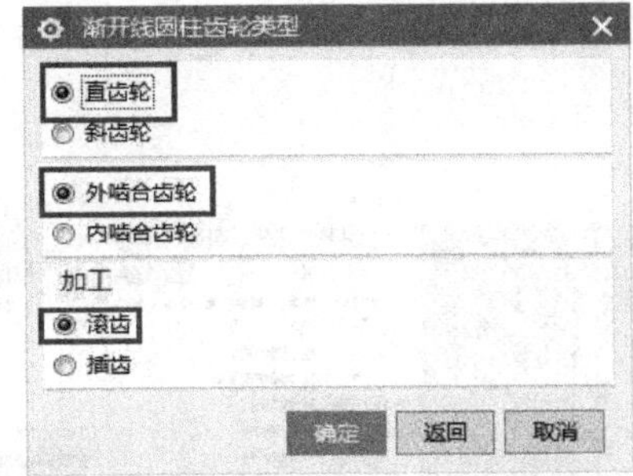

图 2-5-3　创建步骤

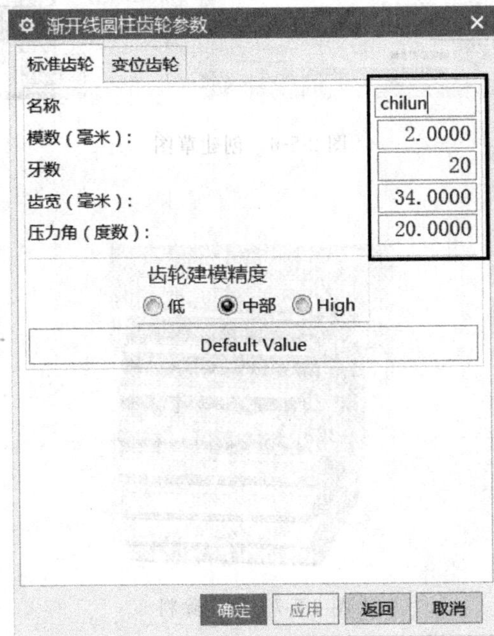

图 2-5-4　修改参数

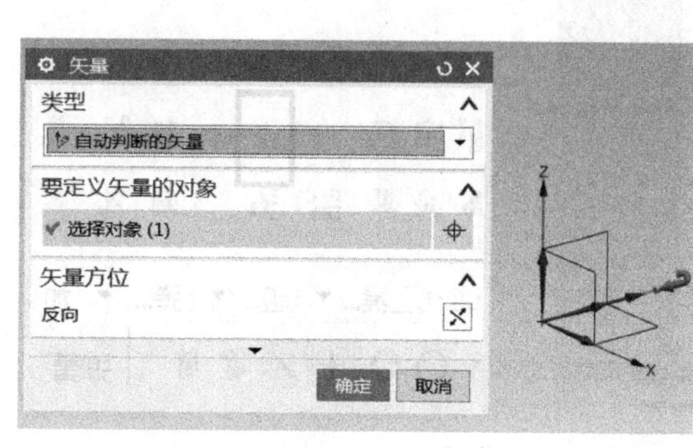

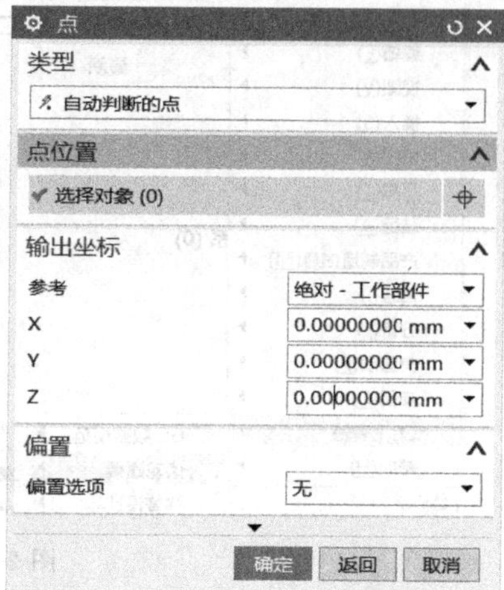

图 2-5-5　确定“齿轮”创建坐标

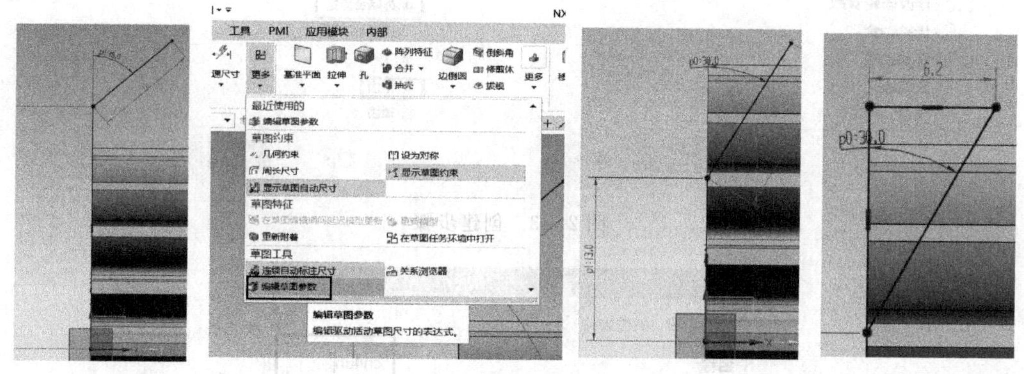

图 2-5-6　创建草图

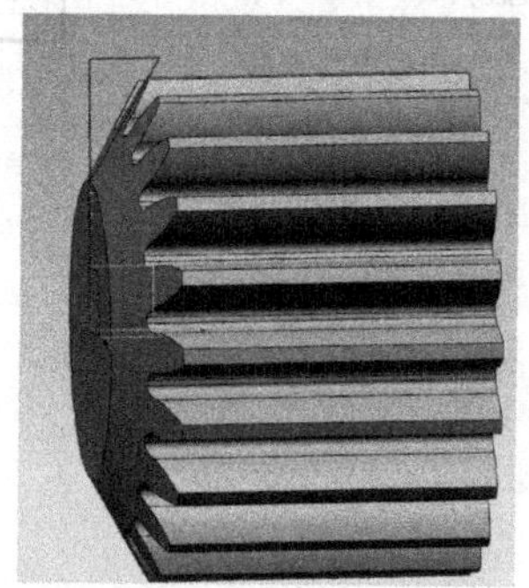

图 2-5-7　旋转除料

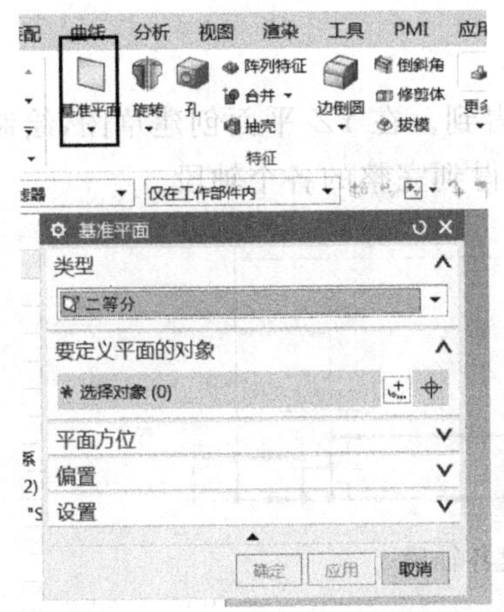

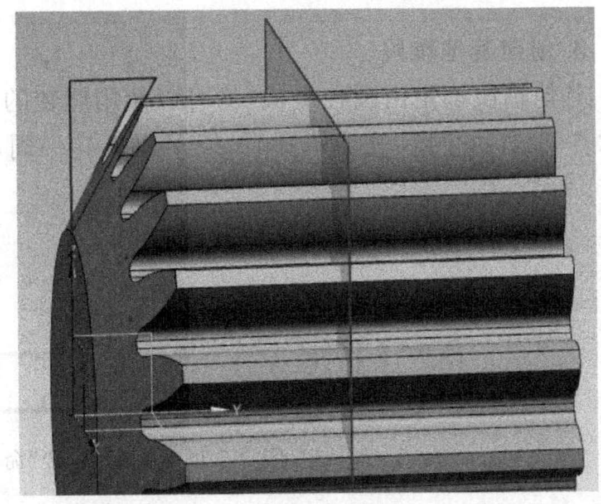

图 2-5-8　创建“基准平面”

在“主页”→“特征”→“更多”里，选择“镜像特征”命令，打开“镜像特征”对话框，拾取旋转的特征，作为“要镜像的特征”，拾取刚创建的平面作为“镜像平面”，确定后完成镜像，如图 2-5-9 所示。

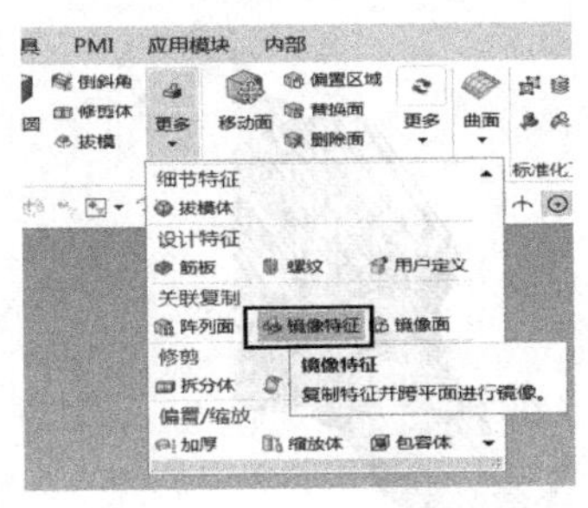

图 2-5-9　镜像特征

4）在草图内镜像曲线，一次性完成两侧倒角

以上步骤主要使用镜像特征，将一侧倒角镜像复制到另一侧。在第 1)步中，可以使用镜像曲线的方法，一次性旋转得到两侧倒角。

在完成一个三角形的绘制后，在齿轮边中点绘制一条与齿轮边垂直的直线作为中心线，在“直接草图”里找到“镜像曲线”命令，选择三角形作为“要镜像的曲线”，选择垂直线作为“中心线”，确定后完成镜像，如图 2-5-10 所示。

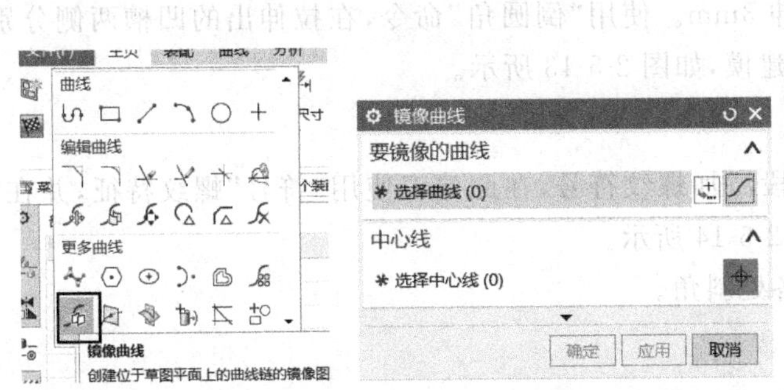

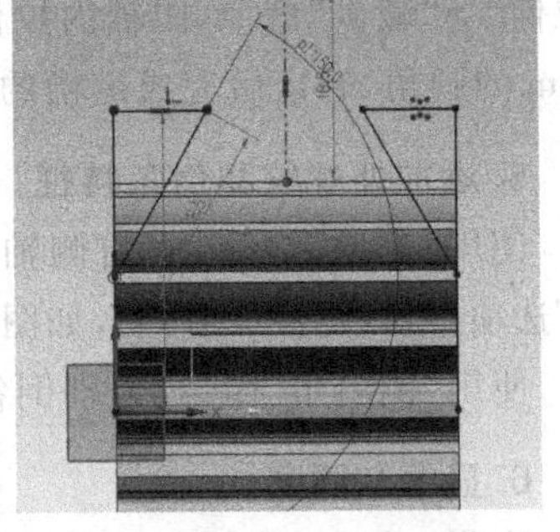

图 2-5-10　草图“镜像曲线”命令

3. 创建其他轴段

其他轴段都是由圆柱组成，均可以使用旋转的方法得到。在 YZ 平面创建草图，绘制如图 2-5-11 所示草图，完成草图后，绕 Y 轴旋转一周，即可得到完整的各个轴段。

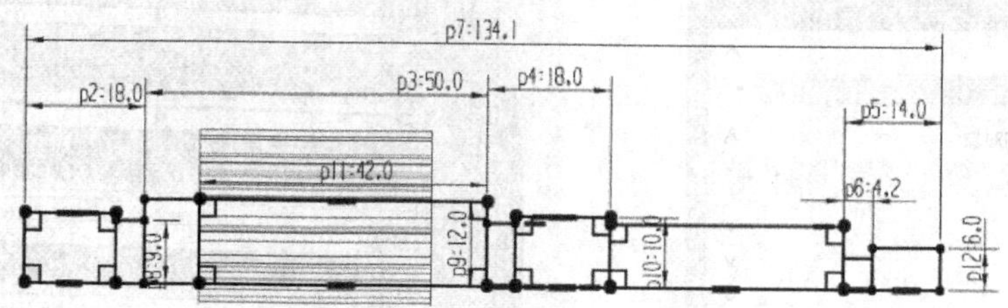

图 2-5-11 使用“旋转”命令创建各轴段

4. 创建键槽特征

1）创建键槽所在平面

使用“基准平面”命令，选择“类型”为“相切”，单击 $\phi 18$ 长轴段的外圆柱表面作为“参考几何体”，完成新平面的创建，如图 2-5-12 所示。

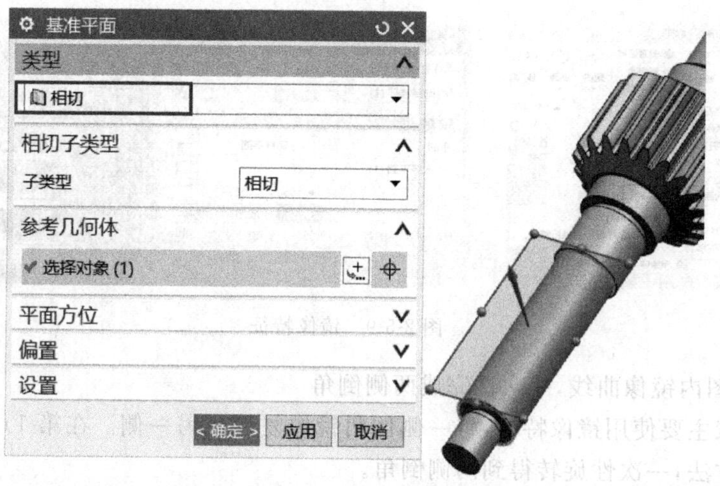

图 2-5-12 基准平面

2）创建键槽特征

以该面为基准新建草图，做出一个长 30mm、宽 6mm 的矩形，确定各项定位尺寸，使用“拉伸”→“减去”命令，向轴内拉伸 3mm。使用“倒圆角”命令，在拉伸出的凹槽两侧分别倒 3mm 的圆角，确定后完成键槽的建模，如图 2-5-13 所示。

5. 添加外螺纹和倒角特征

使用“螺纹”命令，为右侧轴段添加螺纹符号，在此建议使用“符号”螺纹特征，并在“成形”选项中修改为“GB193”，如图 2-5-14 所示。

使用“倒斜角”命令，分别倒各处斜角。

6. 显示和隐藏

隐藏坐标系、小平面和草图等元素，保存文件，如图 2-5-15 所示。

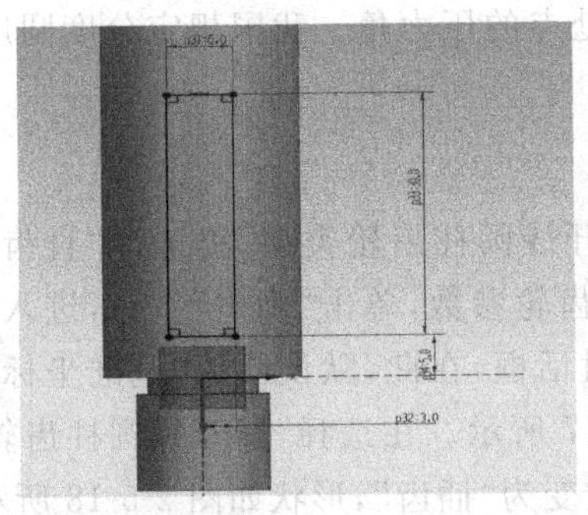

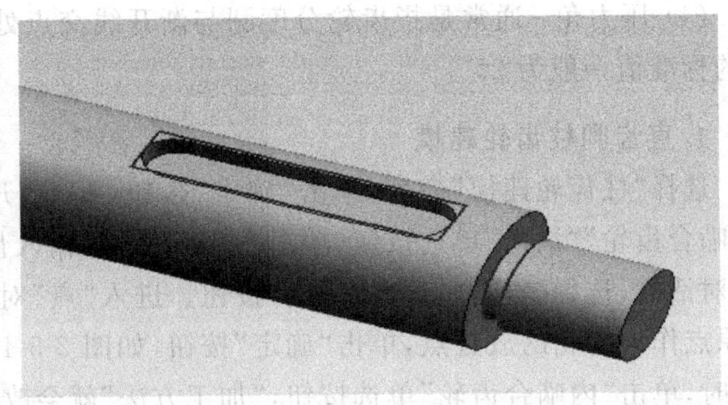

图 2-5-13　键槽特征

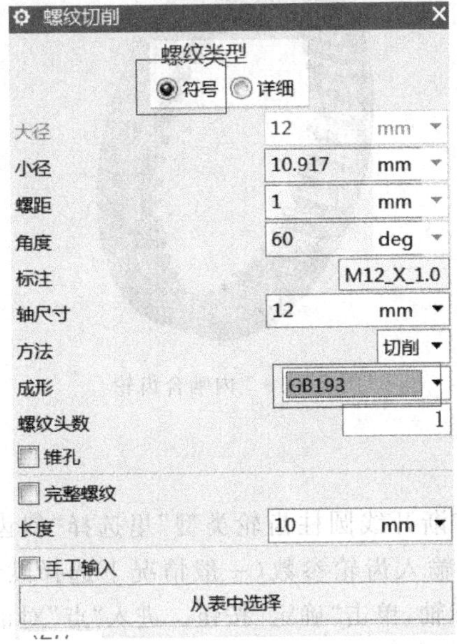

图 2-5-14　螺纹特征

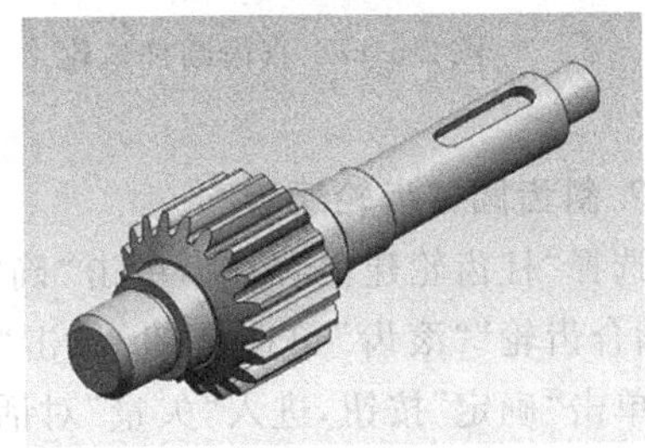

图 2-5-15　齿轮轴模型

2.5.4 知识拓展

齿轮主要用于传递两轴之间的运动和动力，在现代机械中是应用最广泛的一种传动机构，与其他传动机构相比，齿轮传动能实现任意位置的两轴传动，具有工作可靠、使用寿命长、传动比恒定、效率高、结构紧凑、速度和功率的适用范围广等优点。因此，在 UG 建模中要熟练掌握齿轮的创建方法及其特点。

根据以上操作方式，可以在“渐开线圆柱齿轮参数”中选择各种类型的齿轮，输入齿轮参数，如图 2-5-16 所示，即可创建齿轮，其中齿轮的主要参数说明如下。

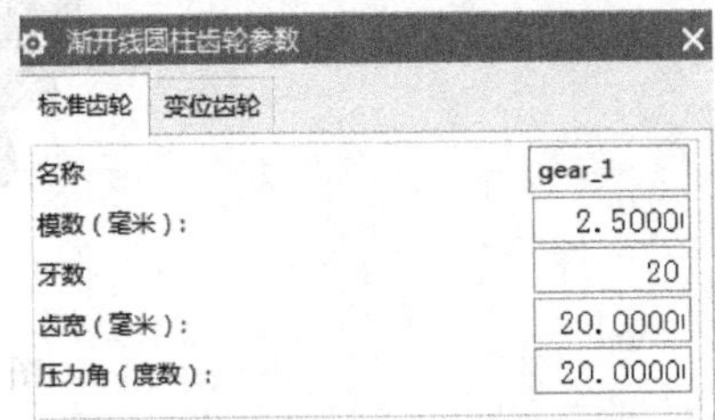

图 2-5-16　齿轮参数

（1）模数：齿轮尺寸的一个基本参数。齿数相同的齿轮，模数越大，其尺寸也越大。

（2）牙数：在齿轮整个圆周上轮齿的总数。

（3）齿宽：齿轮的宽度。

(4) 压力角：通常是指齿轮分度圆与渐开线交点处点的压力角。我国规定分度圆压力角的标准值一般为 20°。

1. 直齿圆柱齿轮建模

选择“柱齿轮建模”命令，单击“确定”按钮，在“渐开线圆柱齿轮类型”里选择“直齿轮”“外啮合齿轮”“滚齿”单选按钮，单击“确定”按钮，输入齿轮参数，单击“确定”按钮，进入“矢量”对话框，选择坐标轴，单击“确定”按钮。进入“点”对话框，在此，默认使用“基准坐标系”的原点作为齿轮的放置点，单击“确定”按钮，如图 2-5-17 所示。在选择“渐开线圆柱齿轮类型”时，单击“内啮合齿轮”单选按钮，“加工方法”就会改变为“插齿”，形状如图 2-5-18 所示。

图 2-5-17　直齿圆柱齿轮

图 2-5-18　内啮合齿轮

2. 斜齿圆柱齿轮建模

选择“柱齿轮建模”命令，单击“确定”按钮，在“渐开线圆柱齿轮类型”里选择“斜齿轮”“外啮合齿轮”“滚齿”单选按钮，单击“确定”按钮，输入齿轮参数(一般情况下选择默认参数)，单击“确定”按钮，进入“矢量”对话框，选择坐标轴，单击“确定”按钮。进入“点”对话框，在此，默认使用“基准坐标系”的原点作为齿轮的放置点，单击“确定”按钮，如图 2-5-19 所示。创建内啮合的“斜齿圆柱齿轮”时，方法和内啮合的“直齿圆柱齿轮”一样。

图 2-5-19　斜齿圆柱齿轮

课后练习题

按以下图纸要求,在软件中创建其三维模型。

1.

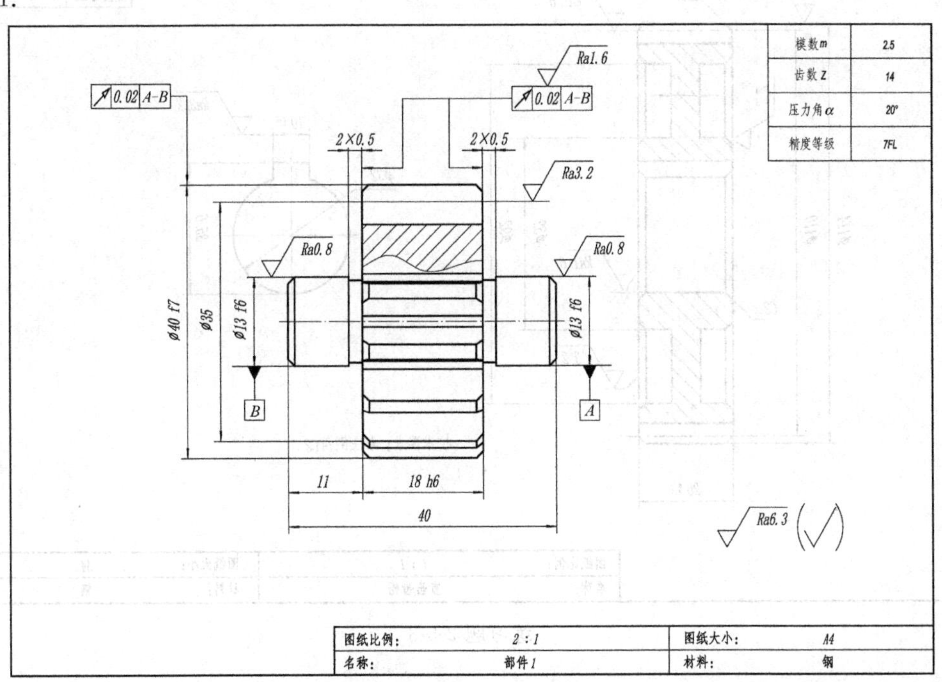

练习题 2-5-1

2.

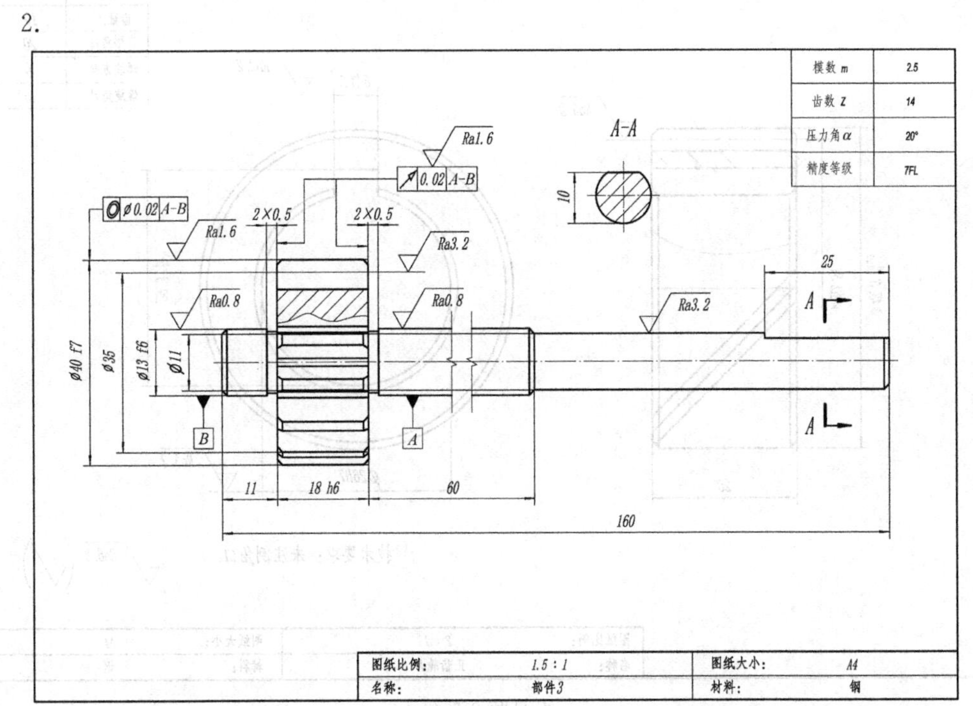

练习题 2-5-2

3.

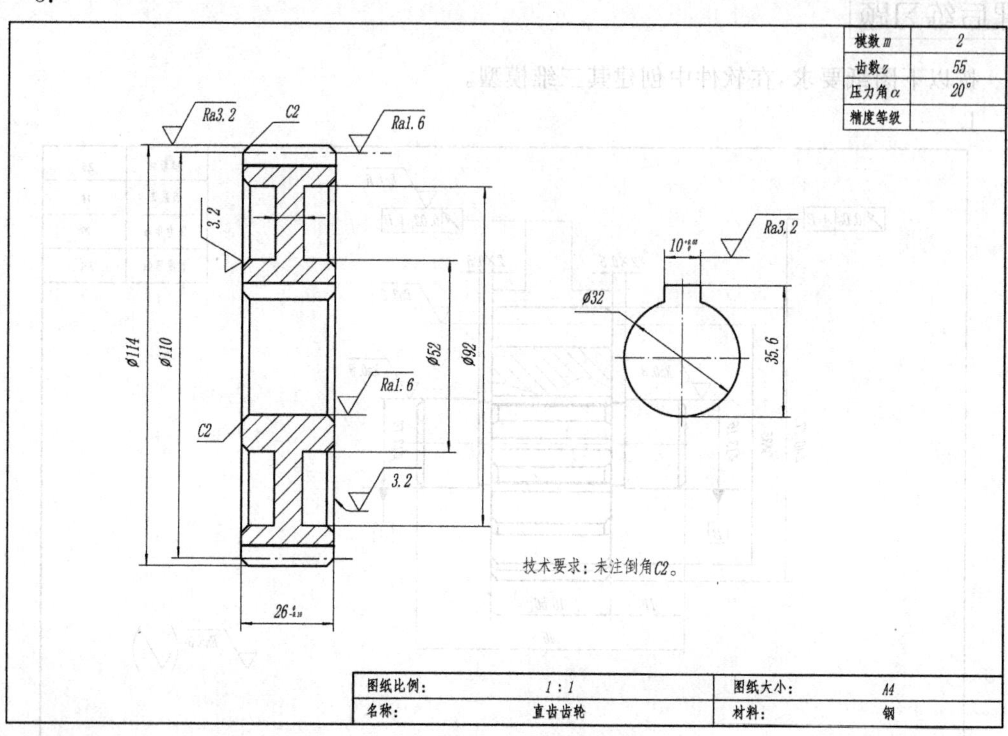

练习题 2-5-3

4.

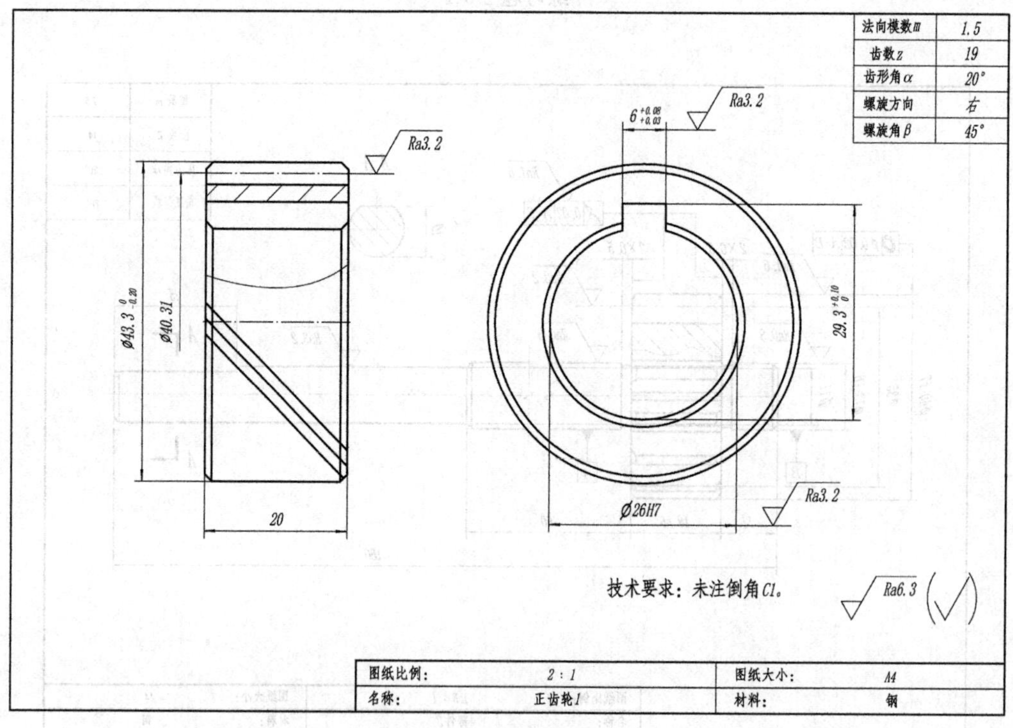

练习题 2-5-4

5.

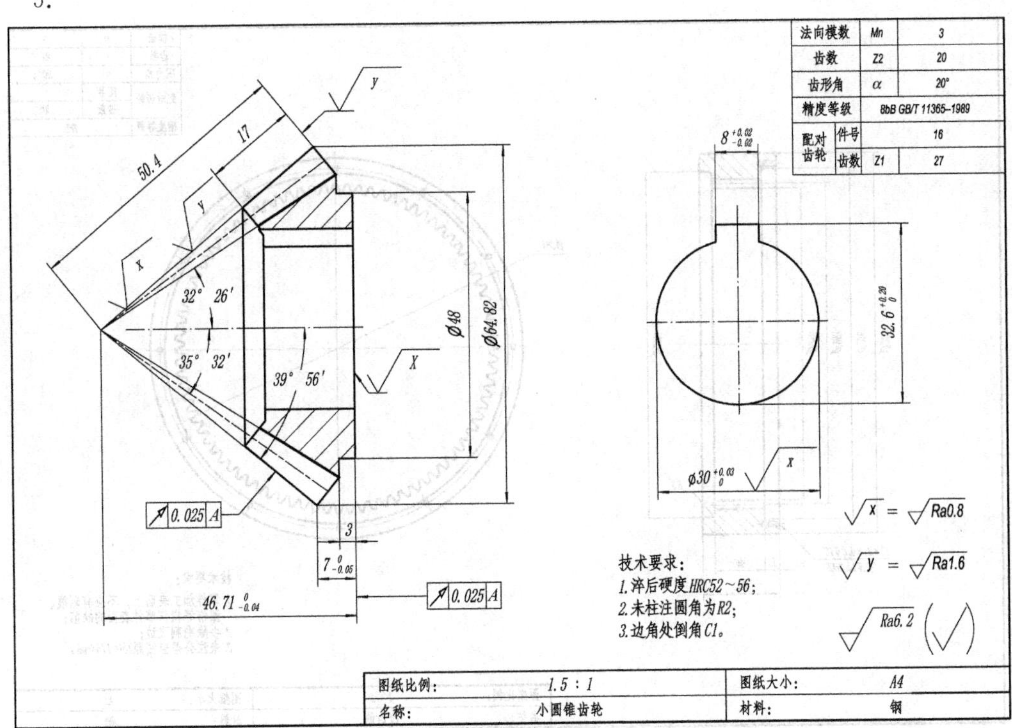

练习题 2-5-5

6.

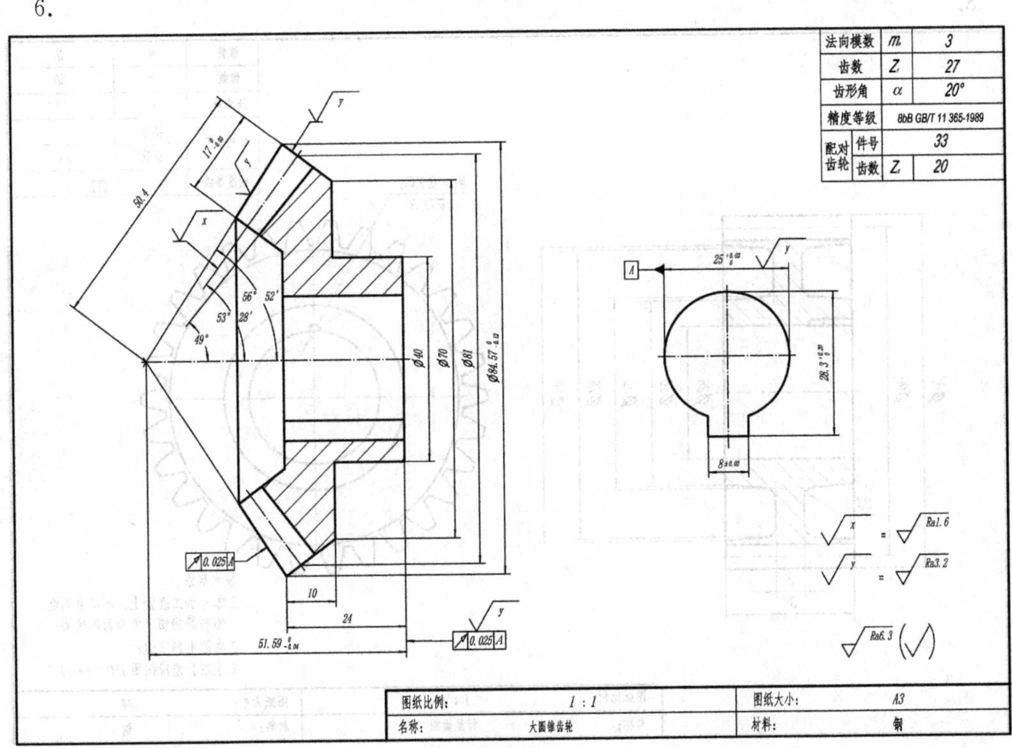

练习题 2-5-6

7.

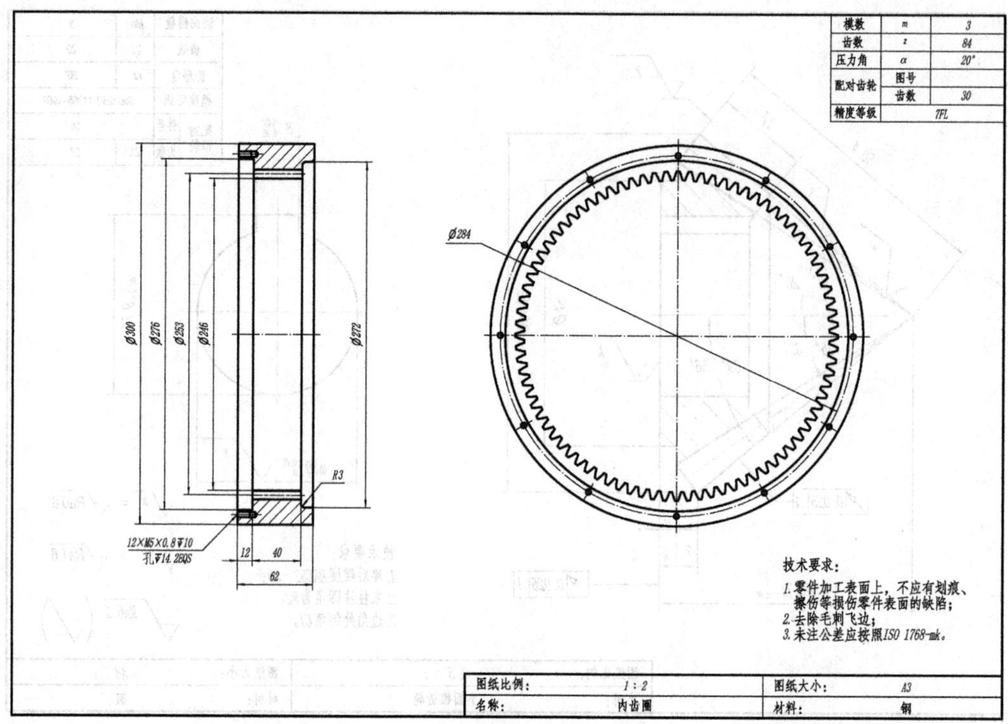

练习题 2-5-7

8.

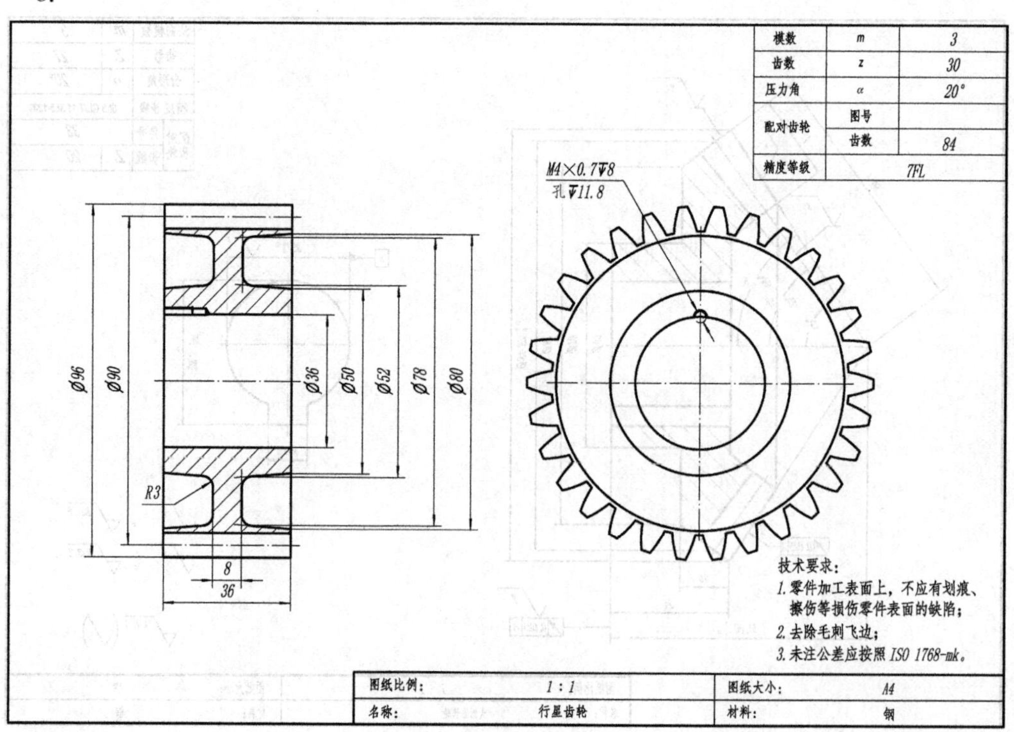

练习题 2-5-8

2.6　斜面基座三维建模

2.6.1　学习目标

通过本节的学习，主要学习新基准平面、新基准轴和新基准坐标系的创建方法，掌握阵列特征中“线性阵列”的使用方法。学习的新命令主要有“点”＋、“偏置曲线”、“阵列特征”、“基准平面”、“基准轴”“基准 CSYS”。

2.6.2　任务分析

如图 2-6-1 所示，该零件由底座、一个倾斜 30°的圆筒和加强筋组成，底板上分布了 8 个通孔。建模时按着一般建模的规律，先建立底板的模型，然后做斜面圆柱和加强筋，最后添加各种孔的特征，完成模型。该案例主要难度是如何创建倾斜基准平面。

2.6.3　作图步骤

斜面基座

1. 创建底板

选择 XZ 平面，创建草图，在草图中，绘制如图 2-6-2 所示草图。

使用“拉伸”命令，拉伸两个矩形中间的“区域”，距离为 126mm。

2. 创建倾斜基准平面

单击“基准平面”命令，在“类型”下拉菜单中选择“成一角度”，选择长方体的前表面作为“平面参考”，选择矩形长度为 95 的棱边作为“通过轴”的线性对象，在“角度”框内输入“60”，如图 2-6-3 所示。

3. 创建斜面圆柱和加强筋

(1) 创建草图。以新建的平面为基准平面建立草图，捕捉 95 边长的棱边中点，绘制一条任意长度的直线，并在直线的另一端绘制一个圆，如图 2-6-4 所示。使用“编辑草图参数”命令修改直线的距离为“70”，圆的直径为“56”。

在“直接草图”里打开“偏置曲线”命令，“选择曲线”作为“要偏置的曲线”，修改偏置“距离”为“10”，勾选“对称偏置”复选框。完成偏置曲线，如图 2-6-5 所示。

在偏置后的两侧直线底部连接一条直线，形成一个闭合的区域。

注意：以上画法比较通用，随着 UG NX 11.0 版本草图功能的改进，在此可直接绘制一个“70×20”的矩形和一个直径为“56”的圆形，再通过约束几何位置关系，快速完成草图的绘制。

(2) 拉伸实体。选择“拉伸”命令，用“区域边界曲线”曲线规则进行“截面线”选取，选中圆和两个矩形区域，在“限制”选项中，修改“结束”为“直至下一个”，选择“布尔”→“合并”命令，如图 2-6-6 所示。

(3) 添加孔特征。选择“孔”命令，在斜面圆柱的圆心位置添加孔特征，如图 2-6-7 所示。

4. 创建小孔，并阵列特征

(1) 在底板上表面新建草图，在“直接草图”里打开“点”命令，在草图上单击，绘制出一个点，约束点与两边的距离为 12mm，如图 2-6-8 所示。

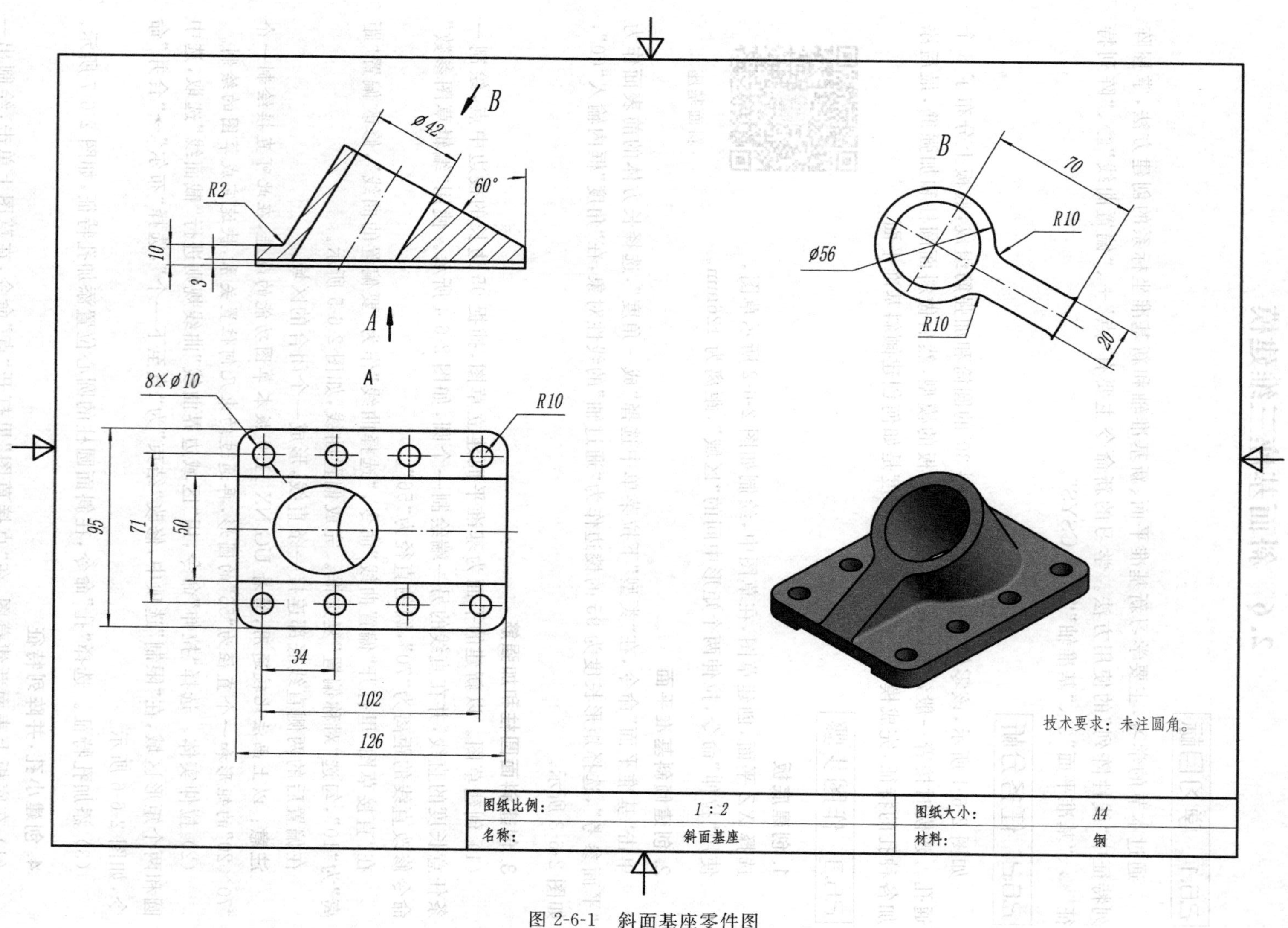

图 2-6-1 斜面基座零件图

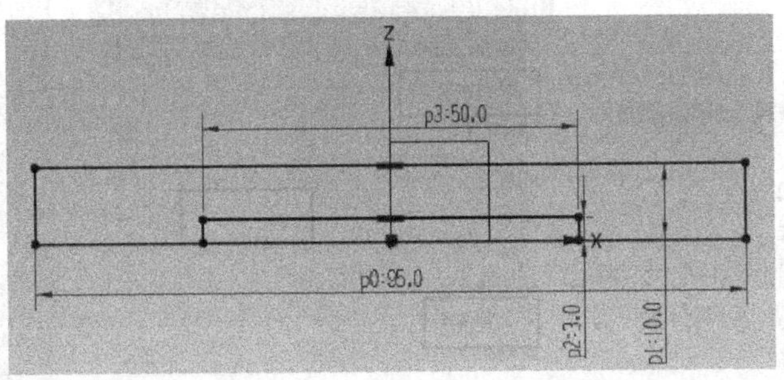

图 2-6-2　创建“底板”草图

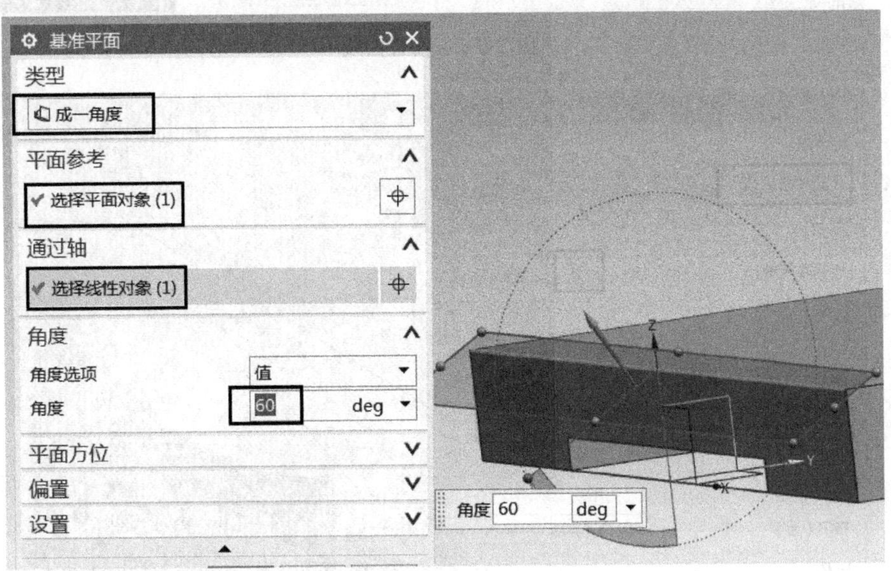

图 2-6-3　“基准平面”对话框

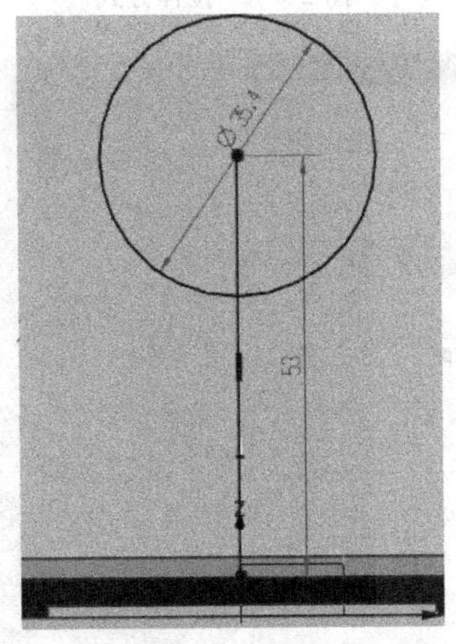

图 2-6-4　创建草图图形

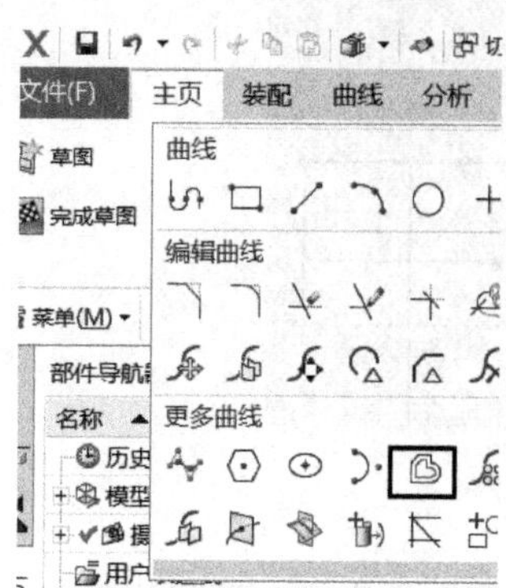
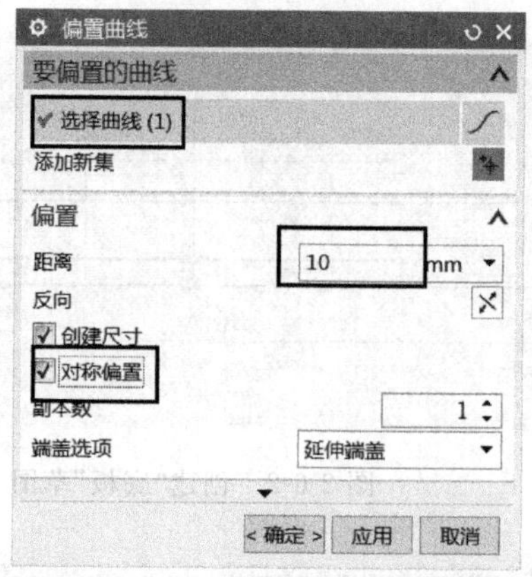

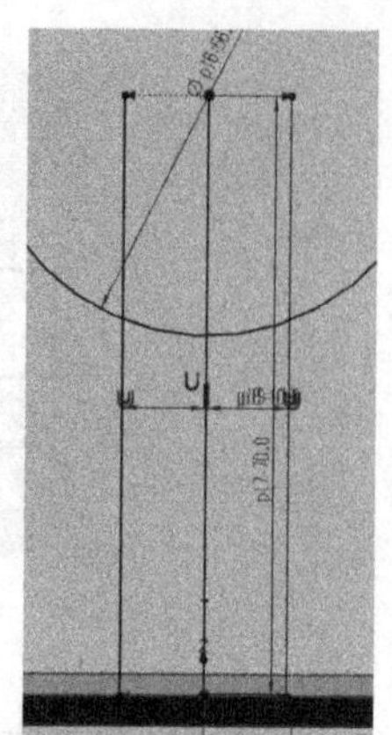

图 2-6-5 偏置曲线

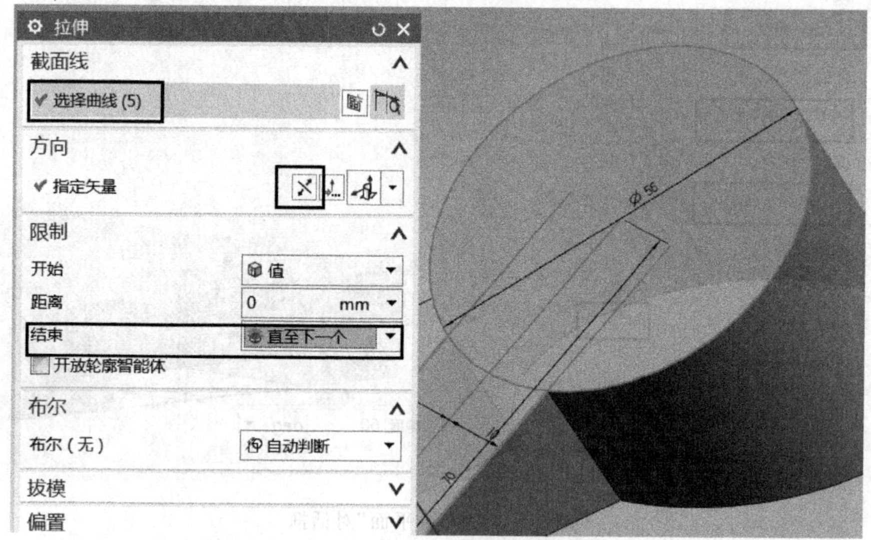

图 2-6-6 拉伸方式

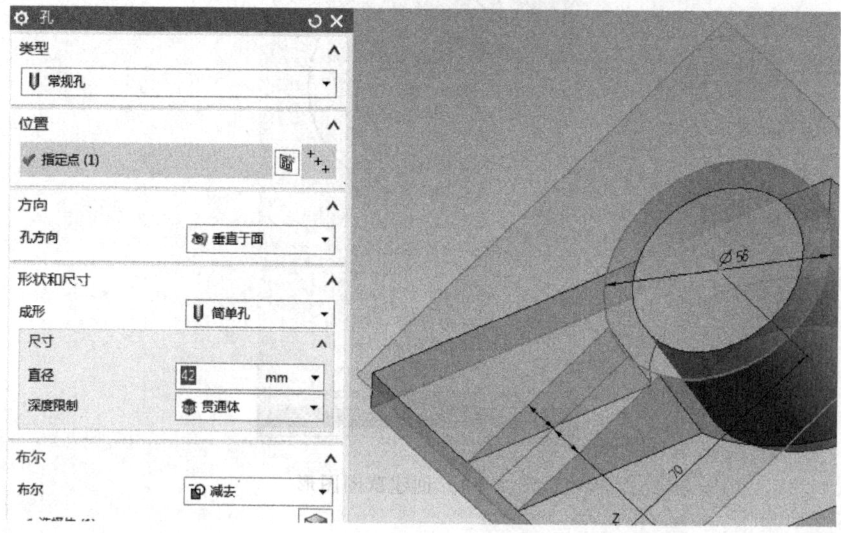

图 2-6-7 “孔”特征

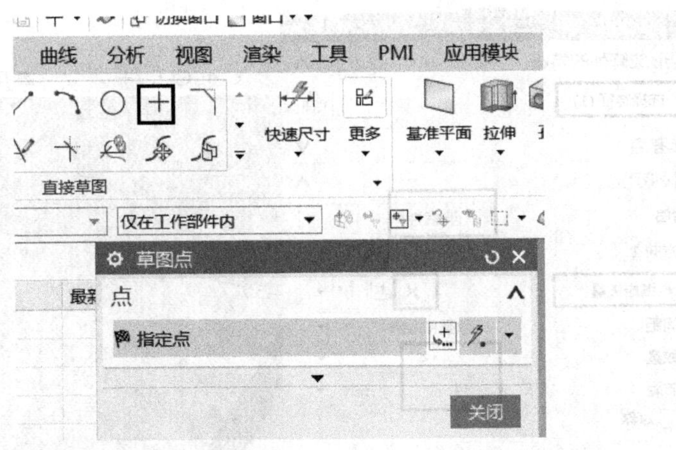

图 2-6-8　绘制"点"

(2) 使用"孔"命令,选择绘制的"点"为孔的位置点,设置孔径为"10","深度限制"选择"贯通体",如图 2-6-9 所示。

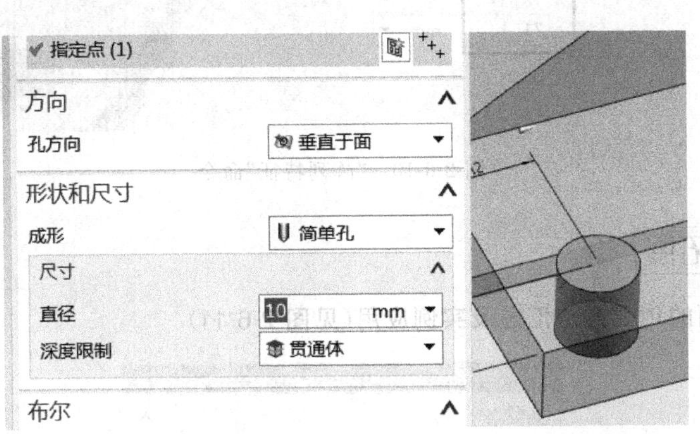

图 2-6-9　设置"孔"参数

(3) 在"特征"工具栏中打开"阵列特征"命令,如图 2-6-10 所示。选择对象为现有的孔,在"阵列定义"的布局中选择"线性"阵列,选择"指定矢量"复选框后,鼠标左键拾取底座长度方向的棱边(或者选择图中矢量的 Y 轴方向),在"方向 1"中输入"数量"为"4","节距"为"34"(注意阵列的方向,可使用"反向"工具进行调整);在"使用方向 2"前打"√",单击"指定矢量"后,鼠标左键拾取底座宽度方向的棱边(或者选择图中矢量的 X 轴方向)指定方向 2 的方向,在"方向 2"输入"数量"为"2","节距"为"71"(注意阵列的方向,可使用"反向"工具进行调整),确定完成阵列。

5. 倒圆角,完成造型

(1) 使用"倒圆角"命令,在底座 4 条棱边和肋板与圆筒相交处分别倒 $R10$ 的圆弧,其余部分为 $R2$。

(2) 使用"显示和隐藏"命令,隐藏草图和基准面。

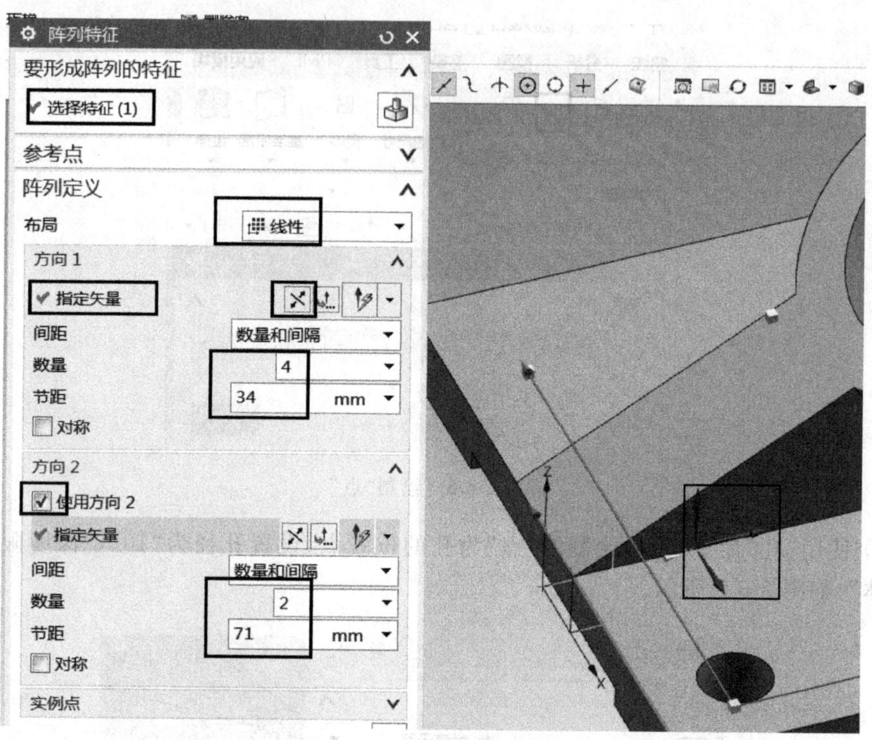

图 2-6-10 “阵列特征”命令

2.6.4 知识拓展

1. 基准平面的创建方法汇总及实例应用(见图 2-6-11)

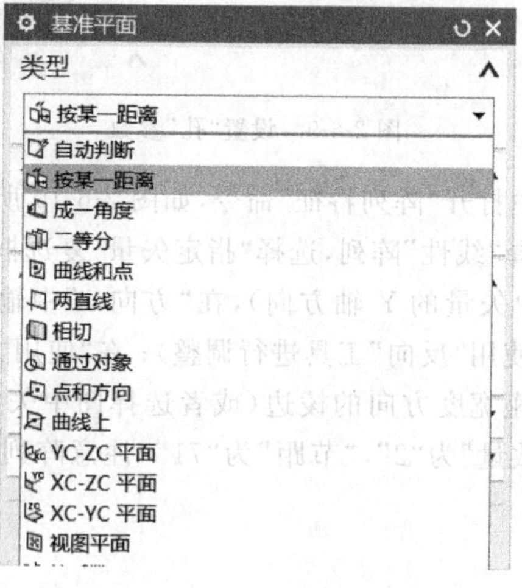

图 2-6-11 平面类型

一般情况下可以使用“自动判断”进行新平面的创建。

(1) 按某一距离：通过对已存在的参考平面或基准平面进行偏置得到新的基准平面。

(2) 成一角度：通过与一个平面或基准面成指定角度来创建基准平面。

（3）二等分：通过两个平面间的中心对称平面创建基准平面。

（4）曲线和点：通过选择曲线和点创建基准平面。

（5）相切：通过和一曲面相切且通过该曲面上点、线或平面来创建基准平面。

（6）通过对象：以对象平面为基准平面。

（7）点和方向：通过选择一个参考点和一个参考矢量来创建基准平面。例如，画一条直线，在直线端点做垂直面。

（8）曲线上：通过已存在的曲线，创建在该曲线某点处和该曲线垂直的基准平面。

2. 基准轴创建

基准轴的主要作用是建立旋转特征的选择轴线，建立拉伸特征的拉伸方向，如图2-6-12所示。

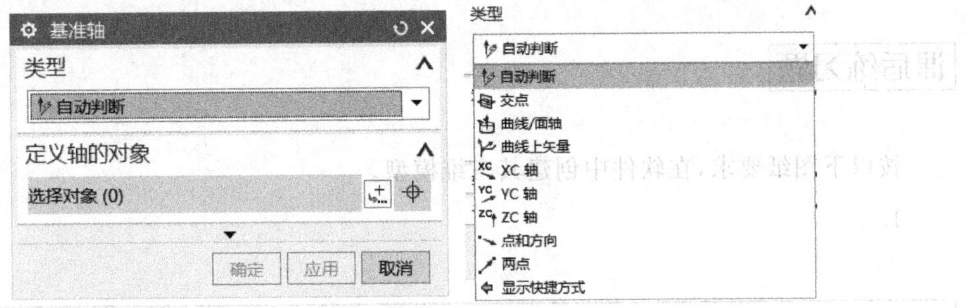

图2-6-12　基准轴

（1）交点：在两个平面、基准平面或平面的相交处创建基准轴。

（2）曲线/面轴：沿线性曲线或线性边、圆柱面、圆锥面或圆环的轴创建基准轴。

（3）点和方向：从某个指定的点沿指定方向创建基准轴。

（4）曲线上矢量：创建与曲线或边上的某点相切、垂直或双向垂直，或者与另一对象垂直或平行的基准轴。

（5）两点：定义两个点，经过这两个点创建基准轴。

3. 基准坐标系的创建（见图2-6-13）

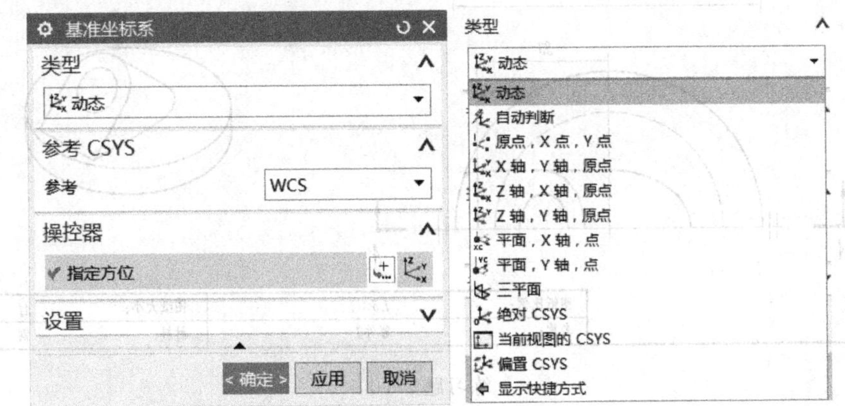

图2-6-13　基准坐标系

动态坐标系可以形象直观地实时显示变换结果。选择“动态坐标系”命令后，可以针对此坐标系进行“动态变换”。

在“类型”选项里有多种方法为坐标系的各轴指定新的方向来完成坐标系变换。

(1) 动态：可以形象直观地实时显示变换结果。

(2) 三平面：所建立坐标系的 *XC*、*YC*、*ZC* 三轴分别与所选的 3 个面垂直。

(3) 对象的 CSYS：通过选择不同的 2D 几何对象或者平面定位坐标系。

(4) 偏置 CSYS：选择已有坐标系通过三轴向进行增量平移。

(5) 绝对 CSYS：变换后坐标系与绝对 CSYS 重合。

课后练习题

按以下图纸要求，在软件中创建其三维模型。

1.

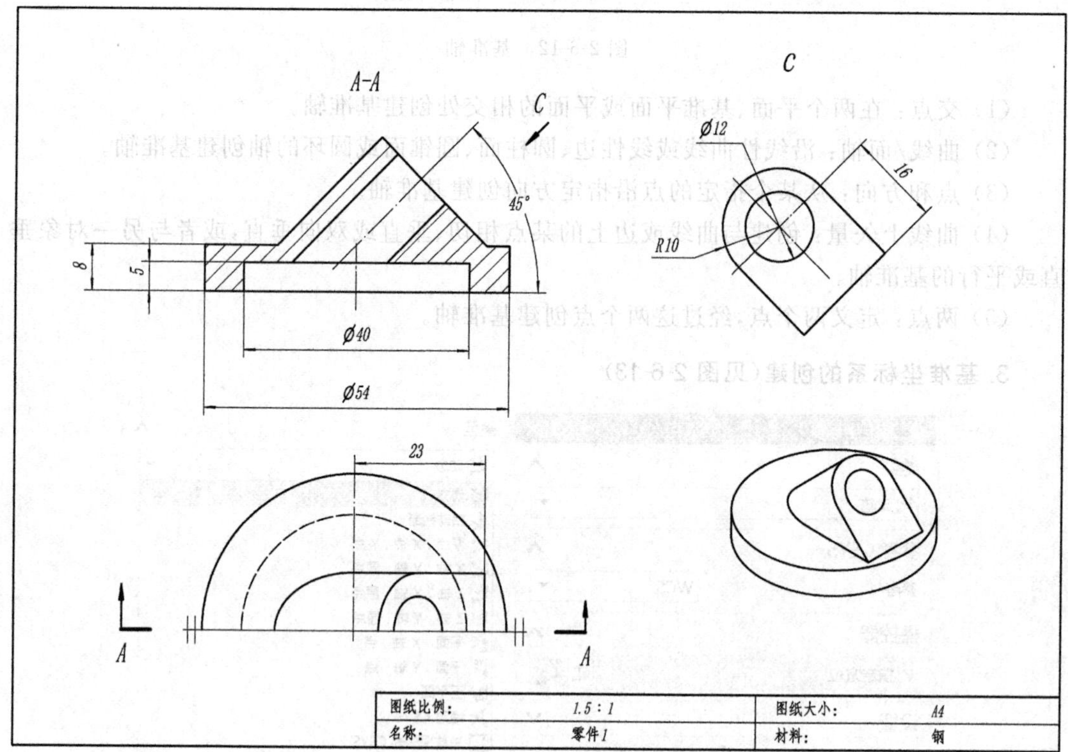

练习题 2-6-1

2.

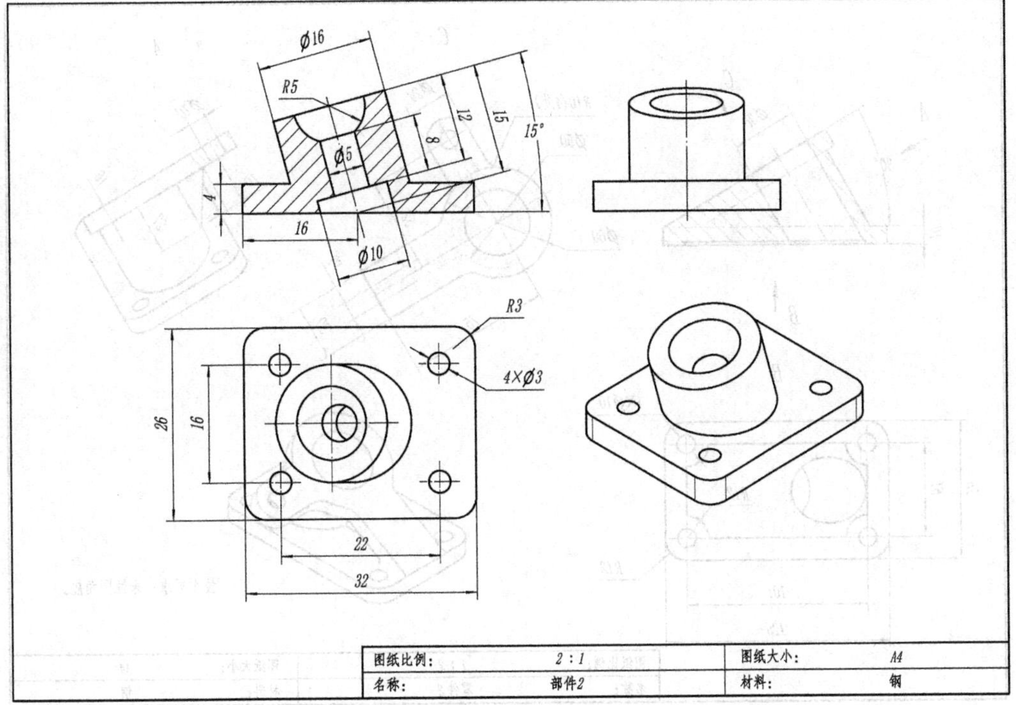

练习题 2-6-2

3.

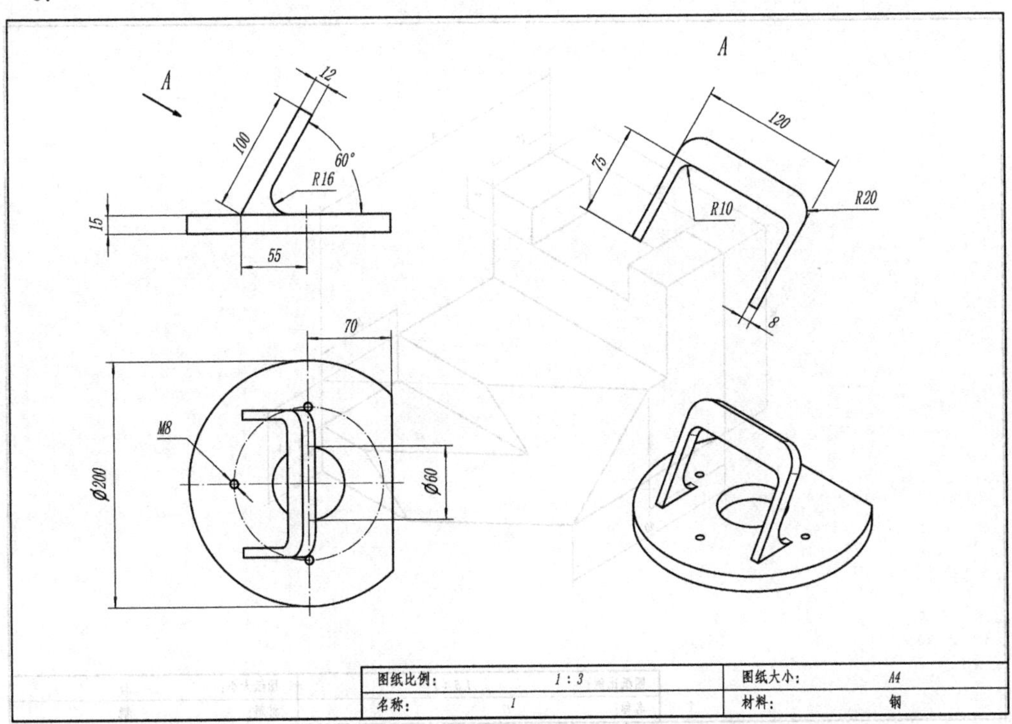

练习题 2-6-3

4.

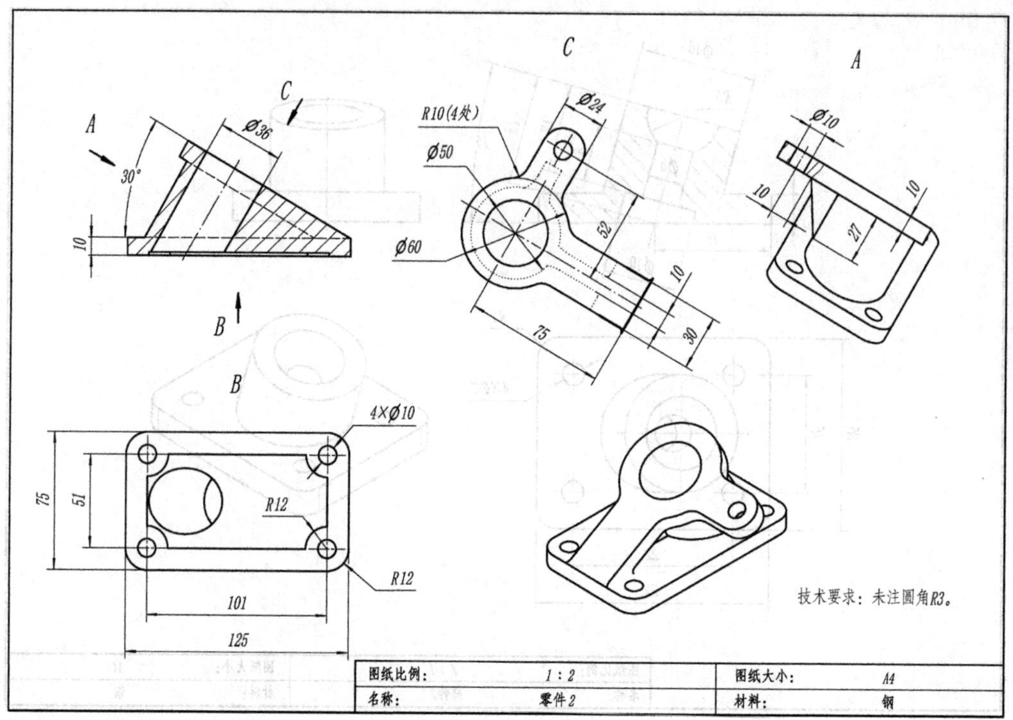

练习题 2-6-4

5.

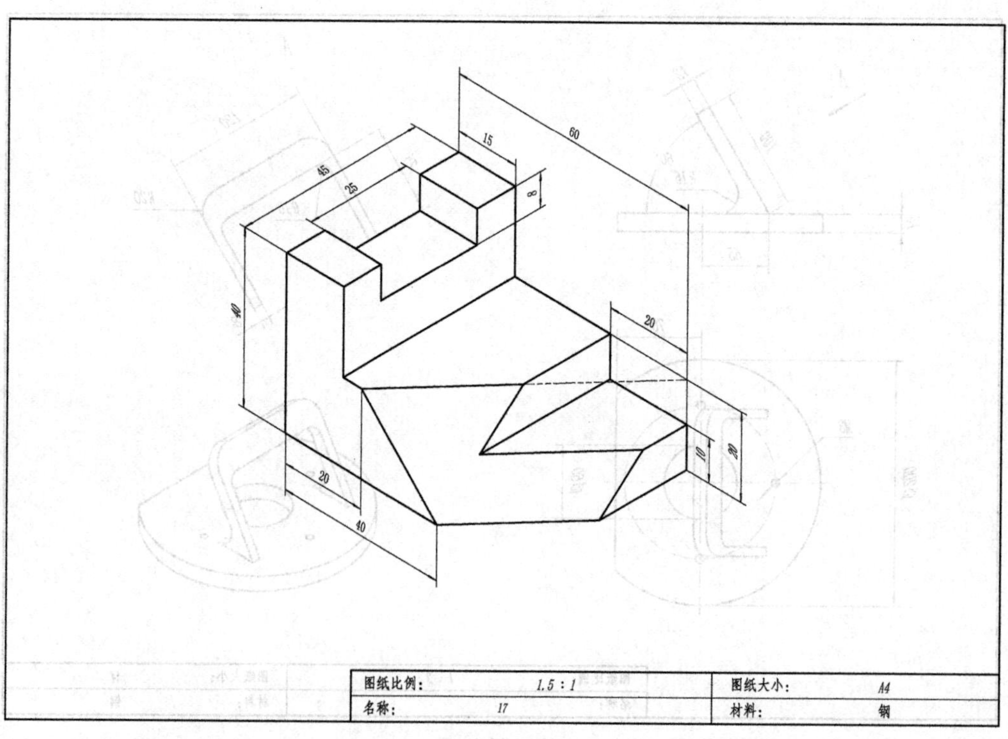

练习题 2-6-5

6.

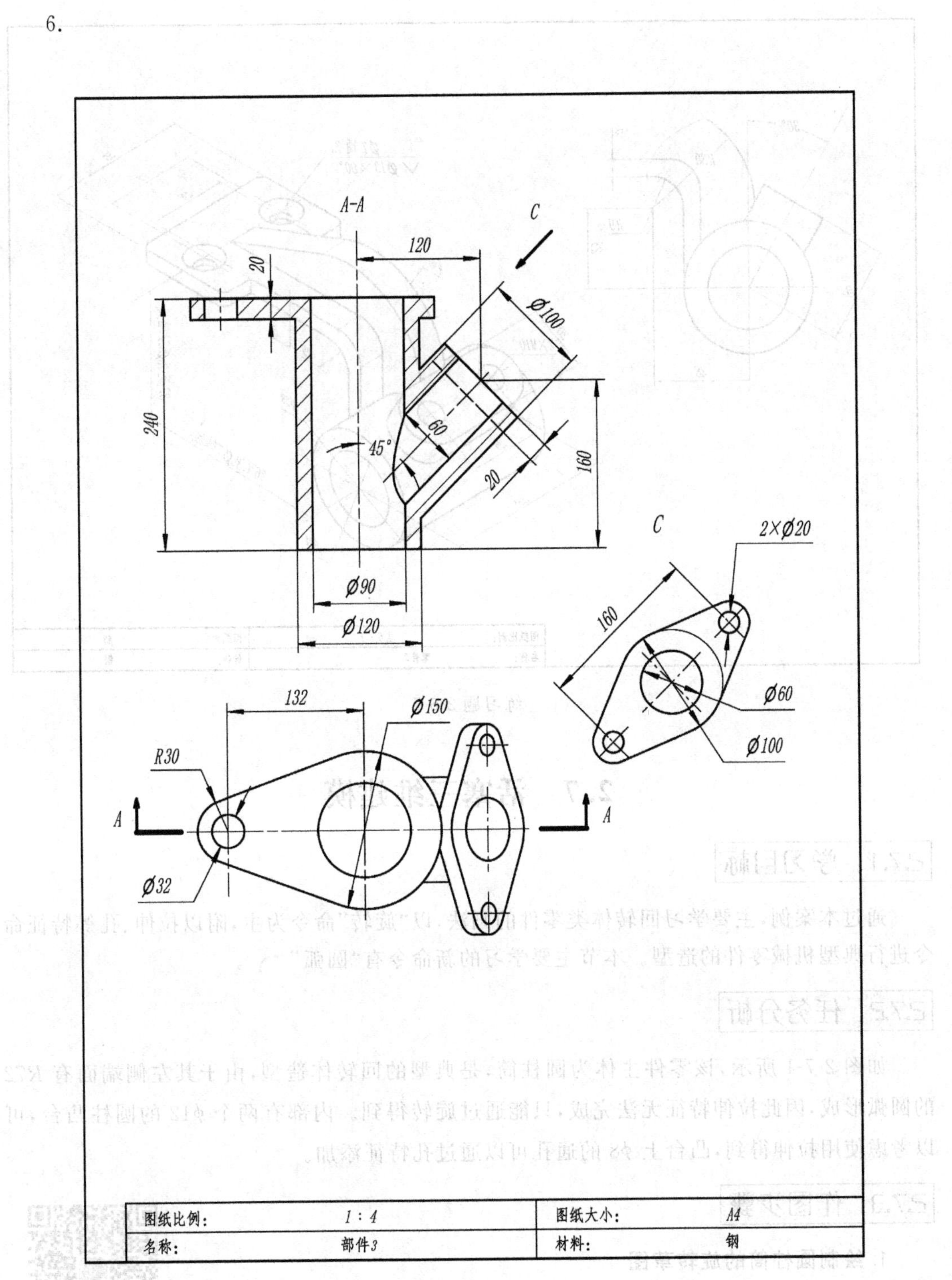
A-A
120
C
20
Ø100
240
60
45°
20
160
Ø90
Ø120
C
2×Ø20
160
Ø60
Ø100
132
Ø150
R30
A
A
Ø32
图纸比例:
1 : 4
图纸大小:
A4
名称:
部件3
材料:
钢

练习题 2-6-6

7.

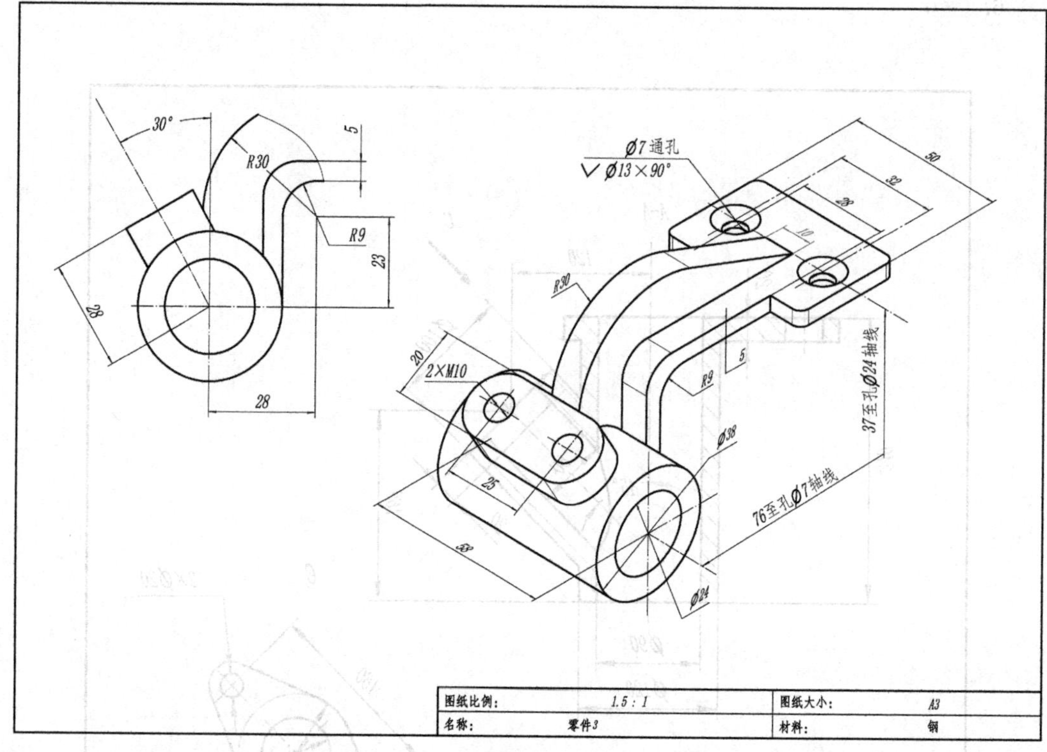

练习题 2-6-7

2.7 活塞三维建模

2.7.1 学习目标

通过本案例，主要学习回转体类零件的画法，以“旋转”命令为主，附以拉伸、孔等特征命令进行典型机械零件的造型。本节主要学习的新命令有“圆弧” 。

2.7.2 任务分析

如图 2-7-1 所示，该零件主体为圆柱筒，是典型的回转体造型，由于其左侧端面有 $R72$ 的圆弧形成，因此拉伸特征无法完成，只能通过旋转得到。内部有两个 $\phi12$ 的圆柱凸台，可以考虑使用拉伸得到，凸台上 $\phi8$ 的通孔可以通过孔特征添加。

2.7.3 作图步骤

1. 绘制圆柱筒的旋转草图

活塞造型

绘制活塞的主体轮廓草图，如图 2-7-2 所示。

(1) 绘制草图外轮廓。选择 YZ 平面为草图基准平面，以坐标系原点作为矩形的一个角点，在草图中绘制一个长 38mm、宽 22mm 的矩形。在“直

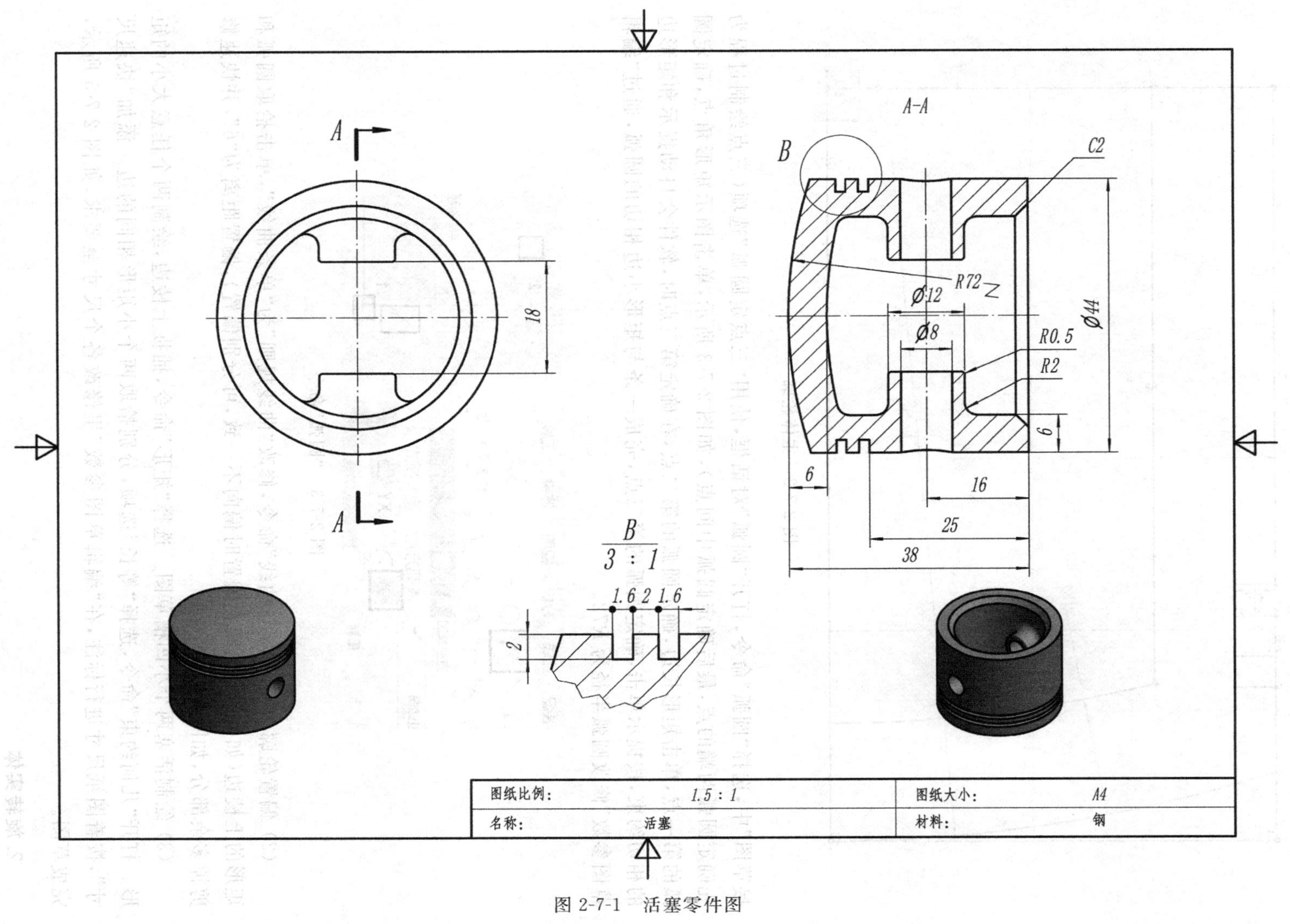
A-A
B
C2
R72
Ø12
Ø8
Ø44
R0.5
R2
6
6
16
25
38
18
A
A
B
3 : 1
1.6 2 1.6
2
图纸比例:
1.5 : 1
图纸大小:
A4
名称:
活塞
材料:
钢

图 2-7-1　活塞零件图

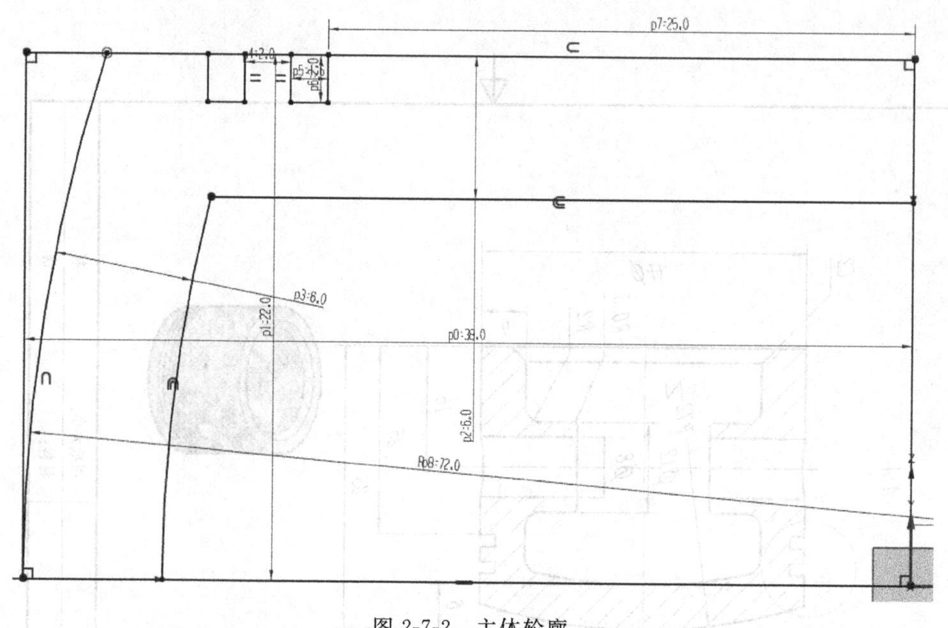

图 2-7-2 主体轮廓

接草图”中，选择“圆弧”命令，打开“圆弧”对话框，使用“三点定圆弧”选项(三点绘制过程为先确定圆弧两端的点，最后确定圆弧中间点)，如图 2-7-3 所示，单击图示矩形角点，确定圆弧的第一点，单击矩形长边，确定圆弧的第二点，在确定第三点时，软件会自动提示和矩形边的相切约束，按提示单击，确定圆弧的第三点，完成一条与矩形小边相切的圆弧，通过“编辑草图参数”修改圆弧半径为 *R*72。

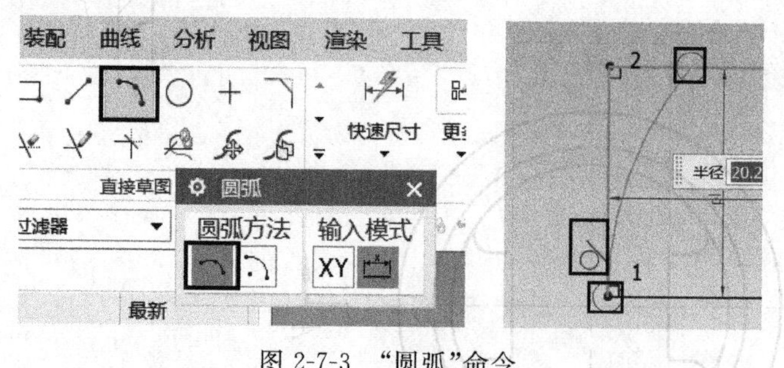

图 2-7-3 “圆弧”命令

(2) 偏置轮廓。使用“偏置曲线”命令，修改“曲线规则”为“单条曲线”，单击拾取圆弧和矩形的上棱边(如果两条曲线在偏置时偏向不一致，可分别偏置)，偏置距离为“6”，并快速修剪掉多余部分，如图 2-7-4 所示。

(3) 绘制活塞两个小凹槽草图。选择“矩形”命令，捕捉上棱边，绘制两个任意大小的矩形。打开“几何约束”命令，选择“等长”选项，分别拾取两个小矩形相同的边。添加“快速尺寸”，按着图纸尺寸进行标注，在“编辑草图参数”里修改各个尺寸至要求，如图 2-7-5 所示，完成草图。

2. 旋转实体

选择“旋转”命令，修改“曲线规则”为“区域边界曲线”，选择如图 2-7-6 所示区域作为截面曲线，选择“Y 轴”作为旋转轴，完成旋转体。

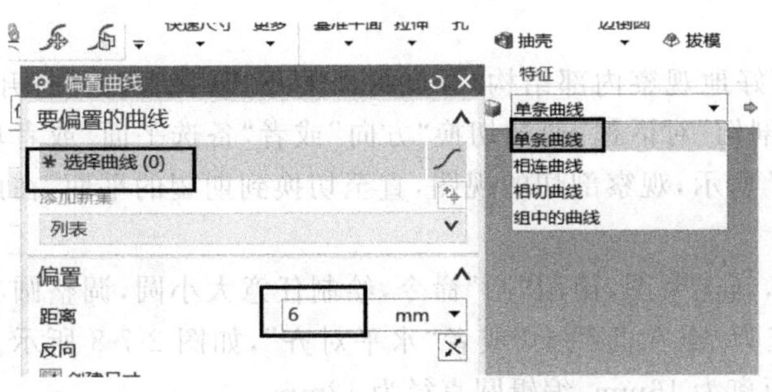

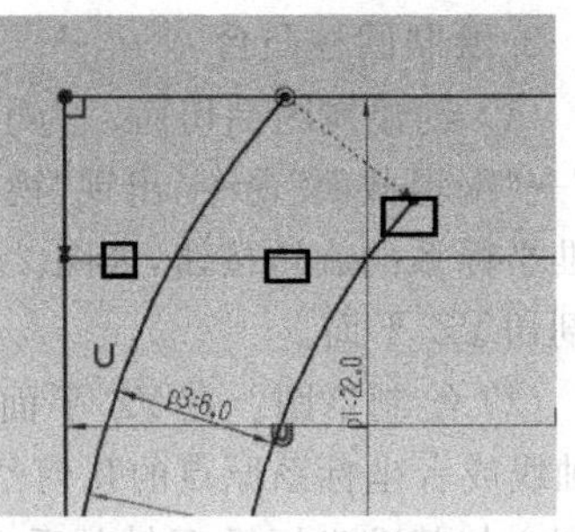

图 2-7-4　偏置轮廓

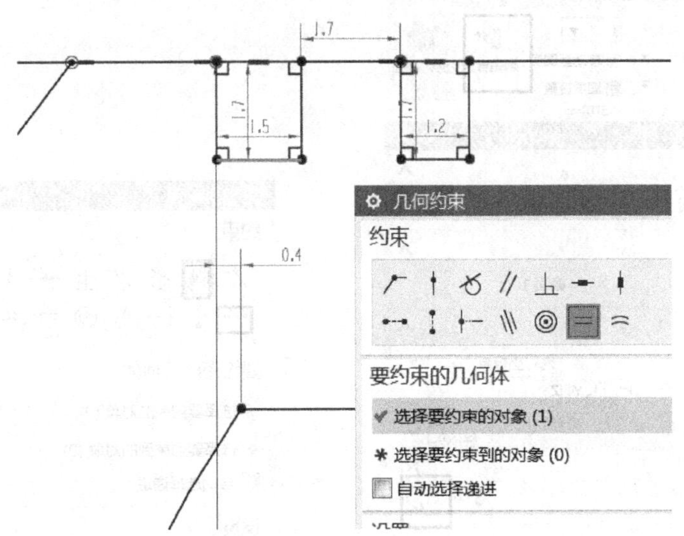

图 2-7-5　“几何约束”命令

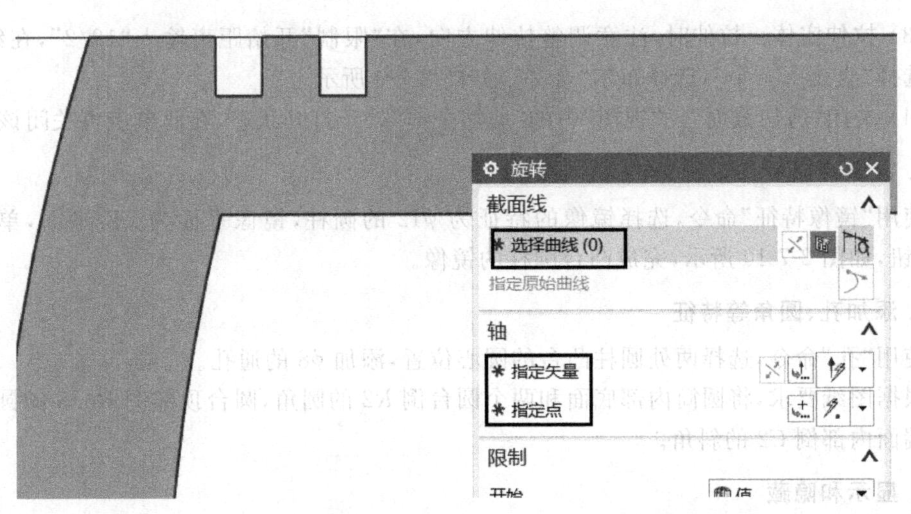

图 2-7-6　“旋转”命令

3. 绘制圆柱凸台

(1) 创建视图剖切面。为了更好地观察内部结构，在此可以使用视图剖切面，打开“视图”→“编辑截面”命令，出现“视图剖切”对话框，通过切换“方向”或者“备选平面”或者单击基准坐标系的旋转按钮，如图 2-7-7 所示，观察剖切的视图，直至切换到期望的平面，在此选择剖切 *YZ* 平面。

(2) 绘制草图。在 *YZ* 平面上，新建草图，使用“圆”命令，绘制任意大小圆，调整圆心与 *Y* 轴线或者坐标系原点的几何约束为“点在曲线上”或者“水平对齐”，如图 2-7-8 所示。编辑圆心与基准坐标系 *Z* 轴的垂直距离为 16mm，编辑圆直径为 12mm。

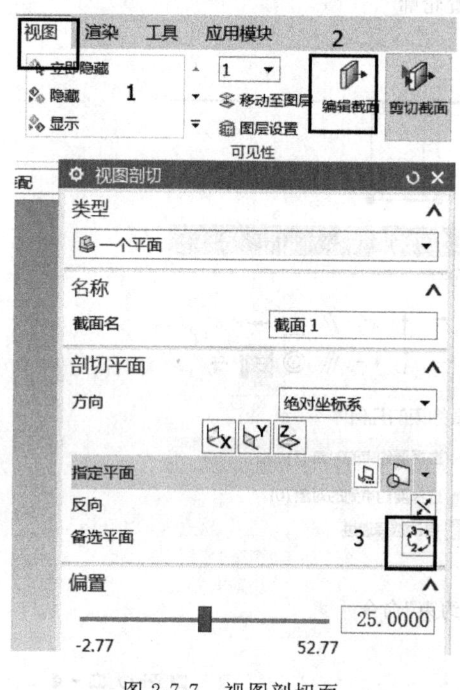

图 2-7-7 视图剖切面

图 2-7-8 “几何约束”方式

(3) 拉伸实体。拉伸时，注意调整拉伸方向，在“限制”开始距离输入“18/2”，在结束选项中选择“直至下一个”，选择布尔“合并”，如图 2-7-9 所示。

(4) 关闭“剪切截面”。“视图”中的“剪切平面”处于打开状态，在此单击可关闭该命令。

4. 镜像特征

使用“镜像特征”命令，选择镜像的特征为 $\phi12$ 的圆柱，镜像平面为 *YZ* 平面，单击“确定”按钮，如图 2-7-10 所示，完成凸台圆柱的镜像。

5. 添加孔、圆角等特征

使用“孔”命令，选择两处圆柱凸台的圆心位置，添加 $\phi8$ 的通孔。

根据图纸要求，将圆筒内部底面和两个圆台倒 *R*2 的圆角，圆台顶部倒 *R*0.5 的圆角，将圆筒端面内部倒 *C*2 的斜角。

6. 显示和隐藏

隐藏草图和坐标系以及基准面，如图 2-7-11 所示。

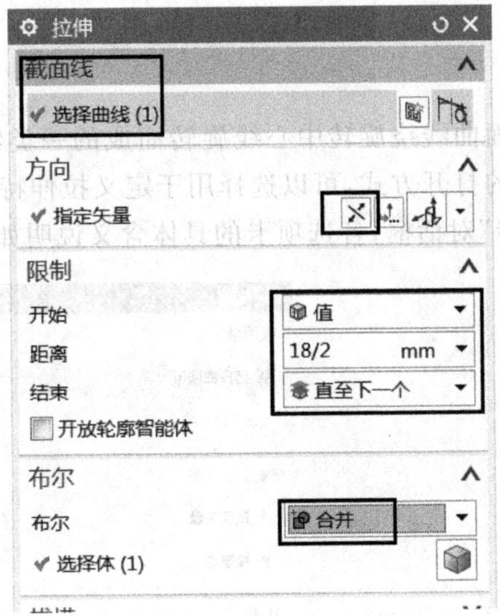

图 2-7-9　拉伸方式

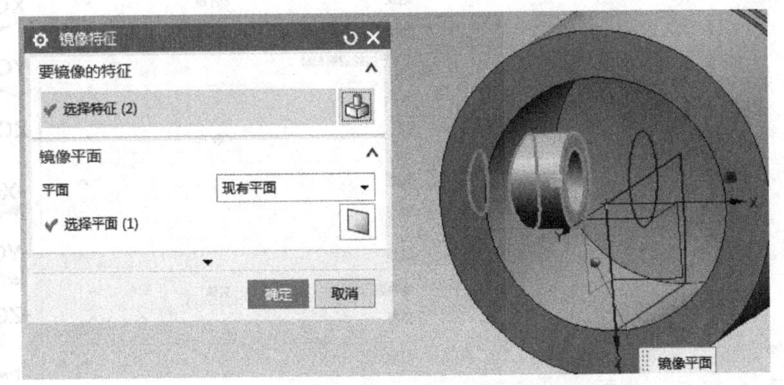

图 2-7-10　镜像特征

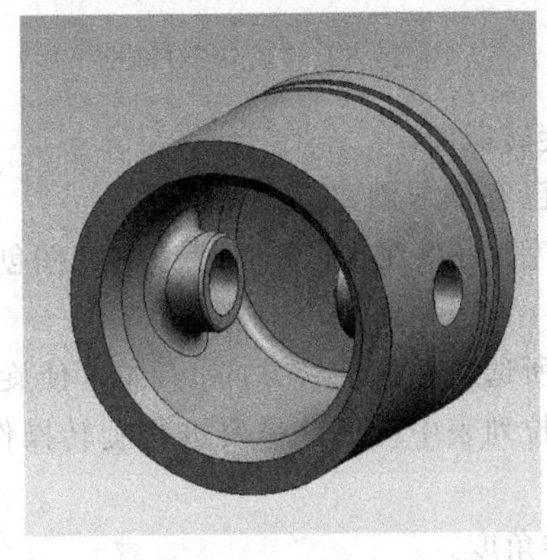

图 2-7-11　实体特征

2.7.4 知识拓展

1. 旋转特征

旋转特征是由特征截面曲线绕旋转中心线旋转而成的一类特征，它适合于构造旋转体零件特征。通过之前介绍的打开方式，可以选择用于定义拉伸特征的截面曲线。

图 2-7-12 所示为“旋转”对话框，各选项卡的具体含义说明如下。

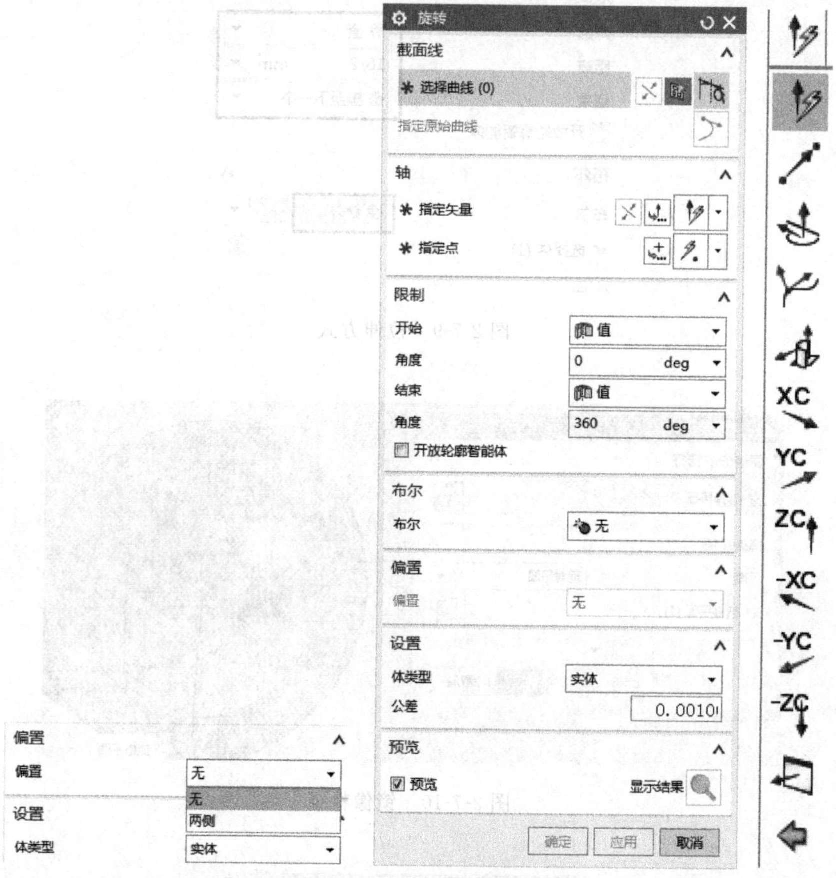

图 2-7-12 “旋转”对话框

(1) 截面线：用于指定旋转截面。

① 选择曲线：用于指定已有草图创建选择特征。

② 绘制草图：单击按钮，可以在工作平面上绘制草图创建旋转特征。

(2) 轴。

① 指定矢量：用于设置所选对象的旋转方向；反向：使旋转轴方向反向。

② 指定点：在指定点下拉列表中可以选择要进行旋转操作的基准点，可通过捕捉直接在视图区中进行选择。

(3) 限制：用于指定旋转角度。

① 开始：在设置以“值”或“直至选定对象”方式进行旋转操作时，用于限制旋转的起始角度。

② 结束：在设置以"值"或"直至选定对象"方式进行旋转操作时，用于限制旋转的终止角度。

(4) 布尔：指定布尔运算操作，在下拉列表中选择布尔操作类型。

(5) 偏置：增加或减小体的侧面。

① 无：直接以截面曲线生成旋转特征。

② 两侧：在截面曲线两侧生成旋转特征，以结束值和起始值之差作为实体的厚度。

(6) 设置：在体类型设置为实体的前提下，以下情况将生成实体。

① 封闭的轮廓；

② 不封闭的轮廓，旋转角度为 360°；

③ 不封闭的轮廓，有任何角度的偏置或增厚。

(7) 预览：用户可以预览绘图工作区临时实体的生成状态，以便及时修改和调整。

2. 草图里几何约束的类型及应用

草图约束命令是向草图几何图形添加几何条件，通过约束维持草图几何形状(或草图几何图形之间)的条件。

图 2-7-13 所示为"几何约束"对话框，各项的介绍如下所述。

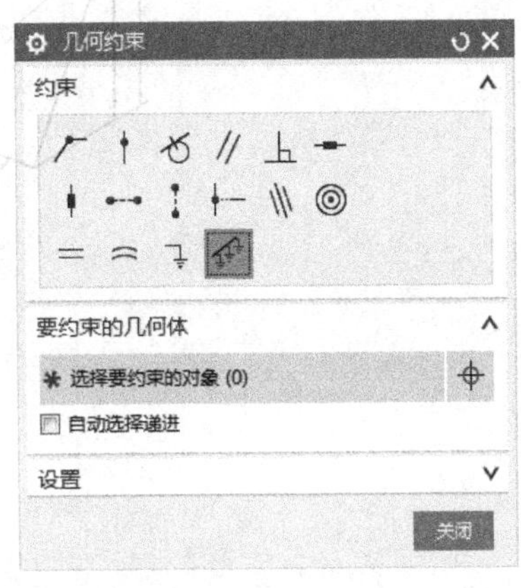

图 2-7-13　几何约束

(1) "重合"：定义两个或多个有相同位置的点。

(2) "点在曲线上"：定义一个位于曲线上的点的位置。

(3) "相切"：定义两个对象，使其相切。

(4) "平行"：定义两条或多条直线或椭圆，使其相互平行。

(5) "垂直"：定义两条直线或椭圆，使其相互垂直。

(6) "水平"：定义一条水平线。

(7) "竖直"：定义一条竖直线。

(8) "水平对齐"：约束两个或多个选定的顶点或点，使其水平对齐。

(9) "竖直对齐"：约束两个或多个选定的顶点或点，使其竖直对齐。

(10) "中点"：定义一点的位置，使其与直线或圆弧的两个端点等距。

(11) "同心"：约束两个或多个有相同中心的圆弧或椭圆弧。

(12) "相等"：约束两条或多条等长直线。

(13) "等半径"：约束两个或多个等半径圆弧。

(14) "固定"：根据几何体特性添加固定约束。

(15) "完全固定"：完全定义草图几何图形的位置和方位，创建足够的约束。

除去以上的约束选项外，还可以在"设置"下拉列表中添加其他条件的约束。

课后练习题

按以下图纸要求，在软件中创建其三维模型。

1.

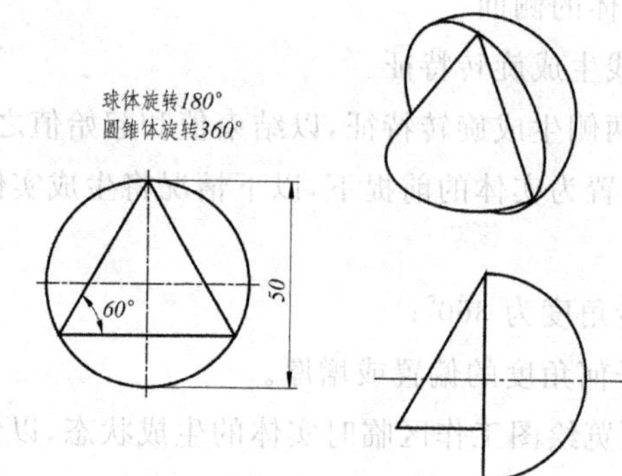

练习题 2-7-1

2.

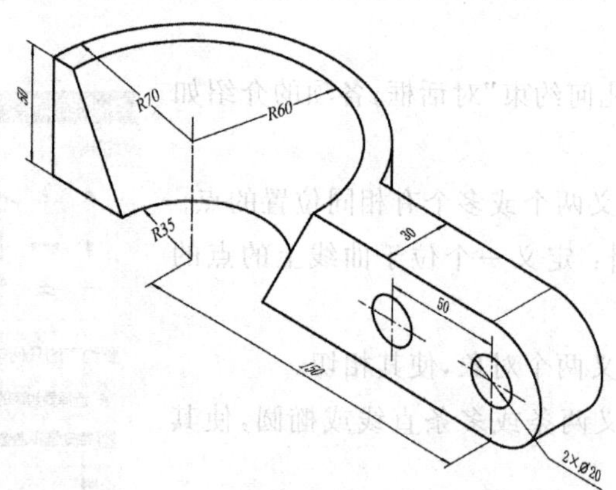

练习题 2-7-2

3.

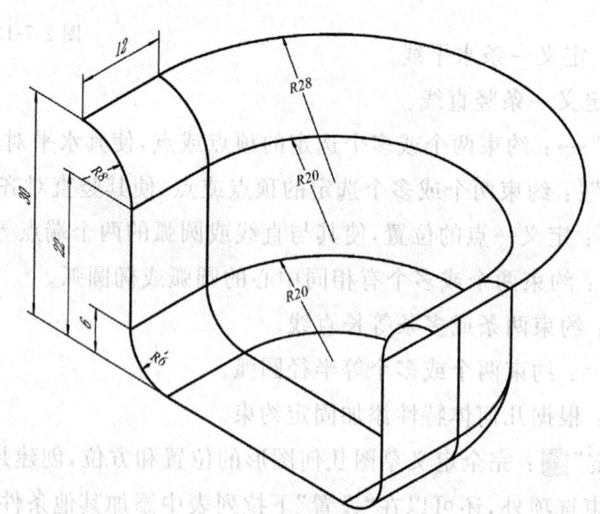

练习题 2-7-3

4.

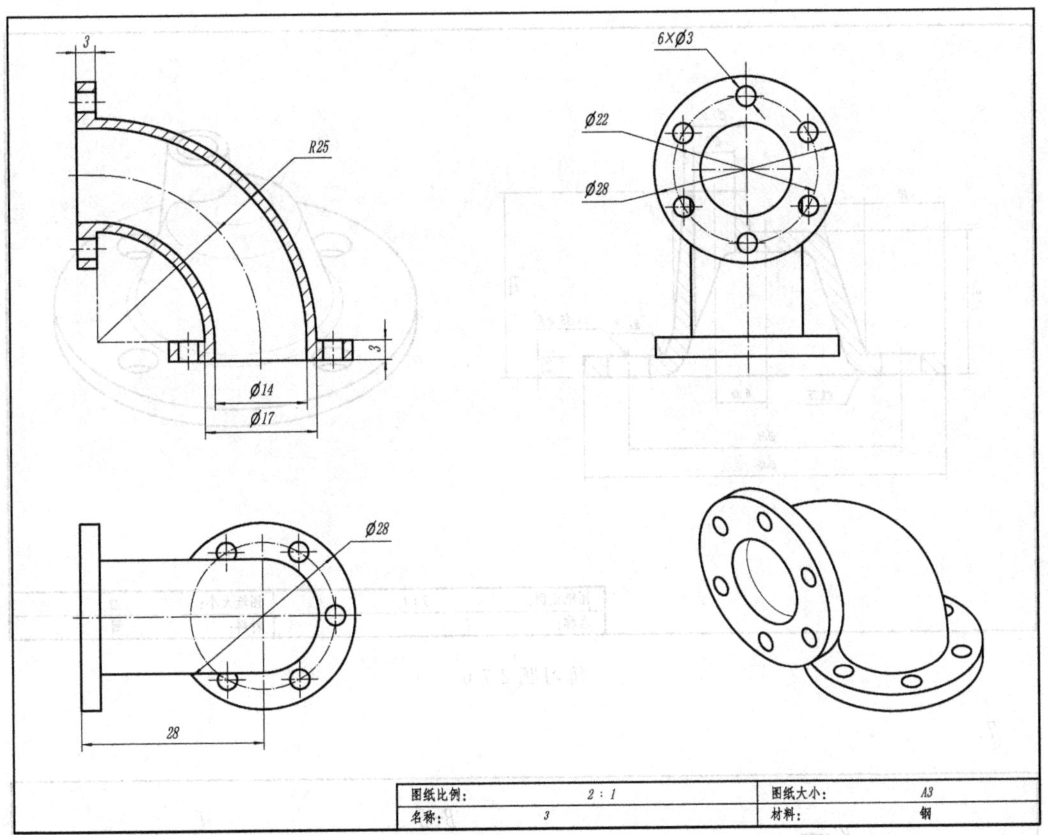

练习题 2-7-4

5.

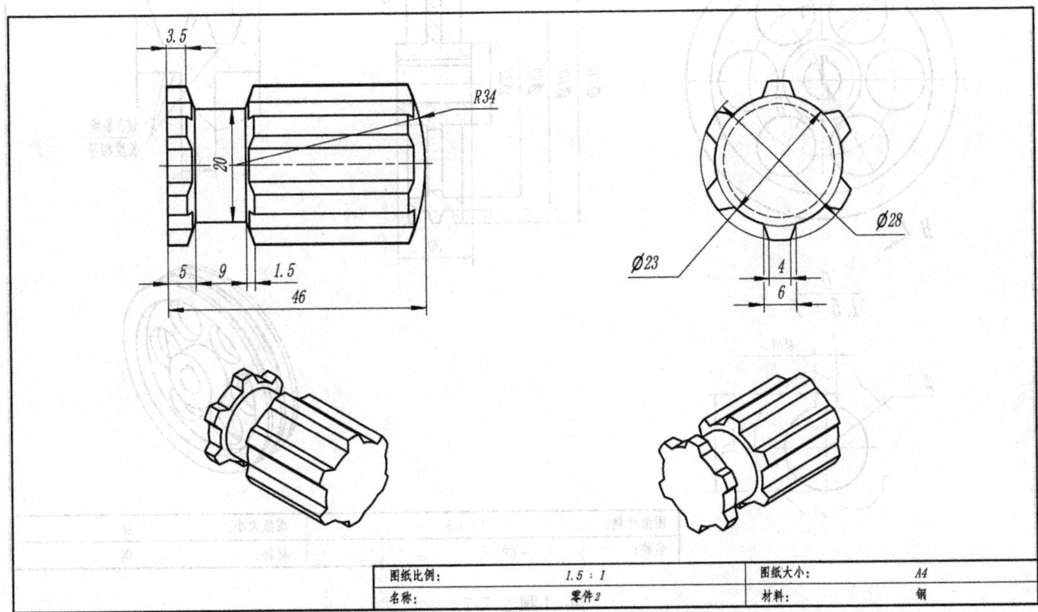

练习题 2-7-5

6.

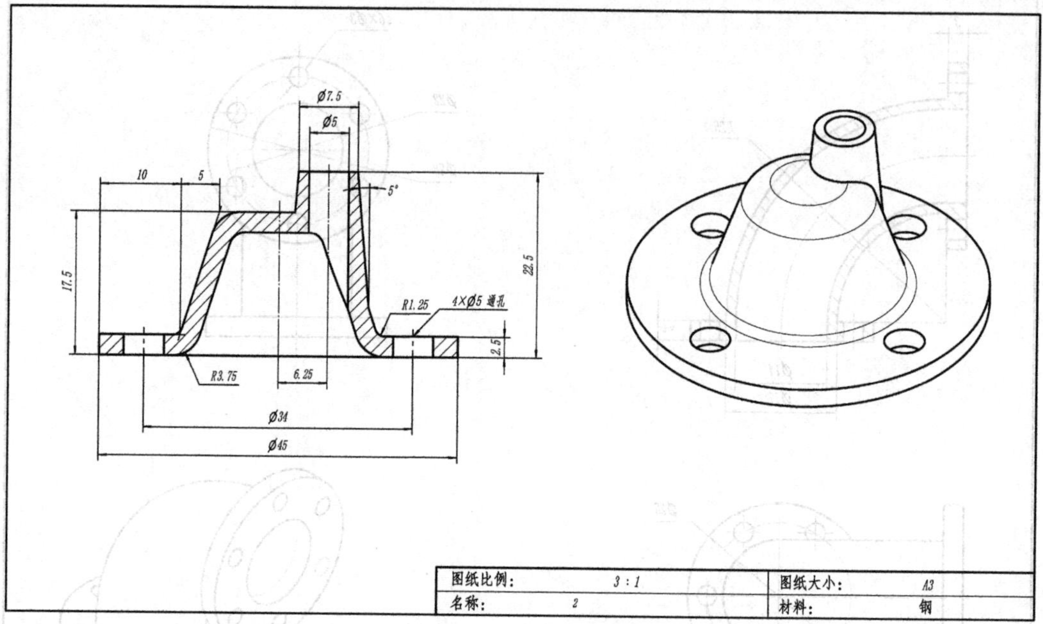

练习题 2-7-6

7.

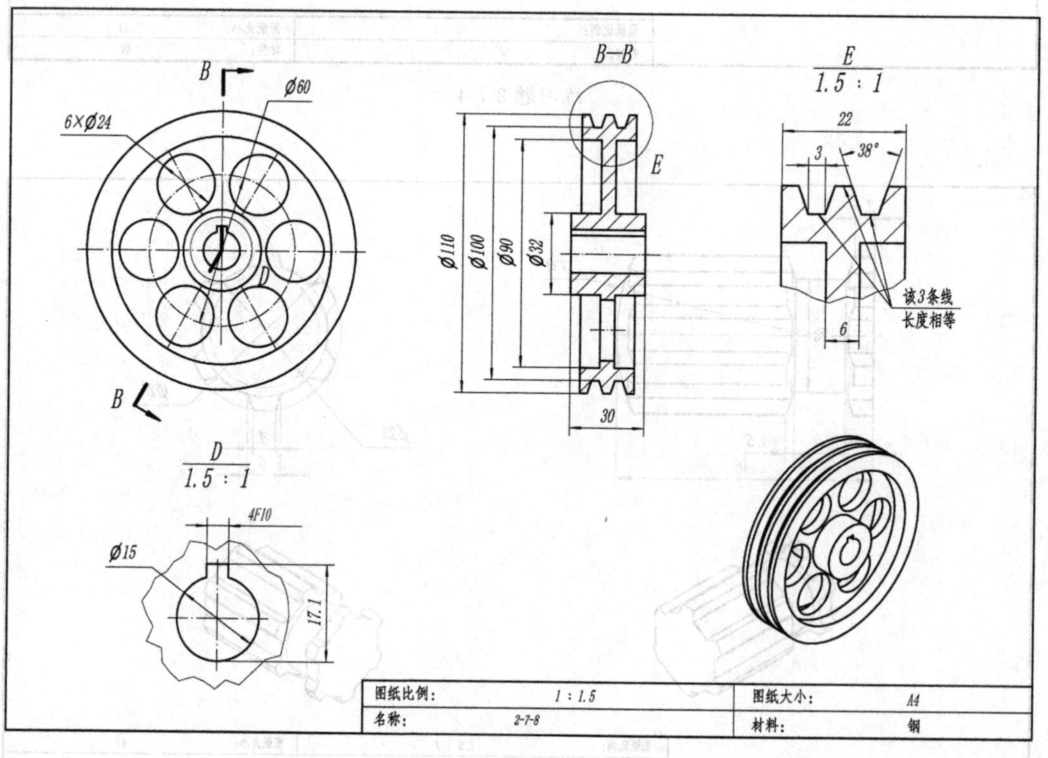

练习题 2-7-7

2.8 拉环三维建模

2.8.1 学习目标

通过本案例,主要学习在草图中"轮廓"命令的使用、部分草图编辑命令以及"扫掠"命令的应用。学习的新命令主要有"轮廓"、"圆角"、"管道"、"沿引导线扫掠""设为对称""创建新截面"等命令。

2.8.2 任务分析

如图2-8-1所示,该零件分为两部分,一部分是"凸"字形实体;一部分是弯管拉环。实体部分可以使用拉伸完成主体,中间弯孔可以使用"管道"命令完成。拉环部分可以使用"沿引导线扫掠"命令完成。

2.8.3 作图步骤

拉环造型

1. 创建凸台实体

以YZ平面为基准面新建草图,绘制"凸"字形草图,如图2-8-2所示。使用"拉伸"命令,将草图拉伸长度为80mm。

2. 创建拉环部分

(1) 绘制引导线。打开"基准平面"命令,在"基准平面类型"中选择"按某一距离",选择基准坐标系的XY平面,在偏置距离里输入"12",沿Z轴正方向移动12.5mm,如图2-8-3所示。

在新建的平面上为创建草图。选择"直接草图"→"轮廓"命令,在草图内绘制连续直线(尺寸任意),使用"几何约束"命令先约束几何关系,再修改尺寸参数至如图2-8-4所示。

打开"直接草图"→"圆角"命令,在"半径"的输入框中输入"20",单击拾取相邻两条直线,对轮廓线进行倒圆角,如图2-8-5所示。

单击第一条直线(注意单击时不要选择直线的端点或中点),在出现的快捷工具条中,选择"转换至参考线",将直线转换至中心线,如图2-8-6所示。

(2) 绘制截面草图。打开"视图"→"编辑截面"命令,选择剖切面为YZ面,如图2-8-7所示。打开截面状态,在YZ面上创建截面草图,打开"轮廓"命令,起点捕捉轮廓草图的首条直线末端点,绘制6段直线,顺序如图2-8-8所示。

使用"草图约束"→"设为对称"命令,如图2-8-9所示,使3号与5号直线、2号与6号直线均相对于1号直线对称。4号线段的中点与1号线段使用"点在曲线上",如图2-8-9所示。

编辑位置关系和尺寸关系,如图2-8-10所示。完成截面草图绘制,完成草图后,关闭"视图"→"剪切截面"命令。

(3) 沿引导线扫掠。打开"沿引导线扫掠"命令,有两种方法:在菜单里打开"插入"→"扫掠"→"沿引导线扫掠"命令,或者在工具栏中选择"曲面"→"沿引导线扫掠"命令,如图2-8-11所示。

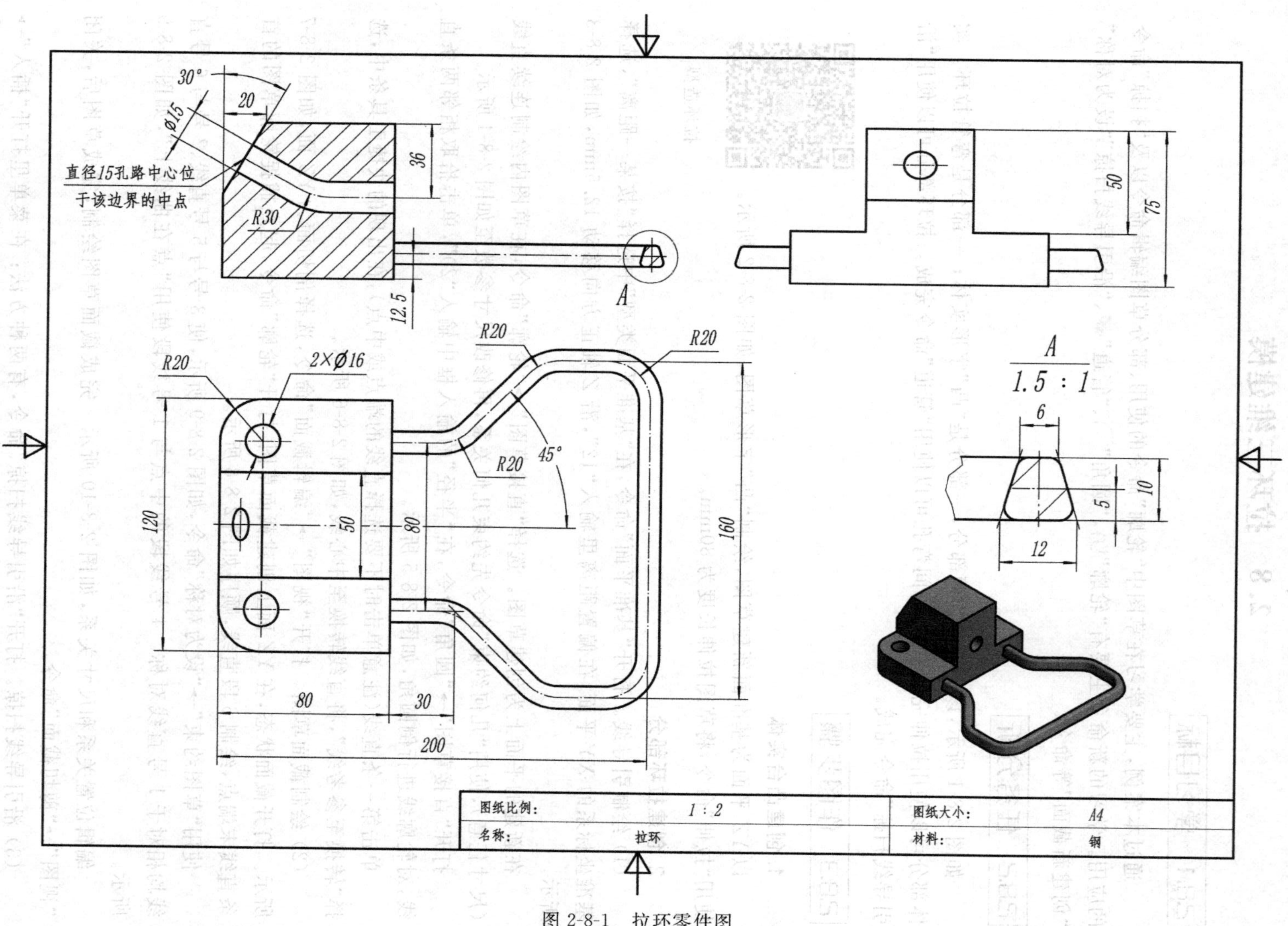
30°
20
ϕ15
36
直径15孔路中心位
于该边界的中点
R30
12.5
A
R20
2×Ø16
R20
R20
45°
120
50
80
160
80
30
200
A
1.5 : 1
6
5
10
12
图纸比例: 1 : 2
名称: 拉环
图纸大小: A4
材料: 钢

图 2-8-1 拉环零件图

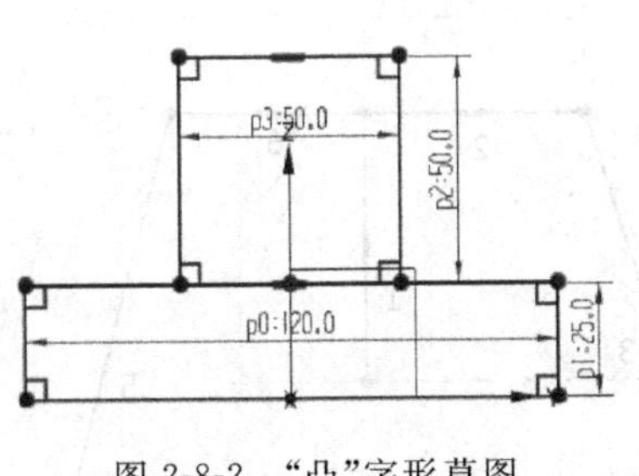

图 2-8-2　“凸”字形草图

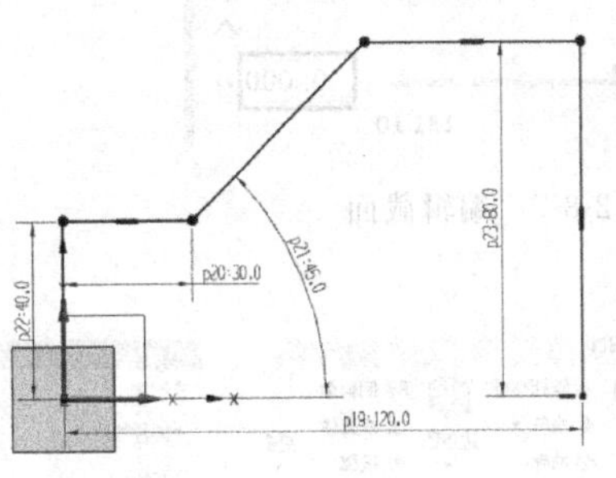

图 2-8-3　新建平面

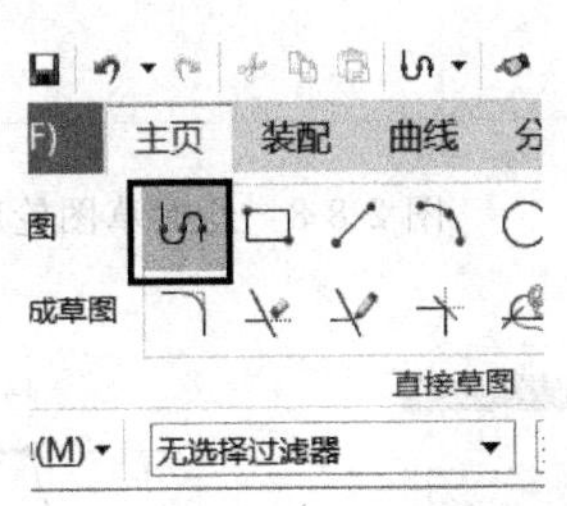

图 2-8-4　绘制轮廓

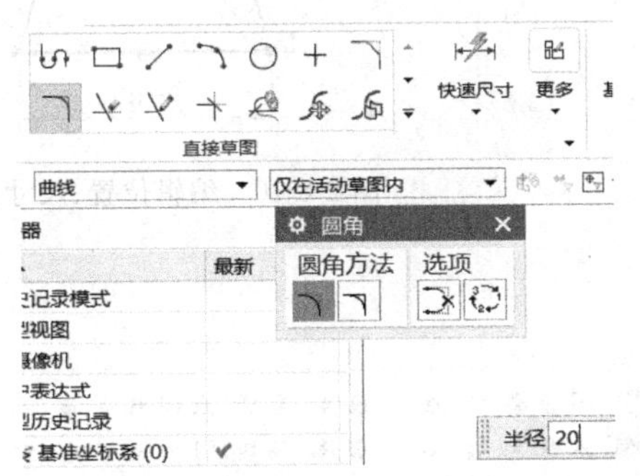

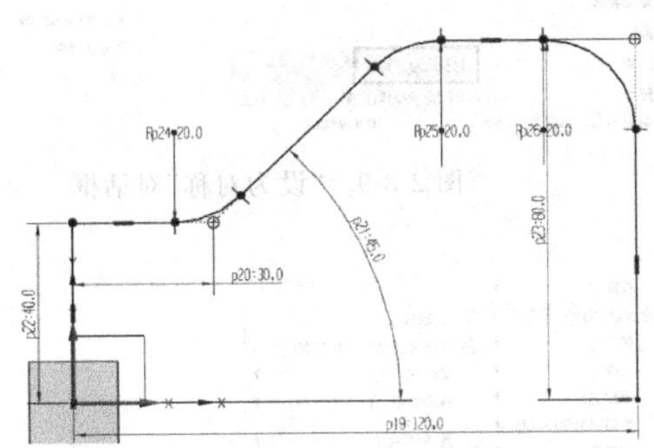

图 2-8-5　绘制圆角

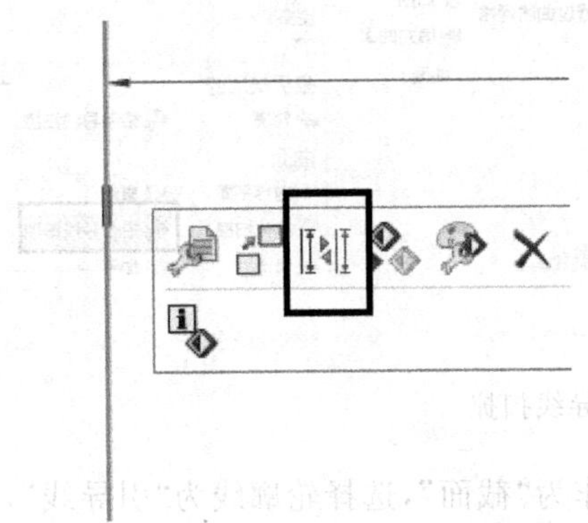

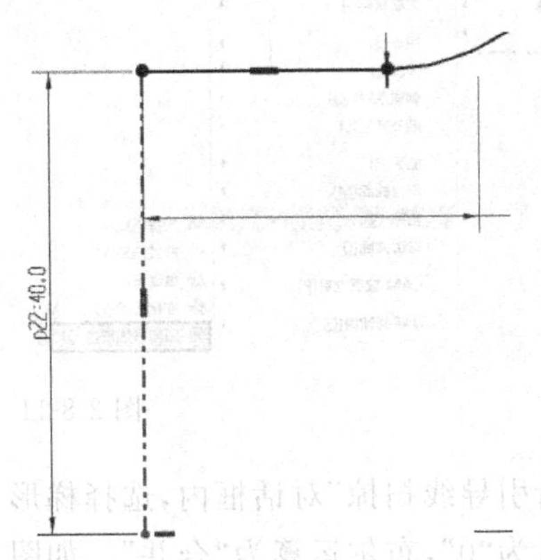

图 2-8-6　参考线

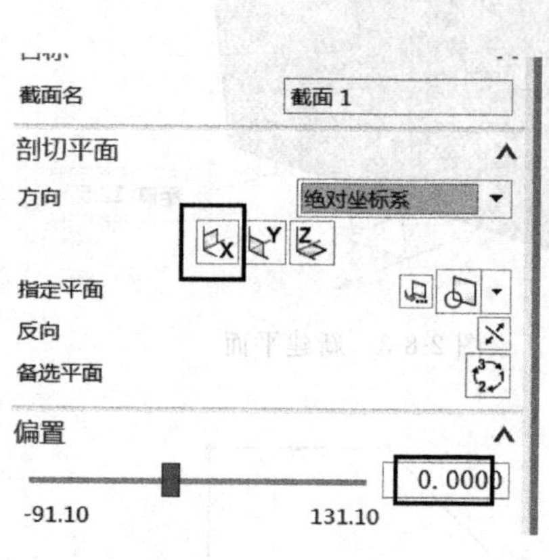

图 2-8-7 编辑截面

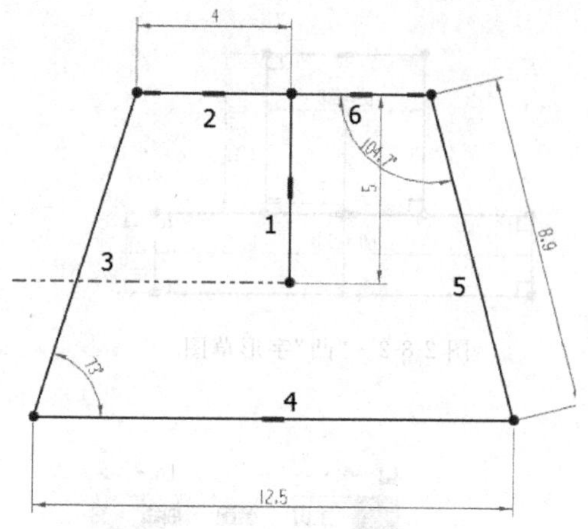

图 2-8-8 绘制草图轮廓

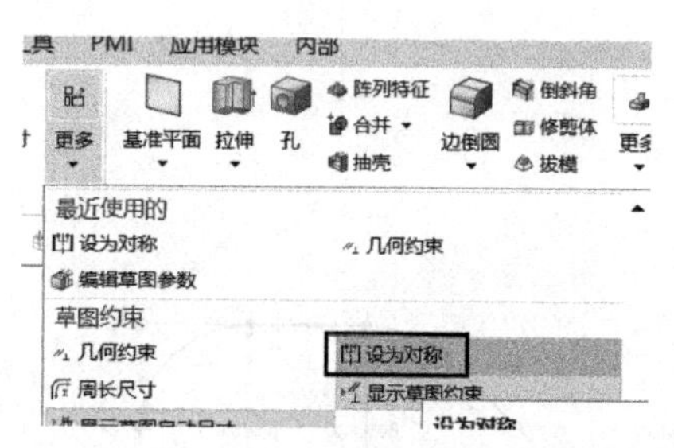

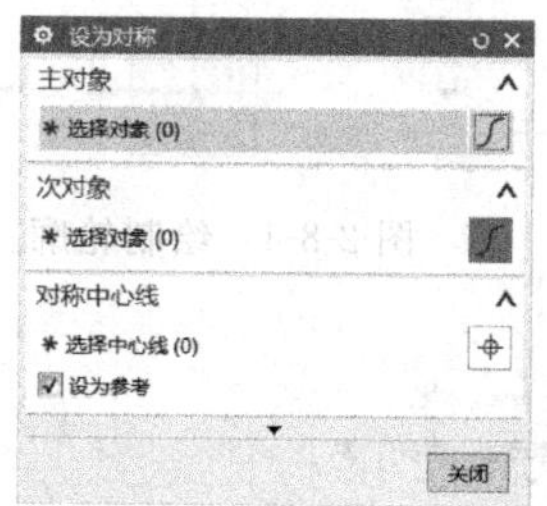

图 2-8-9 “设为对称”对话框

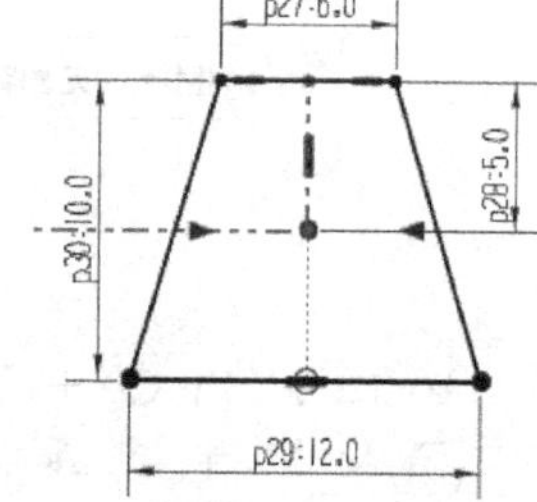

图 2-8-10 编辑位置、尺寸关系

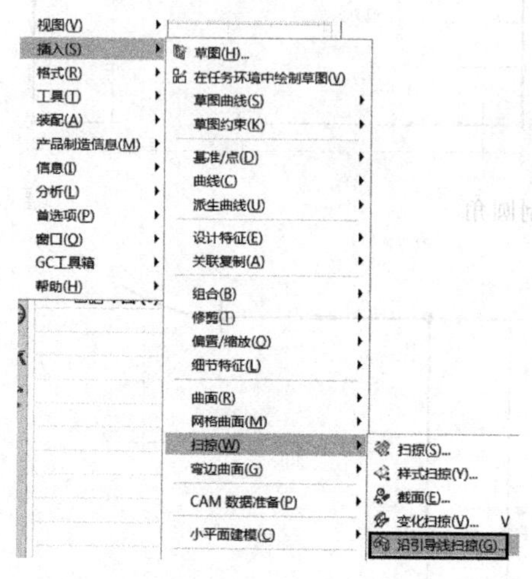

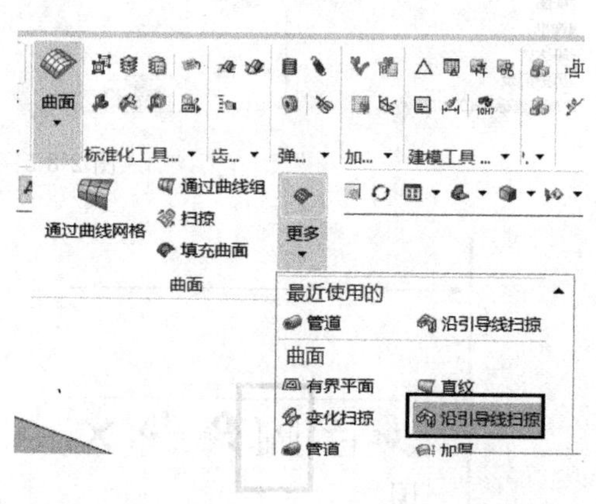

图 2-8-11 沿引导线扫掠

在“沿引导线扫掠”对话框内，选择梯形草图作为“截面”，选择轮廓线为“引导线”，在“偏置”里默认为“0”，布尔运算为“合并”。如图 2-8-12 所示。

(4) 镜像特征。使用“镜像特征”命令，选择绘制好的“扫掠体”作为“要镜像的特征”，选择 XZ 平面为“镜像平面”，确定后完成镜像。

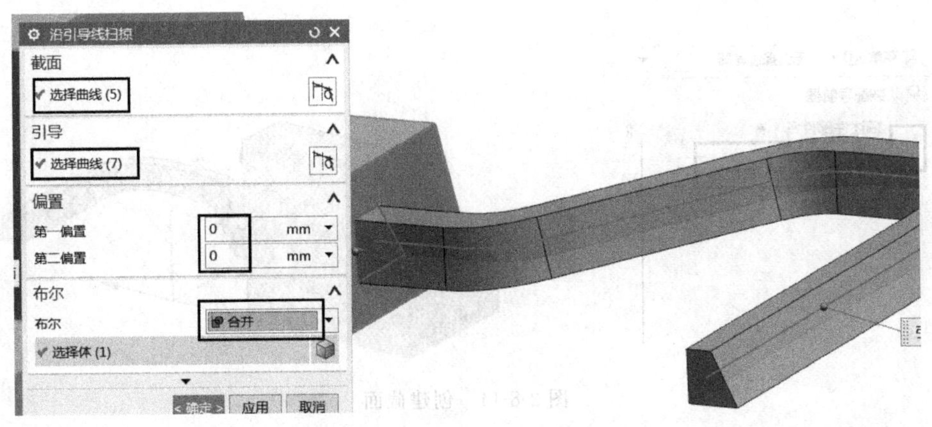

图 2-8-12　扫掠方式

3. 创建管道

(1) 创建倒角斜面。使用“倒斜角”命令，选择“偏置和角度”，拾取零件上方的棱边，输入“角度”为“90-30”，“距离”为“20”，注意调整“方向”按钮，调整角度和距离所在的方向，如图 2-8-13 所示。

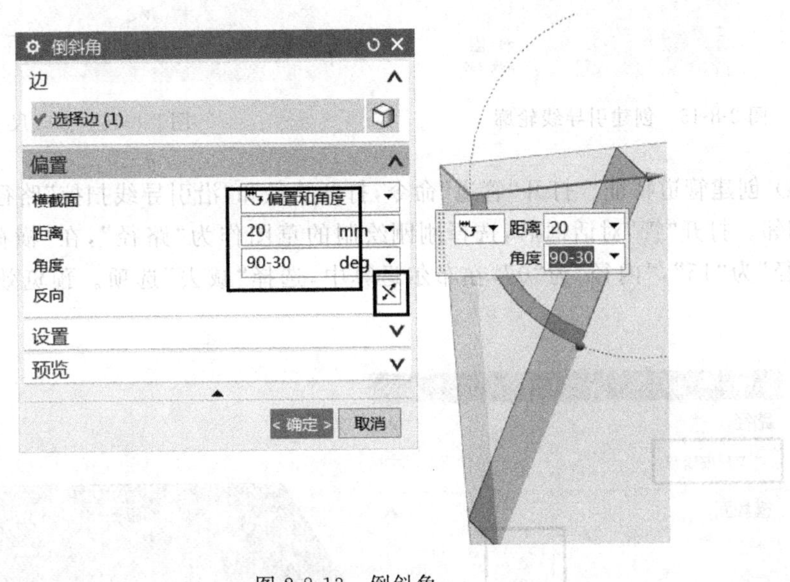

图 2-8-13　倒斜角

(2) 创建新截面。在 UG NX 11.0 软件左侧的导航栏内，切换至“装配导航栏”，在“截面”上右击，选择“新建截面”命令，打开“视图剖切”对话框，进入“编辑截面”命令下，按前面讲的方法，创建一个 *XZ* 平面的剖切面，如图 2-8-14 所示。

(3) 创建管道引导线。打开剖切截面后，在 *XZ* 平面上创建草图，使用“直线”命令，捕捉斜面线段的中点，引出直线时，系统默认出现垂直约束，在合适距离位置处单击，确定一条与斜边垂直、长度任意的直线，如图 2-8-15 所示。再绘制一条水平直线(长度任意)，约束该直线与“凸”字形实体上边的垂直距离为 36。在草图内进行倒圆角处理，圆角为 *R*30。完成效果如图 2-8-16 所示。

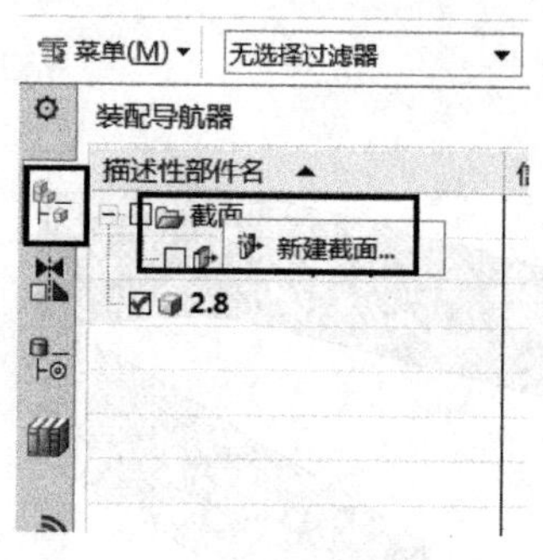

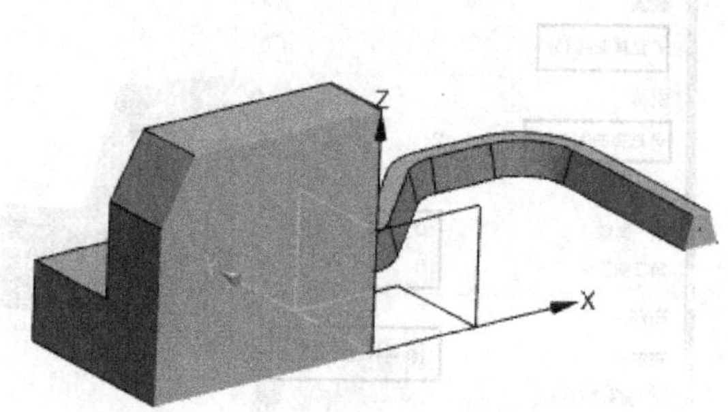

图 2-8-14　创建截面

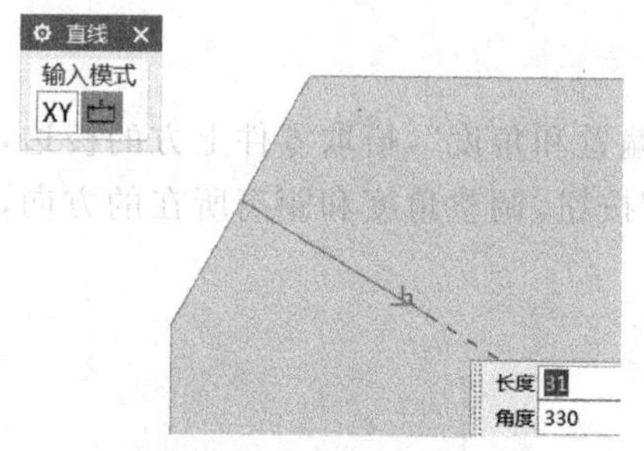

图 2-8-15　创建引导线轮廓

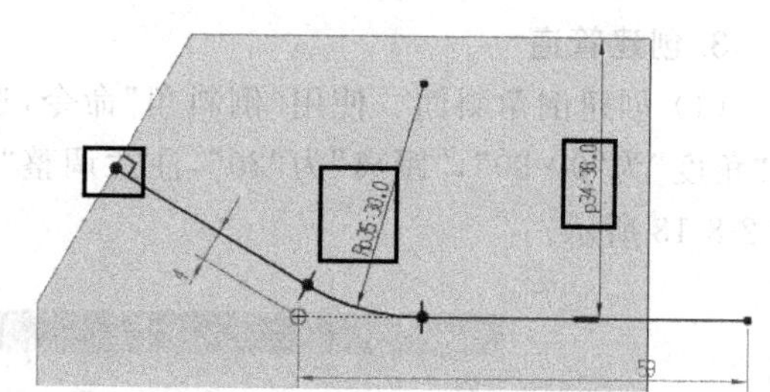

图 2-8-16　修改尺寸

(4) 创建管道特征。打开"管道"命令,打开路径和"沿引导线扫掠"路径一致,两个命令位置相邻。打开"管"对话框后,选择刚刚绘制的草图作为"路径",在"横截面"选项内,输入"外径"为"15","内径"为"0",在布尔运算中,选择"减去"选项。预览效果,如图 2-8-17 所示。

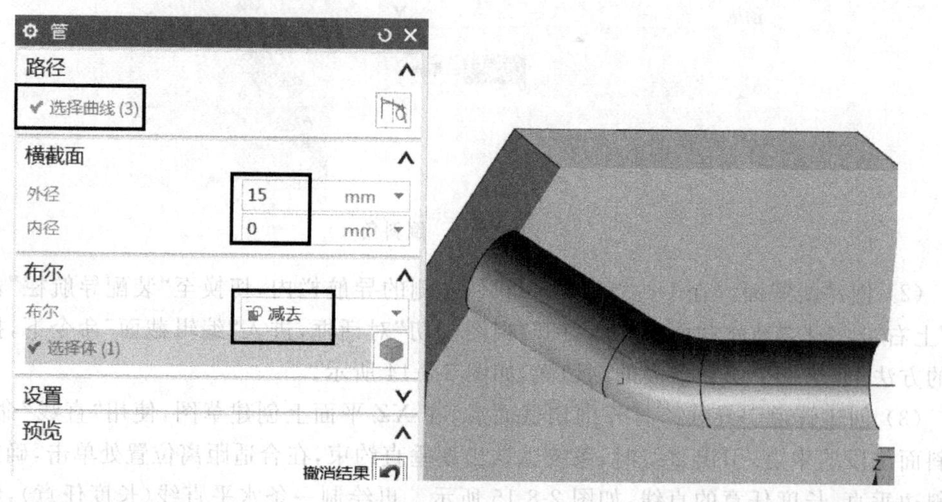

图 2-8-17　管道

4. 添加圆角、孔特征

关闭“剪切截面”命令，使用“边倒圆”命令，根据图纸要求将零件两边分别倒 $R20$ 的圆角，使用“孔”命令，以圆角的圆心为中点绘制 $\phi16$ 的通孔。

5. 显示和隐藏

隐藏草图和坐标系以及基准面，切换到“轴测图”“着色效果”，如图 2-8-18 所示，保存文件。

2.8.4 知识拓展

1. “沿引导线扫掠”命令

选择“插入”→“扫掠”→“沿引导线扫掠”命令，弹出“沿引导线扫掠”对话框，如图 2-8-19 所示。

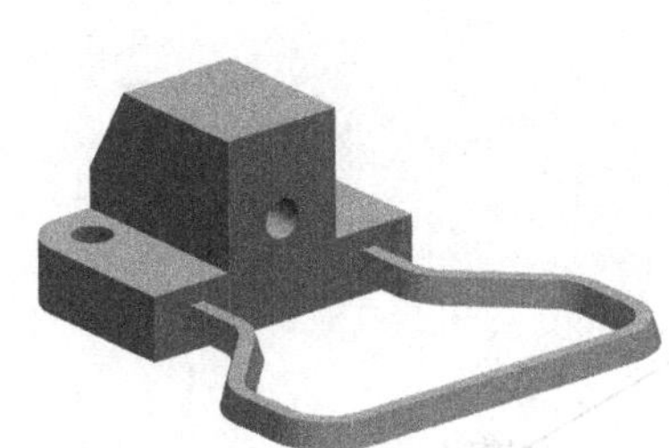

图 2-8-18　模型特征

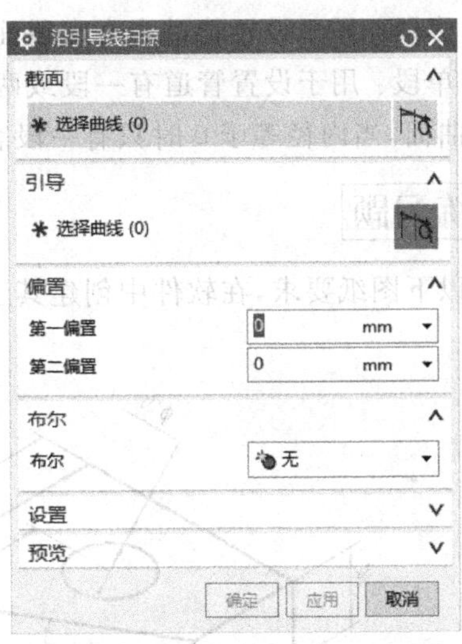

图 2-8-19　“沿引导线扫掠”对话框

沿引导线扫掠特征是将所选取的“截面”在指定“引导线”上扫掠成一个体，截面曲线通常应该位于开放式引导路径的起点附近或封闭式引导路径的任意曲线的端点附近。如果截面曲线距离引导曲线太远，将得到无法估计的结果。

在“沿引导线扫掠”对话框定义的参数中，“第一偏置”“第二偏置”值均为“0”，如果修改数值，其大小就会根据截面形状发生相应的变化。

注意：

(1) 如果剖面对象有多个环，则引导线串必须由线/圆弧连续构成。

(2) 如果沿着具有封闭的、尖锐拐角的引导线串扫掠，建议把剖面曲线放置到远离尖锐拐角的位置。

(3) 路径必须是光滑、切向连续的。即如果引导路径上两条相邻的线以锐角相交，或者如果引导路径中的圆弧半径对于截面曲线来说太小，则会出现“自交”情况，从而不会产生扫掠特征。

2. 管道

管道造型主要是构成各种管型实体。

选择“插入”→“扫掠”→“管道”命令，弹出“管”对话框，如图 2-8-20 所示。

各参数说明如下。

(1) 路径：管道的创建路径。

(2) 横截面：管道的截面。

① 外径：用于设置管道的外径，其值必须大于 0。

② 内径：用于设置管道的内径，其值必须大于等于 0，且必须小于外径数值。

(3) 输出：用于设置管道面的类型，包含“多段”与“单段”两个选项。

① 多段：用于设置管道为有多段面的复合面。

② 单段：用于设置管道有一段或两段表面，且均为简单的曲面，当内径等于 0 时只有一段表面。

图 2-8-20 “管”对话框

课后练习题

按以下图纸要求，在软件中创建其三维模型。

1.

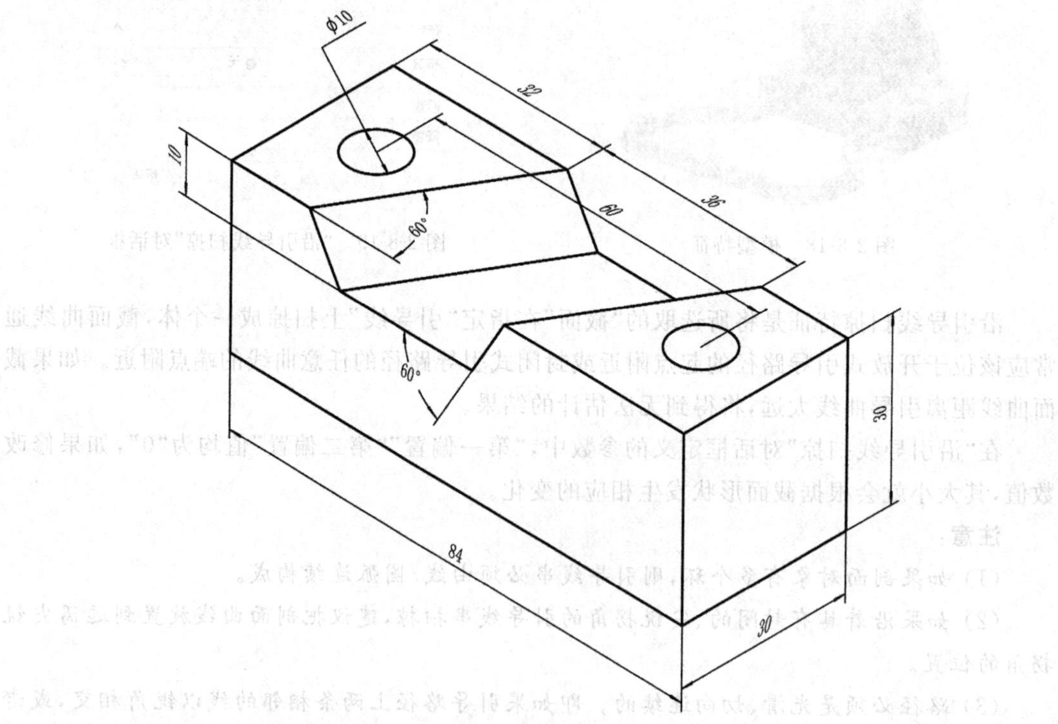

练习题 2-8-1

2.

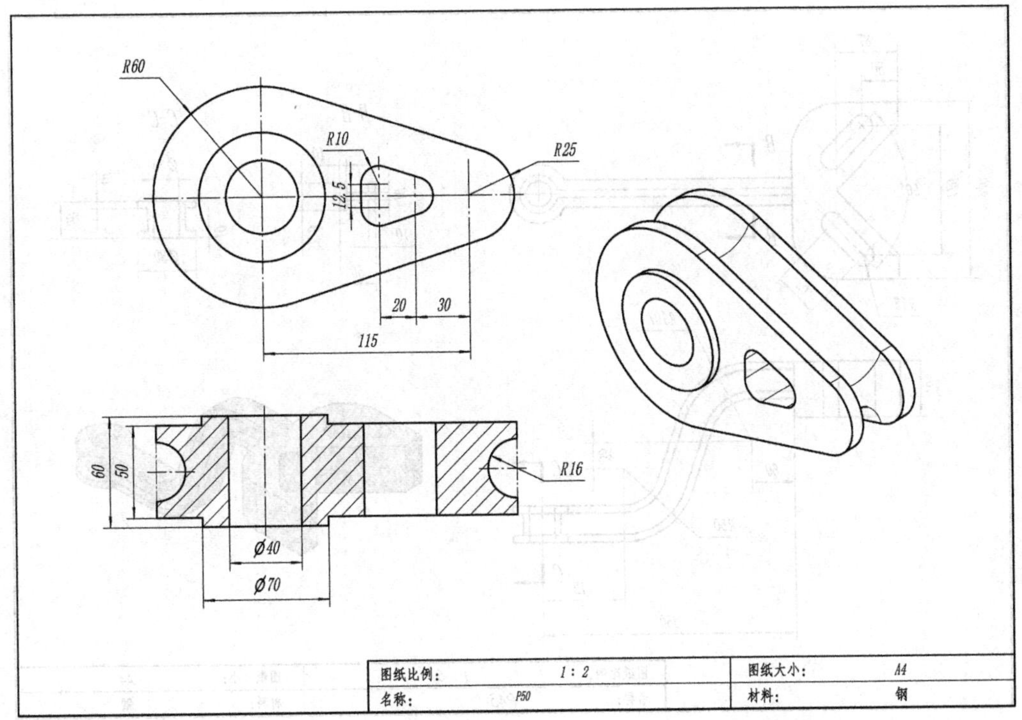

练习题 2-8-2

3.

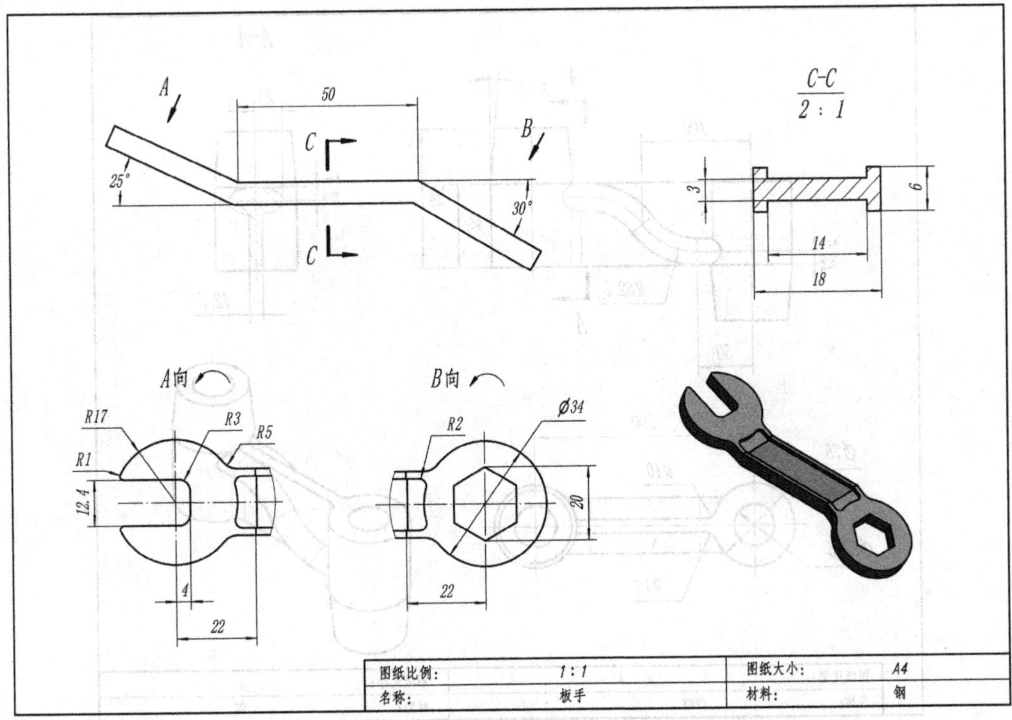

练习题 2-8-3

4.

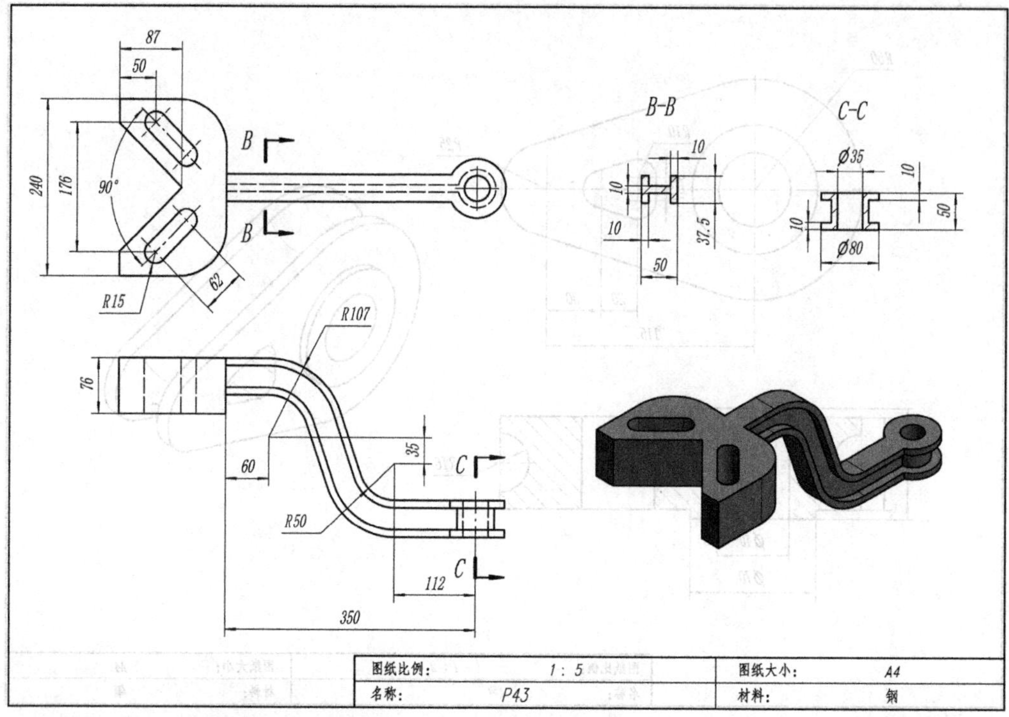

练习题 2-8-4

5.

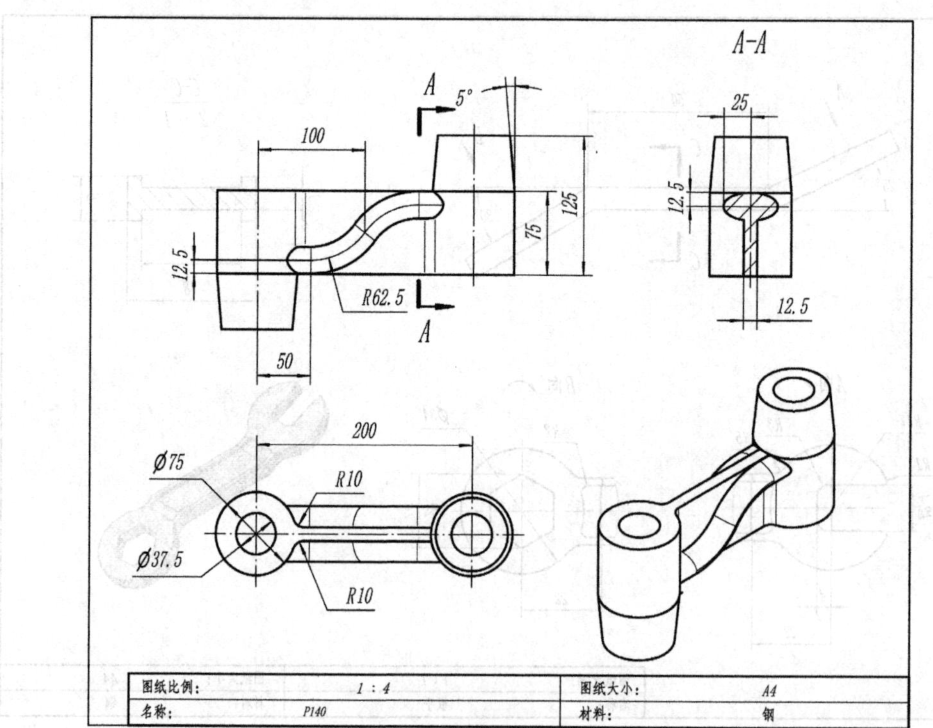

练习题 2-8-5

2.9　薄壁基座三维建模

2.9.1　学习目标

本节通过一个薄壁基座模型学习“抽壳”命令的用法，并掌握中等复杂零件的建模思路和方法。学习的新命令主要有“抽壳”、“投影曲线”等。

2.9.2　任务分析

如图 2-9-1 所示，该零件属于中等复杂零件，特征较多，但是通过仔细分析可以看到，很多特征是相同或相似的，例如，圆筒上的 U 形圆环凸起、底座上的正方形凹槽和 $\phi5$ 通孔等。这些相同或相似的特征可以使用“阵列特征”或者“镜像特征”等命令完成。其他的特征都是一些比较简单的圆柱、长方体等基本元素的组合。因此，该零件建模过程，首先创建左侧圆筒，通过“抽壳”命令形成薄壁壳体，再进行右侧底座的建模，最后进行孔、槽特征的添加。

2.9.3　作图步骤

1. 创建圆筒造型

(1) 创建圆柱部分。以基准坐标系 *XY* 平面建立草图，在草图上绘制 $\phi42$ 的圆，拉伸草图，长度为 110mm。

薄壁基座造型

(2) 创建 U 形圆环。以基准坐标系 *YZ* 平面建立草图，绘制如图 2-9-2 所示草图，使用“旋转”命令，“曲线规则”选择“区域边界曲线”，选取绘制的草图，以基准坐标系的 *Z* 轴为旋转轴，选择“布尔”→“合并”选项绘制一个 U 形凸起圆环，如图 2-9-3 所示。

(3) 阵列特征，复制相同圆环。使用“阵列特征”命令，选择圆环作为“要形成阵列的特征”，选择“线性阵列”，方向 1 为圆柱轴线方向（或者选择 *Z* 轴），阵列“数量”为“12”，“节距”为“6.5”，单击确定后，完成效果如图 2-9-4 所示。

(4) 抽壳。打开“抽壳”命令，在菜单里选择“插入”→“偏置/缩放”→“抽壳”命令，或者在工具栏“特征”里选择“抽壳”命令，如图 2-9-5 所示。

打开“抽壳”对话框，默认选择“类型”为“移除面，然后抽壳”，“要穿透的面”选择圆柱两端面，修改“厚度”为“1”，单击确定，完成抽壳，如图 2-9-6 所示。

2. 创建底座造型

(1) 创建草图。以基准坐标系 *XY* 平面为基准平面创建草图，使用“矩形”命令“中心矩形”选项，绘制一个边长为 60mm 的正方形。按住鼠标中键，拖动鼠标，将视图调整至如图 2-9-7 所示位置。打开“投影曲线”命令，选择圆筒内壁的圆作为“要投影的对象”，单击“确定”按钮，完成投影。投影后的草图包含一个正方形和一个圆形。

(2) 完成草图，拉伸底座。使用“拉伸”命令，“区域边界曲线”反向拉伸 8mm，如图 2-9-8 所示。完成底座主体的建模。

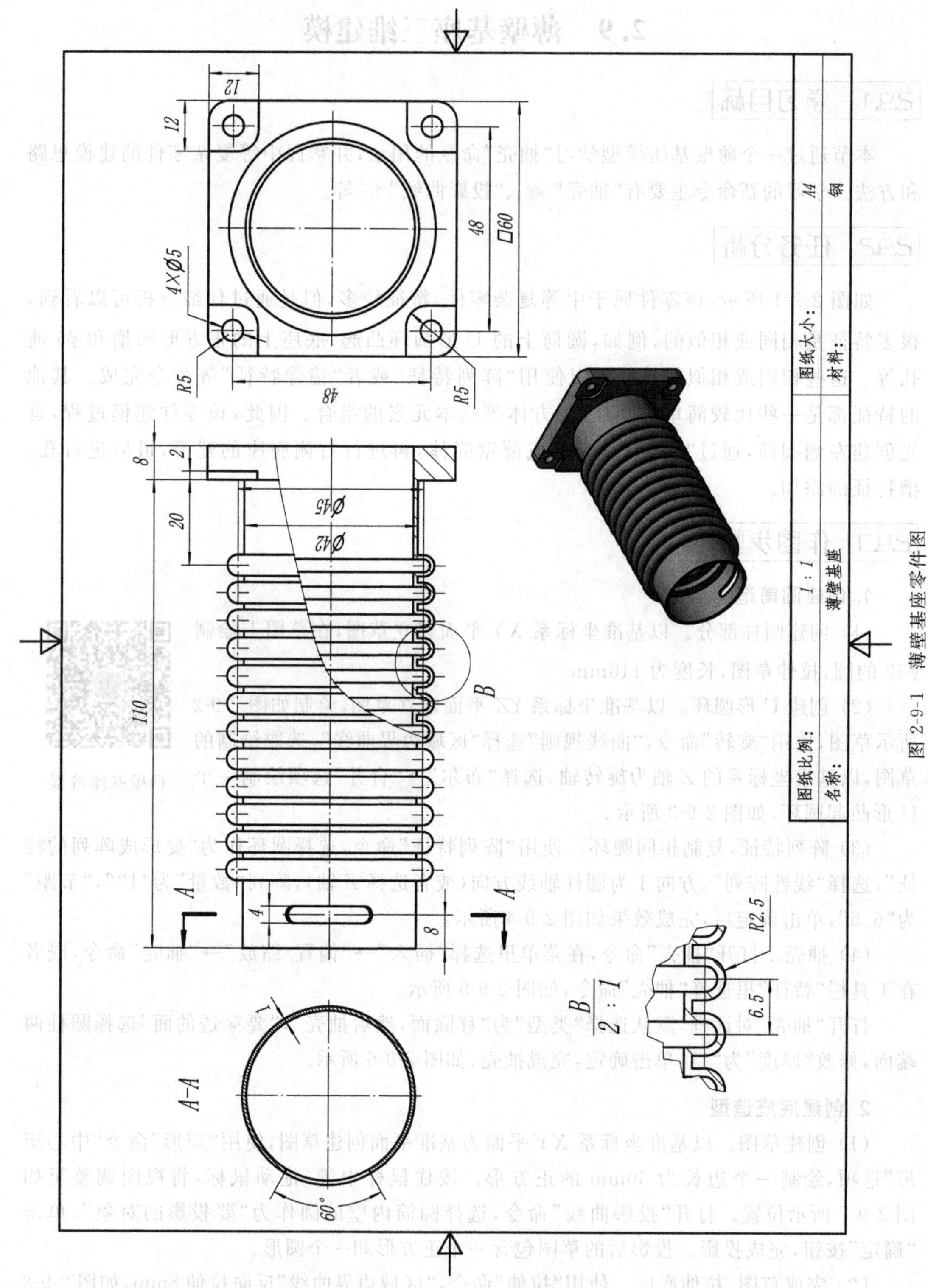

图 2-9-1 薄壁基座零件图

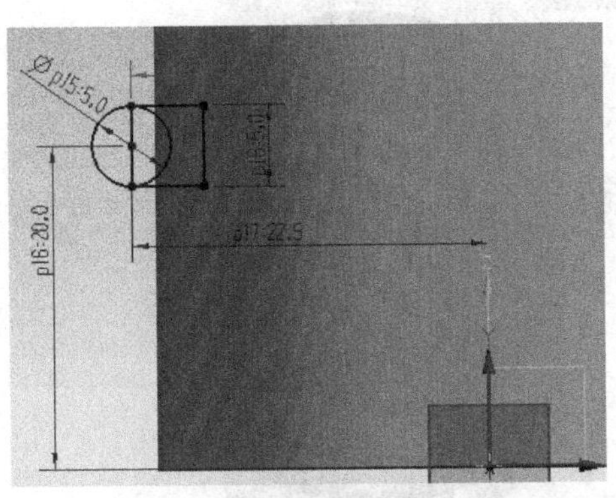

图 2-9-2　绘制草图

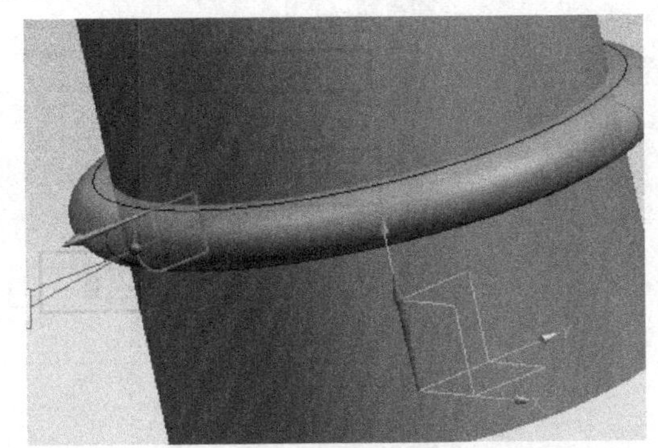

图 2-9-3　旋转特征

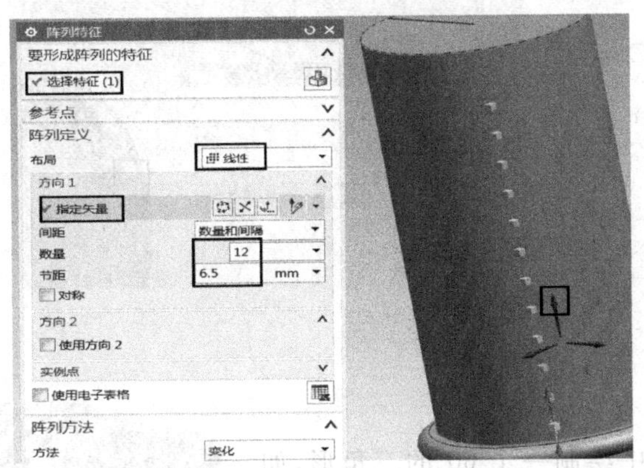

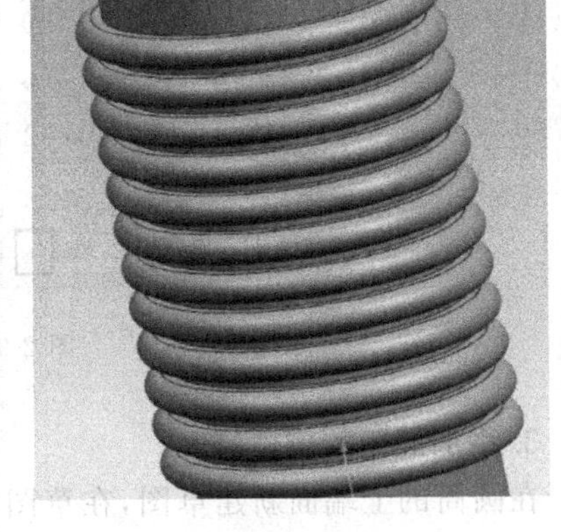

图 2-9-4　阵列特征

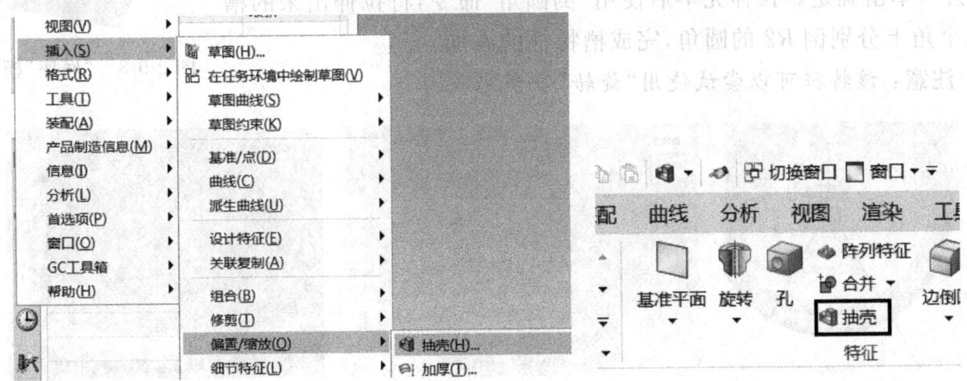

图 2-9-5“抽壳”命令

图 2-9-6 “抽壳”对话框

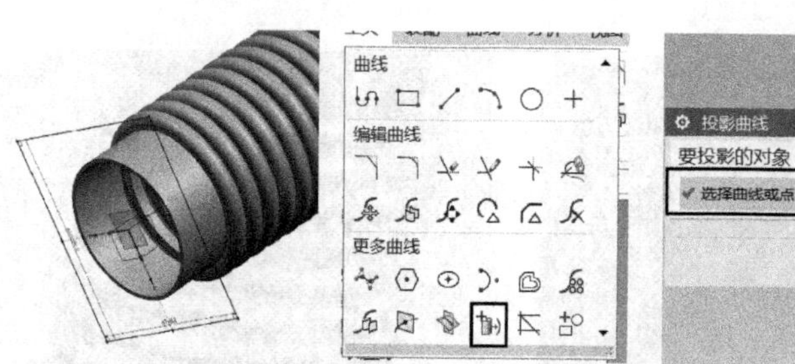

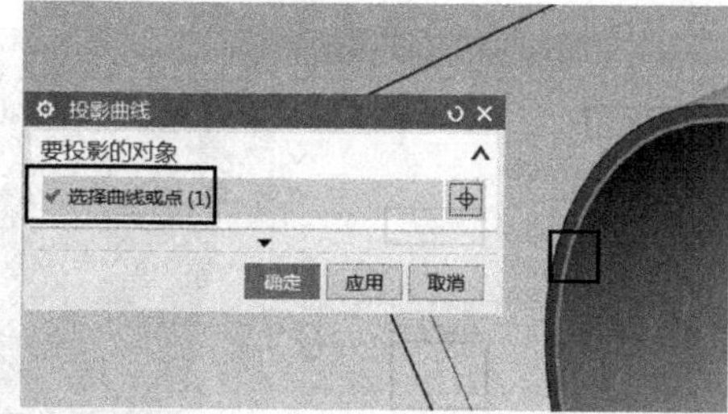

图 2-9-7 “投影曲线”命令

3. 添加圆筒的槽特征

在圆筒的上端面新建草图，在草图中绘制一个 60°的三角形，如图 2-9-9 所示。使用“拉伸”命令，选择绘制的三角形作为“截面线”，在“限制”里输入开始距离为“6”，结束距离为“10”，在“布尔”中选择“减去”，单击确定。拉伸完毕后使用“倒圆角”命令，将拉伸出来的槽的4 个角上分别倒 $R2$ 的圆角，完成槽特征的添加。

图 2-9-8 “底座”模型

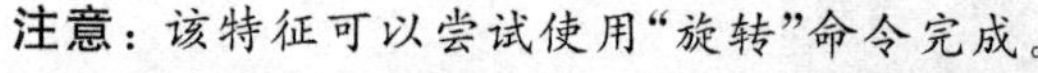

注意：该特征可以尝试使用“旋转”命令完成。

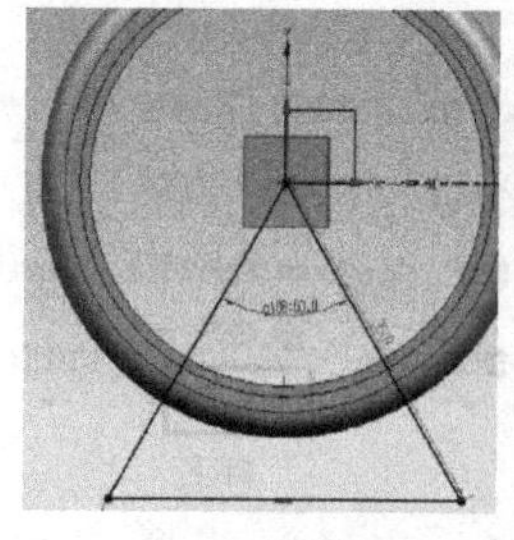

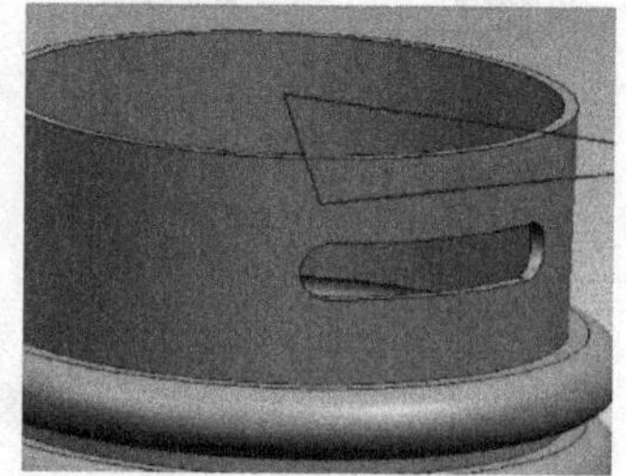

图 2-9-9 添加键槽特征

4. 添加底座的凹槽和孔特征

(1) 创建凹槽。在底座上方新建草图，捕捉底板的一角绘制边长为12mm的正方形，使用"拉伸"命令，将正方形向底座内拉伸2mm，选择"布尔"→"减去"选项。

(2) 创建孔。在"直接草图上"使用"点"命令在刚刚创建的小凹槽的平面上绘制一个点，修改点与两边的距离为6mm，使用"孔"命令，以该点为中心，添加直径为5mm的通孔，如图2-9-10所示。

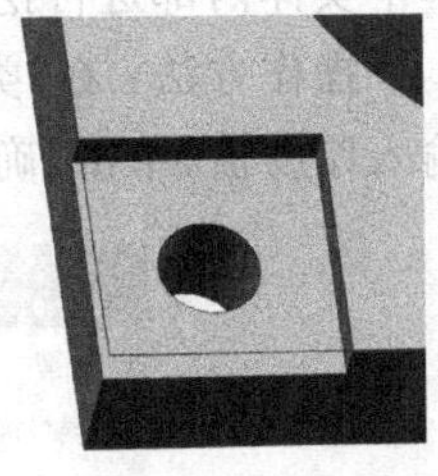

图2-9-10　孔

(3) 阵列特征。使用"阵列特征"命令，选择"线性阵列"，选择凹槽和孔为"要形成阵列的特征"，设置两个方向为阵列特征的邻边，阵列数量各为2，间距为48mm，单击确定，完成4个特征的阵列。

5. 添加圆角特征

根据图纸要求，将底座和凹槽分别倒$R5$的圆角。隐藏草图和坐标系以及基准面。保存文件。

2.9.4　知识拓展

1. 抽壳

使用"抽壳"命令可根据为壁厚指定的值抽空实体或在其四周创建壳体，可为面单独指定厚度并移除单个面。

打开"抽壳"命令，弹出"抽壳"对话框，从该对话框"类型"下拉列表可以选择以下两种类型的抽壳操作。

(1) "移除面，然后抽壳"：根据指定的移除表面和壁厚进行抽壳。

操作方法：在"类型"下拉列表中选择"移除面，然后抽壳"命令，然后选择需要移除的表面，再输入厚度值，单击"确定"按钮，完成抽壳操作，如图2-9-11所示。

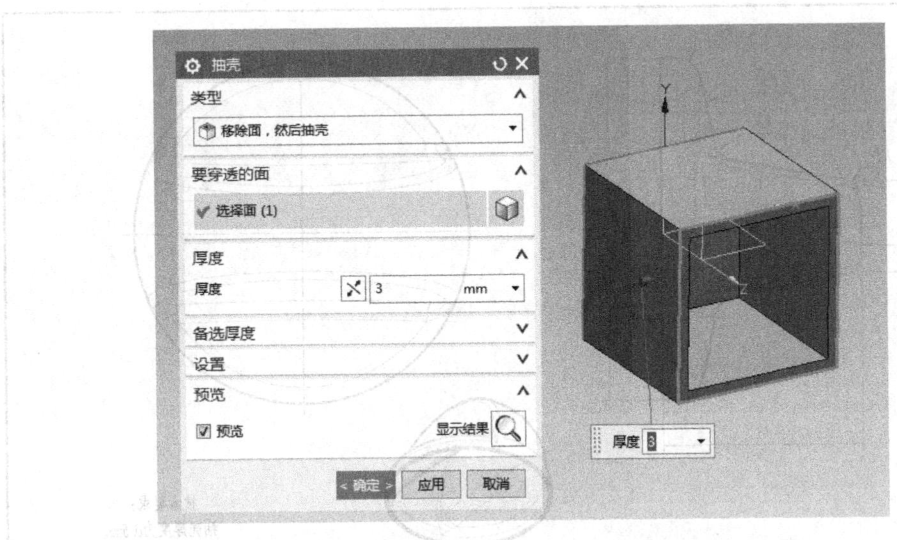

图2-9-11　移除面，然后抽壳

注意：在默认情况下，进行抽壳操作时，表面根据指定的壁厚向实体内部偏置进行抽壳，如果在“厚度”选项组单击“反向”按钮，实体表面将向实体外部偏置进行抽壳。

(2)“对所有面抽壳”：指定抽壳体的所有面而不移除任何面，即根据指定的厚度值在单个实体内部进行挖空。

操作方法：在“类型”下拉列表中选择“对所有面抽壳”命令，选择需要抽壳的实体，然后输入厚度值，单击“确定”按钮，完成抽壳操作，如图 2-9-12 所示。

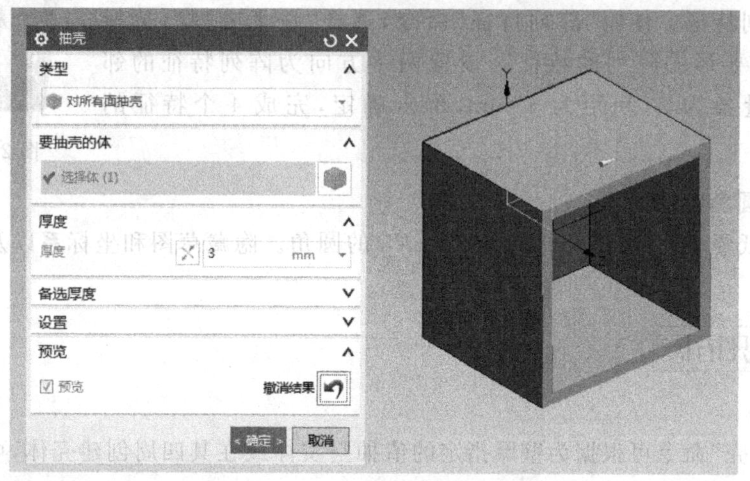

图 2-9-12　对所有面抽壳

课后练习题

按以下图纸要求，在软件中创建其三维模型。

1.

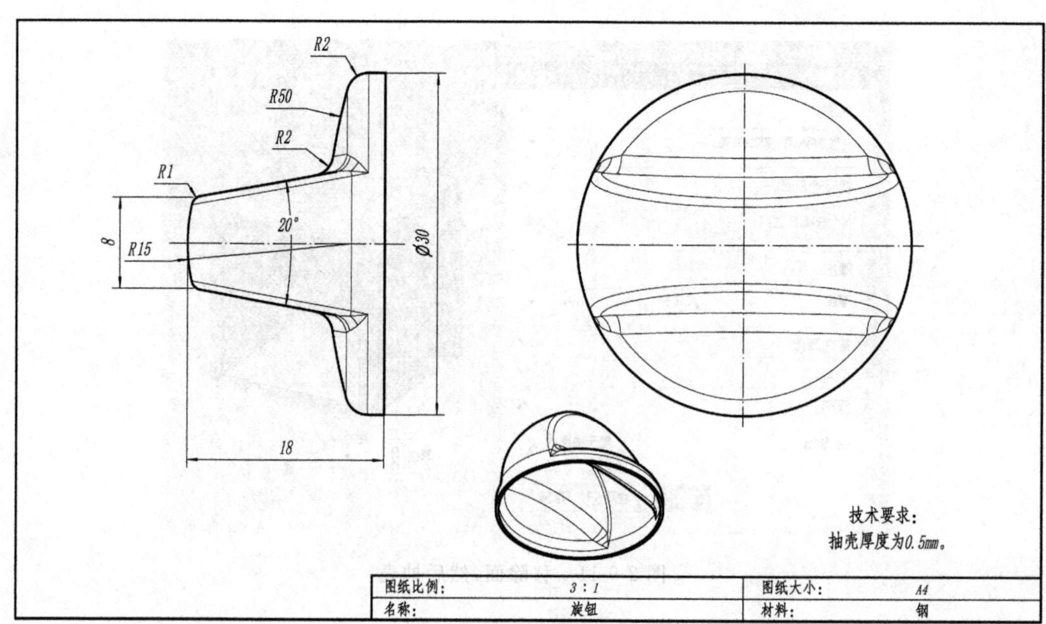

练习题 2-9-1

2.

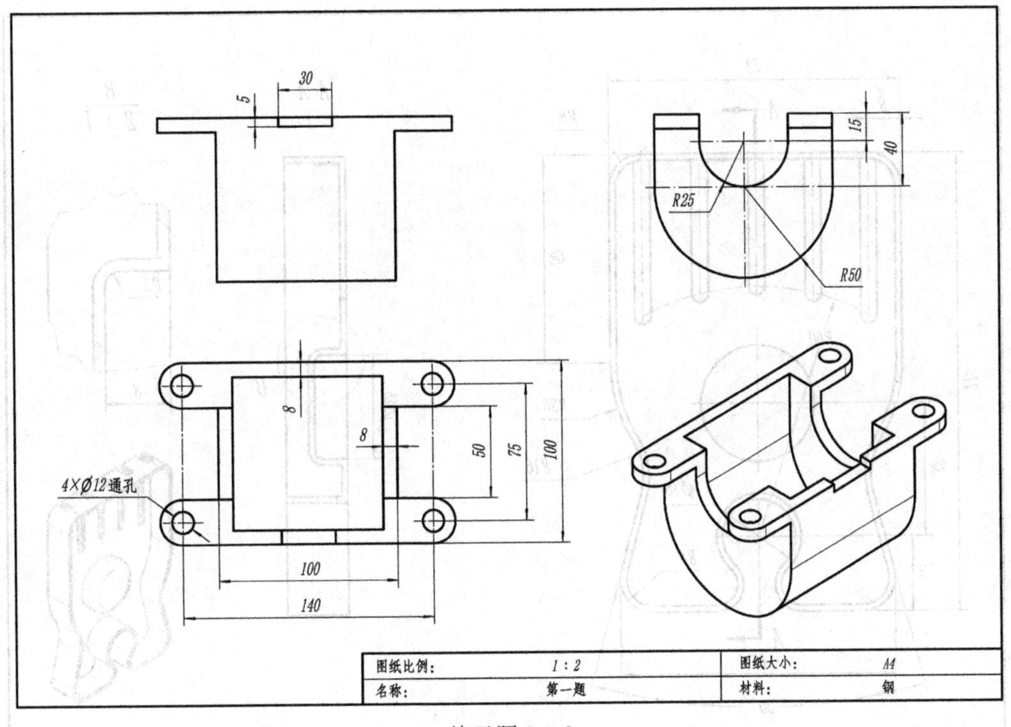

练习题 2-9-2

3.

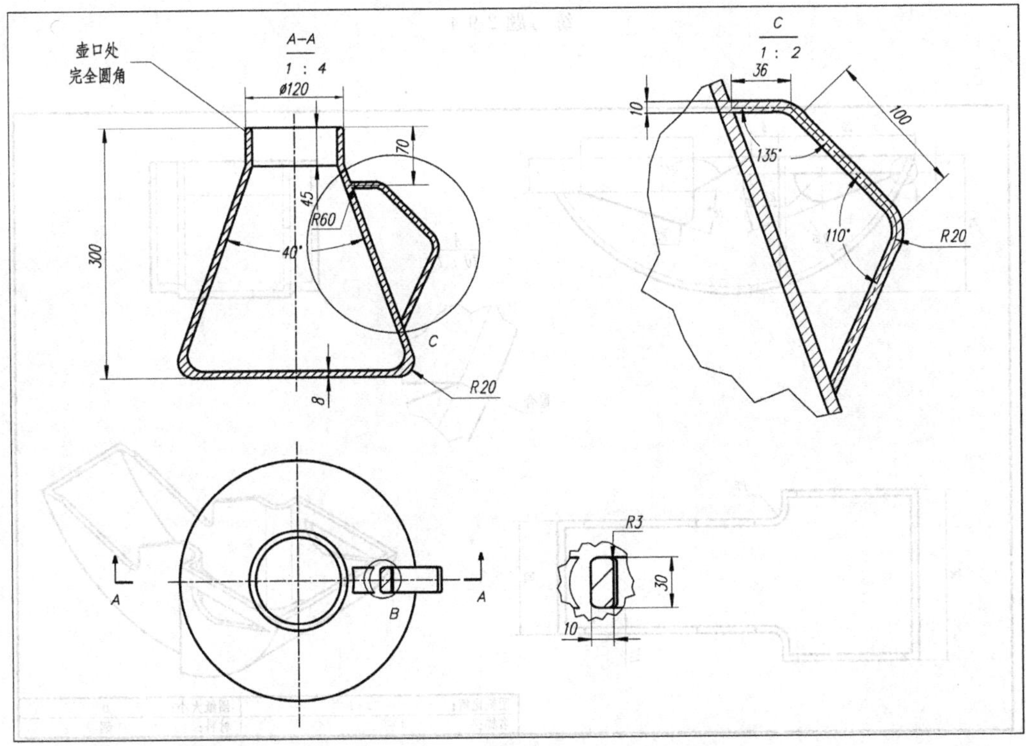

练习题 2-9-3

4.

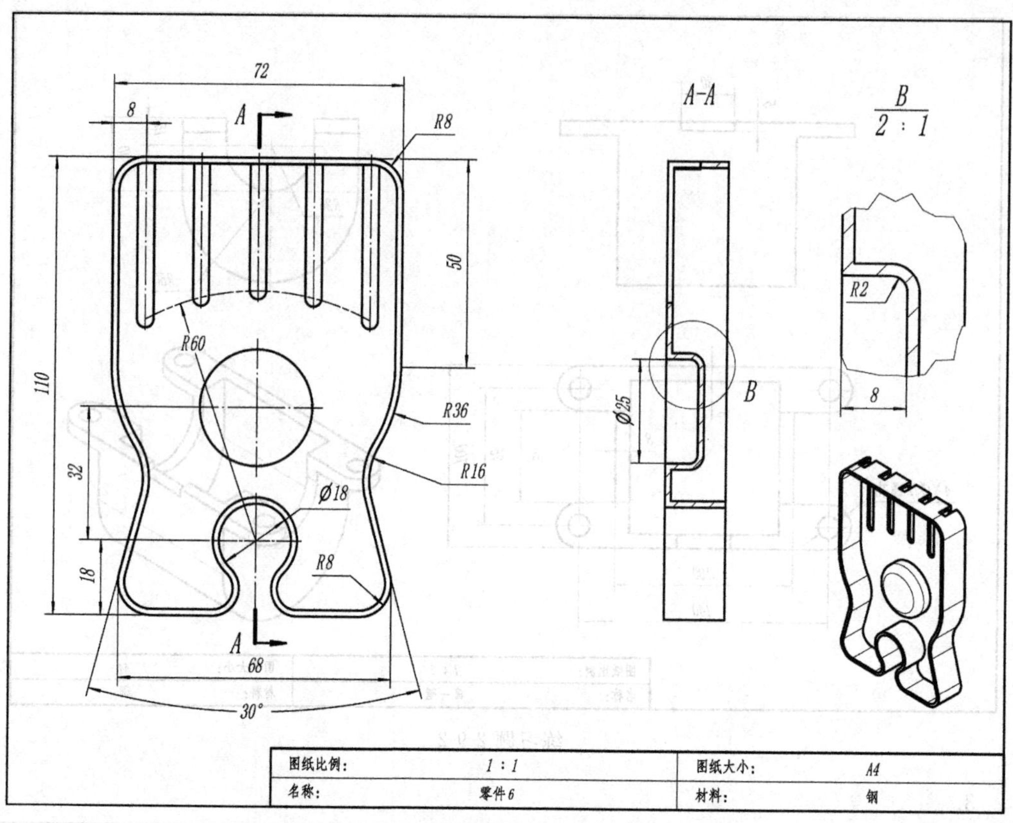

练习题 2-9-4

5.

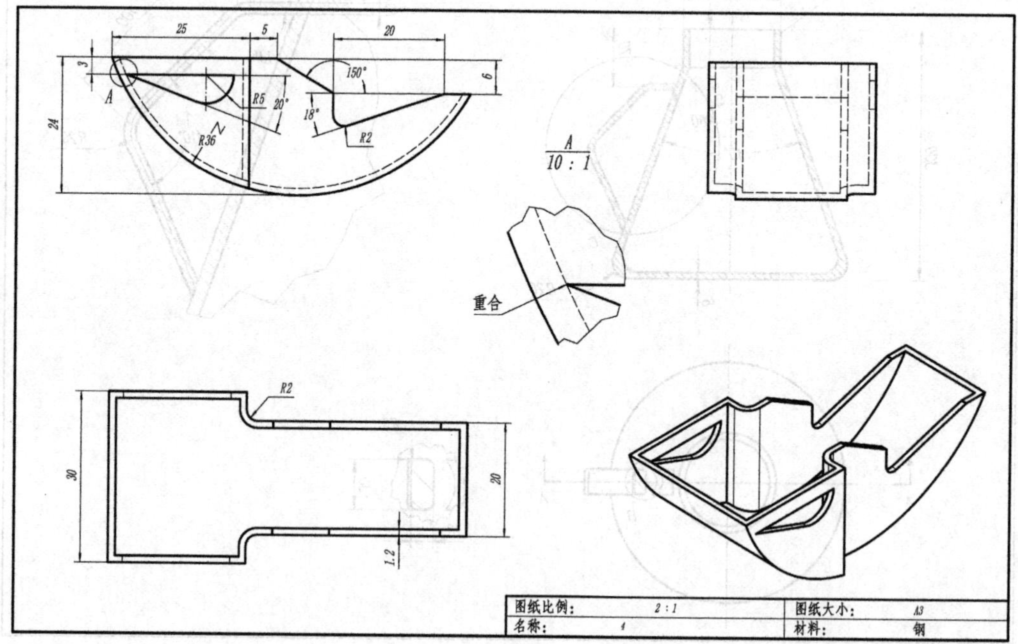

练习题 2-9-5

2.10　弯管接头三维建模

2.10.1　学习目标

本案例为弯管接头三维建模，该案例是前面学习的各项命令的一个综合应用，主要学习复杂实体零件的建模方法和思路。

2.10.2　任务分析

如图 2-10-1 所示，该案例属于复杂的实体模型，在造型时，首先需要看懂零件图，掌握各个组成部分，然后分析各个部分的成型方法。该零件主要由 5 部分组成，其中弯管部分和前连接板、下底座、后立板以及上台阶处均有位置关系。因此可以首先创建弯管部分，然后根据位置关系创建各个部分的草图进行实体特征建模。另外，在前面章节讲到合理布局零件与基准坐标系的关系也很重要，该零件左右对称，坐标系适合在中心布局，再考虑到弯管的造型方法（可以使用旋转成型，也可以使用管道成型），可以将基准坐标系的原点置于弯管旋转的中心处。

2.10.3　作图步骤

弯管接头造型

1. 创建弯管造型

（1）创建草图。以基准坐标系的 *XY* 平面为基准平面新建草图，在草图中绘制如图 2-10-2 所示草图，圆心和坐标系原点对齐，编辑草图参数里圆直径为“50”，距离原点距离为“120”。

（2）旋转实体。使用“旋转”命令，选择“Y 轴”作为旋转轴，修改结束角度为“60”，打开“偏置选项”，观察实体，设置“结束”为“5”，确定完成旋转体，如图 2-10-3 所示。

2. 创建底座、前连接板、后立板主体

（1）创建底座。选择弯管下端面，创建新草图，使用“矩形”命令的“从中心”选项绘制一个长 120mm，宽 90mm 的长方形，使用“投影曲线”命令，将弯管内圆投影出来。使用“拉伸”命令，将草图向下拉伸 15mm，选择“布尔”→“合并”选项。

（2）创建前连接板。使用同样的方式，在弯管上端面建立草图，绘制一个直径为 110mm 的圆，投影内圆，将草图拉伸 12mm，如图 2-10-4 所示。

（3）创建后立板。在弯管的后面，以底板的后立面创建草图，绘制如图 2-10-5 所示草图。使用“拉伸”命令，选择“限制”→“结束”→“直至下一个”选项，选择“布尔”→“合并”选项，完成后立板的创建。

3. 创建上台阶主体

（1）创建新平面。在 *XZ* 平面新建草图，绘制如图 2-10-6 所示的直线，投影前端面轮廓，约束该直线与前端面轮廓线角度为 20°，约束其长度为“156”，该长度 156＝120（中心线半径）＋50/2（弯管孔直径）＋5（弯管厚度）＋6（上台阶厚度）。

退出草图后，选择“基准平面”命令，平面类型为“自动判断”，单击直线的末端新建基准平面。

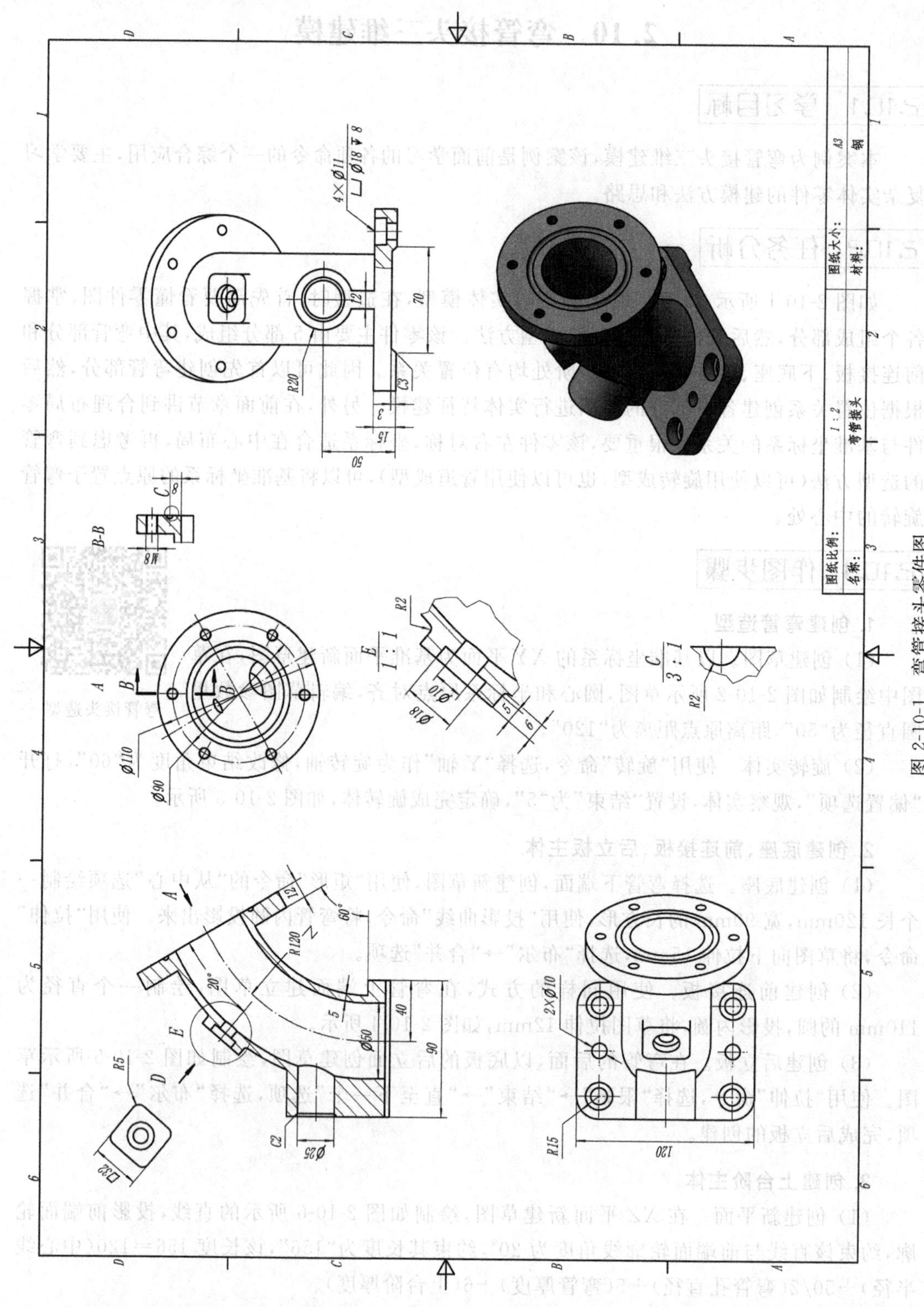

图 2-10-1 弯管接头零件图

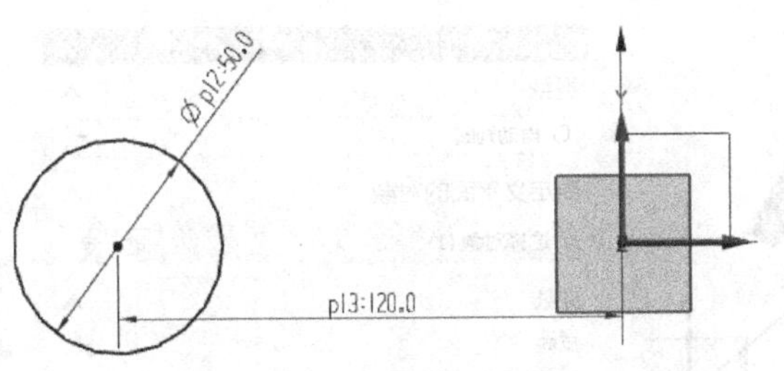

图 2-10-2　创建草图

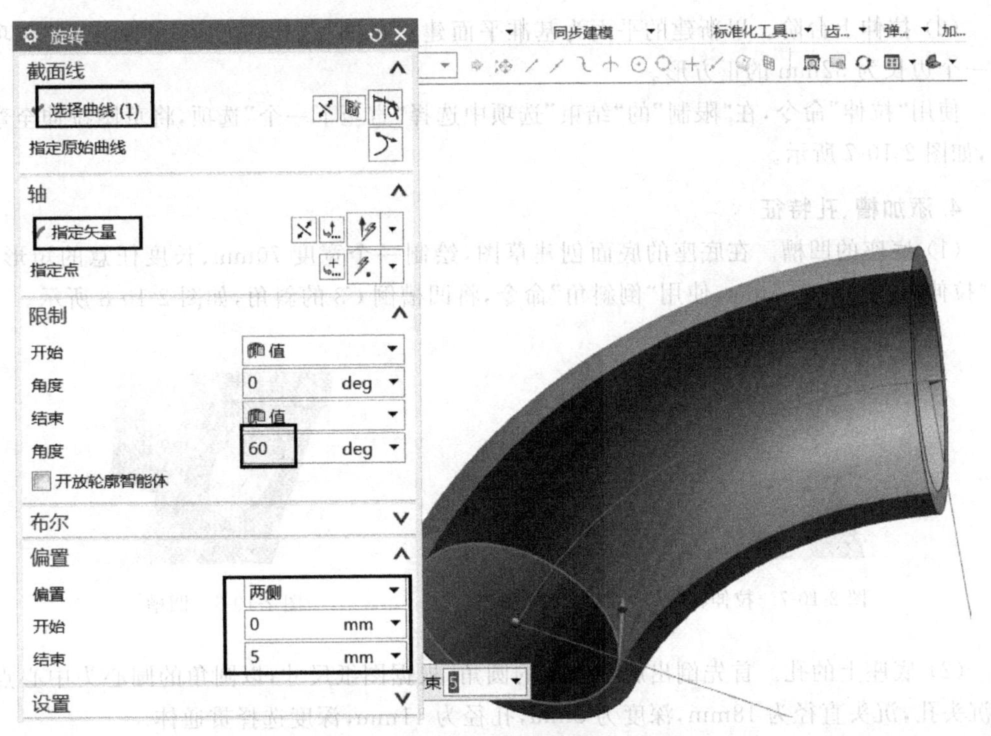

图 2-10-3　旋转实体

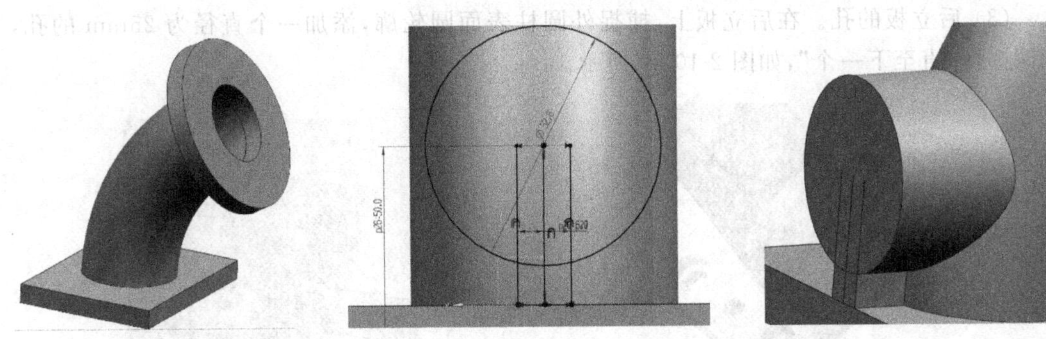

图 2-10-4　创建并连接板　　　　图 2-10-5　创建后立板

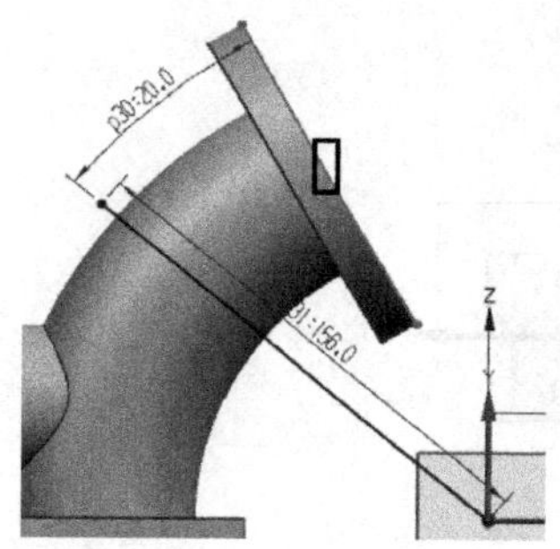
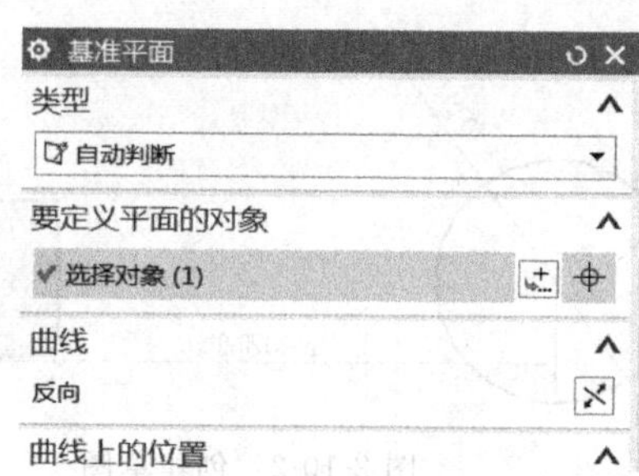

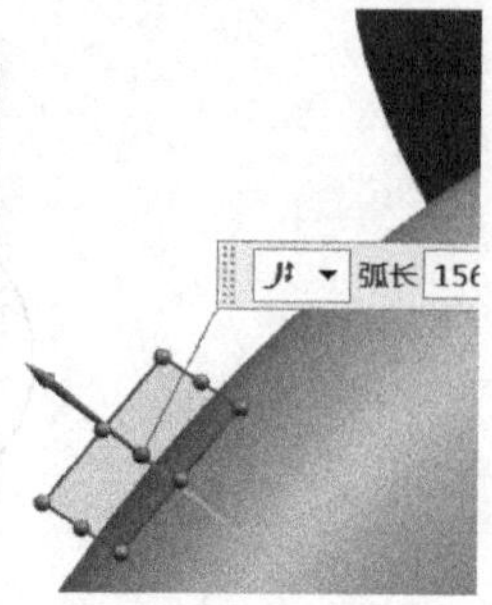

图 2-10-6　新建"基准平面"

(2) 拉伸上台阶。以新建的平面为基准平面建立草图，选择"矩形"→"从中心"选项绘制一个边长为 32mm 的正方形。

使用"拉伸"命令，在"限制"的"结束"选项中选择"直至下一个"选项，将草图拉伸至弯管上，如图 2-10-7 所示。

4. 添加槽、孔特征

(1) 底座的凹槽。在底座的底面创建草图，绘制一个宽度 70mm、长度任意的矩形，使用"拉伸"命令，拉伸 3mm，使用"倒斜角"命令，将凹槽倒 $C3$ 的斜角，如图 2-10-8 所示。

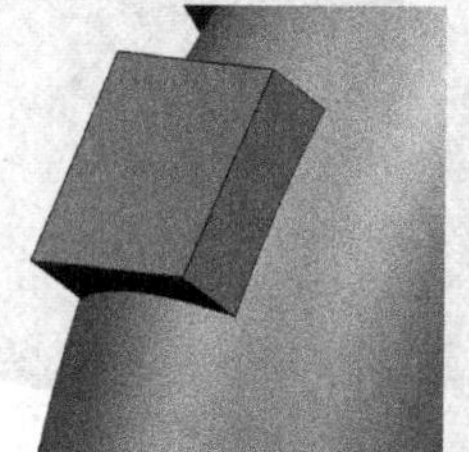

图 2-10-7　拉伸特征

图 2-10-8　凹槽

(2) 底座上的孔。首先倒出底座四周的圆角，根据图纸尺寸，以圆角的圆心为中心点添加沉头孔，沉头直径为 18mm，深度为 8mm，孔径为 11mm，深度选择贯通体。

在底座上表面创建草图，使用直线连接沉头孔圆心，退出草图后，拾取直线的中点，添加直径为 10mm 的通孔。完成后如图 2-10-9 所示。

(3) 后立板的孔。在后立板上，捕捉外圆柱表面圆轮廓，添加一个直径为 25mm 的孔，孔深选择"直至下一个"，如图 2-10-10 所示。

图 2-10-9　添加"孔"特征

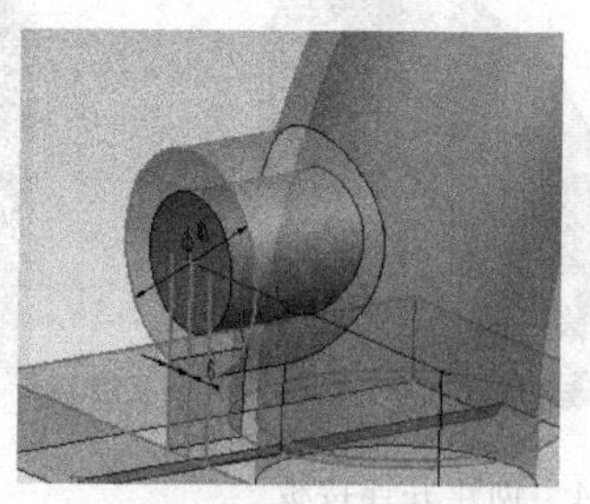

图 2-10-10　后立板的孔

(4) 上台阶的孔。打开“孔”命令，单击拾取长度“156”草图的端点，可作为上台阶沉头孔的中心，修改孔的参数，沉头直径为“18”，沉头深度为“5”，孔直径为“10”，深度限制为“直至下一个”，效果如图 2-10-11 所示。

(5) 前连接板的螺纹孔。前连接板端面新建草图，添加“点”，约束其离圆心距离为“45”，并与坐标系原点对齐。打开“孔”命令，选择孔类型为螺纹孔，选择 M8 型螺纹，深度输入“12”。将该孔进行圆形阵列，得到效果如图 2-10-12 所示。

图 2-10-11　上台阶的孔

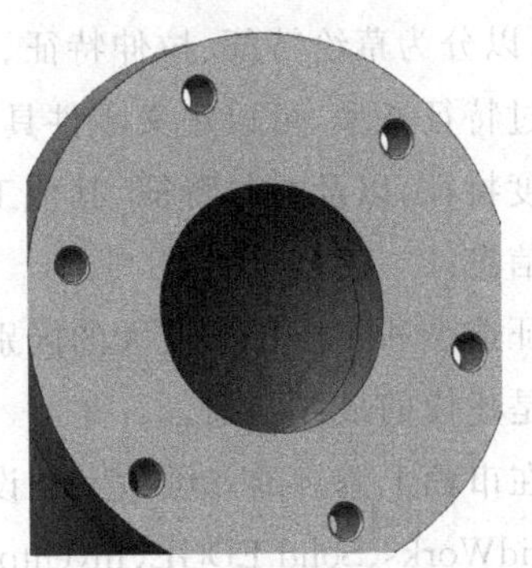

图 2-10-12　“螺纹孔”特征

(6) 前连接板密封槽。打开“编辑截面”命令，剖切实体，以 *XZ* 平面为基准平面建立如图 2-10-13 所示草图，投影连接板的上表面，约束使小圆的圆心在投影线上，并使用“快速尺寸”里的“线性尺寸”标注小圆至前连接板圆心的距离为“25＋8”。

使用“旋转”命令，将圆旋转 360°，选择“布尔”→“减去”选项，得到密封槽。

5. 显示和隐藏

添加圆角、斜角特征，隐藏草图和坐标系以及基准面，如图 2-10-14 所示。保存文件。

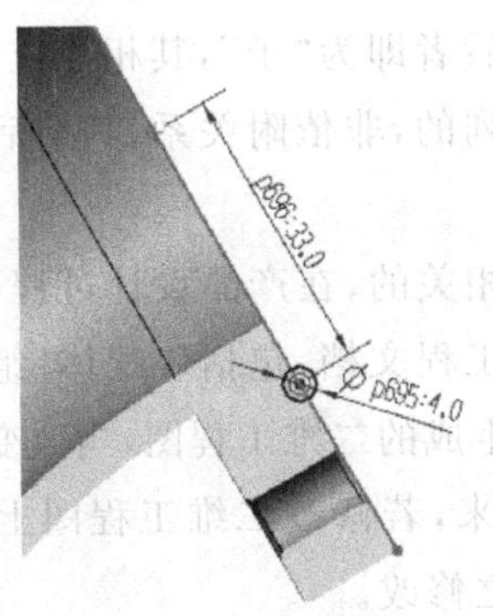

图 2-10-13　创建“密封槽”

图 2-10-14　模型特征

2.10.4　知识拓展

本小节对基于特征的参数化造型讲解如下。

参数化造型是基于特征的、全数据相关的、全尺寸约束(驱动)的造型技术。

参数化造型首先是基于特征的。特征是指产品描述信息(几何信息和非几何的工程信息)的集合。将特征概念引入产品造型系统的目的是为了增加实体几何的工程意义。这样就可以认为零件实体是由各种各样的特征构成的。

不同对象和领域对特征的抽象与分类不一样。例如,按照产品的功能,可以分为形状特征、技术特征、管理特征、材料特征、精度特征、装配特征、分析特征等;按照零件造型中特征的功能,可以分为基准特征、基础特征、工程特征、曲面特征、实体特征等;按照特征生成的方法,可以分为草绘特征、拉伸特征、旋转特征、扫描特征、放样特征等。

通过特征造型,可以定义零件具有一定工程意义的形状特征、具有尺寸公差的形位公差等的精度特征,以及材料特征、其他工艺特征等,从而为其设计和制造过程的各个环节提供充足的信息。

特征造型和实体造型最大的区别在于特征造型记录了建模的历史过程,而实体造型记录的只是建模的最终结果。

现在市面上流行的三维数字化设计软件,可以说都是基于特征造型的软件。例如,中端软件 SolidWorks、Solid EDGE、Inventor、CAXA 实体设计、Solid 3000 等,高端软件 CATIA、UG NX、Creo 等。

在支持特征造型的软件系统中创建的零件都对应产生一棵特征树。尽管名称有所不同,实际包括的内容也有所不同,但其核心都是基于历史的特征树。设计历史记录了创建模型的特征顺序,即模型的特征结构,也就是组成零件的所有特征类型及特征间的相互关系(实质上是一种由设计历史决定的单向特征依赖关系,即建模前期生成的特征决定建模后期生成的特征的形状和位置)。

特征间的关系有两种:一种是“父子”关系,它表示两个特征之间存在的依附关系,即“子”要靠“父”而存在,“父亡”则“子死”。这和动物世界的“父子”是不完全相同的。在实际造型中,凡是后者参照前者而造型的,前者即为“父”,后者即为“子”,其相互位置不能颠倒。另一种是“兄弟姐妹”关系,它表示两个特征之间是并列的,非依附关系,其前后位置是可以颠倒的。

参数化造型是全数据相关的,即所有模块都是全相关的,在产品设计过程中,某一处进行的修改能够扩展到整个设计中,同时自动更新所有工程文档,包括装配体(组件、部件、整机)、工程图以及制造数据等。例如,由三维造型模型生成的二维工程图,当改变三维模型上的某尺寸时,工程图上相应的尺寸会随之修改;反过来,若修改二维工程图上某驱动尺寸(源于三维模型)时,则三维模型上相应的尺寸也会随之修改。

参数化造型是全尺寸约束(约束)的,也就是说,通过编辑尺寸参数的数值即可驱动几何形状的改变,并不需要像实体造型那样重新画图。

参数化造型必须按部就班,过程严格,不能欠约束,必须完全约束,不支持过约束,适用于全约束下的结构形状已比较定型的主产品设计。

课后练习题

按以下图纸要求，在软件中创建其三维模型。

1.

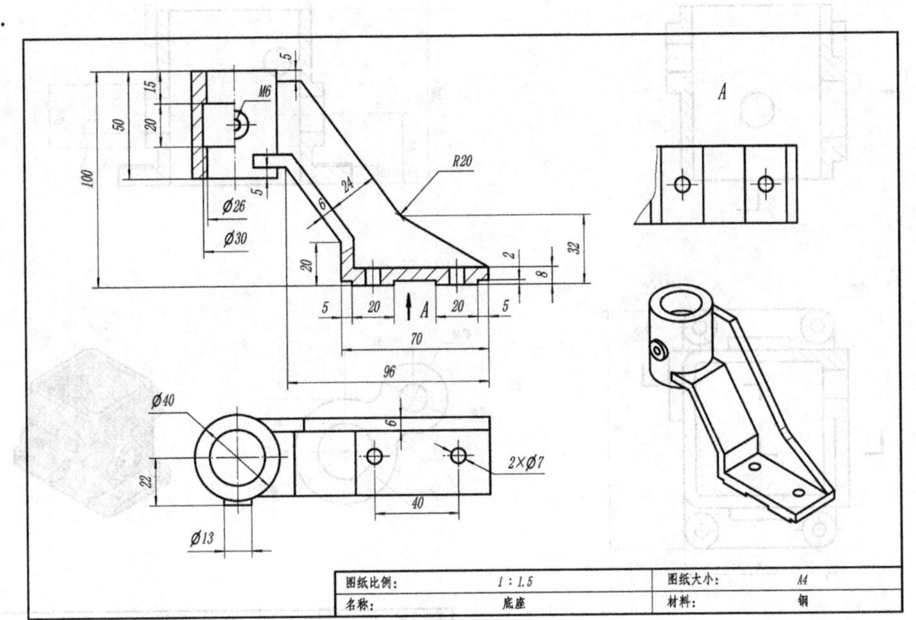

练习题 2-10-1

2.

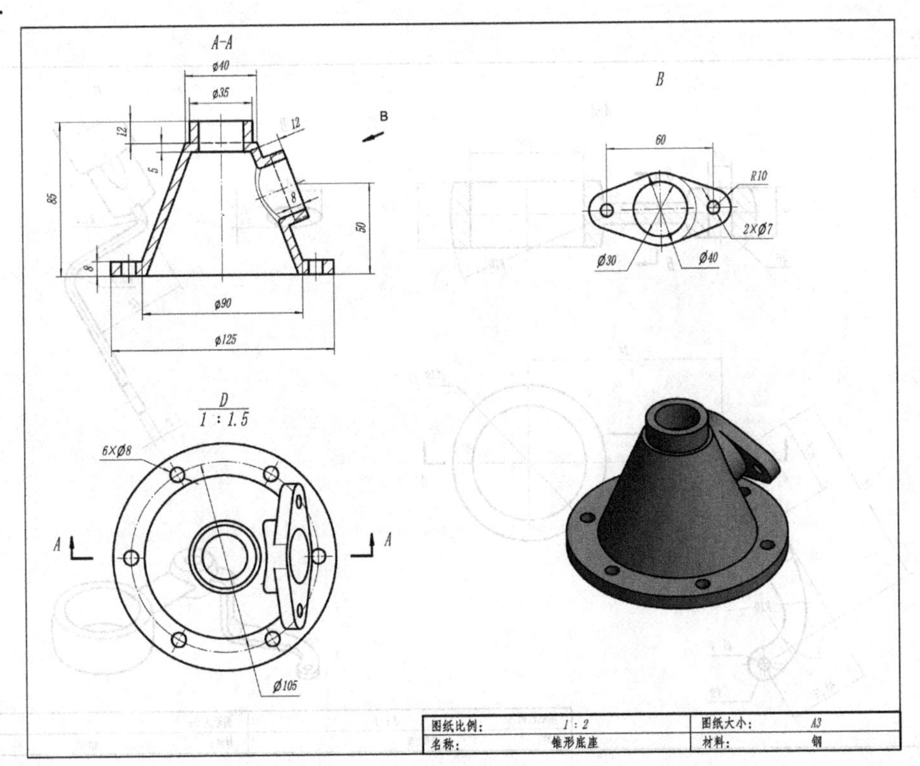

练习题 2-10-2

3.

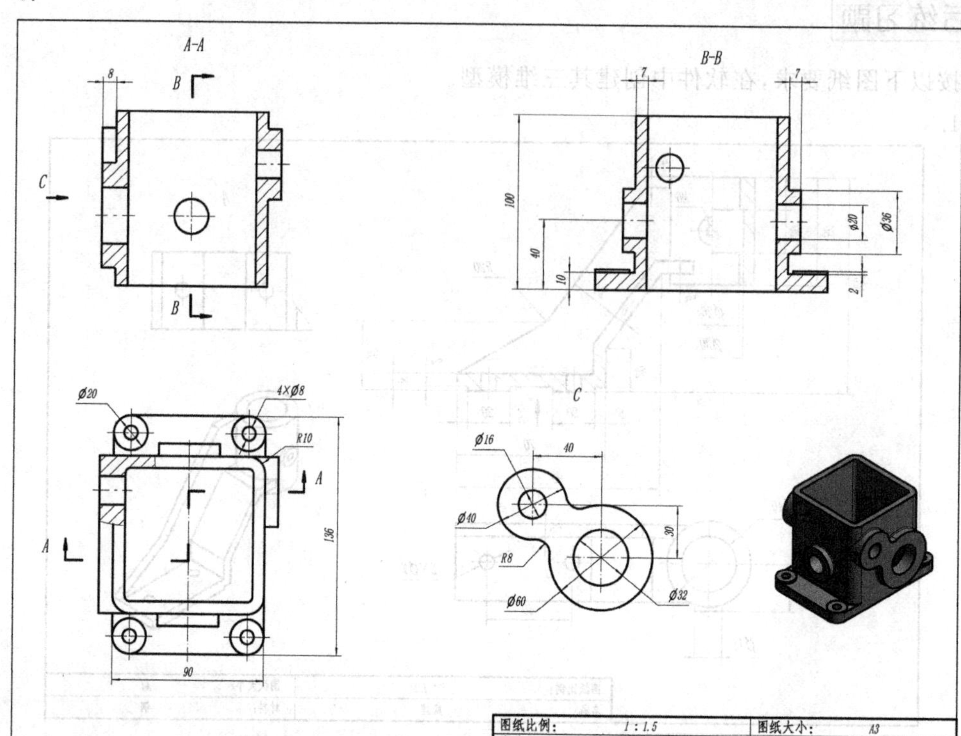

练习题 2-10-3

4.

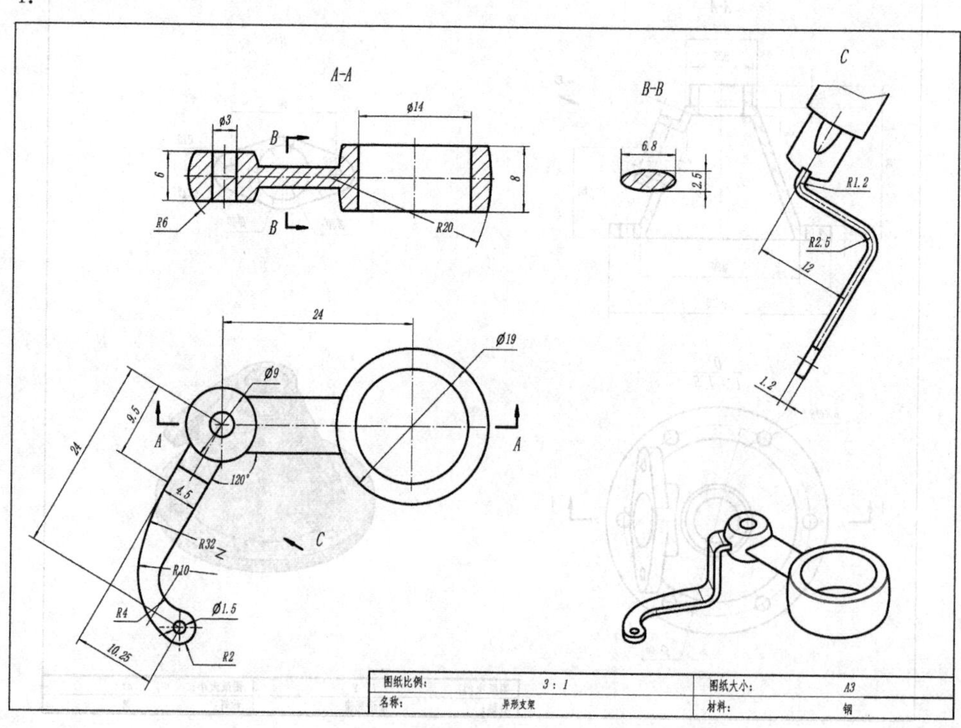

练习题 2-10-4

5.

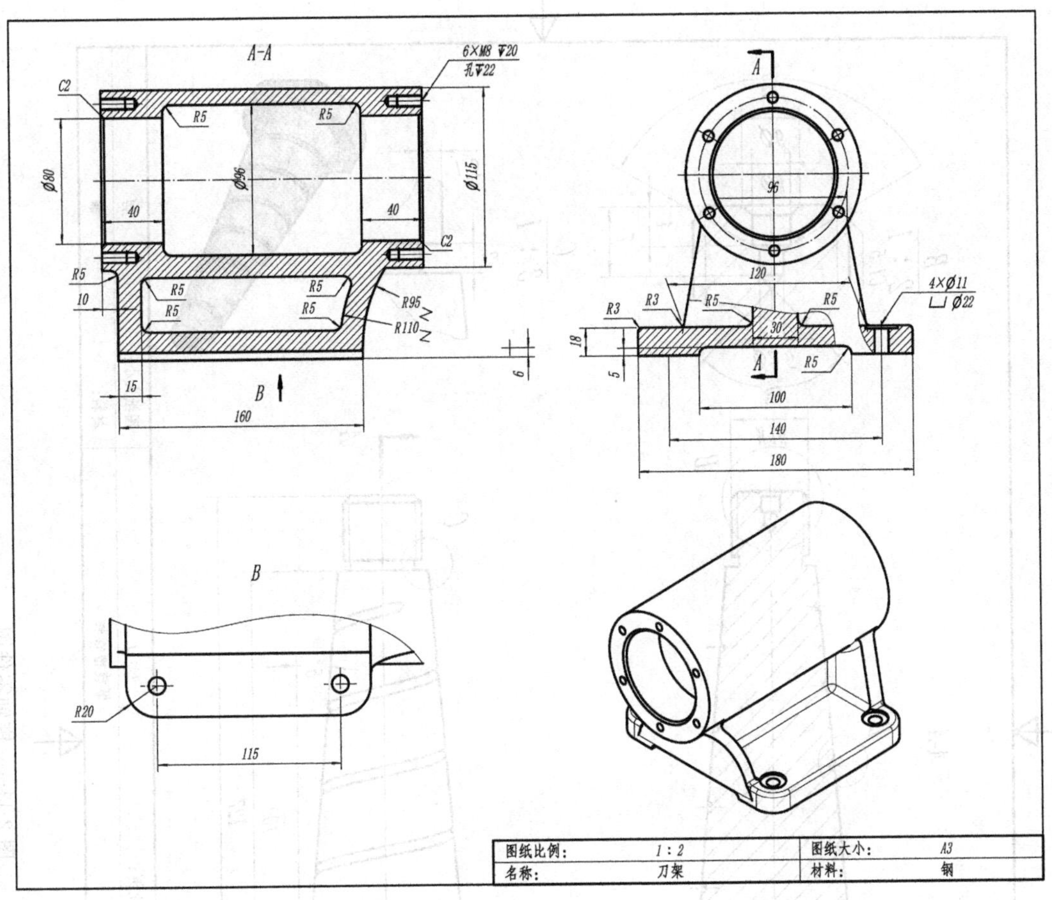

练习题 2-10-5

2.11　锥轴三维建模

2.11.1　学习目标

本节通过锥轴螺旋槽造型，主要学习 UG NX 软件中螺旋曲线的创建方法，了解空间曲线的概念，掌握空间曲线的基本画法，学会派生和编辑空间曲线。学习新的命令主要有"螺旋线"、"投影曲线"等。

2.11.2　任务分析

本节的任务是完成一个锥轴的三维造型，如图 2-11-1 所示，该零件结构比较简单，主体可以使用拉伸或旋转等特征造型方法，再添加孔、螺纹、倒角等特征即可完成。不过锥面的螺旋槽特征，将使用空间曲线里的"螺旋线"命令，并且在该零件中孔的形状较复杂，在此案例中可以拓展孔特征的添加方法。

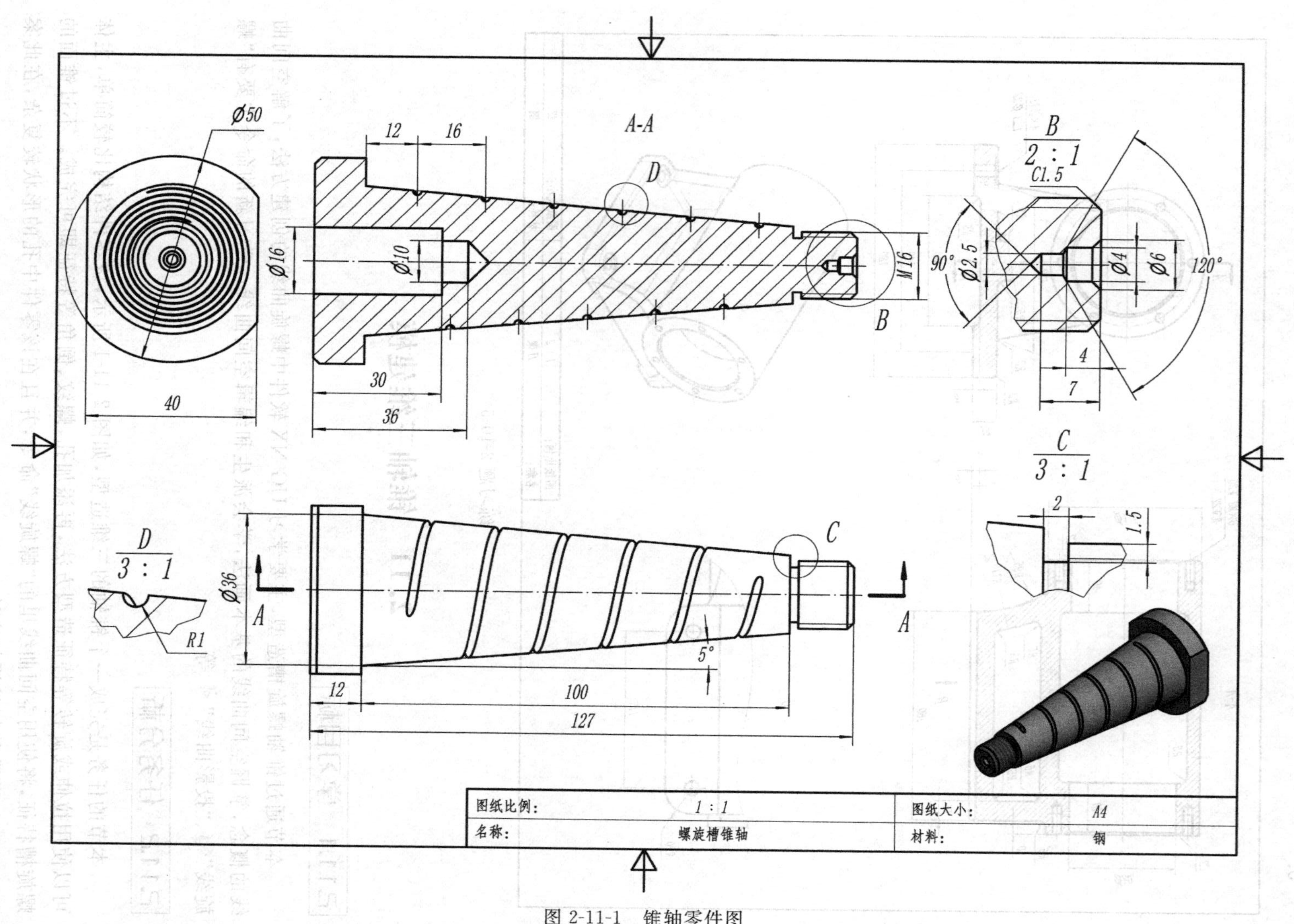

图 2-11-1　锥轴零件图

2.11.3 作图步骤

锥轴造型

1. 绘制主体部分

(1) 拉伸底座和锥台。以基准坐标系的 *XY* 平面新建草图，在草图中分别绘制 $\phi50$ 和 $\phi36$ 的圆。使用“拉伸”命令，“曲线规则”选择“单条曲线”选项，选择 $\phi50$ 的圆，拉伸结束距离为“12”，单击“应用”按钮。

选择 $\phi36$ 的圆，输入开始距离为“12”，结束距离为“100＋12”，选择“布尔”→“合并”选项，选择“拔模”→“从起始限制”选项，输入“角度”为“5”，单击确定，如图 2-11-2 所示。

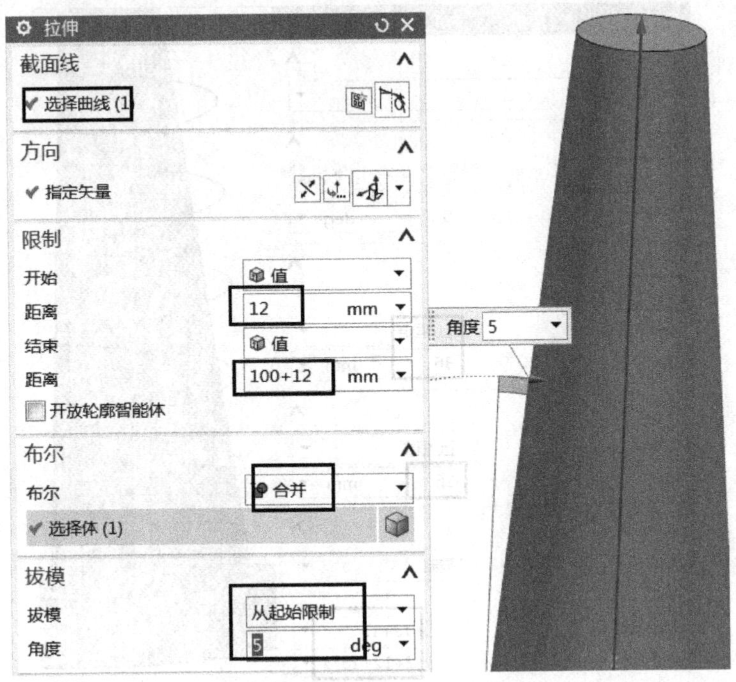

图 2-11-2　拉伸锥台

(2) 绘制槽和外螺纹圆柱部分。在圆锥台顶部，分别作出直径为“13”，高度为“2”和直径为“16”，高度为“15”的两个圆柱。

2. 创建锥面螺旋线

(1) 添加螺旋线。选择“菜单”→“插入”→“曲线”→“螺旋线”命令，或者在工具栏中选择“曲线”→“螺旋线”命令，打开“螺旋线”对话框，如图 2-11-3 所示。

在“螺旋线”对话框中，“方位”使用默认的基准坐标系方位，“大小”选择“直径恒定”，“值”为“36”(此数值只要大于圆锥台的直径即可)，“螺距”为“16”，“长度”的“起始限制”为“12＋12”，“终止限制”为“2＋12＋16＊5”(按图纸尺寸要求和基准坐标系的位置而定)，设置“旋转方向”为“左手”，如图 2-11-4 所示。

(2) 投影曲线。选择“菜单”→“插入”→“派生曲线”→“投影曲线”命令，或者在“曲线”工具面板中选择“派生曲线”中的“投影曲线”命令，如图 2-11-5 所示。注意区分该投影曲线和草图中的投影曲线。

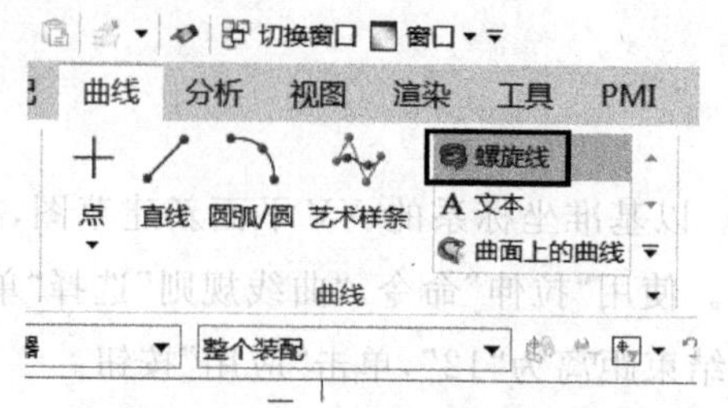

图 2-11-3　打开“螺旋线”对话框

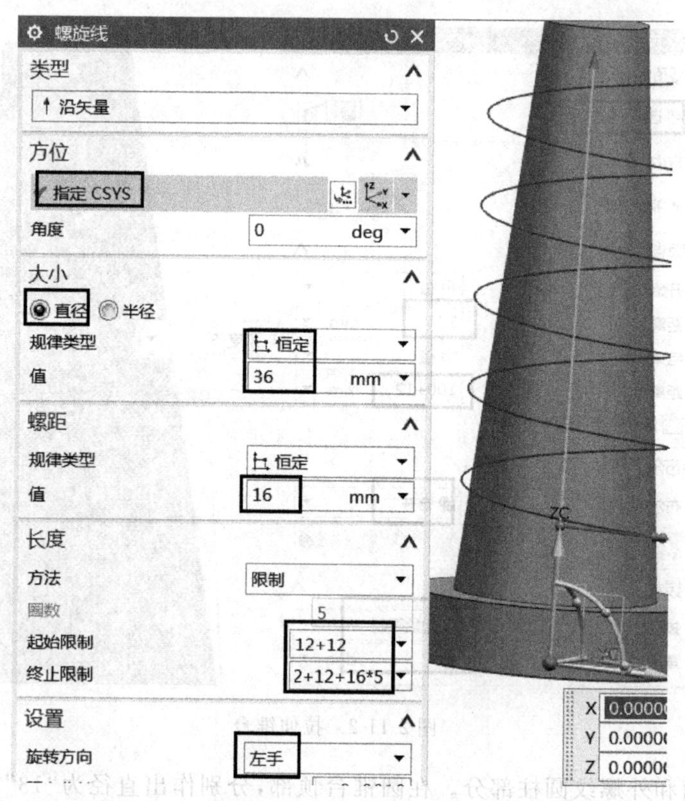

图 2-11-4　“螺旋线”对话框(1)

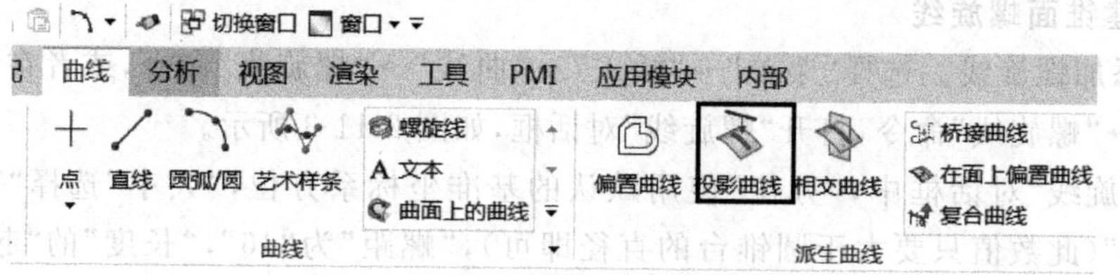

图 2-11-5　投影曲线

在弹出的对话框中，选择“螺旋线”作为“要投影的曲线或点”，单击拾取圆锥台外锥面作为“要投影的对象”，设置“投影方向”为“沿面的法向”，单击“确定”按钮，如图 2-11-6 所示。

(3) 隐藏先前的螺旋线，右击最先创建的螺旋线，选择“隐藏”选项。

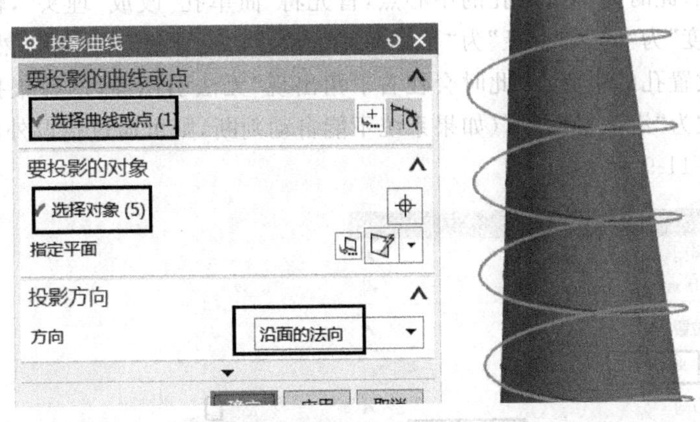

图 2-11-6　“投影曲线”对话框(1)

3. 创建螺旋槽

使用“管道”命令，选择“投影的螺旋”作为“路径”，输入外径为“2”，内径为“0”，选择“布尔”→“减去”选项，单击“确定”按钮。

选择“倒圆角”命令，在螺旋线两端分别倒 $R1$ 的圆角，如图 2-11-7 所示。

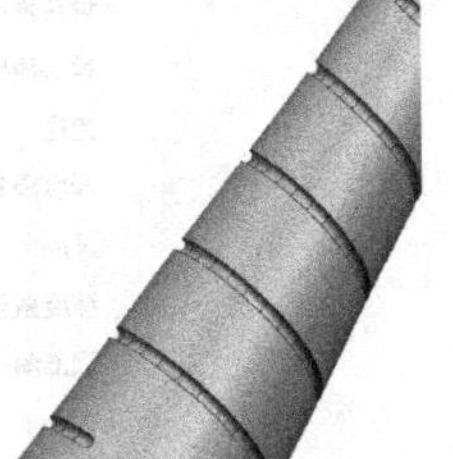

图 2-11-7　螺旋槽

4. 添加孔特征

(1) 添加顶部的孔。选择“孔”命令，拾取在零件顶部外圆弧，选择圆心作为放置孔的中心点，选择“常规孔”类型中的“简单孔”，输入“直径”为“2.5”，“深度”为“7”，“顶锥角”为“90”，单击“应用”按钮，如图 2-11-8 所示。

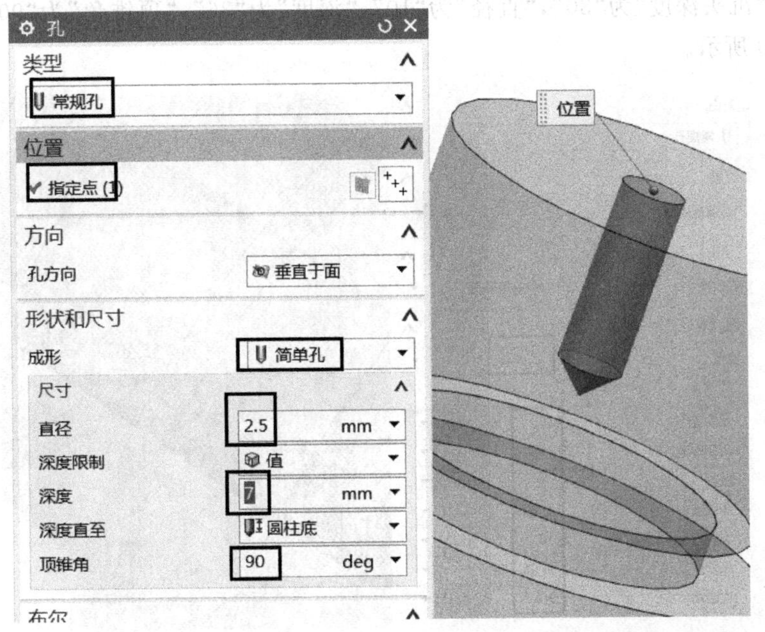

图 2-11-8　“孔”对话框

继续添加孔，此时先不拾取孔的中心点，首先将“简单孔”改成“埋头”，输入“埋头直径”为“6”，“埋头角度”为“90”，“直径”为“4”，“深度”为“4”，“顶锥角”为“120”，然后，再次拾取顶部外圆弧作为放置孔的中心点，此时会在右下角出现“无法引用面”的警报提示，在此，只需将“孔方向”修改为“沿矢量”即可(如果系统不能自动判断，则可通过拾取外圆柱面确定矢量的方向)，如图 2-11-9 所示。

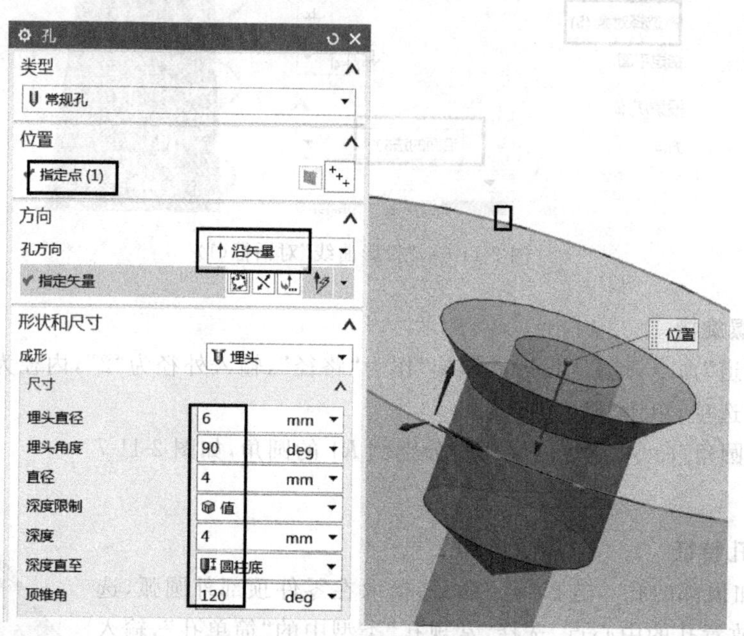

图 2-11-9 “埋头孔”特征

(2) 添加底部的孔。在模型底部添加孔特征，使用“孔”命令，选择“沉头”，输入“沉头直径”为“16”，“沉头深度”为“30”，“直径”为“10”，“深度”为“36”，“顶锥角”为“90”，单击确定，如图 2-11-10 所示。

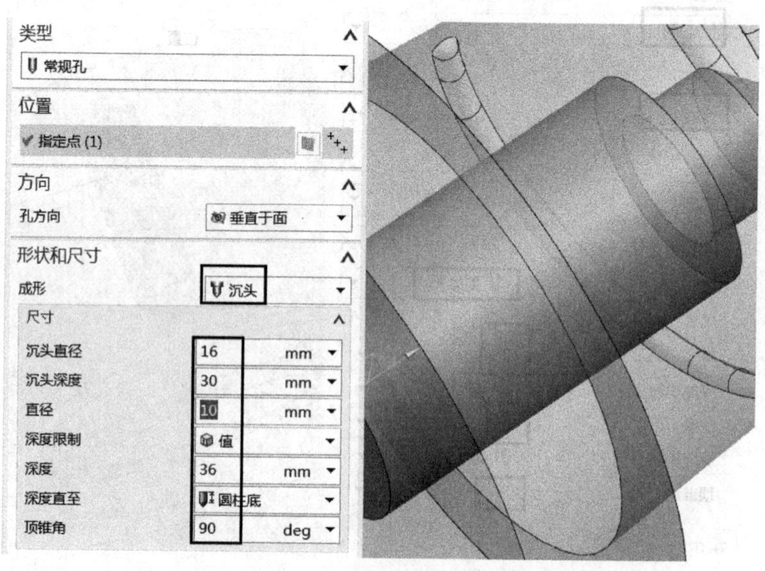

图 2-11-10 “沉头孔”特征

5. 编辑底座特征、添加螺纹、斜角等

(1) 在零件底部建立草图，绘制两个矩形，根据图纸要求定位尺寸，使用“拉伸”命令将模型两侧减去材料，达到图纸要求。

(2) 使用“螺纹”命令，选择 $\phi16$ 圆柱表面添加符号螺纹特征。

(3) 根据图纸要求位置添加倒角。

(4) 隐藏草图和坐标系以及基准面。

2.11.4　创建螺纹曲线

在创建螺纹曲线时，可以使用限制“两端半径”的方式完成，具体做法如下。

1. 分步拉伸锥台

在拉伸完毕底座后，拉伸 $\phi36$ 的圆，创建第一段高度为 12mm 的锥台，投影第一段锥台上表面，拉伸第二段 90mm (16×5mm)的锥台，投影第二段锥台上表面，拉伸第三段 10mm (100mm－90mm)的锥台(布尔运算使用“无”)，如图 2-11-11 所示。

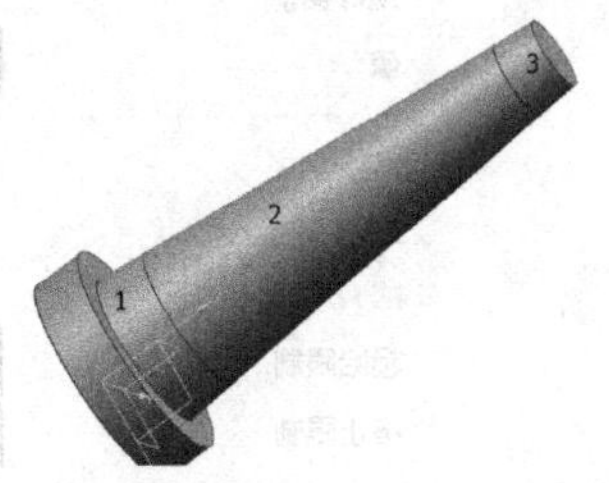

图 2-11-11　分步拉伸锥台

2. 在第二段锥台上创建螺旋曲线

使用“螺旋曲线”命令，在选择“方位”时，单击拾取第二段锥台的底面圆弧，捕捉其圆心，坐标系原点即移动至此；在确定“大小”时，选择“线性”，在确定“起始值、终止值”时，单击“起始值”后面的黑色三角符号，选择“测量”，分别测量锥台的上、下两个端面圆的直径，如图 2-11-12 所示；其他设置如图 2-11-13 所示。

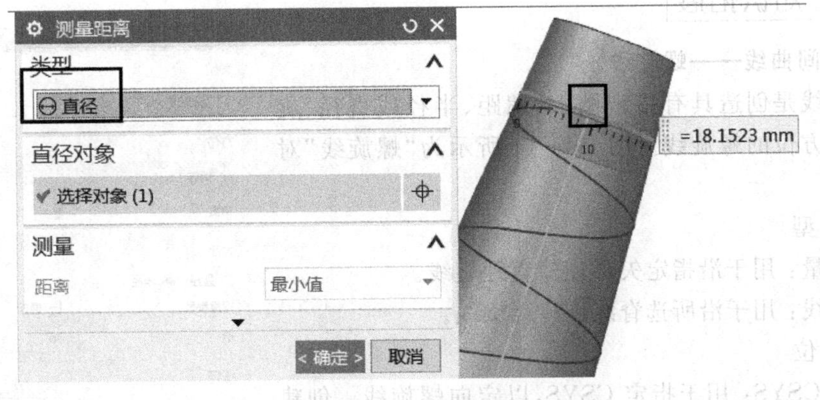

图 2-11-12　测量距离

3. 完成

在此完成螺旋曲线后，可以直接进行螺旋槽特征的创建。完成后，将三段圆锥进行“合并”处理。

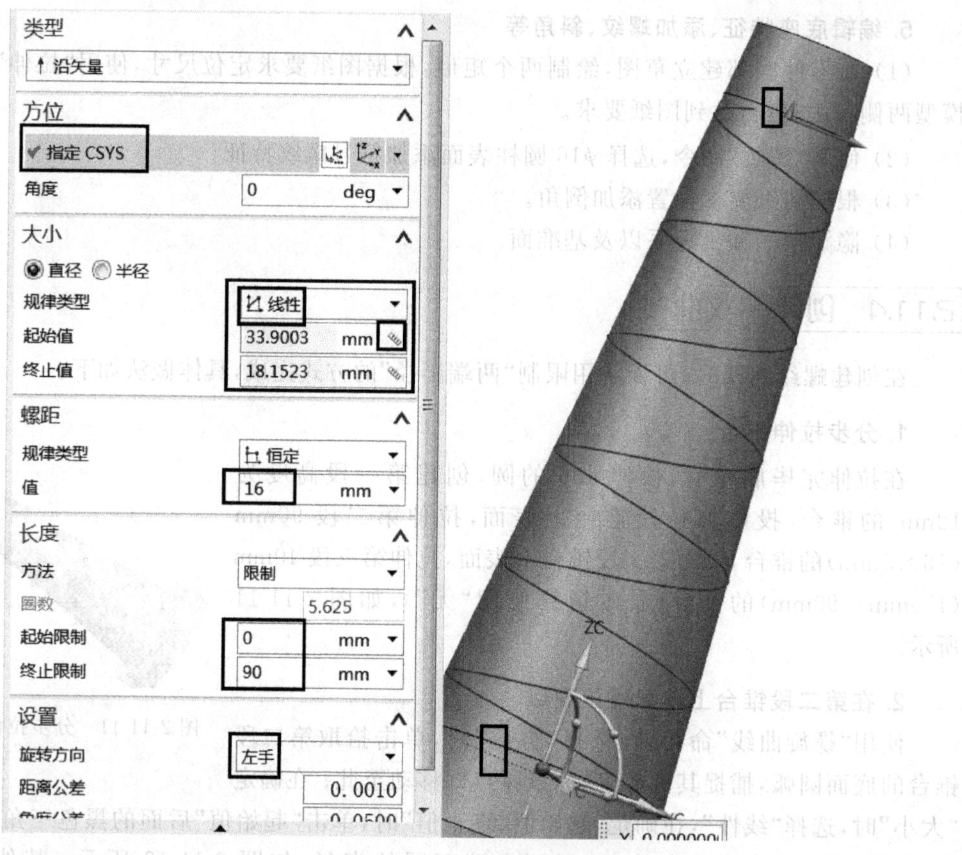

图 2-11-13 “螺旋线”对话框(2)

2.11.5 知识拓展

1. 空间曲线——螺旋线

螺旋线是创造具有指定圈数、螺距、半径或直径、旋转方向及方位的螺旋线。图 2-11-14 所示为“螺旋线”对话框。

1) 类型

沿矢量：用于沿指定矢量创建直螺旋线。

沿脊线：用于沿所选脊线创建螺旋线。

2) 方位

指定 CSYS：用于指定 CSYS,以定向螺旋线。创建的螺旋线与 CSYS 的方向关联。

自动判断：从脊线自动判断 CSYS。如果脊线已更新,则也将更新从脊线自动判断的 CSYS。

指定的：显示指定 CSYS 选项,用于将螺旋线定向到指定坐标系。

角度：用于指定螺旋线的起始角。

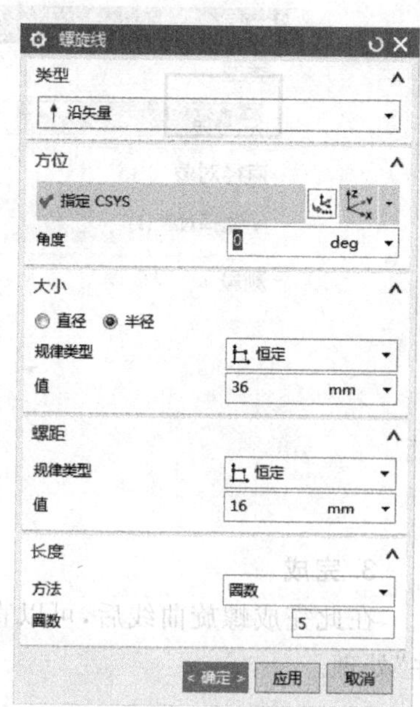

图 2-11-14 “螺旋线”对话框(3)

3）大小

直径/半径：用于定义螺旋线的直径值或半径值。

规律类型：指定用于指定大小的规律类型。

4）螺距

规律类型：沿螺旋轴或脊线指定螺旋线各圈之间的距离。

5）长度

限制：用于根据弧长或弧长百分比指定起点和终点位置。

圈数：用于指定圈数。

2. 派生曲线——投影曲线

投影曲线用于将曲线或点沿某一方向投影到现有曲面、平面或参考平面上。但是如果没有投影曲线与面上的孔或面上的边缘相交，则投影曲线会被面上的孔和边缘所修剪。投影方向可以设置成某一角度、某一矢量方向、某一点方向或沿面的法向。

图 2-11-15 所示为“投影曲线”对话框，根据前面所讲的方法可以进行投影曲线操作，下面主要围绕投影方向进行介绍。

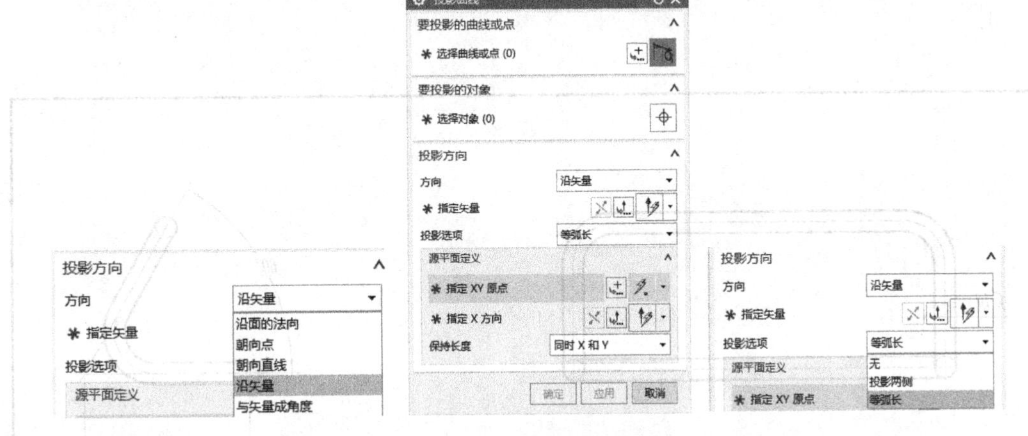

图 2-11-15　“投影曲线”对话框(2)

沿面的法向：该方式是沿所选投影面的法向向投影面投影曲线。

朝向点：该方式用于从原点定义曲线朝着一个点向选取的投影面投影曲线。

沿矢量：该方式用于沿设定矢量方向向选取的投影面投影曲线。选择该方式后，系统会弹出“沿矢量构造器”对话框，让用户设置一个投影矢量方向。选择此选项时，其下方会出现“投影选项”，包括“无”“投影两侧”和“等弧长”3 个单选项。“无”选项用于设定沿投影矢量方向单向投影选定曲线；“投影两侧”选项用于设定沿投影矢量方向双向投影选定曲线；“等弧长”选项用于将曲线从一个平面投影到单个面上，并使曲线弧长保持不变。

朝向直线：该方式用于沿垂直于选定直线或参考轴的方向向选取的投影面投影曲线。

与矢量成角度：该方式用于沿与设定矢量方向成一定角度的方向向选取的投影面投影曲线。

课后练习题

按以下图纸要求，在软件中创建其三维模型。

1.

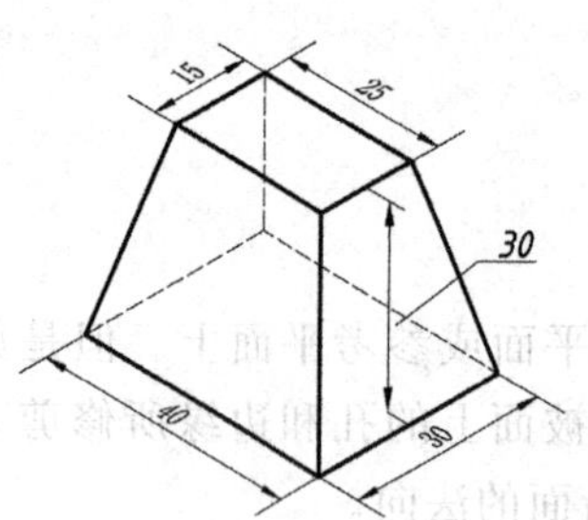

练习题 2-11-1

2.

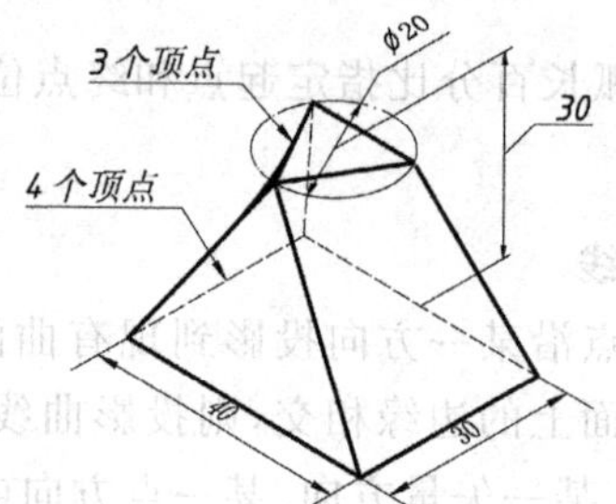

练习题 2-11-2

3.

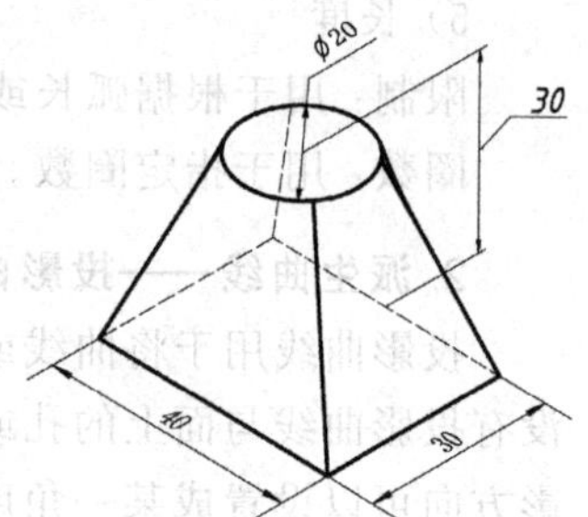

练习题 2-11-3

4.

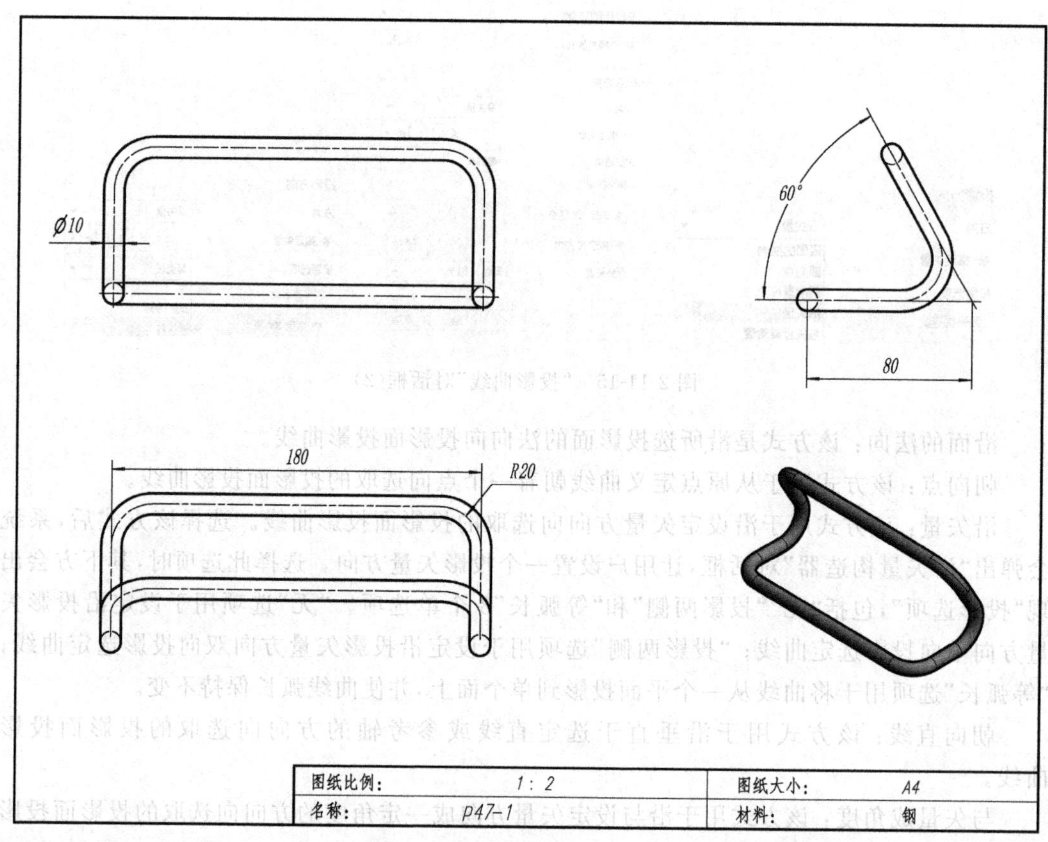

练习题 2-11-4

5.

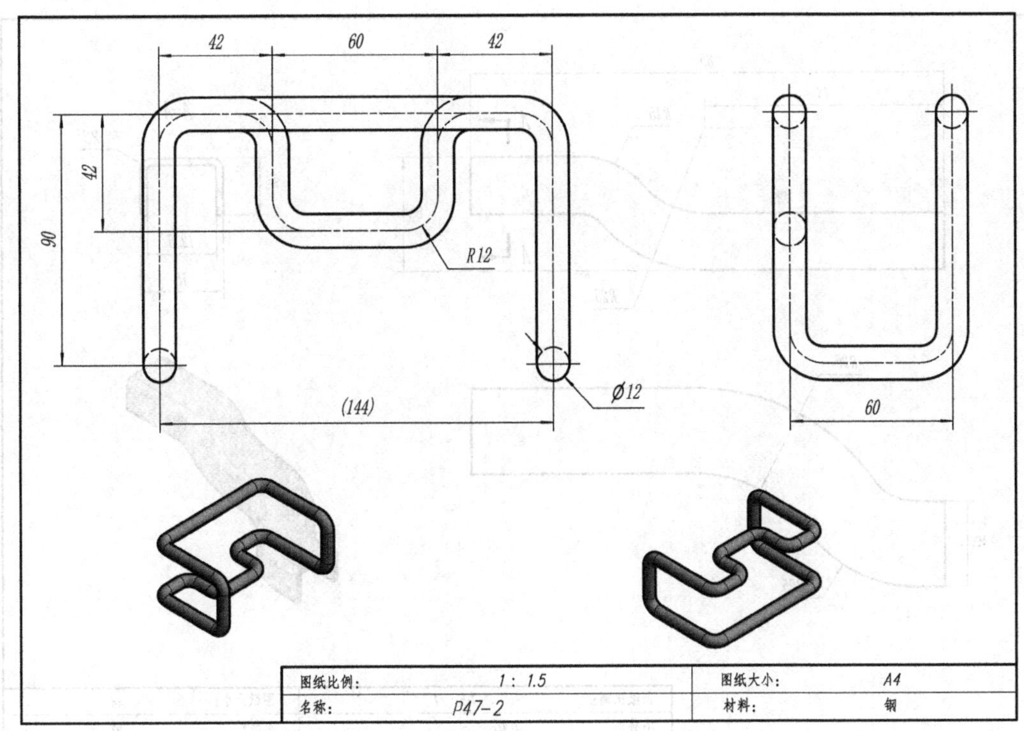

练习题 2-11-5

6.

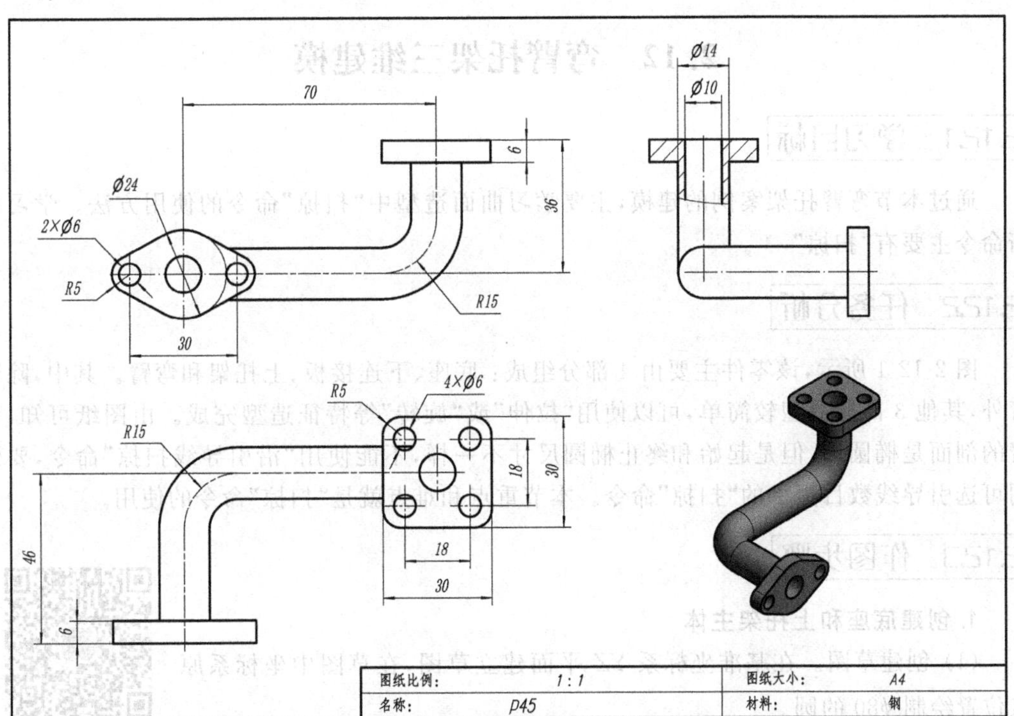

练习题 2-11-6

7.

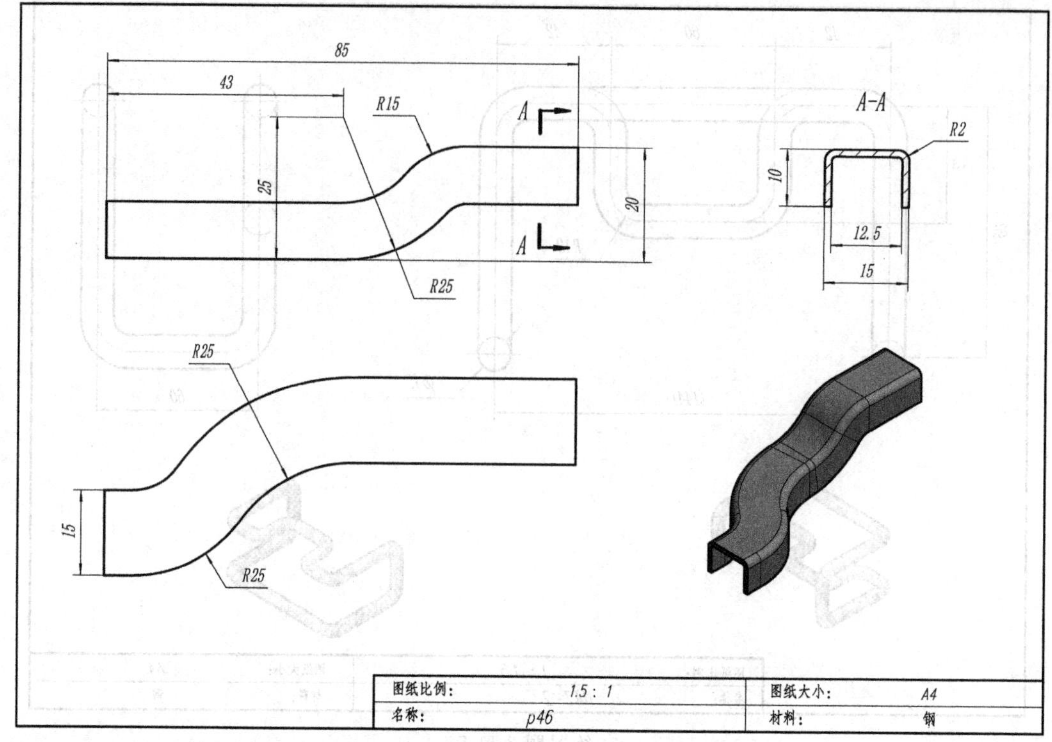

练习题 2-11-7

2.12 弯臂托架三维建模

2.12.1 学习目标

通过本节弯臂托架案例的建模,主要学习曲面造型中“扫掠”命令的使用方法。学习的新命令主要有“扫掠”。

2.12.2 任务分析

图 2-12-1 所示,该零件主要由 4 部分组成:底座、下连接板、上托架和弯臂。其中,除弯臂外,其他 3 部分造型较简单,可以使用“拉伸”或“旋转”等特征造型完成。由图纸可知,弯臂的剖面是椭圆形,但是起始和终止椭圆尺寸不一样,不能使用“沿引导线扫掠”命令,要使用可选引导线数目更多的“扫掠”命令。本节重点和难点就是“扫掠”命令的使用。

2.12.3 作图步骤

1. 创建底座和上托架主体

弯臂托架造型

(1) 创建草图。在基准坐标系 YZ 平面建立草图,在草图中坐标系原点位置绘制 $\phi 80$ 的圆。

使用“直线”命令,自原点起向左上角绘制一条直线,并右击直线,选择

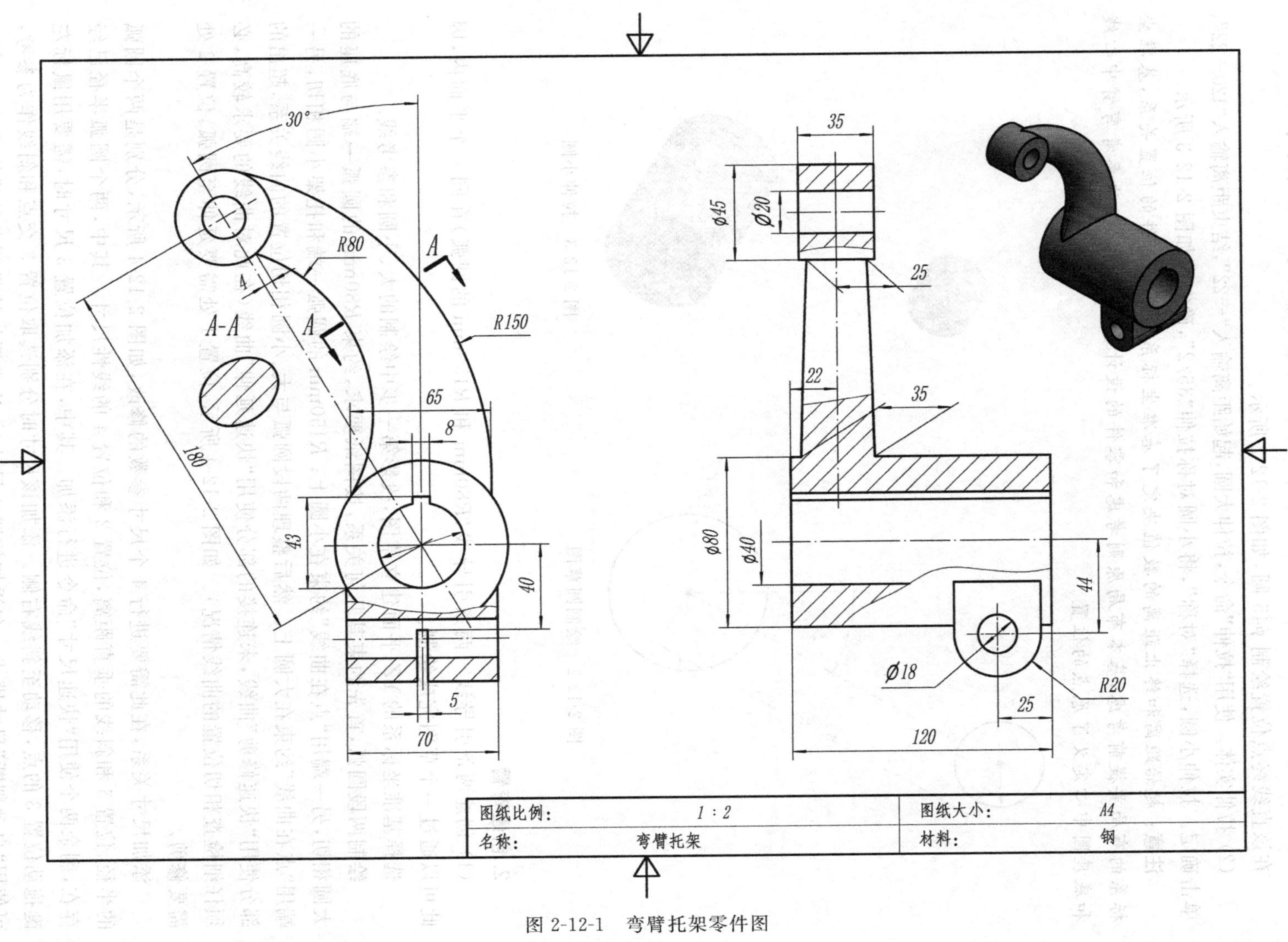

图 2-12-1　弯臂托架零件图

"转换为参考",编辑草图参数,修改其长度为 180mm,与基准坐标系 Z 轴夹角为 30°。

在该直线终点位置绘制 ϕ45 圆,如图 2-12-2 所示。

(2) 拉伸实体。使用"拉伸"命令,拉伸大圆,起始距离输入"-22",结束距离输入"120-22",单击确定。拉伸小圆,选择"对称",将小圆对称拉伸"35/2",确定后如图 2-12-3 所示。

注意:起始距离和终止距离的数值决定了基准坐标系原点与零件的位置关系,基准坐标系的布局要提前考虑,基本布局原则考虑和零件的设计基准重合。在此参考弯臂中心线和底座圆中心定义了原点的位置。

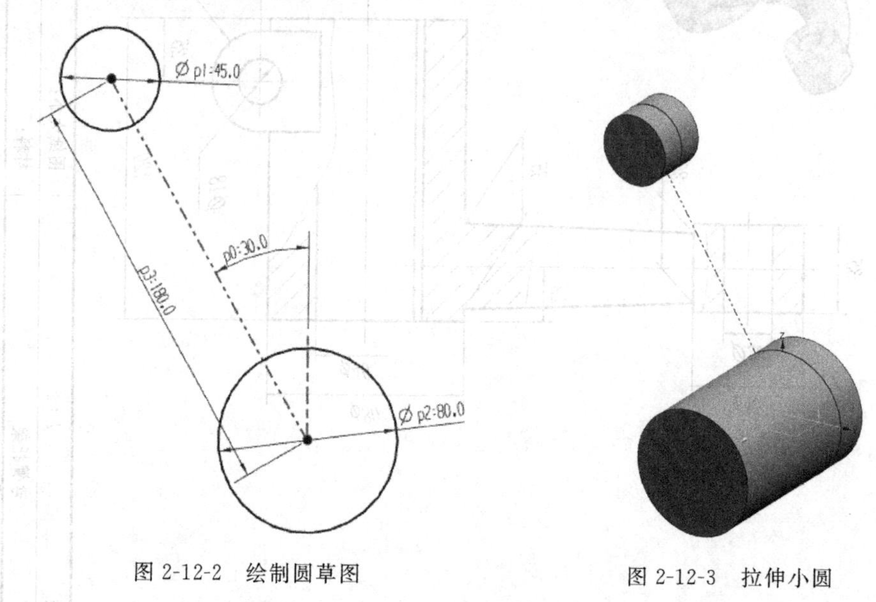

图 2-12-2　绘制圆草图

图 2-12-3　拉伸小圆

2. 创建弯臂

(1) 创建两条引导线。两条引导线(R80mm 和 R150mm 的圆弧)在同一个平面内,因此可以通过一个草图完成绘制。

选择基准坐标系的 YZ 平面建立草图,投影第一步中绘制的大、小圆和参考线。

绘制两段圆弧,首先约束其几何关系,按图纸要求,约束 R80mm 的圆弧一端与底座的大圆相切,另一端用"点在曲线"约束在小圆上;R150mm 的圆弧一端和托架小圆相切,另一端用"点在曲线"约束在大圆上。然后整理两段圆弧与大、小圆相切位置的曲线关系,超出的部分使用"快速修剪"曲线,未连接的部分使用"快速延伸"曲线(在此对曲线的要求较高,必须仔细检查相切位置的曲线情况)。如图 2-12-4 所示,位置 1 处需要延伸至圆弧,位置 2 处需要修剪。

添加尺寸关系,在此需要进行 4 个尺寸参数的修改,如图 2-12-4 所示,分别是两个圆弧的半径、位置 3 和斜线的垂直距离,位置 2 和位置 4 的线性尺寸。其中,两个圆弧半径已经存在,剩余两个使用"快速尺寸"命令进行添加。其中,在添加位置 3 尺寸时,需要用鼠标左键拖动位置 3 的点,移动至斜线右侧。添加该尺寸时分别选取位置 3 交点和斜线作为参考,可使用"自动判断"尺寸模式。在添加位置 4 尺寸时,注意添加的是两点的线性尺寸。"编辑草图参数",分别修改 4 个尺寸参数,如图 2-12-5 所示。

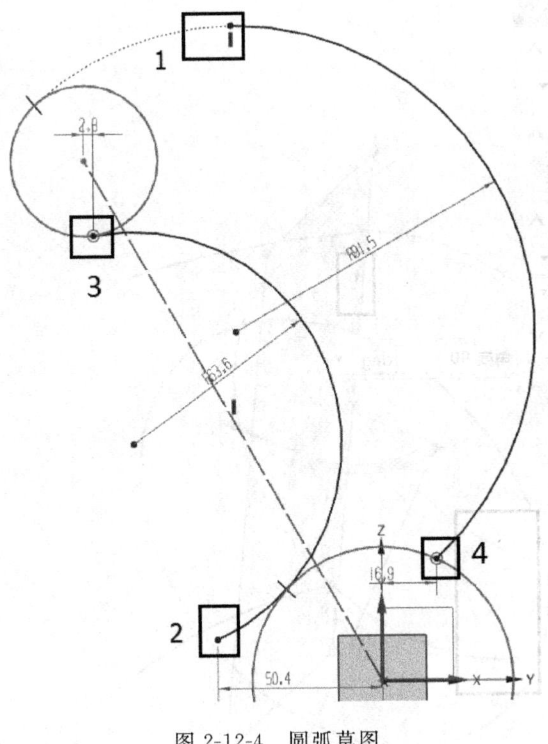

图 2-12-4　圆弧草图

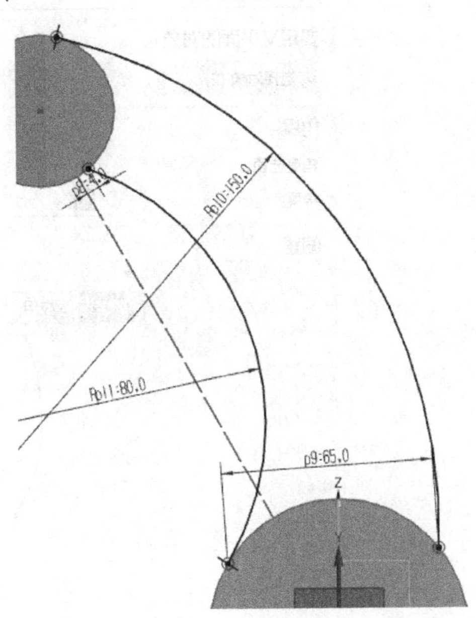

图 2-12-5　草图参数

退出草图模式，完成引导线的绘制。

(2) 创建两个截面草图。两个截面草图均为椭圆形，其中在上方截面草图的椭圆短轴长度在图纸上可直接找到，是 25mm，而长轴则需要捕捉两条引导线的起点位置。下方椭圆长、短轴距离均在图纸上已经标出，分别是 65mm 和 35mm。

为方便草图截面的创建和空间曲线点的捕捉，打开"静态线框"模式，并对前面创建的"引导线草图"进行再次编辑，添加两条参考线，如图 2-12-6 所示。

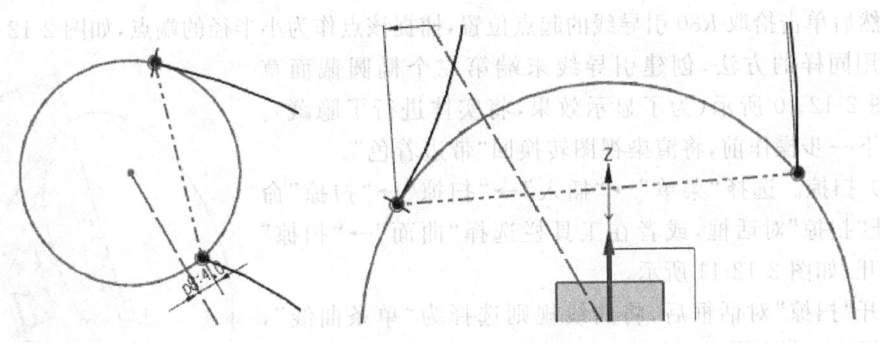

图 2-12-6　添加参考线

创建第一个截面草图。使用"基准平面"命令，选择平面类型为"自动判断"，分别选择上托架圆柱的端面和"引导线"草图的参考直线，系统默认选项"角度"为"90"，如图 2-12-7 所示，确定后完成草图平面的创建。

在创建的平面上创建草图，在此为了绘制草图方便，可以将第一步拉伸的实体进行"隐

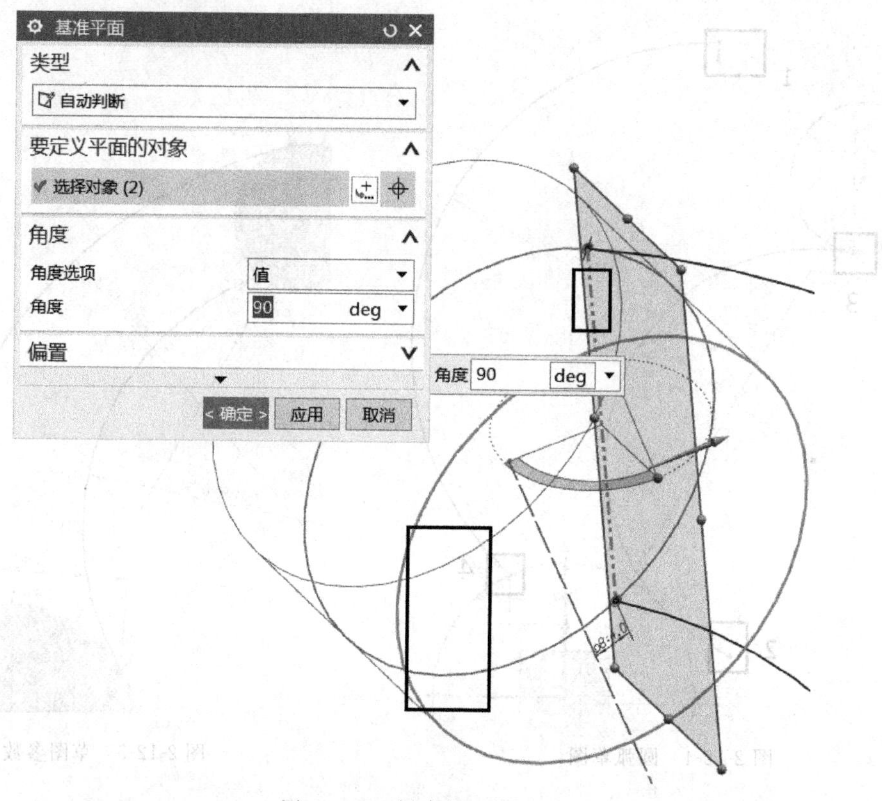

图 2-12-7　创建截面草图

藏”处理，为了观察草图方便，可以按住鼠标中键选择显示视角（非正视于草图视角），如图 2-12-8 所示。

在“直接草图”内，选择“椭圆”命令，打开“椭圆”对话框，指定“引导线起点连接线”的中点作为椭圆的“中心”；在观察视图环境中的两个箭头，分清哪个是“大半径”，哪个是“小半径”。在此，大半径指的是上面分析的短轴长，即 25/2，输入数值即可；在“小半径”选项中，选择“指定点”，然后单击拾取 R80 引导线的起点位置，捕捉该点作为小半径的端点，如图 2-12-9 所示。

使用同样的方法，创建引导线末端第二个椭圆截面草图，如图 2-12-10 所示（为了显示效果，将实体进行了隐藏）。在进行下一步操作前，将渲染视图转换回“带边着色”。

（3）扫掠。选择“菜单”→“插入”→“扫掠”→“扫掠”命令，打开“扫掠”对话框，或者在工具栏选择“曲面”→“扫掠”命令打开，如图 2-12-11 所示。

打开“扫掠”对话框后，将曲线规则选择为“单条曲线”，首先选择“小椭圆”作为“第一截面”曲线，单击“截面”选项下的“添加新集”按钮，继续拾取“大椭圆”作为“第二截面”曲线；然后单击“引导线”下的“选择曲线”，拾取 R150mm 的圆弧作为“第一条引导线”，单击下面的“添加新集”按钮，继续拾取第二条引导线“R80mm 的圆弧”，单击“确定”按钮，完成扫掠，如图 2-12-12 所示。

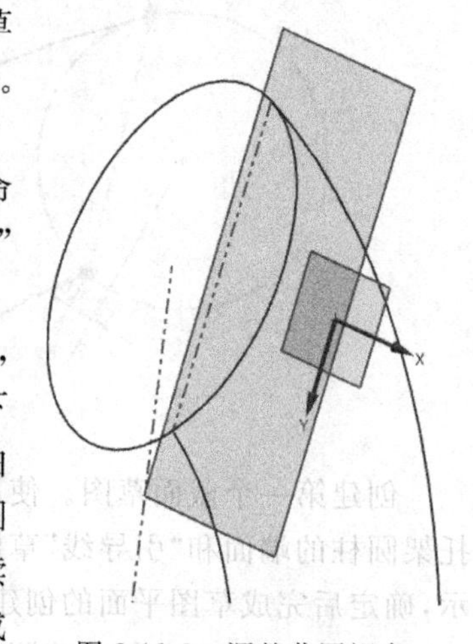

图 2-12-8　调整草图视角

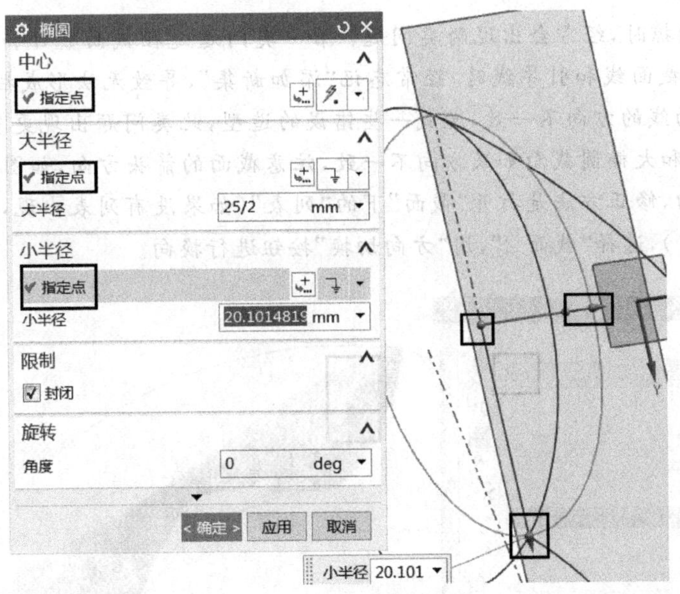

图 2-12-9　“椭圆”对话框

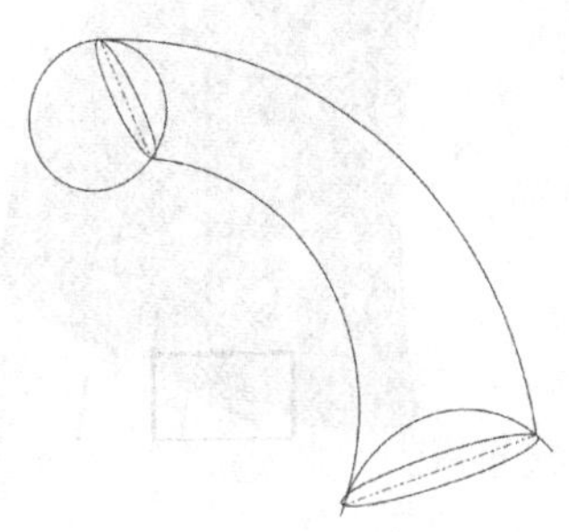

图 2-12-10　“两椭圆”草图

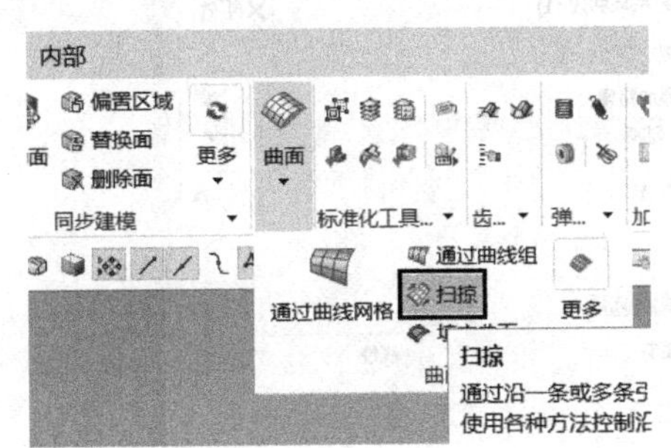

图 2-12-11　打开“扫掠”对话框

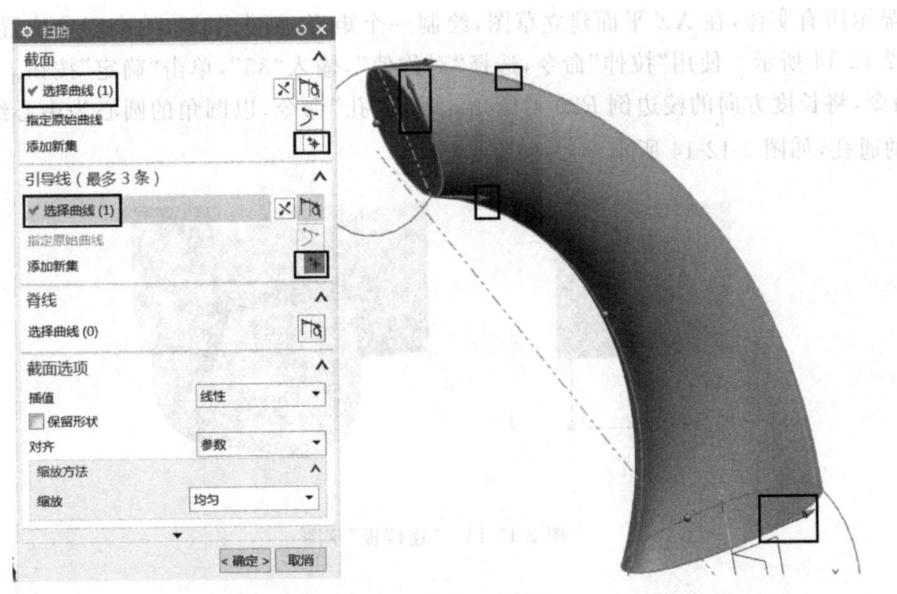

图 2-12-12　“扫掠”对话框(1)

注意：在扫掠时，经常会出现两类问题：第一类问题是在截面数目和引导线数目较多的情况下，拾取截面线和引导线时，经常忘记“添加新集”，导致无法形成扫掠造型；第二类问题是因为截面线的方向不一致，造成一些错误的造型，此类问题出现更多。例如，本案例中，小椭圆截面和大椭圆截面如果方向不一致，注意截面的箭头方向，如图 2-12-13 所示，扫掠出的造型扭曲，修正方法是打开“截面”下的“列表”(如果没有列表出现，在对话框中单击“更多”按钮 ▼)，选择“截面 2”，用“方向切换”按钮进行换向。

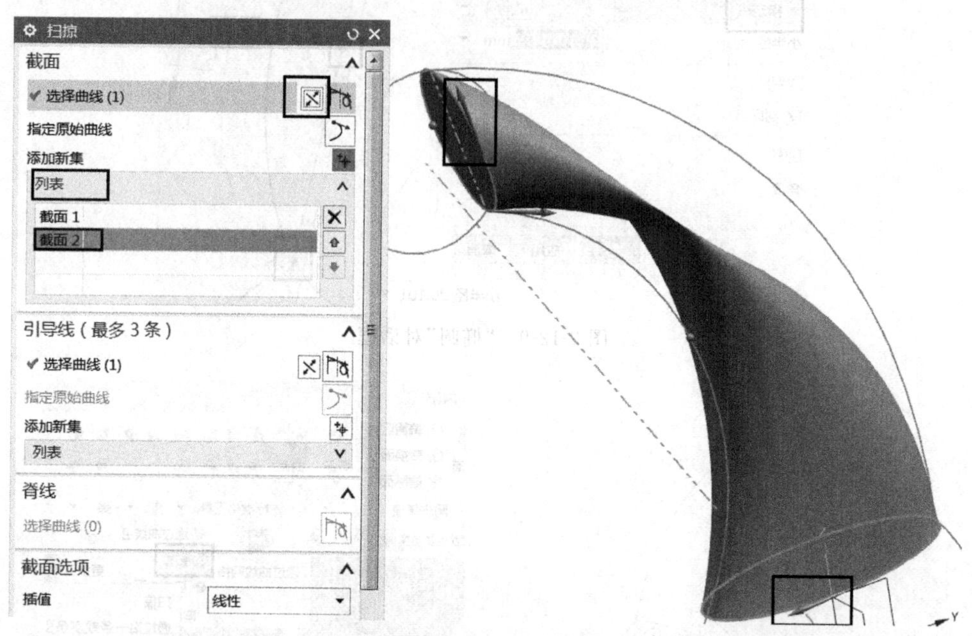

图 2-12-13 “反向”扫掠

3. 创建下连接板

显示所有实体，在 XZ 平面建立草图，绘制一个矩形，根据图纸，约束正确位置和尺寸，如图 2-12-14 所示。使用“拉伸”命令，选择“对称值”，输入“35”，单击“确定”按钮。使用“圆角”命令，将长度方向的棱边倒 $R20$ 的圆角。使用“孔”命令，以圆角的圆心为中心绘制一个 $\phi 18$ 的通孔，如图 2-12-14 所示。

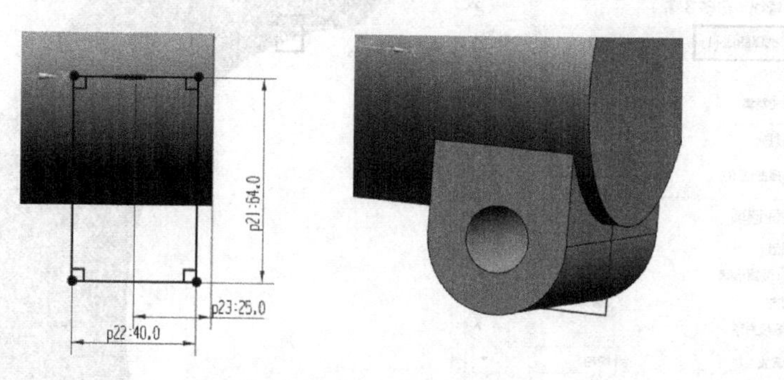

图 2-12-14 “连接板”草图

4. 添加孔、槽等特征

在添加孔特征前，要对各个实体部分进行“合并”处理。在“特征”工具栏找到“合并”命令，将上托架、弯臂、下连接板和底座合并，形成一个整体。

在底座的前圆柱端面建立草图，在草图内绘制两个矩形和两个圆形。根据图纸进行位置和尺寸约束。

拉伸草图区域，添加孔、槽等特征。

5. 显示和隐藏

隐藏草图和坐标系以及基准面，如图 2-12-15 所示。

2.12.4 知识拓展

使用“扫掠”命令可通过沿一条、两条或三条引导线串扫掠一个或多个截面创建实体或片体；截面曲线通常应该位于开放式引导路径的起点附近或封闭式引导路径任意曲线的端点附近。

通过学习到的方法，打开“扫掠”对话框，如图 2-12-16 所示。通过扫掠，可以得到以下几种方式。

图 2-12-15　模型特征

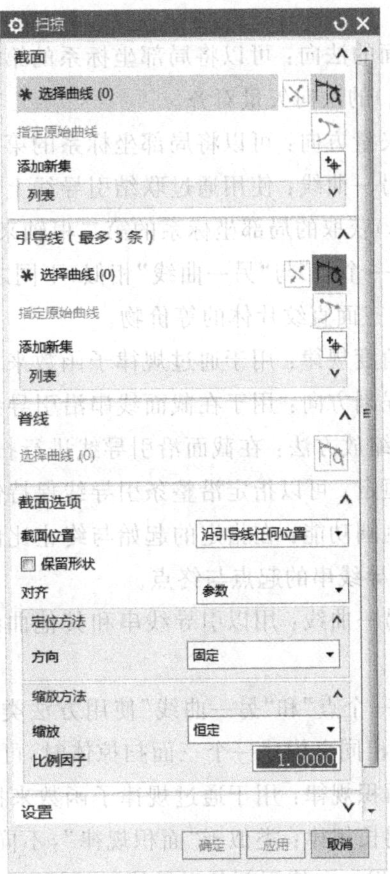

图 2-12-16　“扫掠”对话框(2)

(1) 通过沿引导曲线对齐截面线串，可以控制扫掠体的形状。

(2) 控制截面沿引导线串扫掠时的方位。

(3) 缩放扫掠体。

(4) 使用脊线串使曲面上的等参数曲线变均匀。

“扫掠”对话框中各选项介绍如下。

(1) 添加新集：将当前选择添加到截面组的列表框中，并创建新的空截面，还可以在选择截面时，通过按鼠标中键来添加新集。

(2) 列表：列出现有的截面线串集，选择线串集的顺序可以确定产生的扫掠。

(3) 脊线：使用脊线可以控制截面线串的方位，并避免在导线上不均匀分布参数导致的变形。

(4) 截面选项：截面在引导对象的中间时，这些选项可以更改产生的扫掠。

① 沿引导线任何位置：可以沿引导线在截面的两侧进行扫掠。

② 引导线末端：可以沿引导线从截面开始仅在一个方向进行扫掠。

(5) 定位方法：在截面沿引导线移动时控制该截面的方位。

① 固定：可在截面线串沿引导线移动时保持固定的方位，且结果是平行的或平移的简单扫掠。

② 面的法向：可以将局部坐标系的第二根轴与一个或多个面(沿引导线的每一点指定公共基线)的法向矢量对齐。

③ 矢量方向：可以将局部坐标系的第二根轴与在引导线串长度上指定的矢量对齐。

④ 另一曲线：使用通过联结引导线上相应的点和其他曲线(就好像在它们之间构造了直纹片体)获取的局部坐标系的第二根轴来定向截面。

⑤ “一个点”与“另一曲线”相似，不同之处在于获取第二根轴的方法是通过引导线串和点之间的三面直纹片体的等价物。

⑥ 角度规律：用于通过规律子函数来定义方位的控制规律。

⑦ 强制方向：用于在截面线串沿引导线串扫掠时通过矢量来固定剖切平面的方位。

(6) 缩放方法：在截面沿引导线进行扫掠时，可以增大或减小该截面的大小。

① 恒定：可以指定沿整条引导线保持恒定的比例因子。

② 倒圆功能：在指定的起始与终止比例因子之间允许线性或3次缩放，这些比例因子对应于引导线串的起点与终点。

③ 另一曲线：用以引导线串和其他曲线或实体边之间的画线长度上任意给定点的比例为基础。

④ “一个点”和“另一曲线”使用方法类似，但使用的是点而不是曲线。例如，当用于方位控制的相同点构建一个三面扫掠体时，可选择使用此方法。

⑤ 面积规律：用于通过规律子函数来控制扫掠体的横截面积。

⑥ 周长规律：类似于“面积规律”，不同之处在于可以控制扫掠体的横截面周长，而不是它的面积。在使用两条引导线时可用。

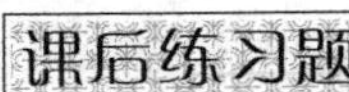

按以下图纸要求，在软件中创建其三维模型。

1.

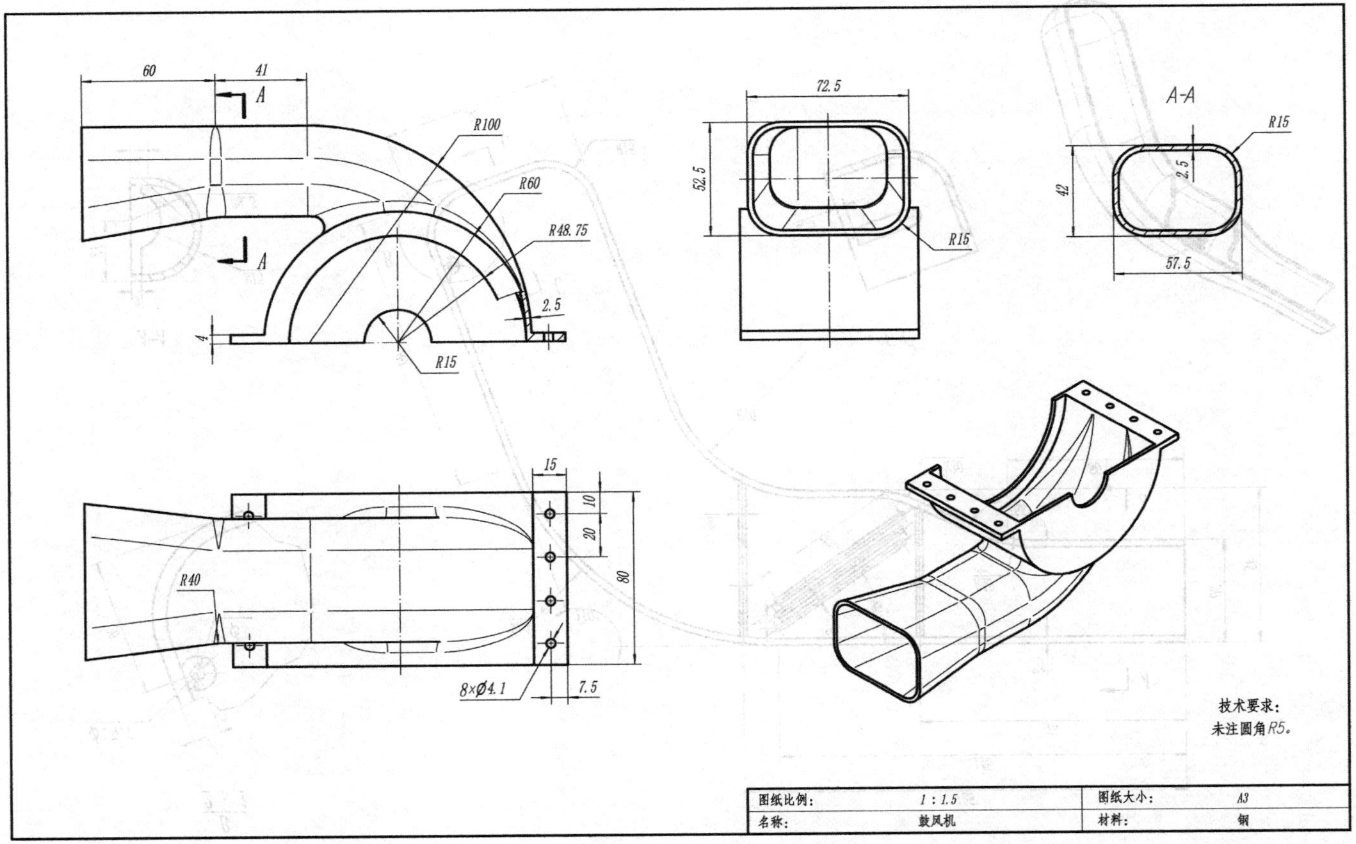

技术要求：
未注圆角R5。

图纸比例：	1 : 1.5	图纸大小：	A3
名称：	鼓风机	材料：	钢

练习题 2-12-1

2.

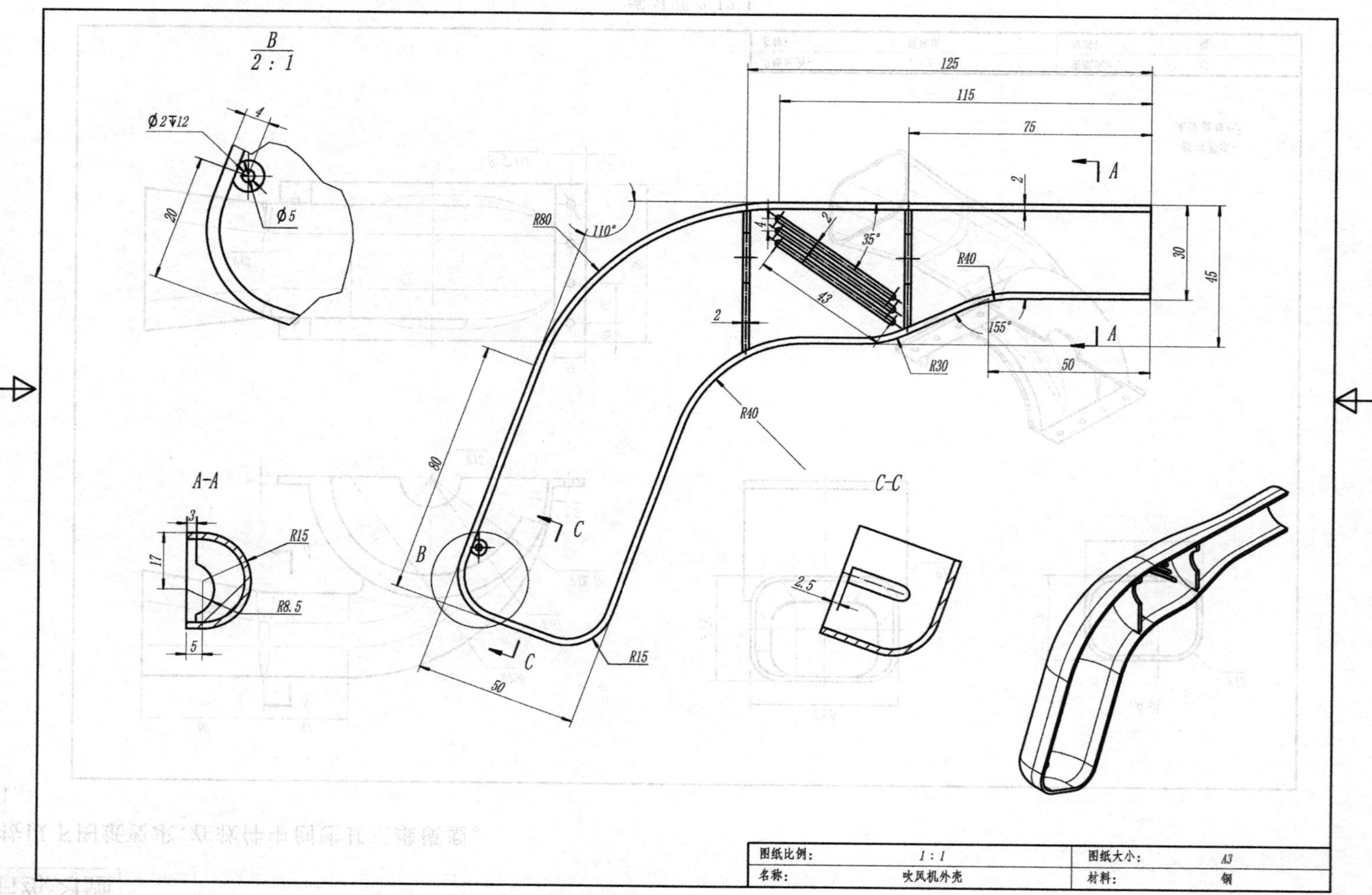

练习题 2-12-2

2.13　曲面零件三维建模

2.13.1　学习目标

本节主要通过两个曲面案例，学习曲面零件的建模方法和思路。在“知识拓展”中介绍了各种曲面造型各个命令的应用。

2.13.2　案例一：塑料瓶

如图 2-13-1 所示，创建该零件首先需要构建曲面主体，然后构建有界平面，使用“缝合”命令得到瓶子实体，使用“偏置面”延伸实体，再使用“拉伸”命令修剪部分实体；最后使用“抽壳”命令，完成瓶子的创建，具体作图步骤如下。

塑料瓶造型

1. 创建曲面

(1) 创建瓶身截面草图 1。选择 *XY* 平面，创建瓶身截面草图 1，在草图中，绘制如图 2-13-2 所示草图。

(2) 创建草图 2。选择“草图”命令，系统弹出“创建草图”对话框。在“草图类型”下拉菜单中选择“基于路径”选项，选择图示线段作为“路径”（在靠近坐标系一端选择线段）。在平面“位置”下拉菜单中选择“弧长”选项，“弧长”为“18”，平面方位“方向”下拉菜单中选择“垂直于路径”选项，“反转平面法向”设置草图 *Z* 轴方向。“草图方向”选择绝对坐标系 *X* 轴为水平参考，如图 2-13-3 所示。单击“确定”按钮，进入草图环境，绘制如图 2-13-4 所示草图 2。

(3) 创建草图 3。同步骤(2)，在平面“位置”下拉菜单中选择“弧长”选项，“弧长”为“161”，如图 2-13-5 所示。单击“确定”按钮，进入草图环境，绘制如图 2-13-6 所示的草图 3。

(4) 创建草图 4。选择“草图”命令，系统弹出“创建草图”对话框。在“草图类型”下拉菜单中选择“基于路径”选项，选择图示线段作为“路径”（在远离坐标系一端选择线段）。在平面“位置”下拉菜单中选择“弧长”选项，“弧长”为“0”，如图 2-13-7 所示。单击“确定”按钮，进入草图环境，绘制如图 2-13-8 所示的草图 4。图中，圆直径的两端点与线段的两端点分别重合。

(5) 绘制空间曲线 1 和空间曲线 2。在“曲线”工具条中单击“圆弧/圆”按钮，系统弹出“圆弧/圆”对话框。在“类型”下拉列表中选择“三点画圆弧”选项。拾取点 1、点 2 和点 3 分别作为圆弧的起点、终点和中点。单击“确定”按钮完成空间曲线 1 的绘制。同理，绘制空间曲线 2，如图 2-13-9 所示。

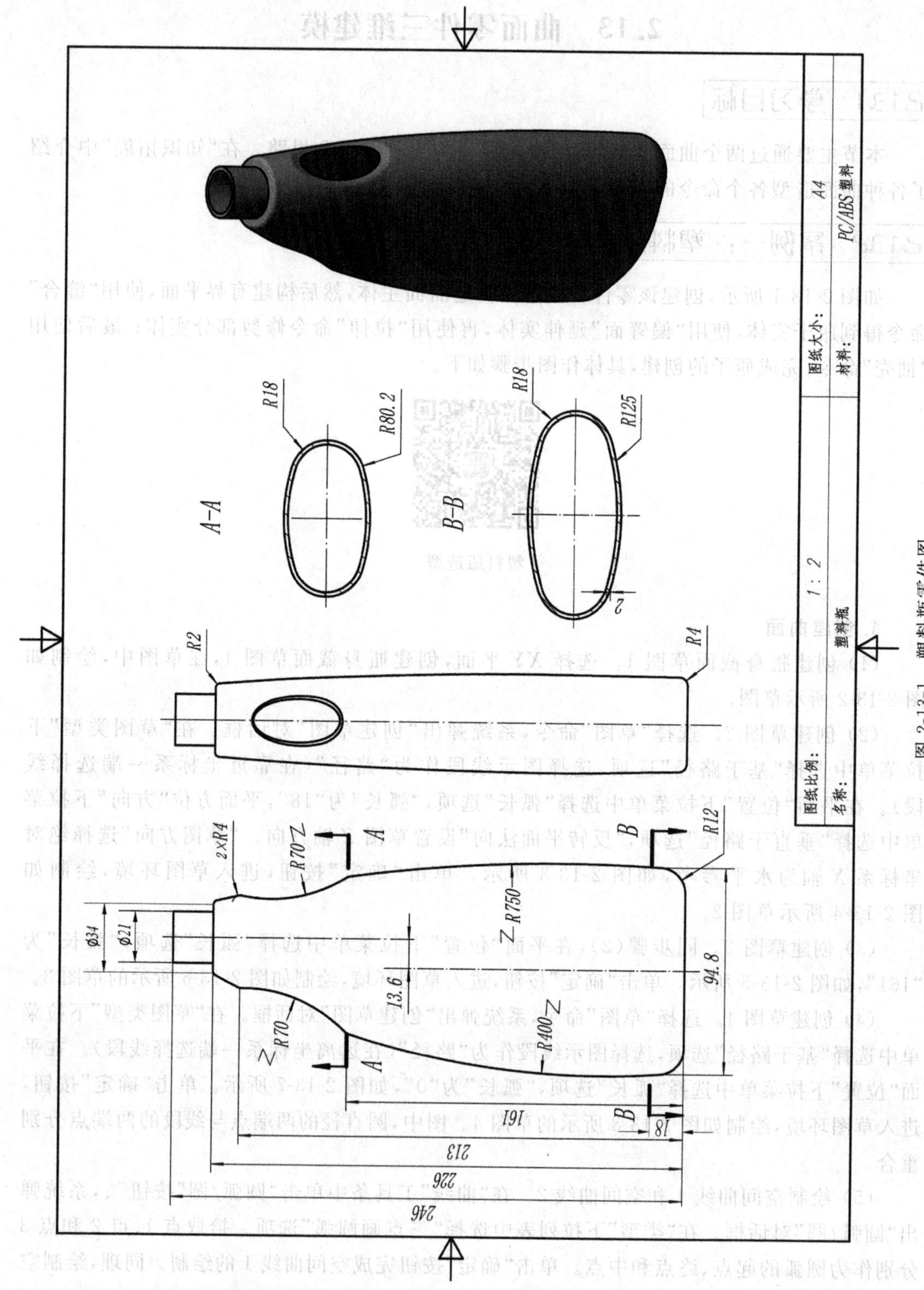

图 2-13-1　塑料瓶零件图

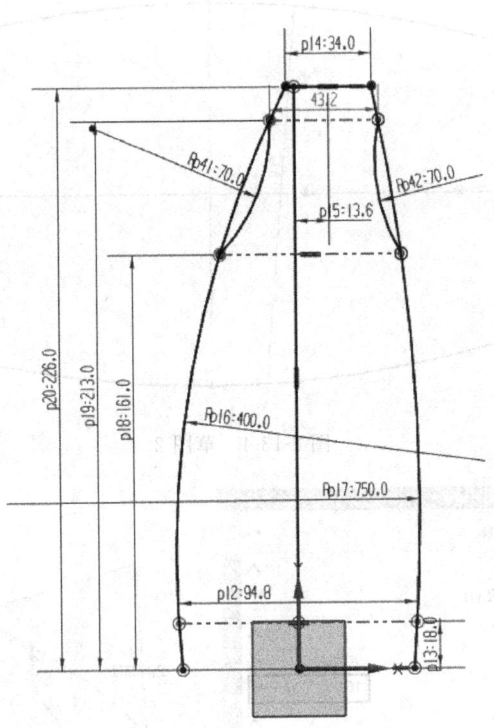

图 2-13-2　创建瓶身截面草图 1

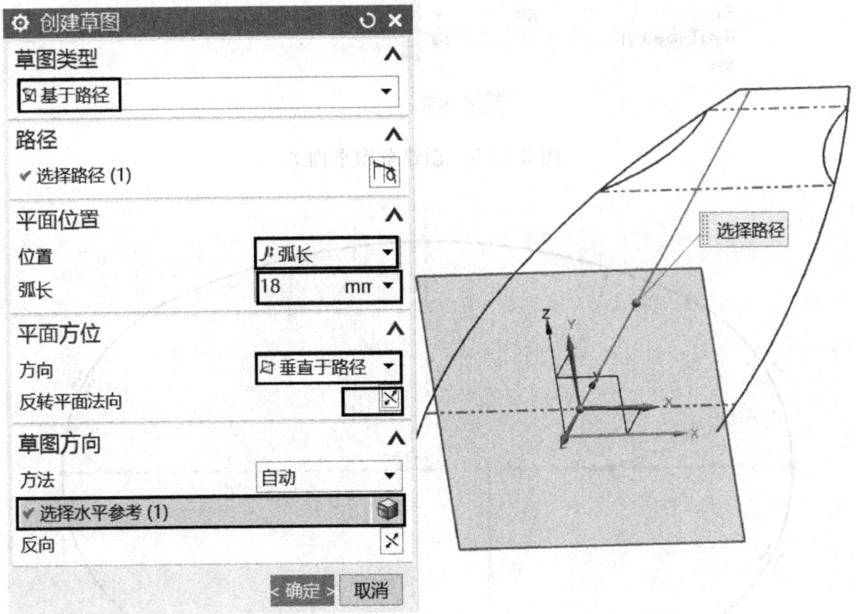

创建草图
草图类型
基于路径
路径
选择路径 (1)
平面位置
位置　弧长
弧长　18 mm
平面方位
方向　垂直于路径
反转平面法向
草图方向
方法　自动
选择水平参考 (1)
反向
确定　取消
选择路径

图 2-13-3　创建草图平面 2

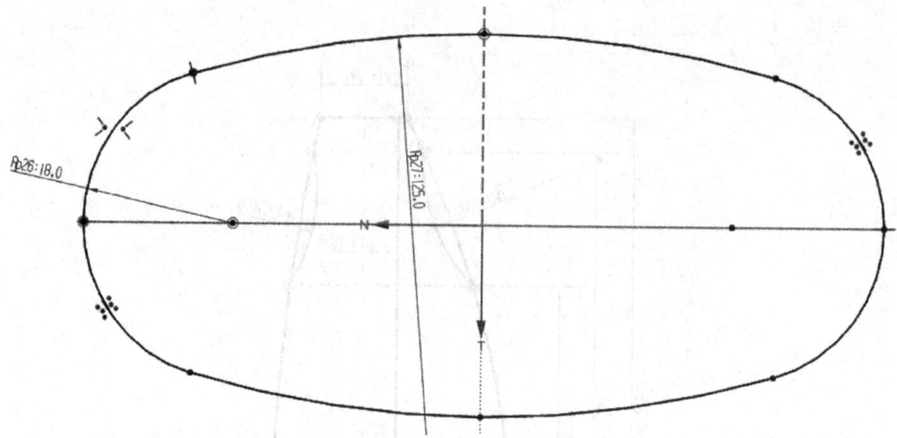

图 2-13-4　草图 2

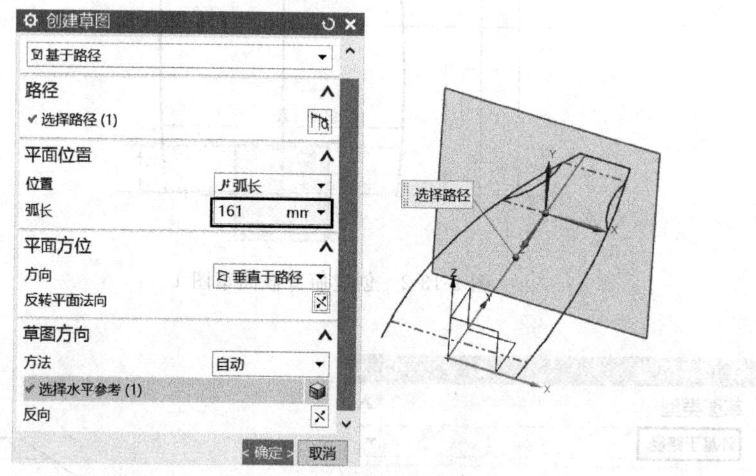

图 2-13-5　创建草图平面 3

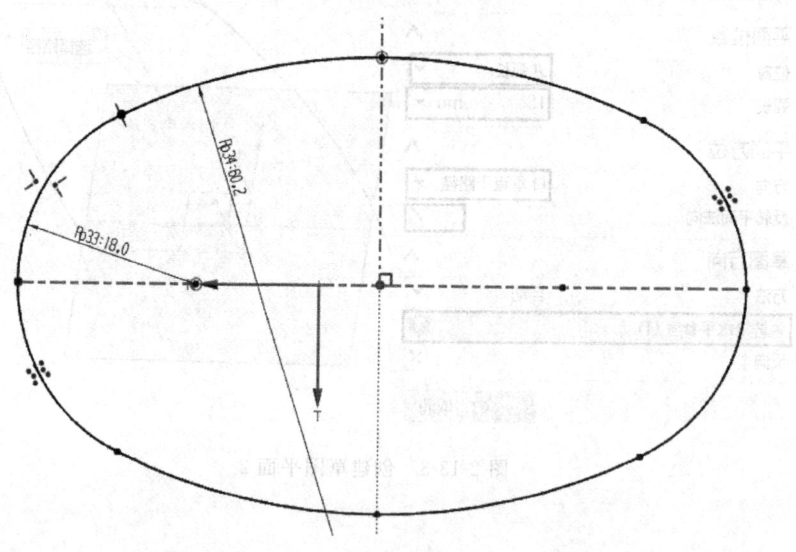

图 2-13-6　草图 3

创建草图
基于路径
路径
选择路径 (1)
平面位置
位置　弧长
弧长　0　mm
平面方位
方向　垂直于路径
反转平面法向
草图方向
方法　自动
选择水平参考 (1)
< 确定 >　取消
选择路径
弧长 0

图 2-13-7　创建草图平面 4

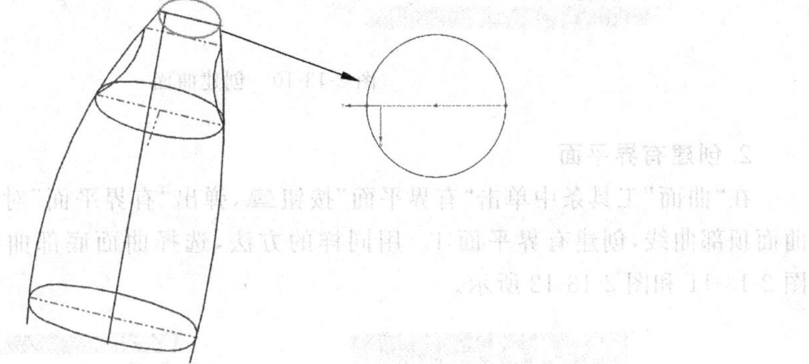

图 2-13-8　草图 4

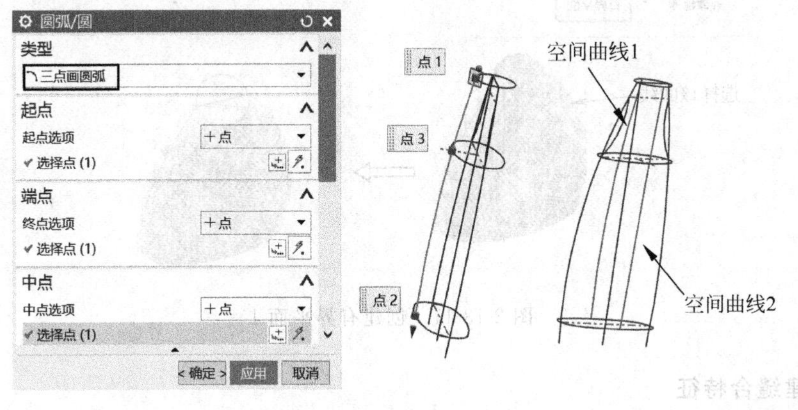

图 2-13-9　创建空间曲线

(6) 使用"通过曲线网格"命令创建曲面。在"曲面"工具条中单击"通过曲线网格"按钮，弹出"通过曲线网格"对话框。通过该对话框选择 5 条主曲线和 3 条交叉曲线，如图 2-13-10 所示。

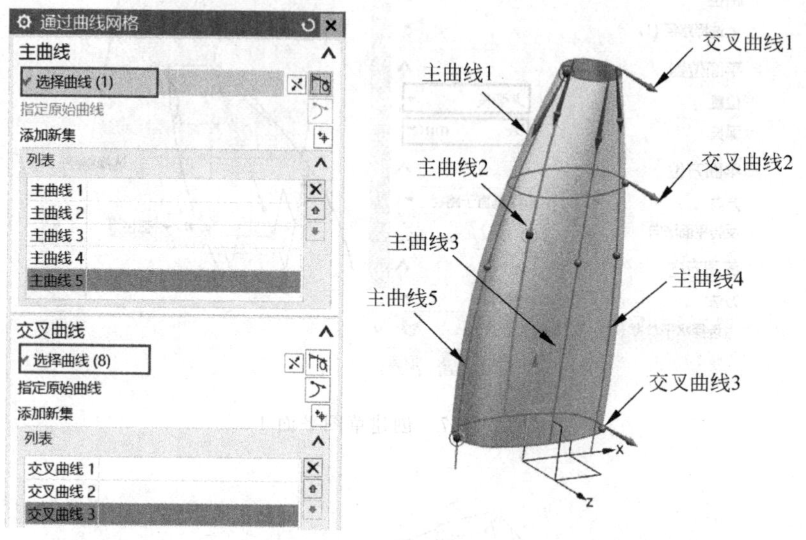

图 2-13-10　创建曲面

2. 创建有界平面

在"曲面"工具条中单击"有界平面"按钮，弹出"有界平面"对话框。在工作区中选择曲面顶部曲线，创建有界平面 1。用同样的方法，选择曲面底部曲线，创建有界平面 2，如图 2-13-11 和图 2-13-12 所示。

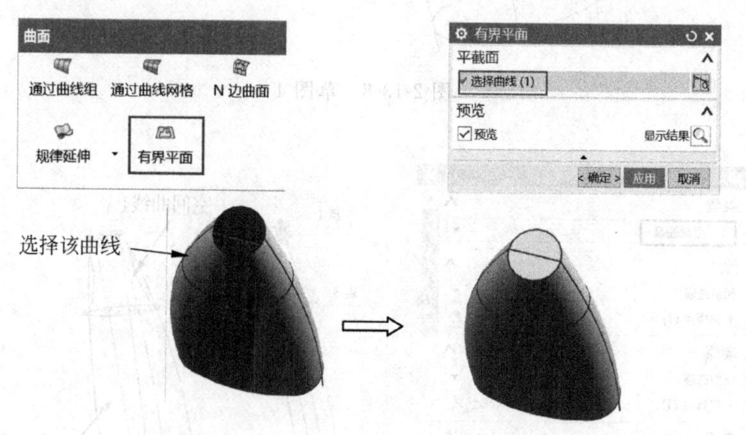

图 2-13-11　创建有界平面 1

3. 创建缝合特征

选择"插入"→"组合"→"缝合"命令，打开"缝合"对话框，选择曲面为目标片体，选择有界平面 1 和有界平面 2 为工具片体，如图 2-13-13 所示。

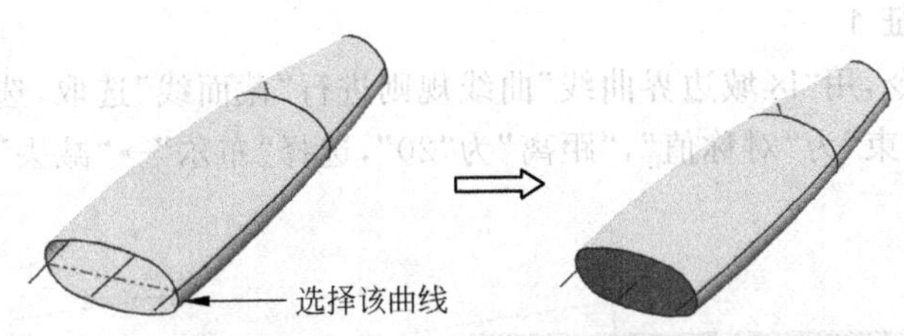

图 2-13-12　创建有界平面 2

图 2-13-13　“缝合”对话框

4. 偏置面

选择“偏置面”命令，系统弹出“偏置面”对话框，选择有界平面 2 作为“要偏置的面”，修改偏置距离为“18”，通过反向按钮⊠设置偏置方向为背离有界平面 2，单击“确定”按钮，选中的面偏置并形成新的实体，如图 2-13-14 所示。

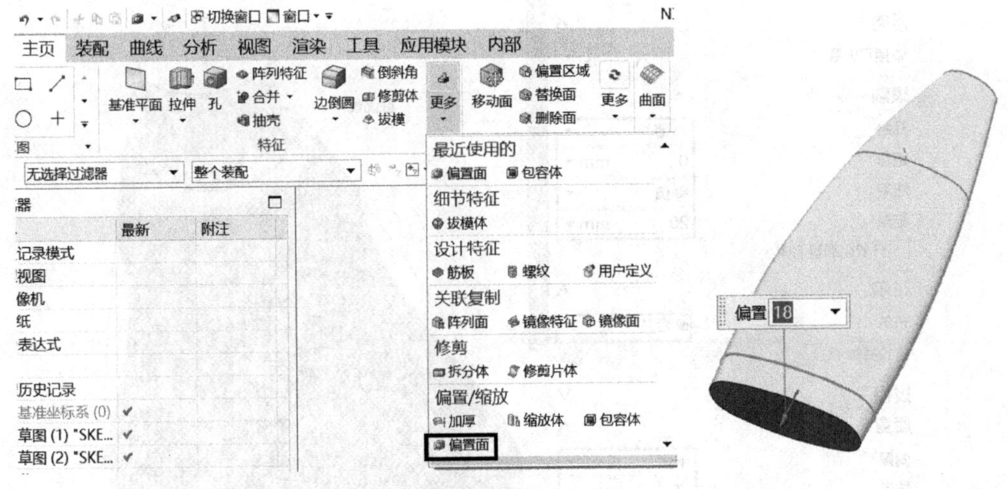

图 2-13-14　创建偏置面特征

5. 创建拉伸特征 1

选择“拉伸”命令，用“区域边界曲线”曲线规则进行“截面线”选取，选中两个区域，在“限制”选项中，修改“结束”为“对称值”，“距离”为“20”，选择“布尔”→“减去”选项，如图 2-13-15 所示。

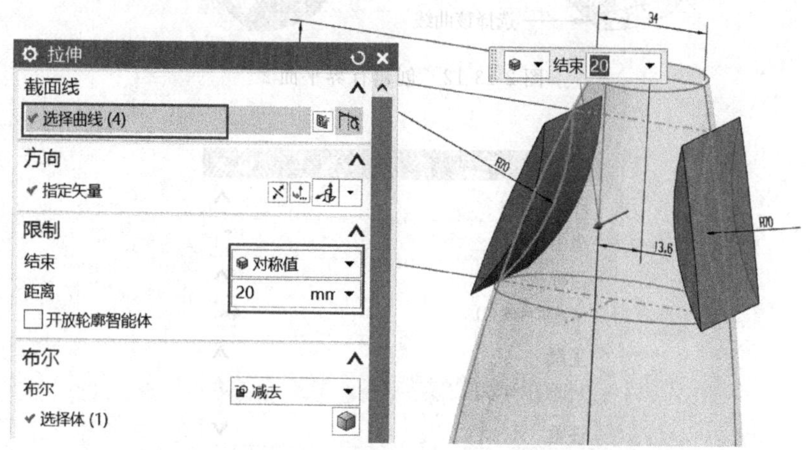

图 2-13-15　拉伸方式(1)

6. 创建拉伸特征 2

选择“拉伸”命令，用“单条曲线”曲线规则进行“截面线”选取，选中直径为 34mm 的圆，在“限制”选项中，修改开始距离为“0”，结束距离为“20”，选择“布尔”→“合并”选项，“偏置”方式为“单侧”，“结束”为“−5”，如图 2-13-16 所示。

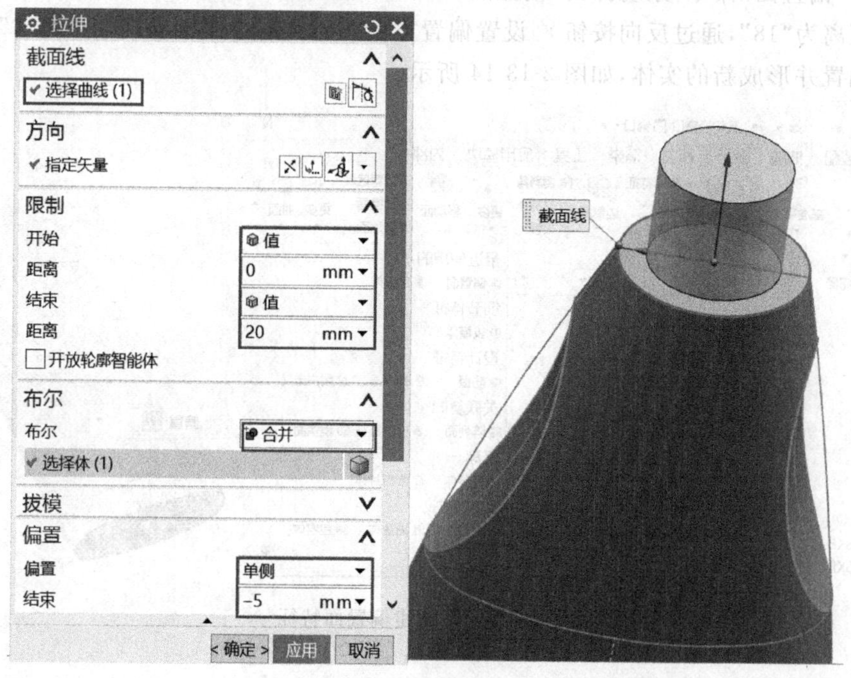

图 2-13-16　拉伸方式(2)

7. 倒圆角

使用“边倒圆”命令，在直径为 34mm 的圆处倒 $R2$ 的圆弧。拉伸特征 1 与主体相交处倒 $R4$ 的圆弧，如图 2-13-17 所示。瓶底最下端曲线使用变半径倒圆角，设定值如图 2-13-18 所示。

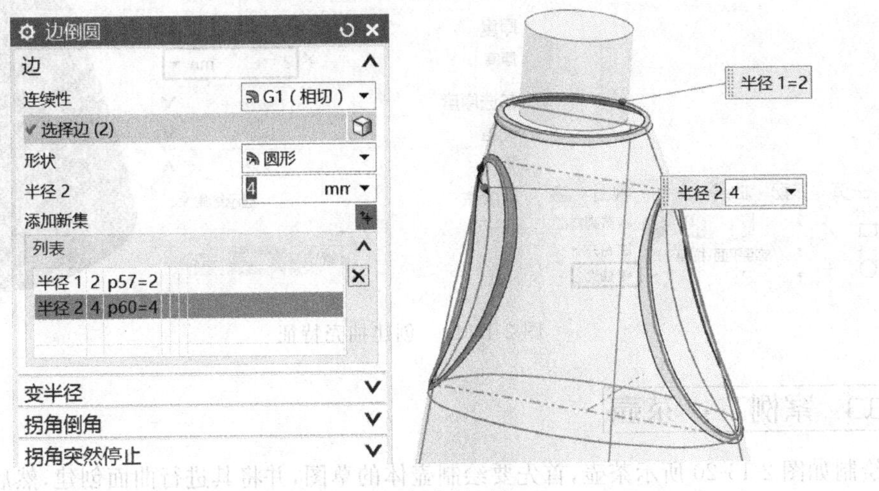

图 2-13-17　创建倒圆角(1)

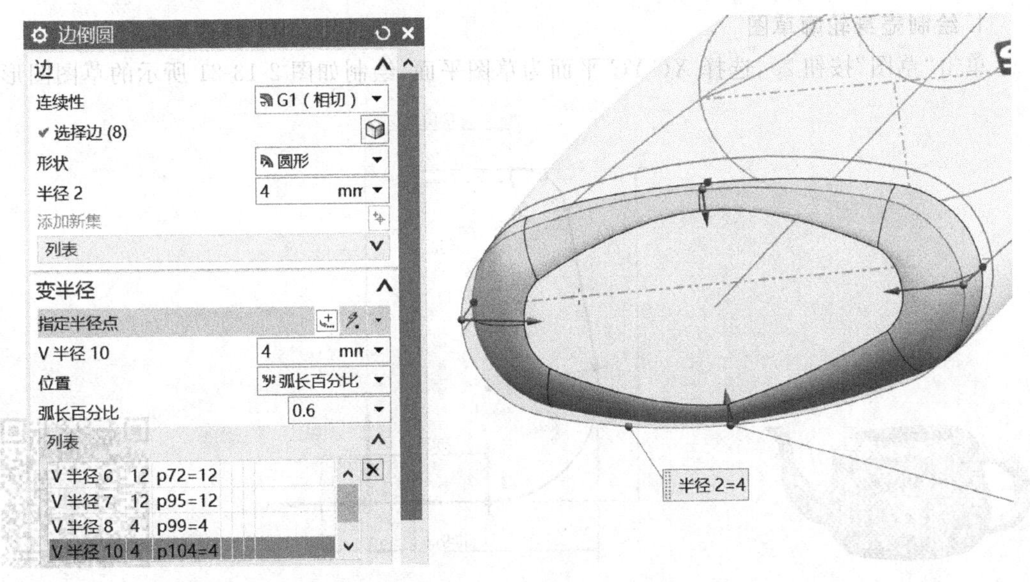

图 2-13-18　创建倒圆角(2)

8. 抽壳，完成造型

(1) 使用“抽壳”命令。选择“抽壳”命令，系统弹出“抽壳”对话框，在“类型”中选择“移除面，然后抽壳”选项，要穿透的面选择拉伸特征 2 的上表面，“厚度”设定为“2”如图 2-13-19 所示。

(2) 使用“显示和隐藏”命令，隐藏草图和基准面。

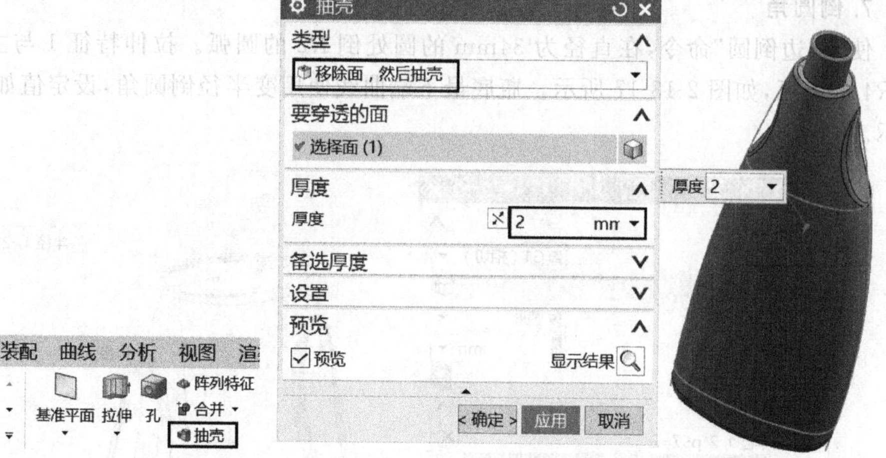

图 2-13-19　创建抽壳特征

2.13.3 案例二：茶壶

绘制如图 2-13-20 所示茶壶，首先要绘制壶体的草图，并将其进行曲面创建，然后创建壶嘴的曲面，根据壶的整体创建基准平面；最后在基准平面上创建壶把手，具体操作步骤如下。

1. 绘制壶身轮廓草图

单击"草图"按钮，选择 *XC-YC* 平面为草图平面，绘制如图 2-13-21 所示的草图图形。

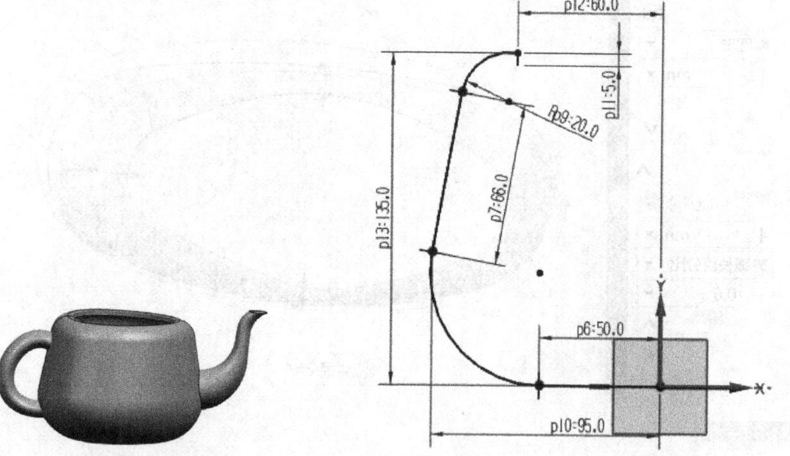

图 2-13-20　茶壶模型　　图 2-13-21　壶身轮廓草图

茶壶造型

2. 阵列壶身轮廓曲线

单击特征工具条中的"阵列特征"按钮，选择轮廓曲线为"要形成阵列的特征"。在"阵列定义"选项组，设置阵列"布局"为"圆形"，指定 *YC* 轴为旋转轴的指定矢量，坐标原点为"指定点"。在"角度方向"中选择"数量和间隔"选项，设置"数量"为"4"，"节距角"为"90"，单击"确定"按钮，如图 2-13-22 所示。

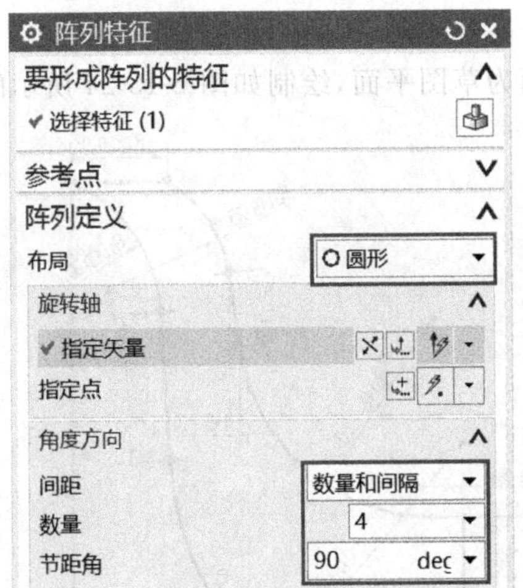

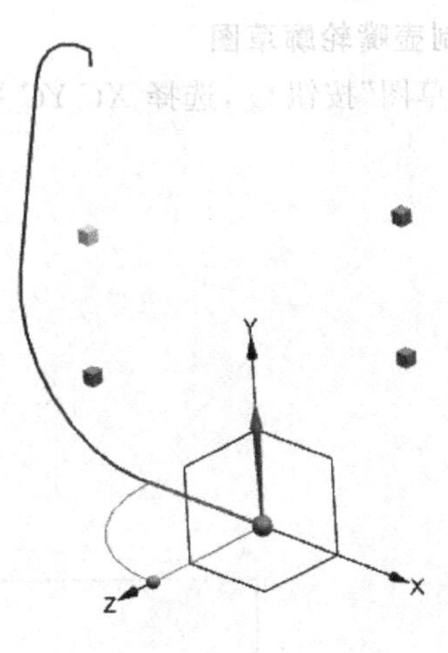

图 2-13-22　阵列曲线草图

3. 创建壶身曲面

单击曲面工具条中的"通过曲线组"按钮，在绘图区选择壶体轮廓线为截面 1，然后单击"添加新集"按钮添加其他截面。添加时注意截面方向一致，截面 5 和截面 1 重合。"设置"选项组中，"体类型"为"片体"。单击"确定"按钮，创建的壶身曲面如图 2-13-23 所示。

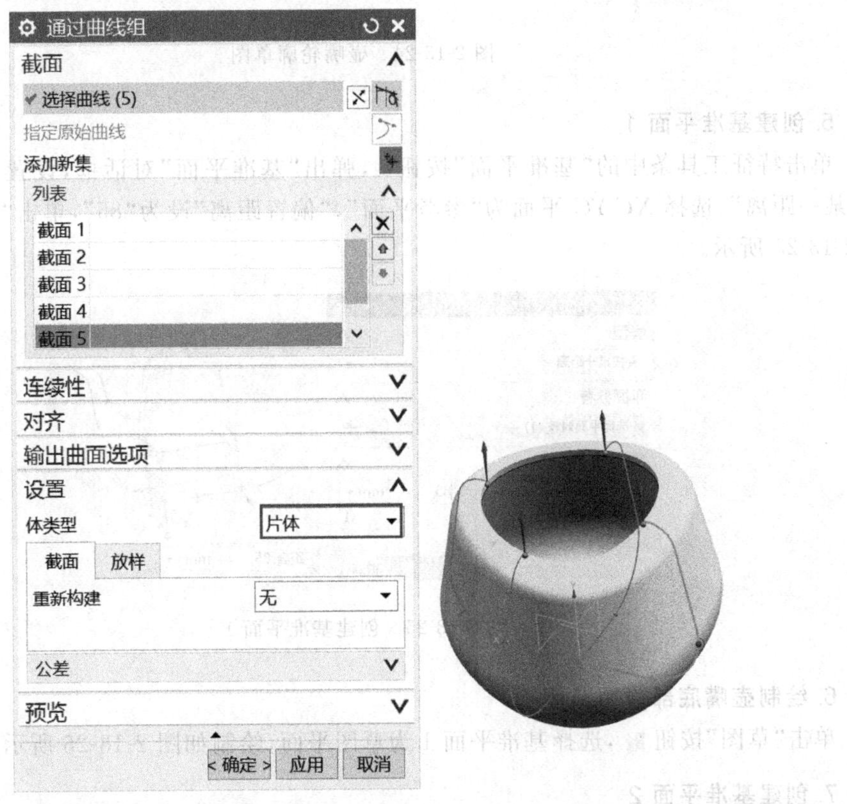

图 2-13-23　创建壶身曲面

4. 绘制壶嘴轮廓草图

单击“草图”按钮，选择 *XC-YC* 平面为草图平面，绘制如图 2-13-24 所示的草图图形。

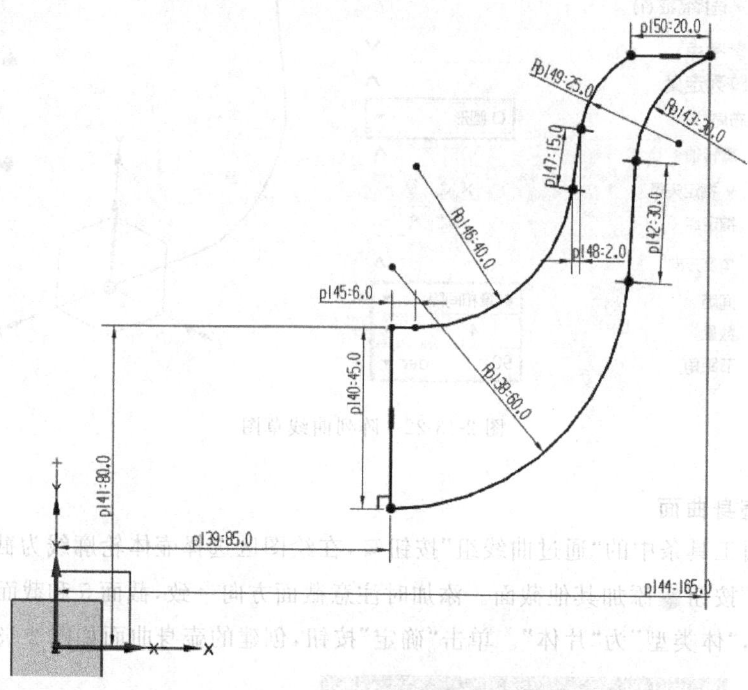

图 2-13-24　壶嘴轮廓草图

5. 创建基准平面 1

单击特征工具条中的“基准平面”按钮，弹出“基准平面”对话框，设置平面“类型”为“按某一距离”，选择 *XC-YC* 平面为“参考平面”，“偏置距离”设为“85”，单击“确定”按钮，如图 2-13-25 所示。

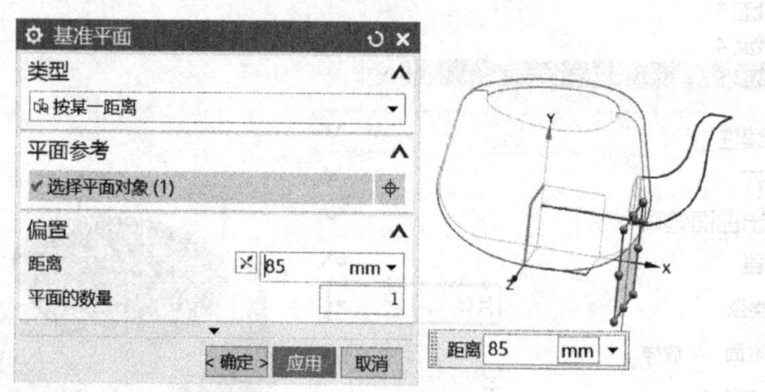

图 2-13-25　创建基准平面 1

6. 绘制壶嘴底部截面草图

单击“草图”按钮，选择基准平面 1 为草图平面，绘制如图 2-13-26 所示的草图图形。

7. 创建基准平面 2

单击特征工具条中的“基准平面”按钮，弹出“基准平面”对话框，设置平面“类型”为

“点和方向”，“通过点”指定为草图直线的中点，指定 YC 轴为法向矢量，单击“确定”按钮，如图 2-13-27 所示。

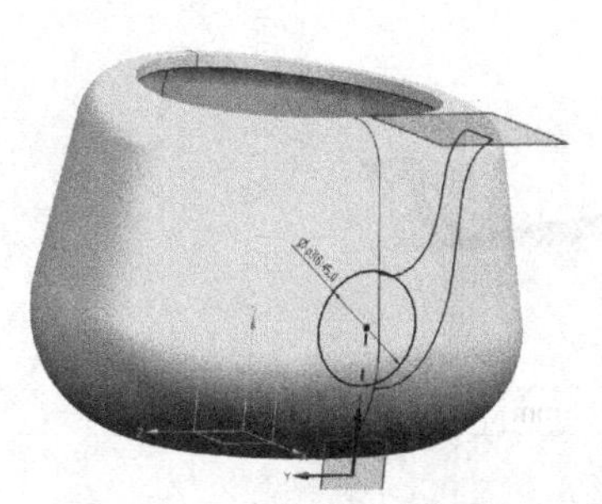

图 2-13-26　壶嘴底部截面草图

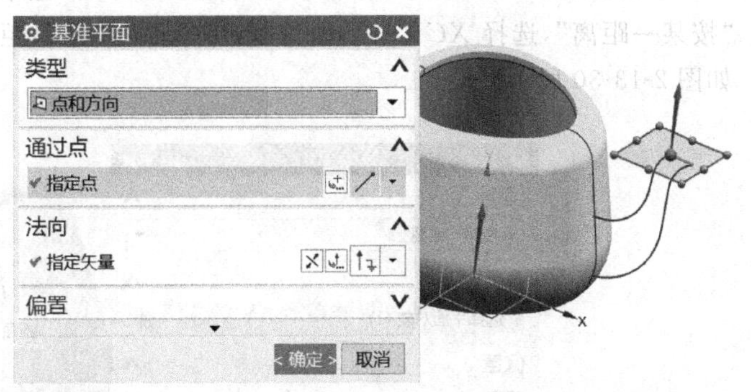

图 2-13-27　创建基准平面 2

8. 绘制壶嘴顶部截面草图

单击“草图”按钮，选择基准平面 2 为草图平面，绘制如图 2-13-28 所示的草图图形。

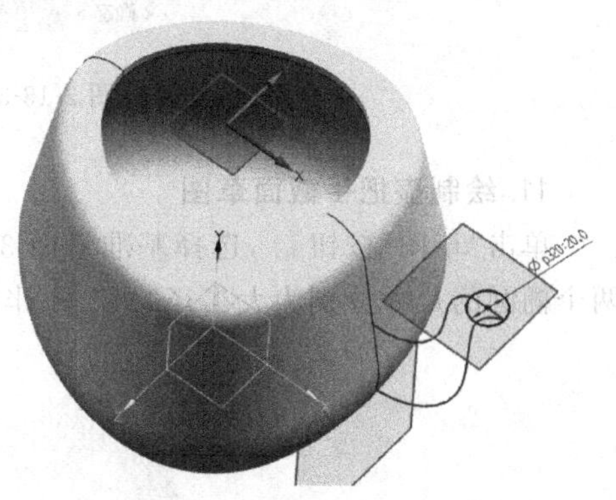

图 2-13-28　壶嘴顶部截面草图

9. 创建壶嘴曲面

单击曲面工具条中的“通过曲线网格”按钮，在绘图区选择壶嘴顶部截面线和底部截面线为主曲线，注意曲线方向。激活“交叉曲线”选项组中的“选择曲线”按钮，分别选择壶嘴草图轮廓线为交叉曲线。“体类型”设置为“片体”，单击“确定”按钮，创建的壶嘴曲面如图 2-13-29 所示。

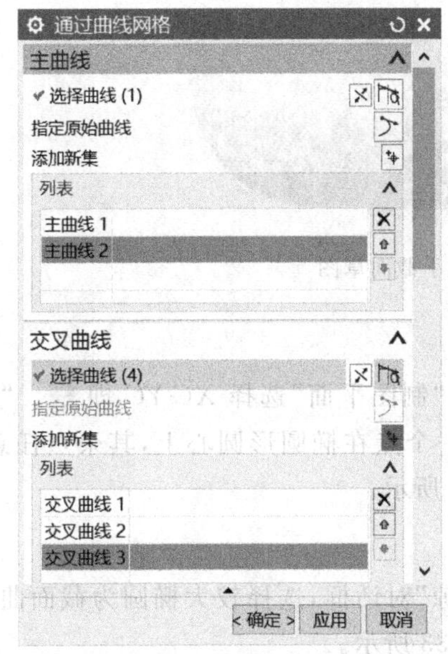

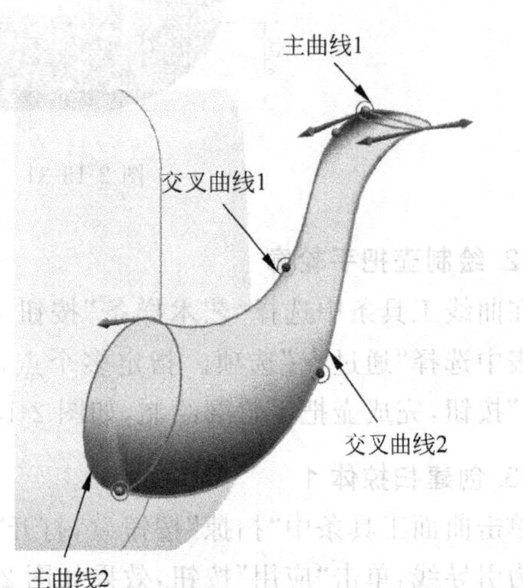

图 2-13-29　创建壶嘴曲面

10. 创建基准平面 3

单击特征工具条中的“基准平面”按钮，弹出“基准平面”对话框，设置平面“类型”为“按某一距离”，选择 *XC-YC* 平面为“参考平面”，“偏置距离”设为“−85”，单击“确定”按钮，如图 2-13-30 所示。

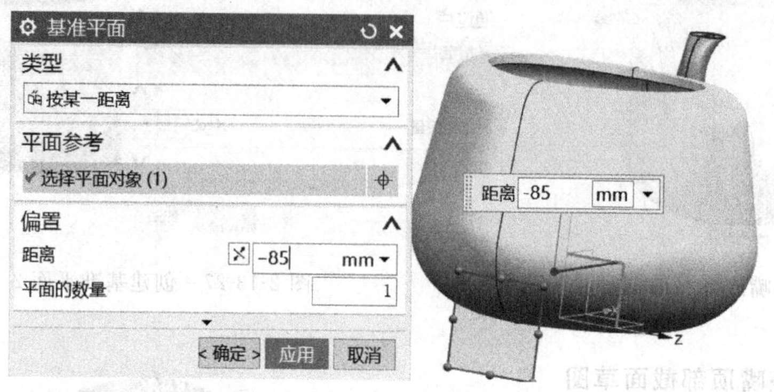

图 2-13-30 创建基准平面 3

11. 绘制壶把手截面草图

单击“草图”按钮，选择基准平面 3 为草图平面，绘制如图 2-13-31 所示的草图图形。两个椭圆的尺寸分别为大半径“18”、小半径“10”和大半径“15”、小半径“8”。

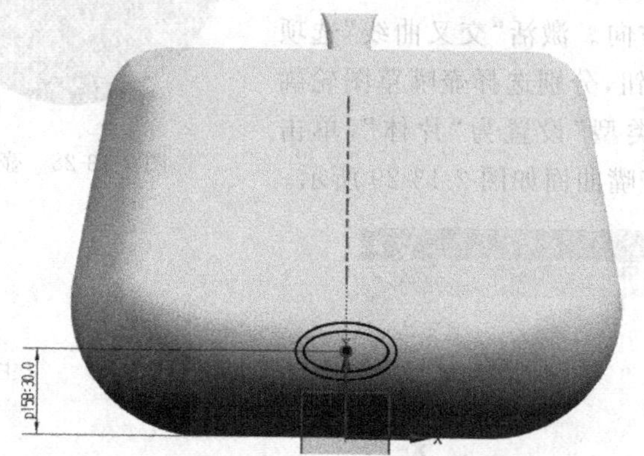

图 2-13-31 壶把手截面草图

12. 绘制壶把手轮廓

在曲线工具条中选择“艺术样条”按钮，“制图平面”选择 *XC-YC* 即。“类型”下拉列表中选择“通过点”选项。指定多个点，第一个点在椭圆形圆心上，其余点任意。单击“确定”按钮，完成壶把手轮廓绘制，如图 2-13-32 所示。

13. 创建扫掠体 1

单击曲面工具条中“扫掠”按钮，打开“扫掠”对话框，选择较大椭圆为截面曲线，艺术样条为引导线，单击“应用”按钮，效果如图 2-13-33 所示。

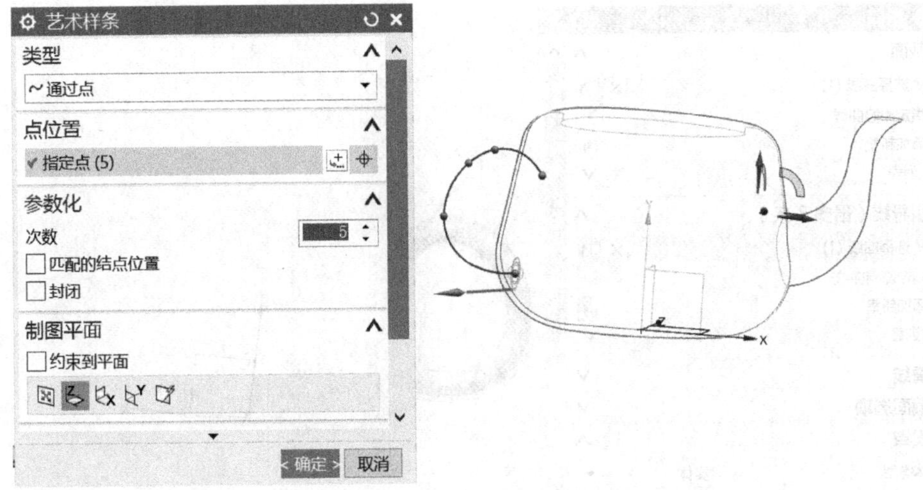

图 2-13-32　壶把手轮廓

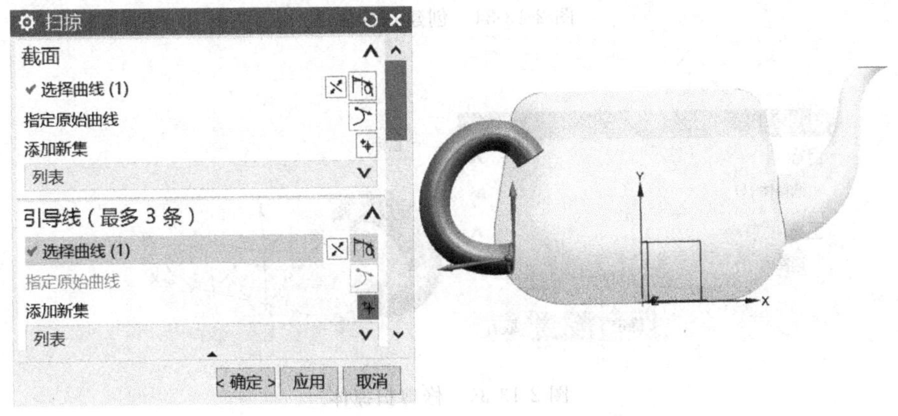

图 2-13-33　创建扫掠体 1

14. 创建扫掠体 2

单击曲面工具条中"扫掠"按钮，打开"扫掠"对话框，选择较小椭圆为截面曲线，艺术样条为引导线，"体类型"设置为"实体"。单击"应用"按钮，效果如图 2-13-34 所示。

15. 修剪扫掠体

单击特征工具条中"减去"按钮，打开"求差"对话框，选择扫掠体 1 为目标体，选择扫掠体 2 为工具体，单击"确定"按钮，效果如图 2-13-35 所示。

16. 修剪壶把手

单击特征工具条中"修剪体"按钮，打开"修剪体"对话框，选择扫掠体为目标体，选择壶身为工具体，单击"确定"按钮，效果如图 2-13-36 所示。

17. 修剪壶身和壶嘴

选择菜单栏中"插入"→"修剪"→"修剪和延伸"命令，在"修剪和延伸"对话框的"修剪和延伸类型"下拉列表中选择"制作拐角"，选择壶身为目标面，壶嘴曲面为工具面，调整"反向"

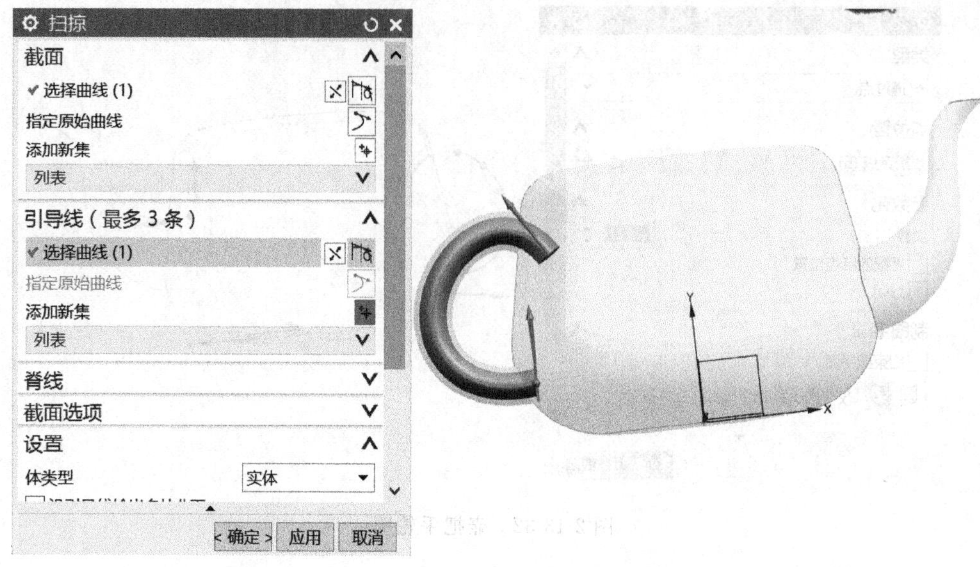

图 2-13-34　创建扫掠体 2

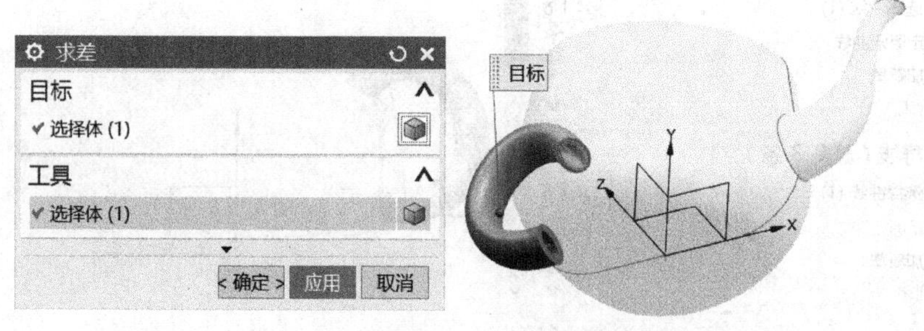

图 2-13-35　修剪扫掠体

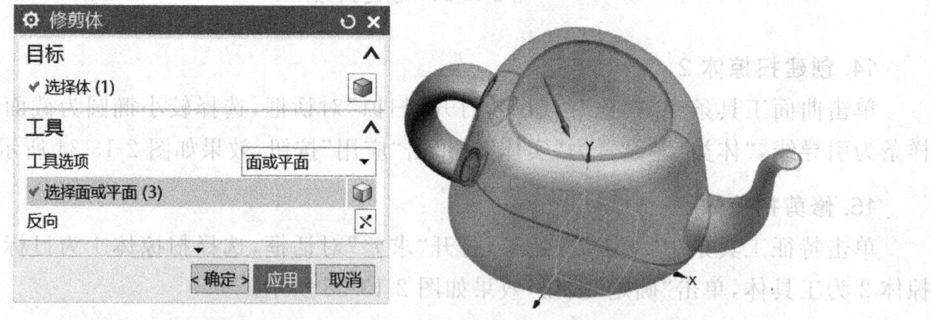

图 2-13-36　修剪壶把手

按钮 至合适方向。单击“确定”按钮，效果如图 2-13-37 所示。

18. 加厚

选择菜单栏中“插入”→“偏置/缩放”→“加厚”命令，打开“加厚”对话框。选择壶身和壶嘴曲面，厚度“偏置 1”设为“0.5”，单击“确定”按钮，效果如图 2-13-38 所示。

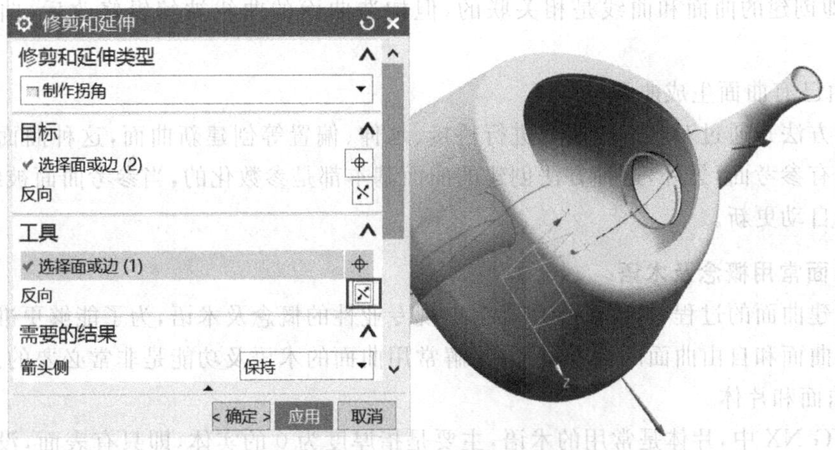

图 2-13-37　修剪壶身和壶嘴

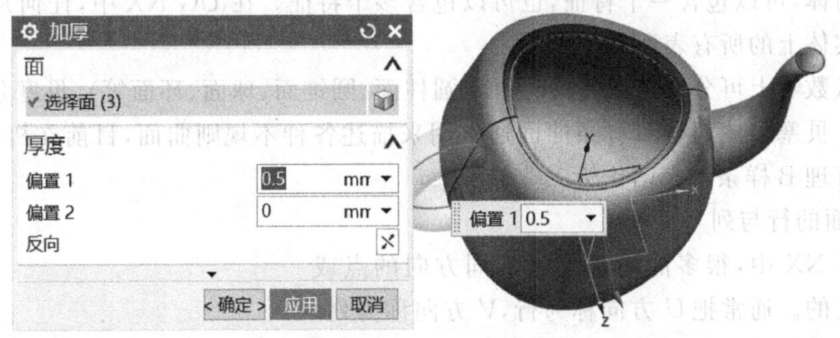

图 2-13-38　加厚

19. 显示和隐藏

使用“显示和隐藏”命令，隐藏草图和基准面，完成茶壶的创建。

2.13.4　曲面概述

曲面是 UG 三维造型功能中重要的组成部分，也是较难的部分。曲面造型功能的好坏通常被用来评判 CAD/CAM 软件建模能力的优劣。

1. 曲面构造方法

自由曲面的构造方法很多，但必须先定义或者选择构造几何体，如点、曲线、片体或者其他物体，然后生成自由曲面。一般有以下 3 种主要的自由曲面生成方法。

1）由点集生成曲面

这种方法是通过指定点集文件或者通过点构造器创建点集创建自由曲面，创建的自由曲面可以通过点集，也可以以点集为极点，这种方法主要包括“通过点”“从极点”和“从点云”。由点集生成曲面比较简单、直观，但它生成的曲面是非参数化的。

2）由截面曲线生成曲面

这种方法是通过指定截面曲线来创建自由曲面，主要包括“直纹面”“通过曲线”“通过曲线网格”和“扫掠”，这种方法和由点集生成曲面相比，最大的不同是它所创建的曲面是全参数曲面，即创建的曲面和曲线是相关联的，但构造曲面的曲线被编辑修改后，曲面会自动更新。

3）由已有曲面生成曲面

这种方法是通过对已有的曲面进行桥接、延伸、偏置等创建新曲面，这种曲面创建的前提是必须有参考面，另外，这种方法创建的曲面基本都是参数化的，当参考曲面被编辑时，生成曲面会自动更新。

2. 曲面常用概念及术语

在创建曲面的过程中，许多操作都会出现专业性的概念及术语，为了能够更准确地理解创建规则曲面和自由曲面的设计过程，了解常用曲面的术语及功能是非常必要的。

1）曲面和片体

在 UG NX 中，片体是常用的术语，主要是指厚度为 0 的实体，即只有表面，没有重量和体积。片体是相对于实体而言的，一个曲面可以包含一个或多个片体，并且每一个片体都是独立的几何体，可以包含一个特征，也可以包含多个特征。在 UG NX 中，任何片体、片体的组合以及实体上的所有表面都是曲面。

曲面从数学上可分为基本曲面（平面、圆柱面、圆锥面、球面、环面等）、贝塞尔曲面、B 样条曲面等。贝塞尔曲面与 B 样条曲面通常用来描述各种不规则曲面，目前在机械设计过程中非均匀有理 B 样条曲面已作为工业标准。

2）曲面的行与列

在 UG NX 中，很多曲面都是由不同方向的点或曲线来定义的。通常把 *U* 方向称为行，*V* 方向称为列。曲面也因此可以看作以 *U* 方向为轨迹引导线、对很多 *V* 方向的截面线做的一个扫描。可以通过网格显示来查看 *UV* 方向曲面的走向，如图 2-13-39 所示。

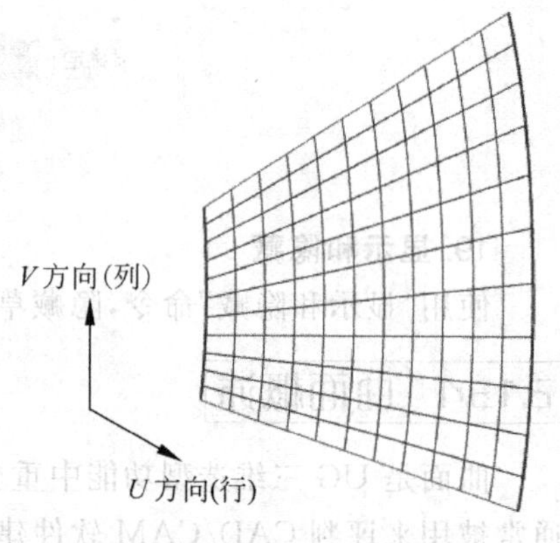

图 2-13-39　曲面的行与列

3）曲面的阶次

阶次属于一个数学概念，它类似于曲线的阶次。由于曲面具有 *U*、*V* 两个方向，所以每个曲面片体均包含 *U*、*V* 两个方向的阶次。

在常规的三维软件中，阶次必须介于 1～24，但最好采用 3 次，因为曲线的阶次用于判断曲线的复杂过程，而不是精确程度。简单一点说，曲线的阶次越高，曲线就越复杂，计算量就越大。一般来讲，最好使用低阶次多项式的曲线。

4）曲面片体类型

实体的外曲面一般都是由曲面片体构成的，根据曲面片体的数量可分为单片和多片两种类型。其中，单片是指所建立的曲面只包含一个单一的曲面实体，而曲面片是由一系列的单补片组成的。曲面片越多，越能在更小的范围内控制曲面片体的曲率半径等，但一般情况下，尽量减少曲面片体的数量，这样可以使所创建的曲面更加光滑、完整。

5）曲面公差

某些自由曲面特征在建立时使用近似方法，因此需要使用公差来限制。曲面公差有两种：距离公差和角度公差。距离公差是指建立的近似片体与理论上的精确片体所允许的误差；角度公差是指建立的近似片体的面法向与理论上的精确片体的面法向角度所允许的误差。

6）补片

补片指的是构成曲面的片体，在 UG NX 中主要有两种片体类型：一种是由单一片体构成的曲面；另一种是由多个片体组合成的曲面。创建片体时，最好是将用于定义片体的补片数降到最小。限制补片数可以改善下游软件功能运行速度并可产生一个更光滑的片体。

7）截面曲线

截面曲线是指控制曲面 U 方向的方位和尺寸变化的曲线组，可以是单条或多条曲线，其不必光滑，而且每条截面线内的曲线数量可以不同，一般不超过 150 条。

8）引导曲线

引导曲线是指控制曲面 V 方向的方位和尺寸变化的曲线组，可以是样条曲线、实体边缘和面的边缘，可以是单条或多条曲线，最多可选择 3 条，并且需要 G1 连续。

3. 曲面的连续性问题

在曲面的造型过程中，经常关注曲线和曲面的连续性问题。曲线的连续性通常是曲线之间端点的连续性问题，而曲面的连续性通常是曲面边线之间的连续性问题。曲线和曲面的连续性通常有位置连续、斜率连续、曲率连续和曲率变化的连续 4 种常用类型。

（1）位置连续（G0）：曲线在端点处连接或曲面在边线处连接。

（2）斜率连续（G1）：曲线的斜率连续要求曲线在端点处连接，并且两条曲线在连接点处具有相同的切向并且切向夹角为 0°。曲面的斜率连续要求曲面在边线处连接，并且在连接线上的任何一点，两个曲面都具有相同的法向。

（3）曲率连续（G2）：对于曲线的曲率连续，要求在 G1 连续的基础上，还要求曲线在接点处曲率具有相同的方向以及曲率大小相同。对于曲面的曲率连续，要求在 G1 连续的基础上，还要求两个曲面与公共曲面的交线也具有 G2 连续。

（4）曲率变化的连续（G3）：对于曲线的曲率变化率连续，要求曲线具有 G2 连续，并且曲率梳具有 G1 连续。对于曲面的曲率变化率连续，同样要求具有 G2 连续并且两个曲面与公共曲面的交线也具有 G3 连续。

2.13.4　曲面成型方法

1. 由点构造曲面

1）通过点

通过点是指通过定义曲面的控制点创建曲面，控制点对曲面的控制以组合链的方式实现，链的数量决定曲面的光滑程度。在菜单栏中选择“插入”→“曲面”→“通过点”命令，系统弹出“通过点”对话框，通过点创建曲面的过程如图 2-13-40 所示。

2）从极点

“从极点”方法是指用定义曲面极点的矩形阵列点创建曲面。在菜单栏中选择“插入”→“曲面”→“从极点”命令，系统弹出“从极点”对话框，如图 2-13-41 所示。

注意：与“通过点”方法不同，“从极点”方法需要用户选取极点定义曲面的行，且极点数必须满足曲面阶次，即 3 阶的曲面必须有 4 个或 4 个以上的点。

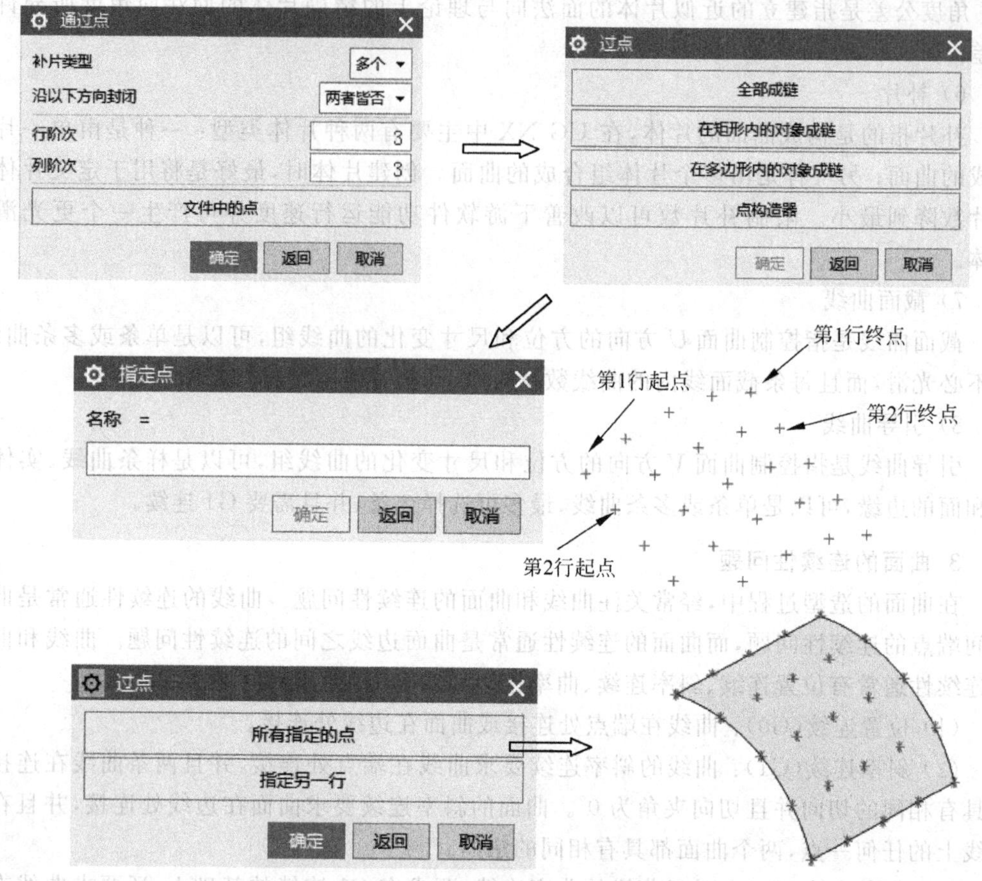

图 2-13-40　通过点创建曲面

3）四点曲面

四点曲面是指通过 4 个不在同一直线上的点创建曲面。在菜单栏中选择“插入”→“曲面”→“四点曲面”命令，打开“四点曲面”对话框，然后依次选择 4 个点，单击“确定”按钮，如图 2-13-42 所示。

4）整体突变

整体突变是指通过指定矩形的两个对角点创建初始矩形曲面，然后通过对矩形曲面进行拉长、折弯、歪斜、扭转和移位对创建的初始矩形进行修改。

曲线工具条中选择“整体突变”命令，弹出“点”对话框，通过“点构造器”指定两点作为初始矩形曲面的两个对角点，指定完毕后系统创建如图 2-13-43 所示的初始矩形曲面，同时打开“整体突变形状控制”对话框，通过对“拉长”“折弯”“歪斜”“扭转”和“移位”滑标的调节改变初始矩形曲面的形状。

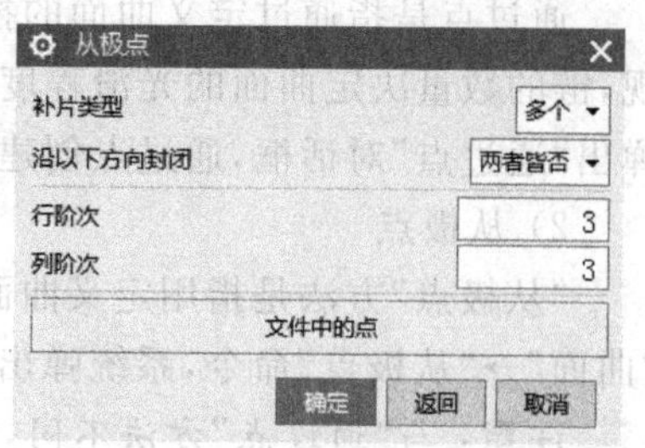

图 2-13-41　“从极点”对话框

2. 由曲线构造曲面

1）曲线成片体

“曲线成片体”命令可以将曲线特征生成片体特征，选取的曲线必须是平面内的封闭曲线。选择菜单栏中

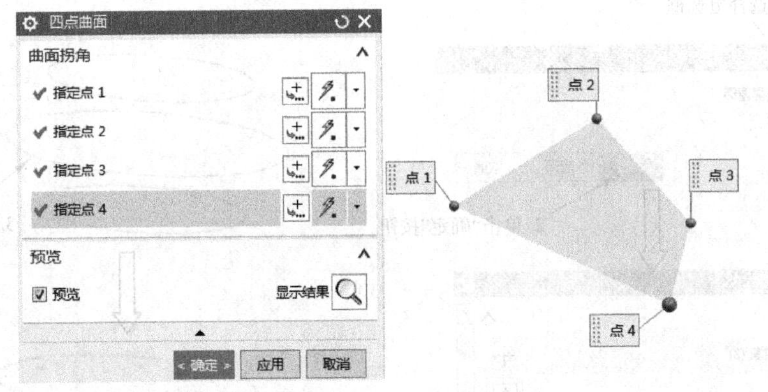

图 2-13-42　通过四点创建曲面

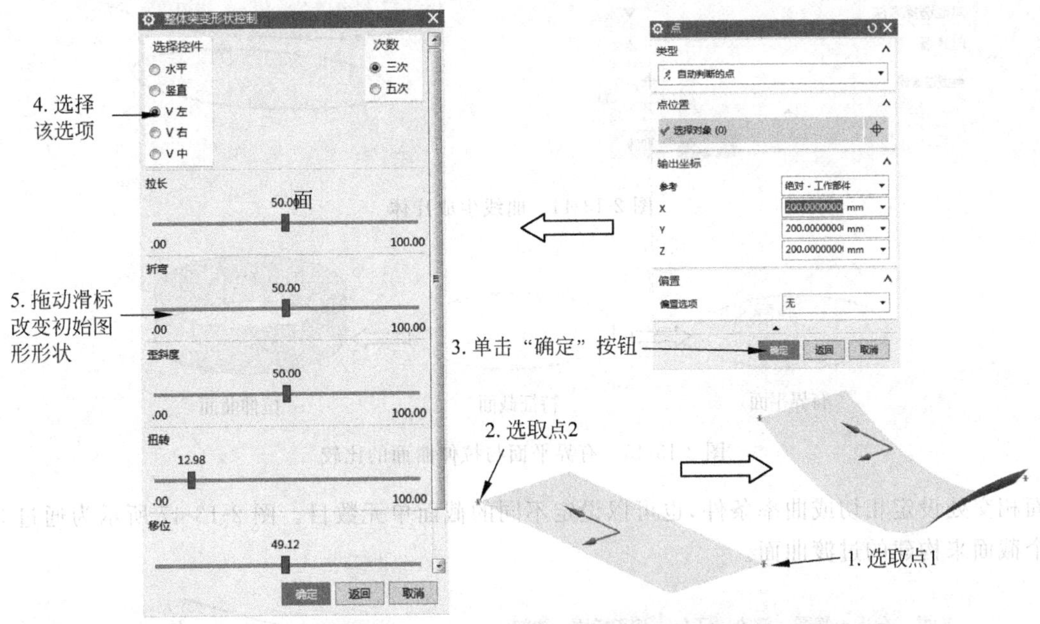

图 2-13-43　通过整体突变创建曲面

"插入"→"曲面"→"曲线成片体"命令，系统弹出"从曲线获得面"对话框，如图 2-13-44 所示。

"从曲线获得面"对话框中"按图层循环"表示一次对该层所有曲线进行操作；"警告"表示出现错误时，显示警告信息并终止操作。

2）有界平面

"有界平面"命令可以创建平整的曲面。选择菜单栏中"插入"→"曲面"→"有界平面"命令，系统弹出"有界平面"对话框。在图形区域选择曲线，单击对话框中"确定"按钮，完成有界平面的创建，如图 2-13-45 所示。

3）过渡曲面

使用"过渡"命令可以在两个或多个截面曲线相交的位置创建一个"过渡"特征。选择"过渡"命令，系统弹出"过渡"对话框，如图 2-13-46 所示。通过该对话框，用户还可以在截

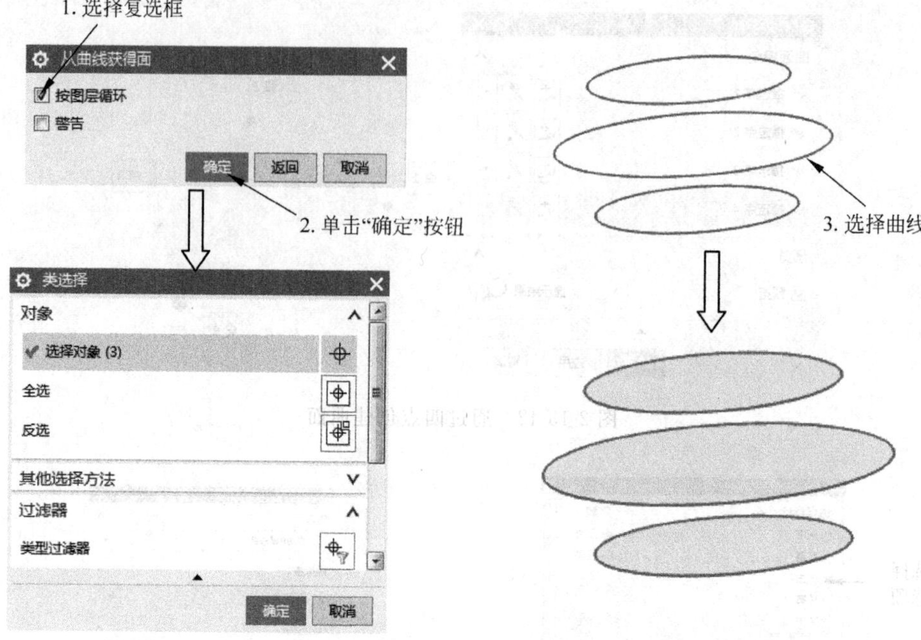

图 2-13-44　曲线生成片体

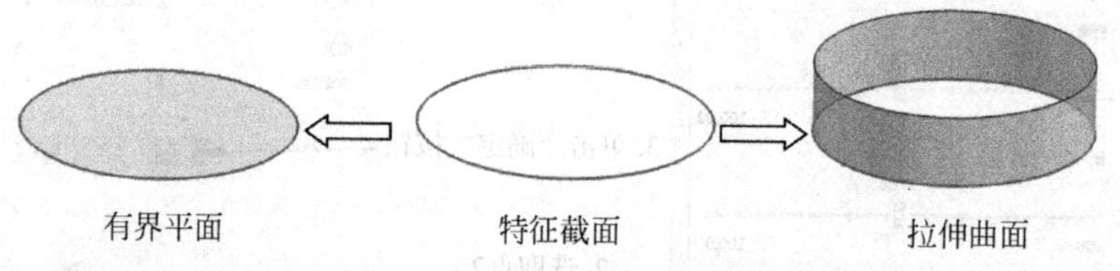

图 2-13-45　有界平面与拉伸曲面的比较

面相交处设定相切或曲率条件，也可以设定不同的截面单元数目。图 2-13-47 所示为通过 3 个截面来构建的过渡曲面。

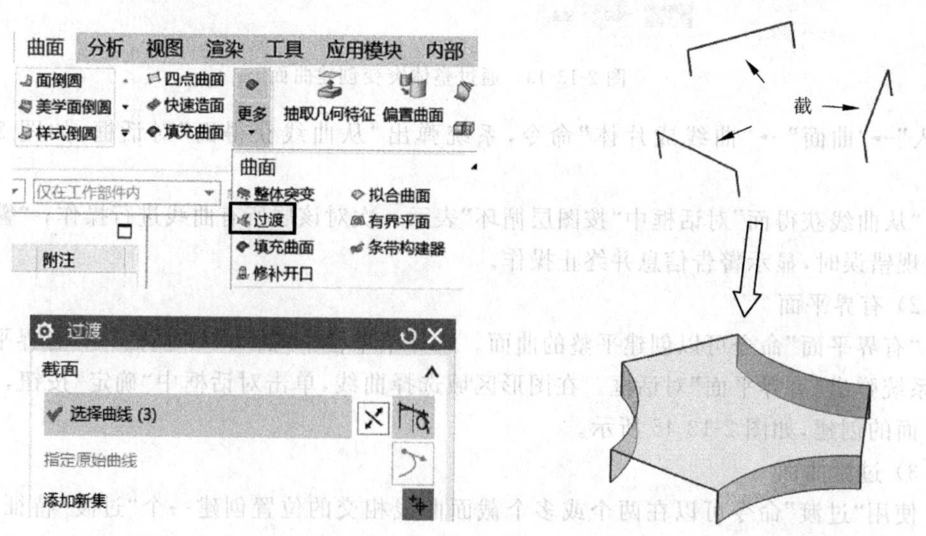

图 2-13-46　"过渡"对话框　　　　图 2-13-47　创建过渡曲面特征

4）直纹曲面

直纹曲面是利用两条截面线串生成曲面或实体。选择“直纹”命令，弹出“直纹”对话框，如图 2-13-48 所示。图 2-13-49 所示为使用“直纹”命令构建曲面实例。

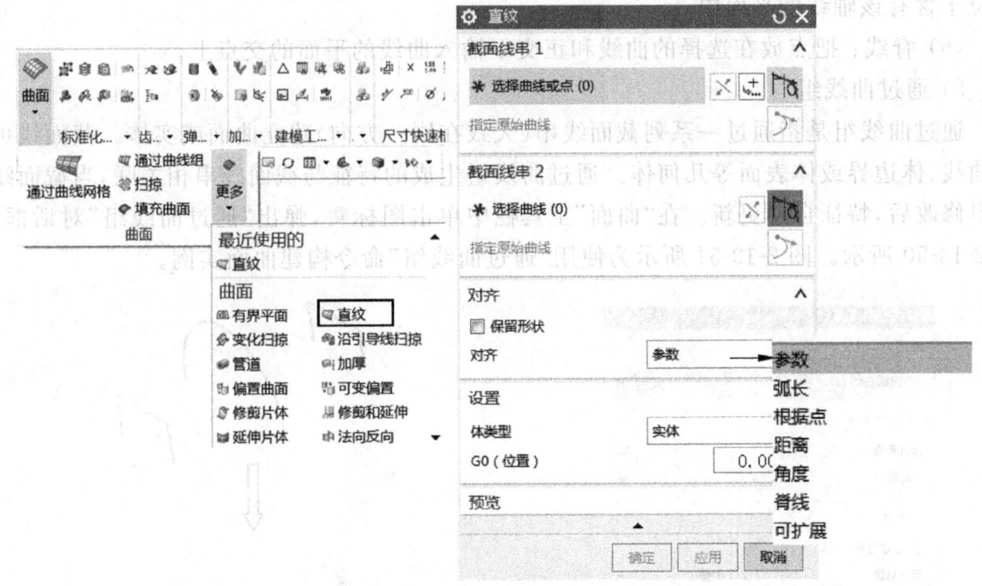

图 2-13-48　“直纹”对话框

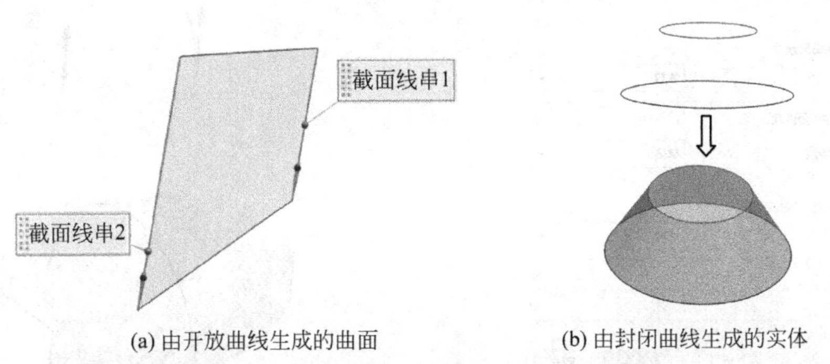

(a) 由开放曲线生成的曲面　　(b) 由封闭曲线生成的实体

图 2-13-49　曲线构建直纹特征

截面线串可以由单个或多个对象组成，每个对象可以是曲线、体边界或体表面等几何体，也可以选取曲线的点或端点作为第一个截面线串。若选取的截面线串是开放曲线，则生成曲面；若选取的截面线串均是封闭曲线，则生成实体。

注意：在选取截面线串时，要在线串的同一方位选取，使线串的方向一致。

“直纹”对话框“对齐”选项中部分参数说明如下。

（1）参数：沿截面以相等的参数间隔隔开等参数曲线连接点。参数值会根据曲率而有所不同，曲率越紧密，间隔越接近。

（2）弧长：沿定义截面以相等的弧长间隔隔开等参数曲线连接点。*NX* 使用每条曲线的全长。

（3）根据点：用于不同形状截面的对齐。特别适用于带有尖角的截面。*NX* 沿截面放置对齐点及其对齐线。可以添加、删除和移动这些点，以保留尖角或细化曲面形状。

(4) 距离：在指定矢量上将点沿每条曲线以等距离隔开。

(5) 角度：在每条截面线上，绕着一规定的轴等角度间隔生成。这样所有等参数曲线都位于含有该轴线的平面中。

(6) 脊线：把点放在选择的曲线和正交于输入曲线的平面的交点上。

5) 通过曲线组

通过曲线组是指通过一系列截面线串(大致在同一方向)建立曲面或实体。截面线可以是曲线、体边界或体表面等几何体。通过曲线组生成的特征与截面线串相关联，当截面线串编辑修改后，特征自动更新。在"曲面"工具栏中单击图标，弹出"通过曲线组"对话框，如图 2-13-50 所示。图 2-13-51 所示为使用"通过曲线组"命令构建曲面实例。

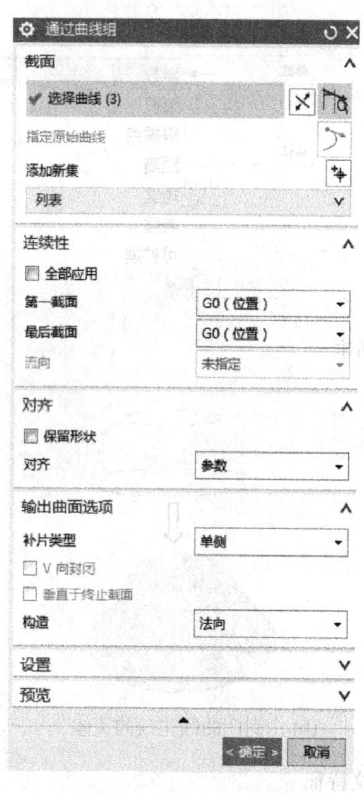

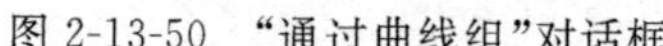

图 2-13-50 "通过曲线组"对话框

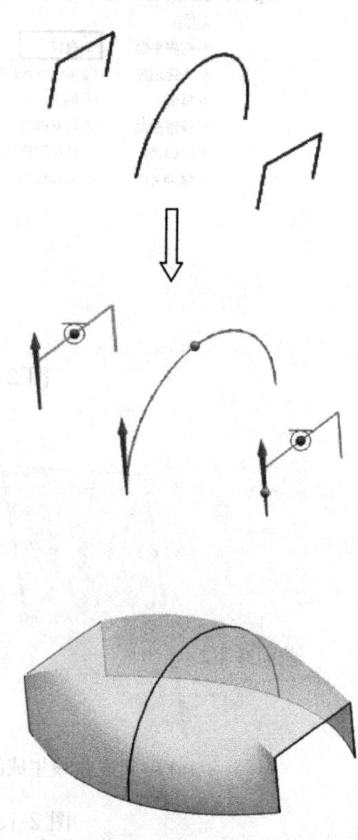

图 2-13-51 "通过曲线组"命令构建曲面实例

注意：①"直纹面"只适用两条截面线串，并且两条截面线串之间总是相连。"通过曲线组"最多允许使用 150 条截面线串。②在选择截面线串时，截面曲线的矢量方向应保持一致。因此光标在选择截面线串时应注意选择位置。若矢量方向相反，曲面会发生扭曲变形。

6) 通过曲线网格

通过曲线网格可以使一系列在两个方向上的截面线串创建片体或实体。截面线串可以由多段连续的曲线组成。这些线串可以是曲线、体边界或体表面等几何体。将一组同方向的截面线串定义为主曲线，另一组大致垂直于主曲线的截面线串定义为交叉曲线。通过曲线网格生成的体相关联，当截面曲线编辑修改后，特征会自动更新。"通过曲线网格"命令是曲面造型中使用率最高的一个命令。

在主页选项卡的曲面组中，单击"通过曲线网格"按钮，弹出"通过曲线网格"对话框，如图 2-13-52 所示。该对话框中主要选项的含义及功能如下。

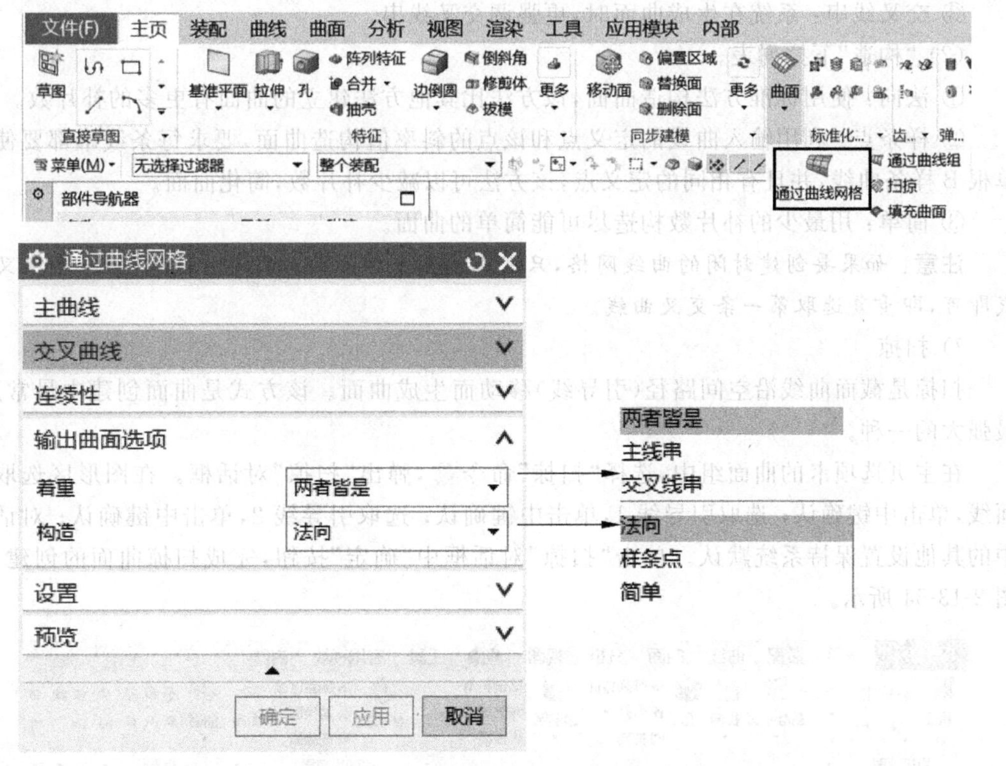

图 2-13-52　"通过曲线网格"对话框

(1) 指定主曲线。展开该对话框中主曲线列表，选择一条曲线作为主曲线。依次单击"添加新集"按钮，选取其他主曲线。

(2) 指定交叉曲线。选取主曲线后，展开交叉曲线列表，选择一条曲线作为交叉曲线。依次单击"添加新集"按钮，选取其他交叉曲线将显示曲面创建效果。创建方法如图 2-13-53 所示。

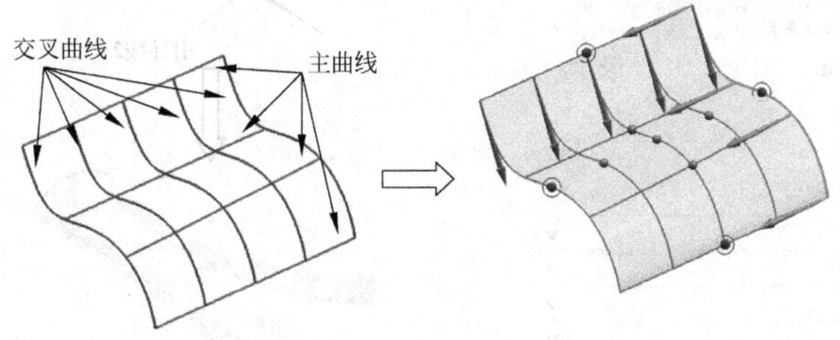

图 2-13-53　"通过曲线网格"创建曲面

"通过曲线网络"对话框的其他部分选项说明如下。

(1) "着重"下拉列表。该下拉列表用于控制系统在生成曲面时更强调主线串还是交叉线串，或者两者有同样效果。

① 两者皆是：系统在生成曲面时，主线串和交叉线串有同样效果。

② 主线串：系统在生成曲面时，更强调主线串。

③ 交叉线串：系统在生成曲面时，更强调交叉线串。

(2)“构造”下拉列表。

① 法向：使用标准方法构造曲面，该方法比其他方法建立的曲面有更多的补片数。

② 样条点：利用输入曲线的定义点和该点的斜率值构造曲面，要求每条线串都要使用单根B样条曲线，并且有相同的定义点，该方法可以减少补片数，简化曲面。

③ 简单：用最少的补片数构造尽可能简单的曲面。

注意：如果要创建封闭的曲线网格，只需在选择最后条交叉曲线时，选择第一条交叉曲线即可，即重复选取第一条交叉曲线。

7）扫掠

扫掠是截面曲线沿空间路径(引导线)移动而生成曲面。该方式是曲面创建中最常用、最强大的一种。

在主页选项卡的曲面组中，选择“扫掠”命令，弹出“扫掠”对话框。在图形区选取截面线，单击中键确认；选取引导线1，单击中键确认；选取引导线2，单击中键确认；对话框中的其他设置保持系统默认。单击“扫掠”对话框中“确定”按钮，完成扫掠曲面的创建，如图2-13-54所示。

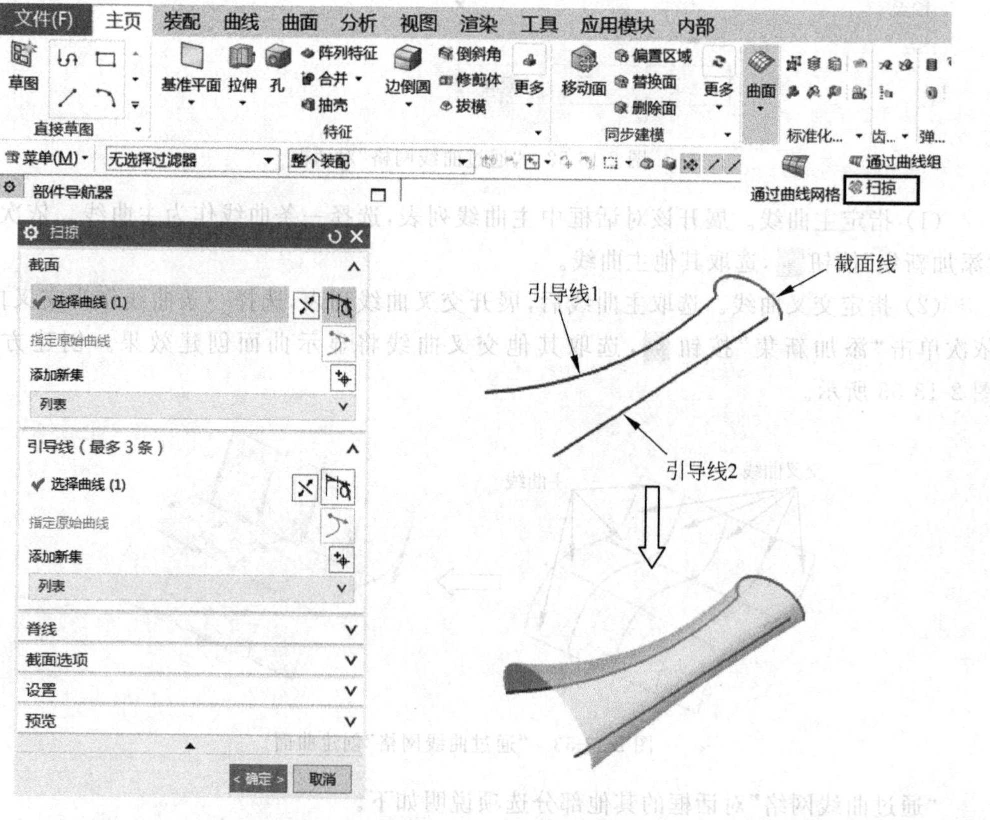

图 2-13-54　扫掠曲面

“扫掠”对话框中主要选项的含义及功能如下。

(1) 截面曲线可以由单个或多个对象组成，每个对象可以是曲线、边缘或实体面，每组截面线串内的对象的数量可以不同。截面线串的数量可以是 1～150 的任意数值。

(2) 引导线可以是曲线、实体的边或面。每条引导线的所有曲线之间必须相切过渡，引导线的数量最多为 3 条。

8) N 边曲面

使用“N 边曲面”命令可以创建由一组端点相连曲线封闭的曲面，在创建过程中可以进行相关参数设置。在曲面组中单击“N 边曲面”按钮，或在菜单栏中选择“插入”→“网格曲面”→“N 边曲面”命令，打开“N 边曲面”对话框，如图 2-13-55 所示。在“N 边曲面”对话框的“类型”下拉列表中可以选择“已修剪”类型选项或“三角形”类型选项。当选择“已修剪”类型选项时，选择用来定义外部环的曲线组(串)不必闭合，而当选择“三角形”类型选项时，选择用来定义外部环的曲线组(串)必须封闭，否则系统提示线串不封闭。填充空隙区的几种方法如图 2-13-56 所示。

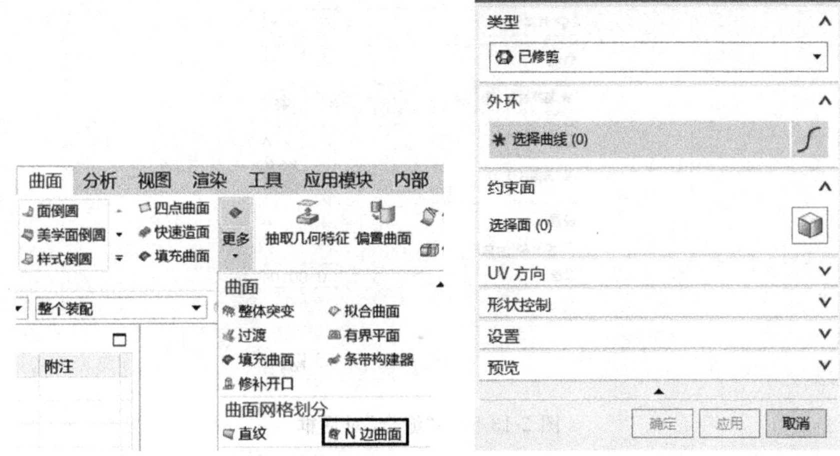

图 2-13-55　“N 边曲面”对话框

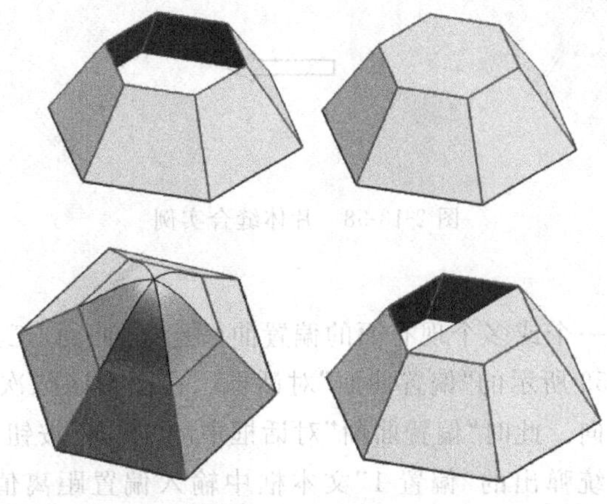

图 2-13-56　填充空隙区的几种方法

注意：在创建“已修剪”类型的N边曲面时，可以进行*UV*方位设置，还可以在“设置”选项组中选中“修剪到边界”复选框，从而将边界外的曲面修剪掉，而在创建“三角形”类型的N边曲面时，“设置”选项组中的“修剪到边界”复选框换成了“尽可能合并面”复选框。

3. 由曲面构造曲面

1）片体缝合

片体缝合功能可以将两个或两个以上曲面连接形成一个曲面。选择曲面组中图标 **缝合**，系统弹出如图 2-13-57 所示的“缝合”对话框。“类型”下拉列表中选择“片体”选项，定义目标片体和工具片体，设置缝合公差。片体缝合实例如图 2-13-58 所示。

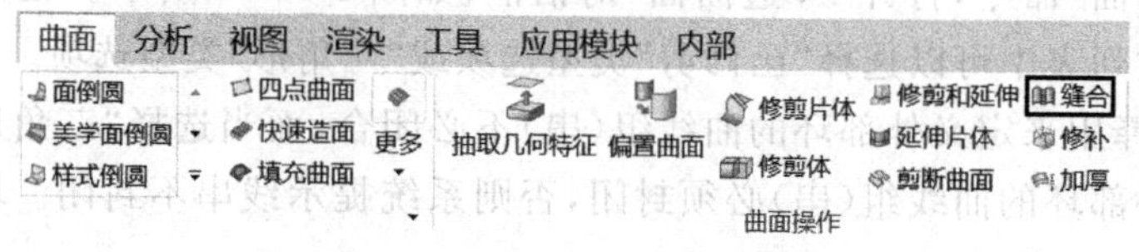

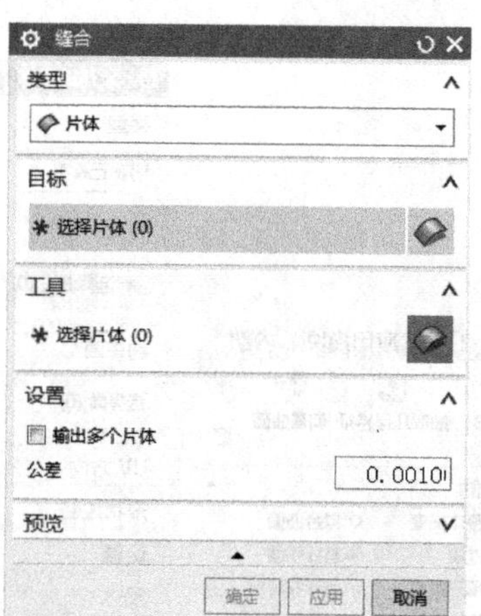

图 2-13-57 “缝合”对话框

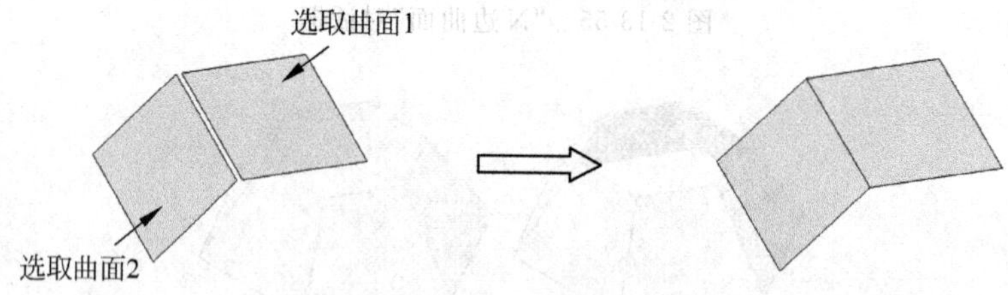

图 2-13-58 片体缝合实例

2）偏置曲面

偏置曲面用于创建一个或多个现有面的偏置曲面。在“曲面”工具栏中单击“偏置曲面”按钮，系统弹出图 2-13-59 所示的“偏置曲面”对话框。在图形区依次选取 5 个面，同时图形区中出现曲面的偏置方向。此时“偏置曲面”对话框中的“反向”按钮 被激活，接收或更改系统默认的方向。在系统弹出的“偏置 1”文本框中输入偏置距离值“8”，完成偏置曲面的创建。

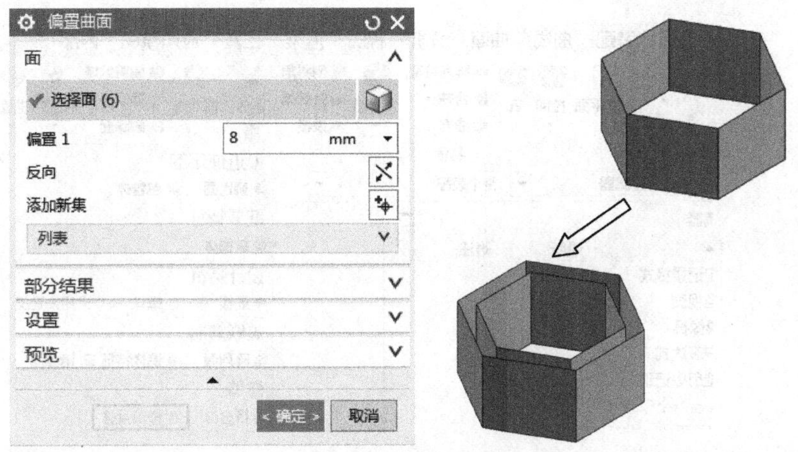

图 2-13-59　创建偏置曲面

3）偏置面

偏置面用于在实体表面上建立等距离偏置面，与偏置曲面不同的是，偏置面可以移动实体的表面，形成新的实体。在“曲面”工具栏中单击“偏置面”按钮，打开“偏置面”对话框。要创建偏置面，首先选取欲偏置的曲面，然后设置偏置的参数，最后单击“确定”按钮，即可创建出偏置面，如图 2-13-60 所示。

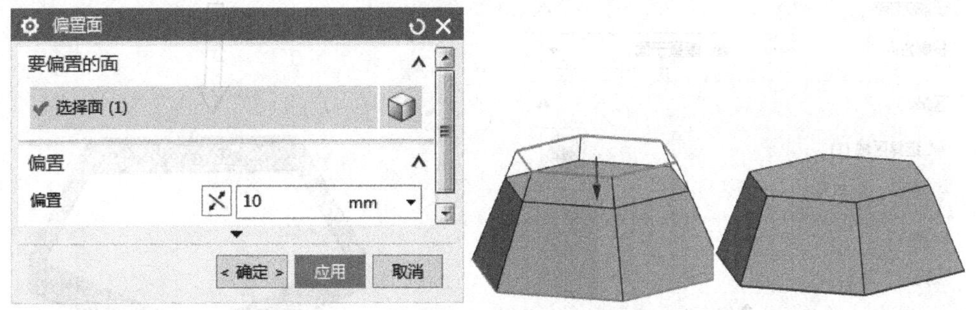

图 2-13-60　创建偏置面

4. 编辑曲面

1）修剪片体

修剪片体是通过一些曲线和曲面作为边界，对规定的曲面进行修剪，形成新的曲面。选择边界可以在将要修剪的曲面上，也可以在曲面之外通过投影方向来确定修剪边界。修剪片体的一般过程如下。

（1）选择曲面组中 **修剪片体** 命令，系统弹出“修剪片体”对话框，如图 2-13-61 所示。

（2）设置对话框选项。“投影方向”下拉列表选择“垂直于面”；“选择区域”选择“放弃”。

（3）在图形区选取要修剪的目标片体和修剪边界。

（4）在“修剪片体”对话框中单击“确定”按钮（或单击中键），完成片体修剪，如图 2-13-62 所示。

注意：在选取需要修剪的片体时，选取片体的位置不同，修剪的结果也不同，如图 2-13-62 所示。

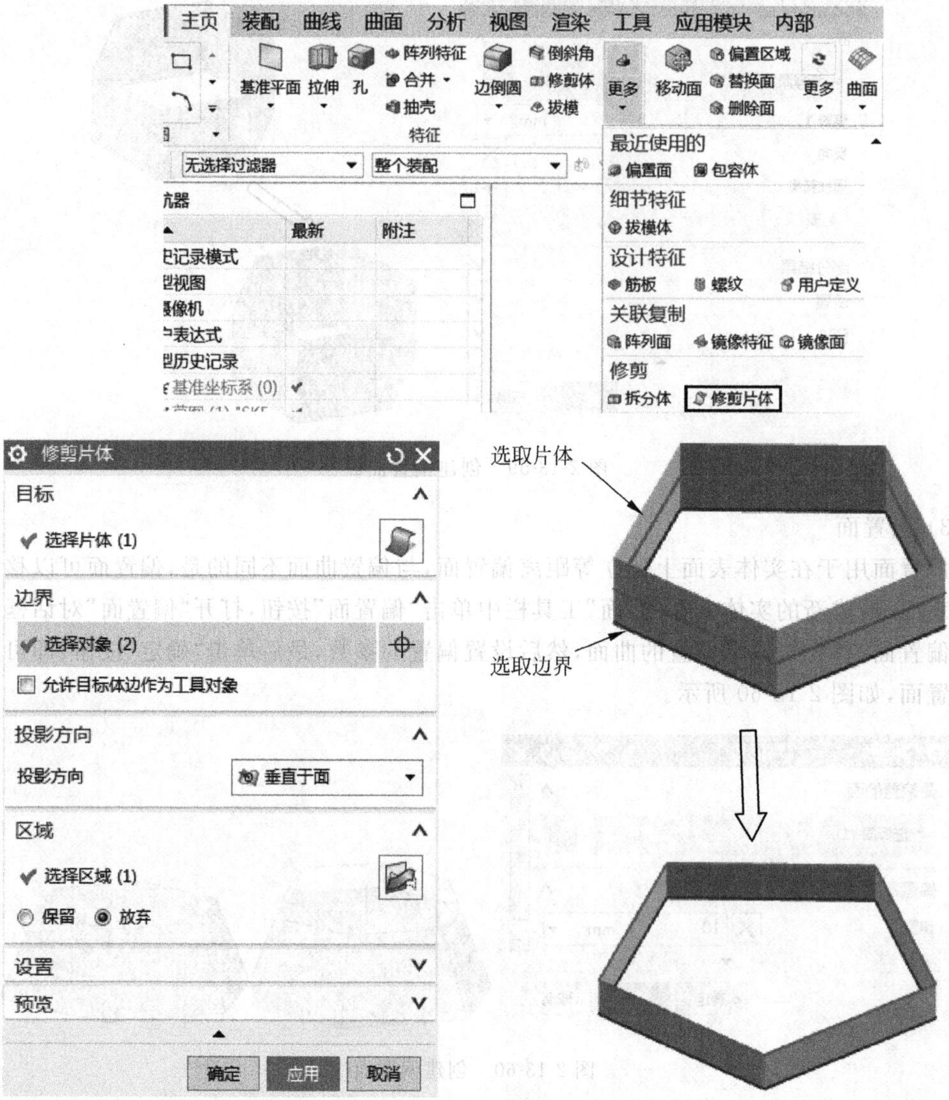

主页 装配 曲线 曲面 分析 视图 渲染 工具 应用模块 内部
基准平面 拉伸 孔 阵列特征 合并 抽壳 边倒圆 倒斜角 修剪体 拔模 更多 移动面 偏置区域 替换面 删除面 更多 曲面
特征
无选择过滤器 整个装配
最新 附注
最近使用的
偏置面 包容体
细节特征
拔模体
设计特征
筋板 螺纹 用户定义
关联复制
阵列面 镜像特征 镜像面
修剪
拆分体 修剪片体
修剪片体
目标
选择片体 (1)
边界
选择对象 (2)
允许目标体边作为工具对象
投影方向
投影方向 垂直于面
区域
选择区域 (1)
保留 放弃
设置
预览
确定 应用 取消
选取片体
选取边界

图 2-13-61　修剪片体

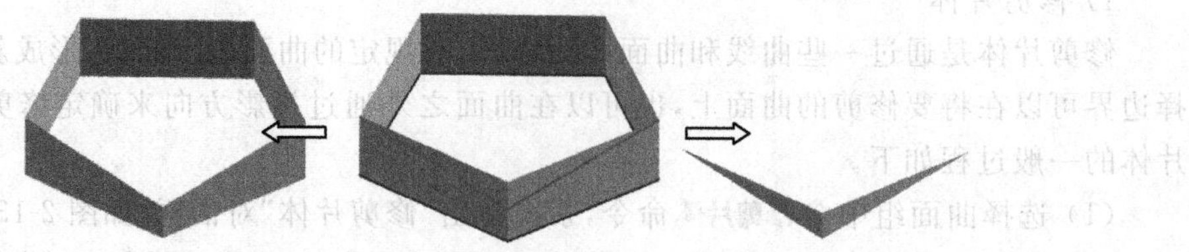

图 2-13-62　修剪片体的不同效果

“修剪片体”对话框中的部分选项说明如下。

“投影方向”下拉列表：定义要做标记的曲面的投影方向，包含“垂直于面”“垂直于曲线平面”和“沿矢量”选项。

“区域”选项组：“保留”定义修剪曲面是选定的保留区域；“放弃”定义修剪曲面是选定

的放弃区域。

2）修剪和延伸

修剪和延伸是指按距离或与另一组面的交点修剪或延伸的一组面。该操作不仅可以对曲面进行相切延伸，还可以对曲面进行连续延伸。在曲面组中单击"修剪和延伸"按钮，打开"修剪和延伸"对话框，如图 2-13-63 所示。

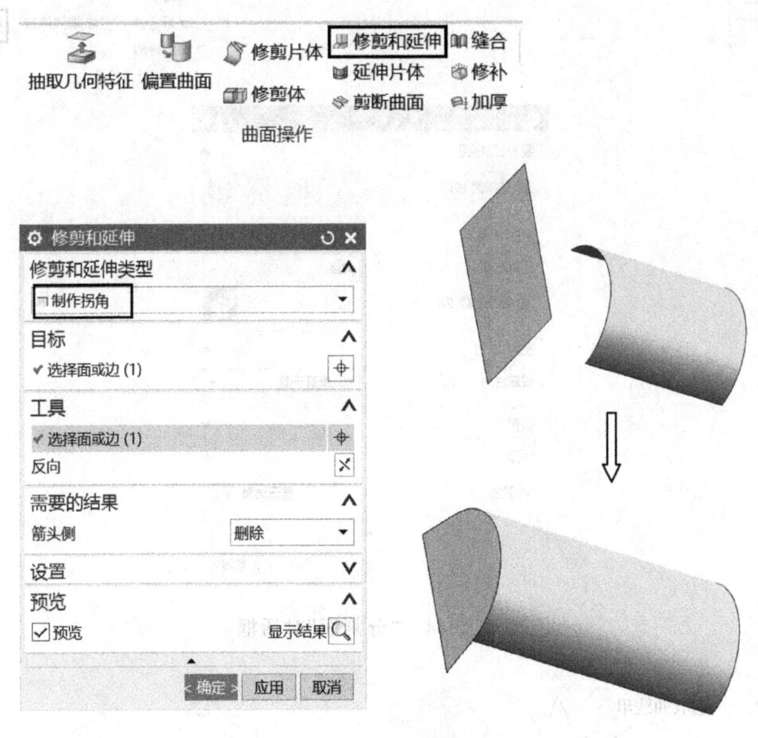

图 2-13-63　修剪和延伸

(1) 修剪和延伸的类型如下。

直至选定对象：该方式是非参数化的操作，是通过选取对象为参照来限制延伸的面，常用于复杂相交曲面之间的延伸。

制作拐角：该方式与"直至选定对象"方式类似，其区别在于该方式还可以通过参照对象定义延伸曲面的拐角形式。

(2) 延伸方法。

自然曲率：用于控制曲面延伸后与原曲面线性连续。

自然相切：用于控制曲面延伸后与原曲面相切连续。

镜像的：用于控制曲面延伸与原曲面的曲率呈镜像分布。

3）分割面

分割面就是用多个分割对象，如曲线、边缘、面、基准平面或实体，把现有体的一个或多个面进行分割。在这个操作中，要分割的面和分割对象是关联的，即如果任一对象被更改，那么结果也随之更新。选择曲面组中"分割面"命令，系统弹出"分割面"对话框，如图 2-13-64 所示。定义要分割的面和分割对象，单击"分割面"对话框中"确定"按钮，完成分割面的操作，如图 2-13-65 所示。

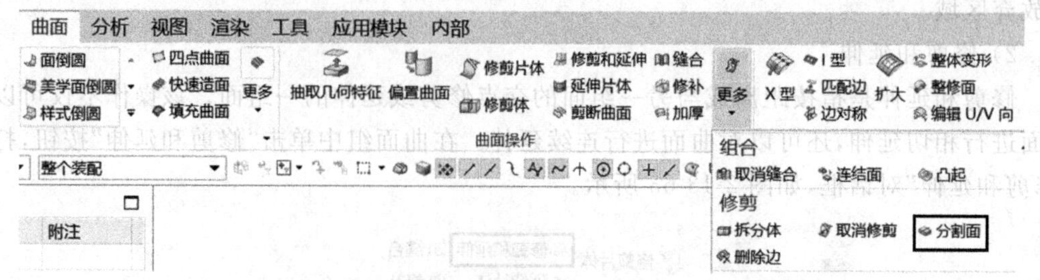

图 2-13-64 “分割面”对话框

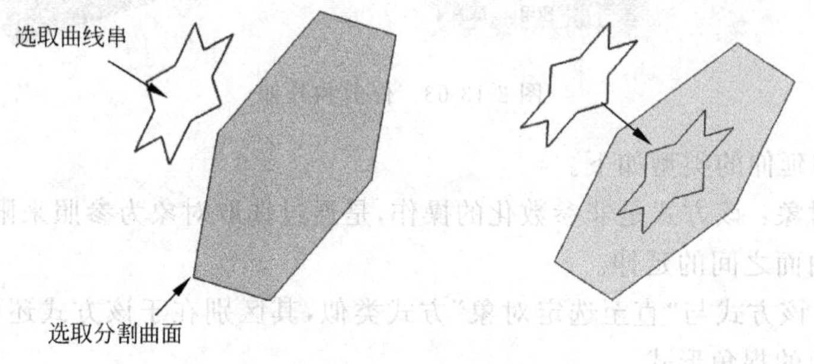

图 2-13-65 曲面分割

4）加厚

加厚曲面可以将曲面沿着一定矢量方向拉伸形成新的实体，与拉伸不同的是加厚曲面拉伸的是曲面，而不是曲线，加厚曲面可以沿着曲面的法向拉伸，而拉伸需要定义拉伸矢量方向。

选择“主页”面板中“加厚”图标（见图 2-13-66），打开“加厚”对话框（见图 2-13-67）。在工作区中选择要加厚的曲面，系统会自动生成加厚曲面的方向，如果方向相反，可以单击“厚度”面板中的“反向”按钮。然后在对话框中设置厚度参数，厚度“偏置 1”用于设置片体的结束位置，厚度“偏置 2”用于设置片体的开始位置。单击“确定”按钮即可完成加厚曲面的操作。

图 2-13-66 加厚图标

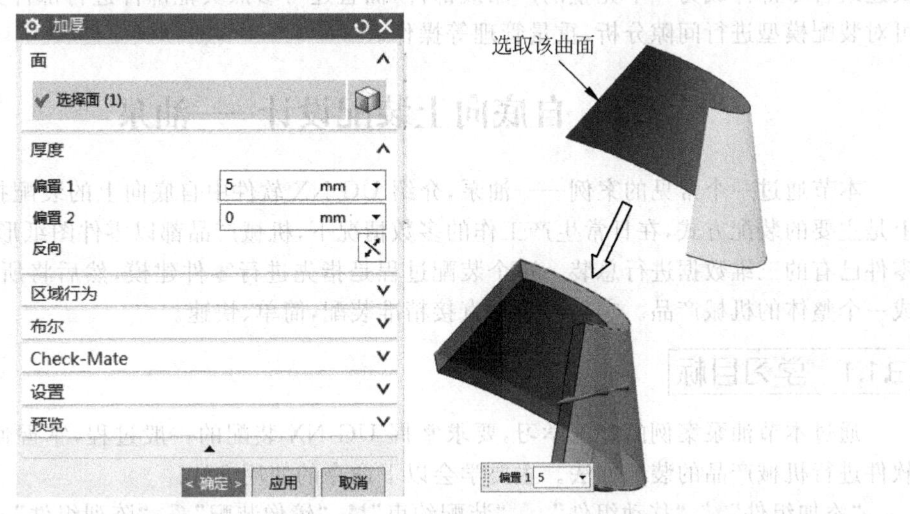

图 2-13-67 加厚曲面

装配设计

加工出来的零件只有通过装配技术才能生产出完整的产品，以实现特定的功能，因此装配技术在机械设计和实际生产中非常重要。

在UG NX软件中，装配过程就是在装配中建立部件之间的连接关系。它是通过关联条件在部件间建立约束关系来确定部件在产品中的位置。使用计算机辅助设计软件不仅能快速组合零部件成为一个完整的产品或部件，而且还可参照其他部件进行部件关联设计，并可对装配模型进行间隙分析、重量管理等操作。

3.1 自底向上装配设计——油泵

本节通过一个常见的案例——油泵，介绍UG NX软件中自底向上的装配技术，自底向上是主要的装配方式，在日常生产工作的多数情况下，机械产品都以零件图纸形式或者部分零件已有的三维数据进行总装。这个装配过程是指先进行零件建模，然后将所有零件装配成一个整体的机械产品。它的优点是直接精准装配，简单、快速。

3.1.1 学习目标

通过本节油泵案例的装配学习，要求掌握UG NX装配的一般过程，掌握使用UG NX软件进行机械产品的装配方法。主要学会以下命令的使用方法。

"添加组件"、"移动组件"、"装配约束"、"镜像装配"、"阵列组件"。

3.1.2 任务分析

如图3-1-1所示，装配体油泵主要由12种零件组成，本节的主要任务是使用UG NX软件采用相互约束的方法将其各零件组装在一起，使其成为一个部件。

3.1.3 作图步骤

自底向上装配

(1) 打开UG NX 11.0，在新建菜单栏下选择"装配"模块，输入名称"油泵"，选择要保存的地址，单击"确定"按钮，进入装配界面，如图3-1-2所示。

(2) 单击屏幕左下角的"添加组件"命令，弹出"添加组件"对话框，在对话框中选择"打开文件"命令，选择"01-01(油泵支架)"模型，如图3-1-3所示。

在"组件预览"窗口拖动鼠标可以观察装配件。在"添加组件"对话框，在"放置"命令下的"定位"下拉菜单上选择"根据约束"命令，单击"确定"按钮。弹出"装配约束"对话框，在"约束类型"中选择"固定约束"选项，单击"确定"按钮，如图3-1-4所示。

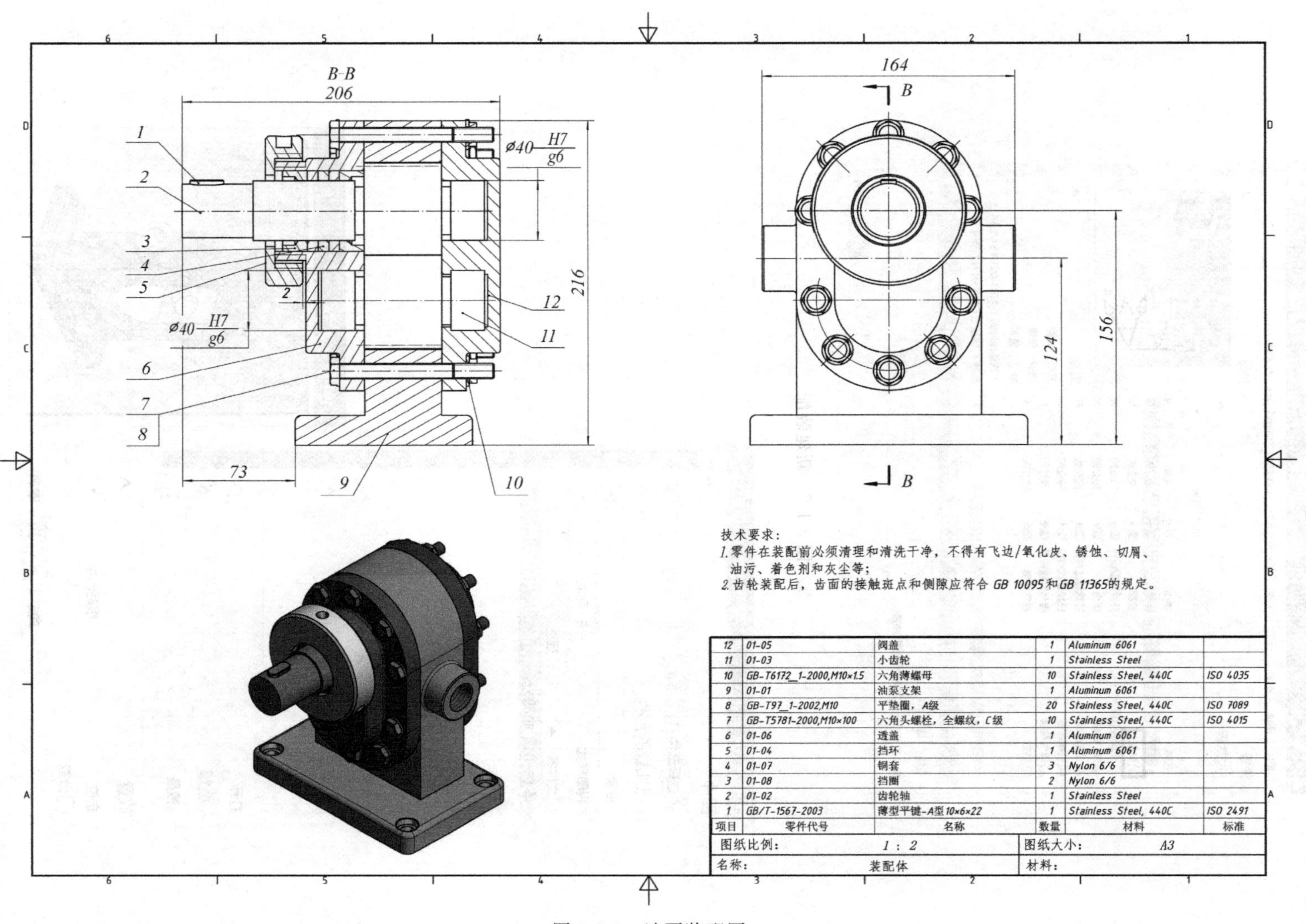

项目	零件代号	名称	数量	材料	标准
12	01-05	阀盖	1	Aluminum 6061	
11	01-03	小齿轮	1	Stainless Steel	
10	GB-T6172_1-2000,M10×1.5	六角薄螺母	10	Stainless Steel, 440C	ISO 4035
9	01-01	油泵支架	1	Aluminum 6061	
8	GB-T97_1-2002,M10	平垫圈，A级	20	Stainless Steel, 440C	ISO 7089
7	GB-T5781-2000,M10×100	六角头螺栓，全螺纹，C级	10	Stainless Steel, 440C	ISO 4015
6	01-06	透盖	1	Aluminum 6061	
5	01-04	挡环	1	Aluminum 6061	
4	01-07	铜套	3	Nylon 6/6	
3	01-08	挡圈	2	Nylon 6/6	
2	01-02	齿轮轴	1	Stainless Steel	
1	GB/T-1567-2003	薄型平键-A型10×6×22	1	Stainless Steel, 440C	ISO 2491

图 3-1-1　油泵装配图

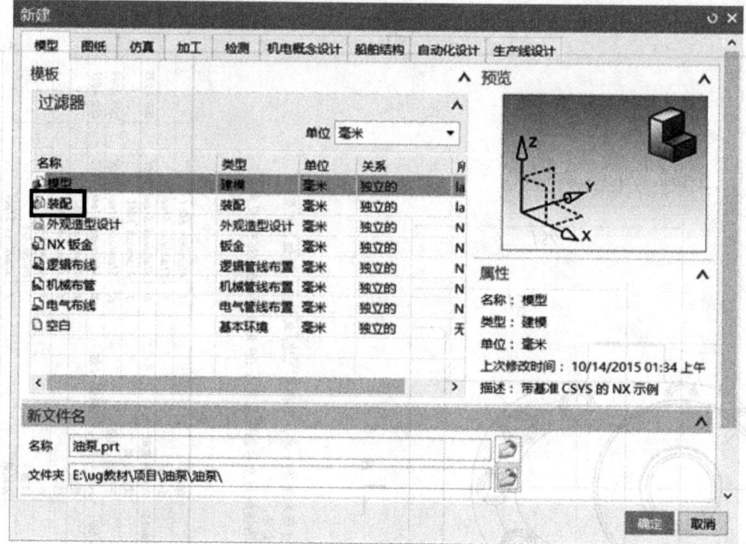

图 3-1-2　新建装配

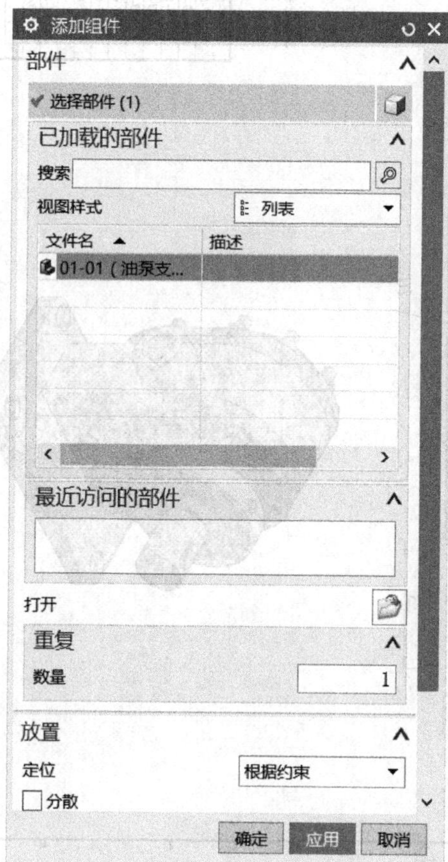

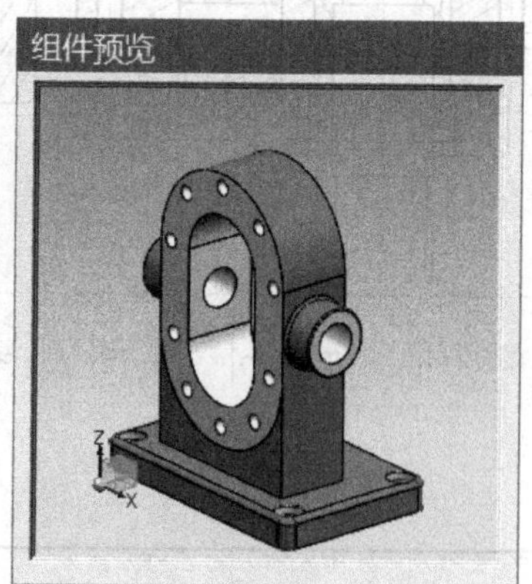

图 3-1-3　装配组件

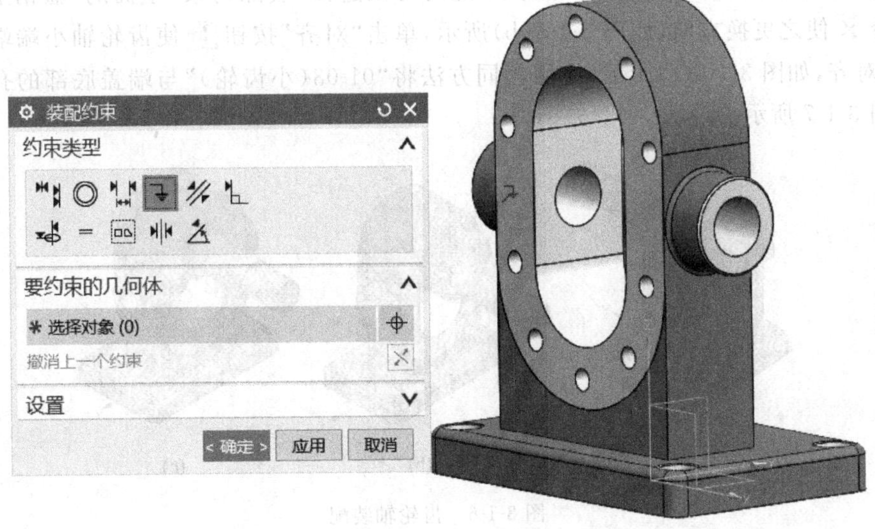

图 3-1-4 固定约束

(3) 继续选择"添加组件"命令,使用同样的方式选择"01-05(闷盖)"选项,单击"应用"按钮后,弹出"装配约束"对话框,如图 3-1-5 所示。

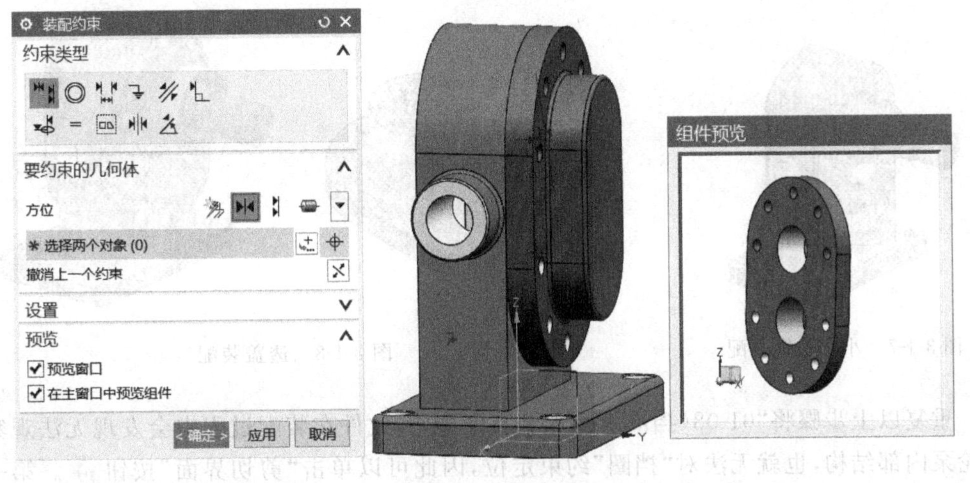

图 3-1-5 装配闷盖

注意:*在此处应该单击"应用"按钮,而不是"确定"按钮。在装配零件时,添加约束完成后会自动弹出"添加组件"命令,单击"确定"按钮不会弹出。*

"约束类型"选择"接触对齐",在"要约束的几何体"菜单下单击"接触"按钮,在右下角弹出的"组件预览"中选择端盖的接触面,然后选择"油泵支架"的右端,使两面贴合,在"要约束的几何体"中单击"自动判断中心/轴"按钮,分别选择"01-01(油泵支架)"和"01-05(闷盖)"的圆弧表面,此处需要分别约束上、下两个圆的同轴。单击"确定"按钮,如图 3-1-5 所示。

(4) 使用同样方法将"01-02(齿轮轴)"调入装配操作界面中,单击"自动判断中心/轴"按钮使轴的中心线与端盖上半部分中心线对齐,使用此命令往往会造成默认安装方向和需要的安装方向不一致，如图 3-1-6(a)所示，此时可以选择“装配约束”里面的“撤销上一个约束”命令使之更换方向，如图 3-1-6(b)所示，单击“对齐”按钮使齿轮轴小端端面与端盖端面对齐，如图 3-1-6(c)所示，使用相同方法将“01-03(小齿轮)”与端盖底部的孔进行约束，如图 3-1-7 所示。

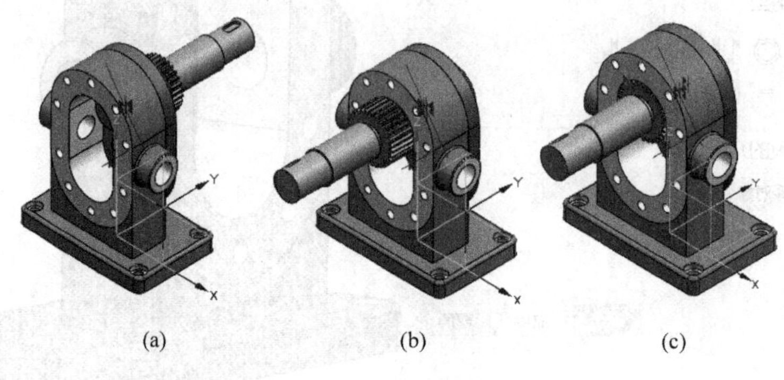

图 3-1-6　齿轮轴装配

(5) 在“添加组件”命令下将“01-06(透盖)”添加到装配中，单击“接触”按钮，将“01-06(透盖)”大端的平面与“01-01(油泵支架)”的另一端贴合，单击“自动判断中心/轴”按钮分别约束支架的两圆弧表面和透盖的两圆弧表面同轴，单击“确定”按钮，如图 3-1-8 所示。

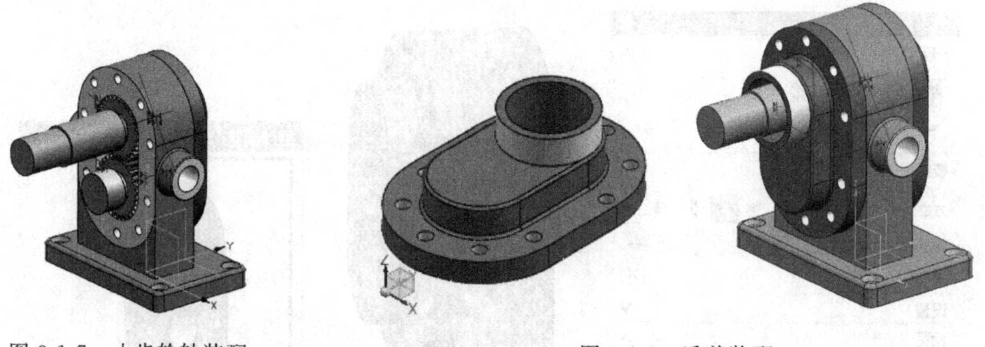

图 3-1-7　小齿轮轴装配　　　　图 3-1-8　透盖装配

重复以上步骤将“01-08(挡圈)”添加到装配体中，此件在装配过程中会发现无法观察到齿轮泵内部结构，也就无法对“挡圈”约束定位，因此可以单击“剪切界面”按钮。第一次使用此命令之前需要设置“剪切平面”，单击“编辑界面”按钮，选择 X 剖切平面，单击“确定”按钮，如图 3-1-9 所示。

(6) 单击“装配约束”按钮，在“要约束的几何体”中选择“自动判断中心/轴”选项，分别单击挡圈的内圆表面和齿轮轴的圆柱表面，切换到“接触”命令，将挡圈较大的一端与齿轮轴上齿轮的端面贴合，单击“确定”按钮，如图 3-1-10 所示。

(7) 重复“添加组件”命令将“01-07(铜套)”添加到装配中，在“添加组件”对话框单击“重复”选项，输入“数量”为“3”，单击“应用”按钮，此时会弹出一个“点”对话框，如图 3-1-11 所示，该命令指的是定位 3 个添加的铜套初始位置，在装配时可以按需设置其定位点。在此装配中将“Z”方向改为“−20”。

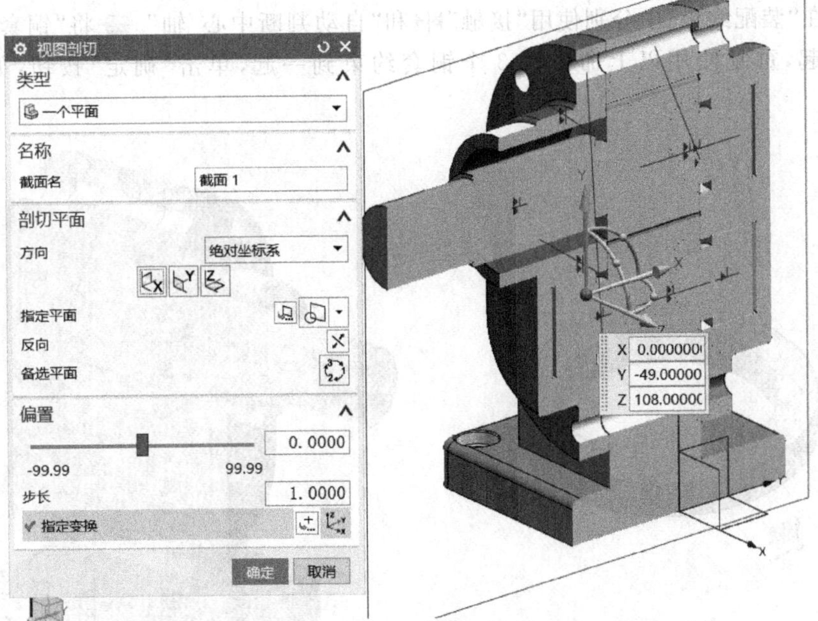

图 3-1-9 编辑界面

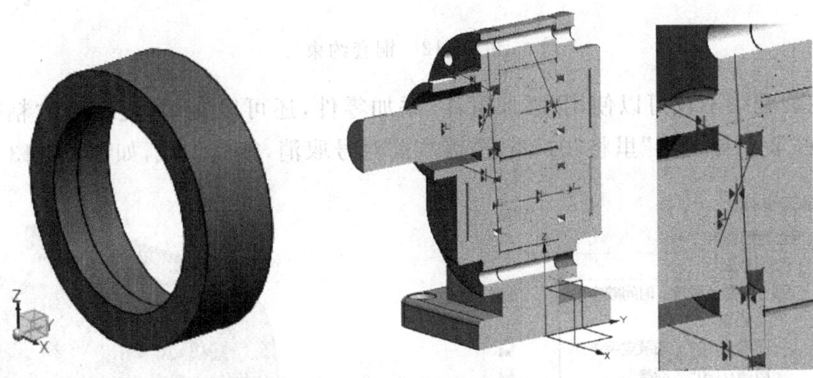

图 3-1-10 挡圈装配

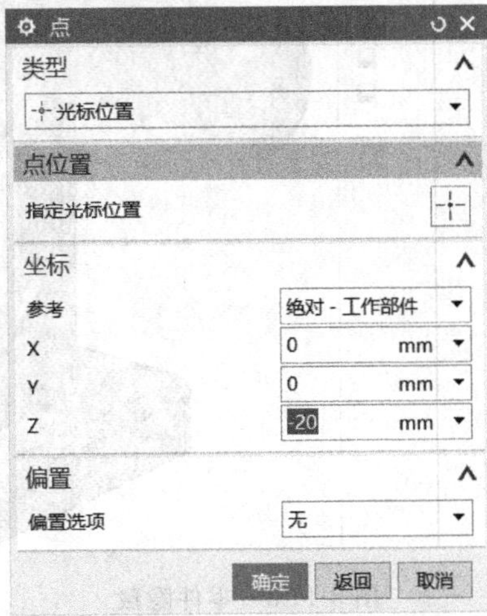

图 3-1-11 铜套定位

(8) 在“装配约束”中分别使用“接触”和“自动判断中心/轴”将“铜套”与“挡圈”约束在一起，重复使用以上命令将 3 个铜套约束到一起，单击“确定”按钮，如图 3-1-12 所示。

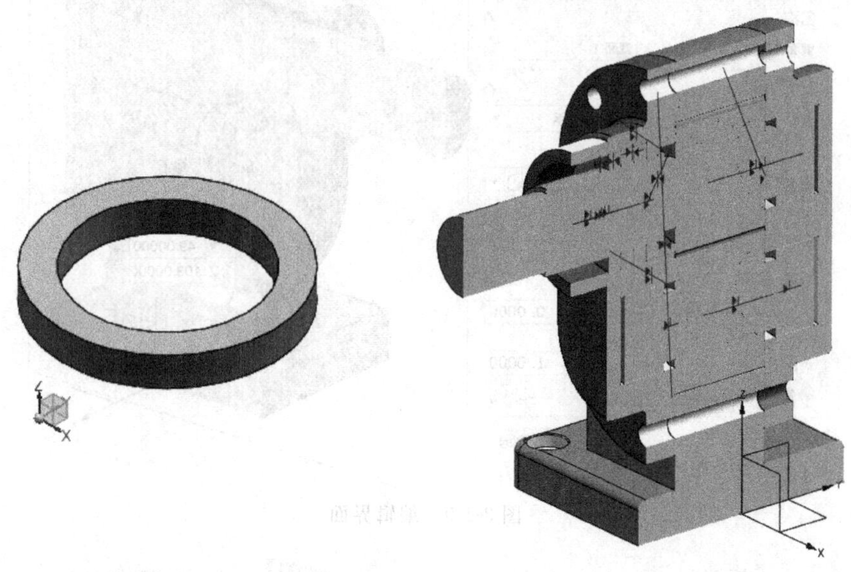

图 3-1-12　铜套约束

(9) 在装配中不仅可以使用“添加组件”添加零件，还可以使用“复制”和“粘贴”命令添加组件。在“装配导航器”里将“01-06(透盖)”前对号取消，使其隐藏，如图 3-1-13 所示。

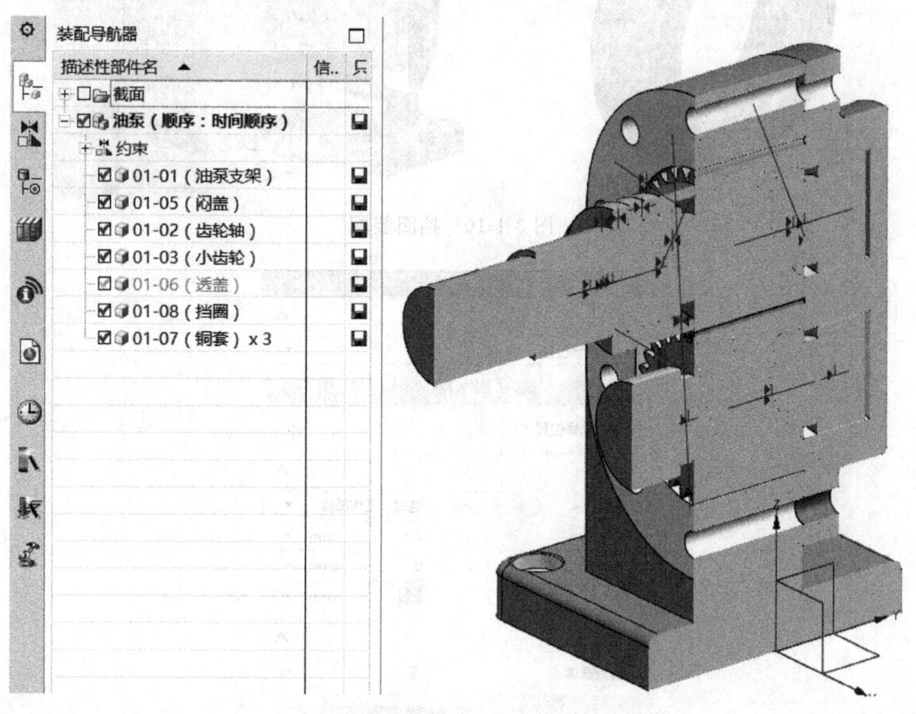

图 3-1-13　零件隐藏

将鼠标移动到“挡圈”上，右击选择“复制”或使用组合键 Ctrl＋C，选中总装配文件“油泵”，在空白处右击“粘贴”或使用组合键 Ctrl＋V，使用“移动组件”命令（要特别注意在“粘贴”之后不要直接选择“移动组件”命令），此时弹出一个坐标系，鼠标拖住 YC 轴出现向左、右的箭头符号时，向左拖动鼠标移动“挡圈”并双击此箭头，如图 3-1-14 所示。选择“装配约束”命令，在“装配导航器”中将“透盖”显示出来。

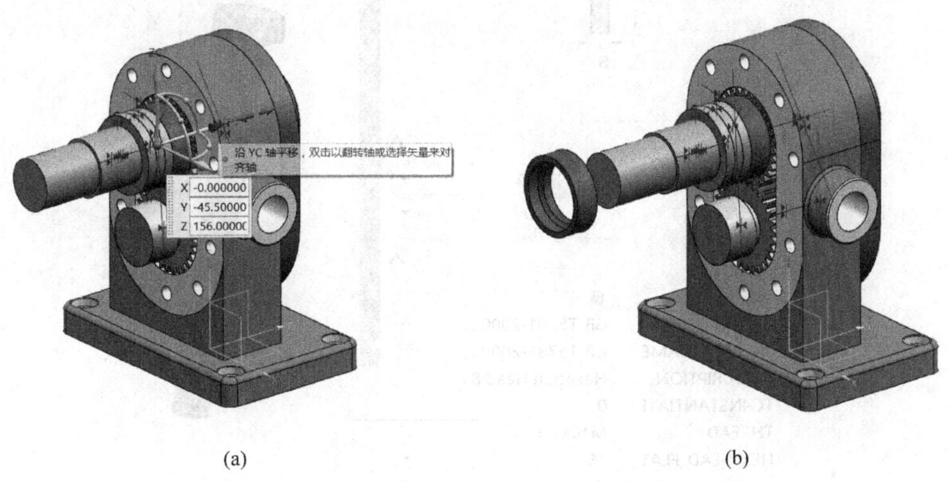

(a)　(b)

图 3-1-14　移动命令

(10) 添加“01-04(挡环)”到装配体中，利用“自动判断中心/轴”和“接触”命令，将“挡环”与“透盖”约束在一起，如图 3-1-15(a)所示。

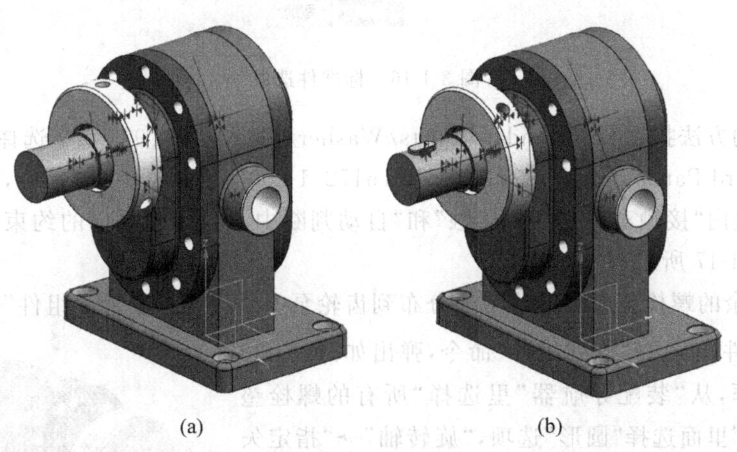

(a)　(b)

图 3-1-15　挡环装配

(11) 根据之前的命令，将键添加到部件中，使键与齿轮轴上的键槽约束在一起，如图 3-1-15(b)所示。

(12) 在 UG NX 软件中提供了各式各样的标准零件可以直接调用，观察装配图可以看到需要“ϕ10 的平垫圈”“M10×100 外六角螺螺栓”“M10 螺母”等紧固件的装配。选择窗口最左侧资源条上的“重用库”命令，找到 GB Standard Parts/Bolt/Hex Head/GB-T5781-2000，在“成员原则”栏内选中此标准件拖到绘图窗口空白处，在“大小”内选择“M10”，在“长度”栏内选择“100”，如图 3-1-16 所示。

图 3-1-16 标准件选取

按同样的方法找到 GB Standard Parts/Washer/Plain/GB-T97-2002 选择 M10 垫片，找到 GB Standard Parts/Bolt/Nut/Hex/GB-T6172_1-2000，选择 M10 薄螺母，按装配图使用"约束"命令内"接触对齐"下的"接触"和"自动判断中心/轴"按之前的约束方法分别约束到位，如图 3-1-17 所示。

(13) 剩余的螺栓孔成圆形均匀地分布到齿轮泵上，可以使用"阵列组件"命令（装配/组件/整列组件）。选择"阵列组件"命令，弹出如图 3-1-18 所示的对话框，从"装配导航器"里选择"所有的螺栓垫圈"，在"布局"里面选择"圆形"选项，"旋转轴"→"指定矢量"选择轴端面，"指定点"选择轴圆心，输入"数量"为"5"，"节距角"为"45"，在设置里勾选"动态定位""关联"复选框，单击"确定"按钮，如图 3-1-18 所示。

图 3-1-17 螺栓装配

(14) 上、下两部分螺栓是关于中心平面对称的，因此使用"镜像装配"。选择"镜像装配"命令，弹出"镜像装配向导"对话框，单击"下一步"按钮，选择"装配导航器"中所有"螺栓、螺母、垫圈"，单击"下一步"按钮，选择"创建基准平面"选项，如图 3-1-19 所示。弹出"基准平

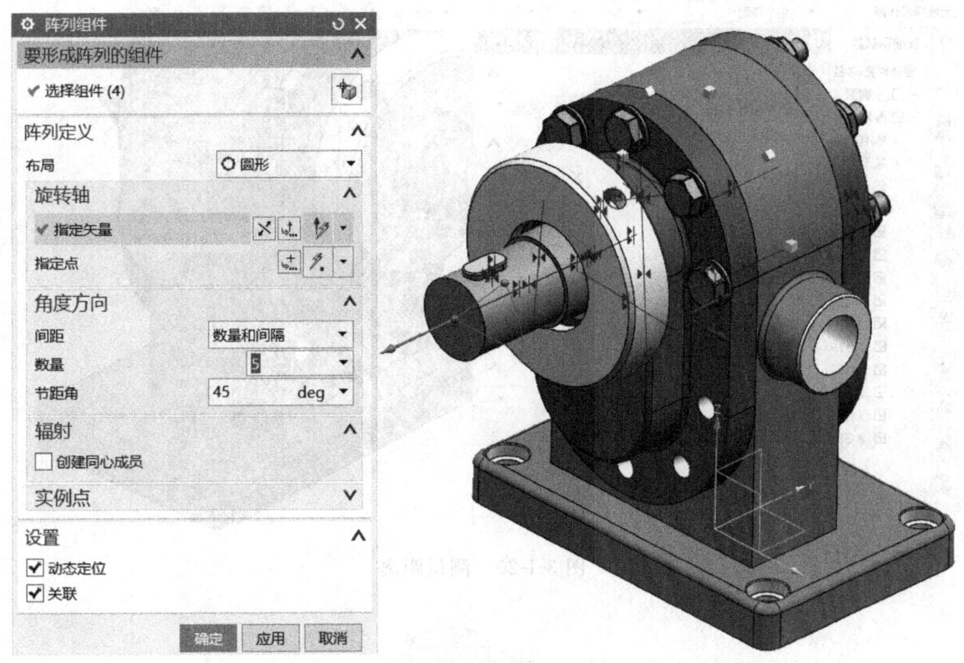

图 3-1-18 阵列组件

面"对话框，选择"基准平面"类型为"按某一距离"，在"距离"的下拉列表中选择"测量"选项，弹出"测量"对话框，选择"类型"下拉列表中的"投影距离"选项，测量底座到端盖中心的距离，如图 3-1-20 所示，按提示单击"下一步"按钮，最后单击"确定"按钮，如图 3-1-21 所示。使用"显示和隐藏"命令(组合键 Ctrl＋W)将所有的基准、装配约束隐藏。

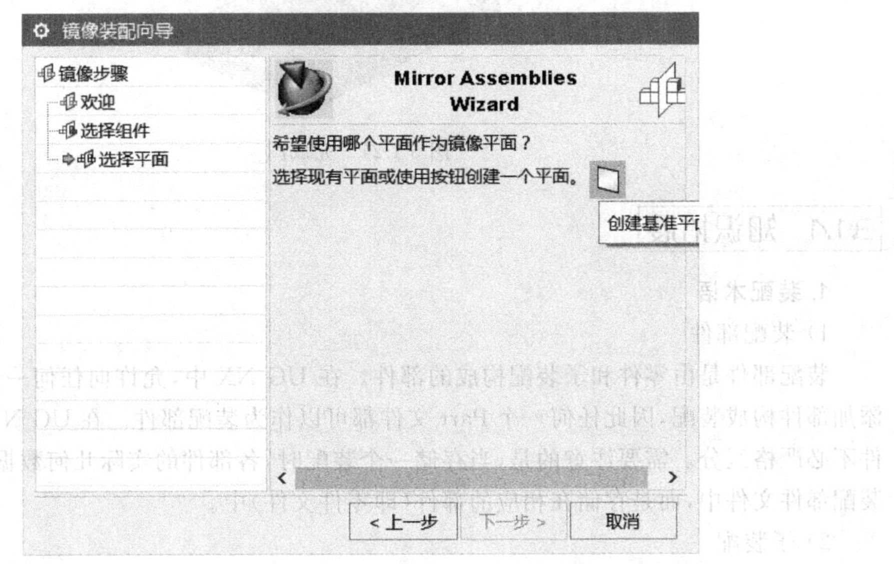

图 3-1-19 镜像装配

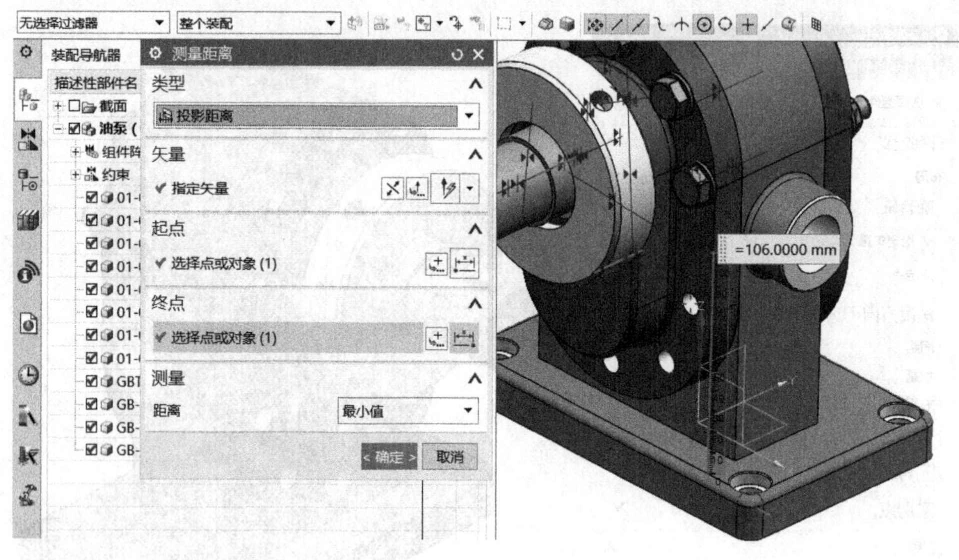

图 3-1-20　测量距离

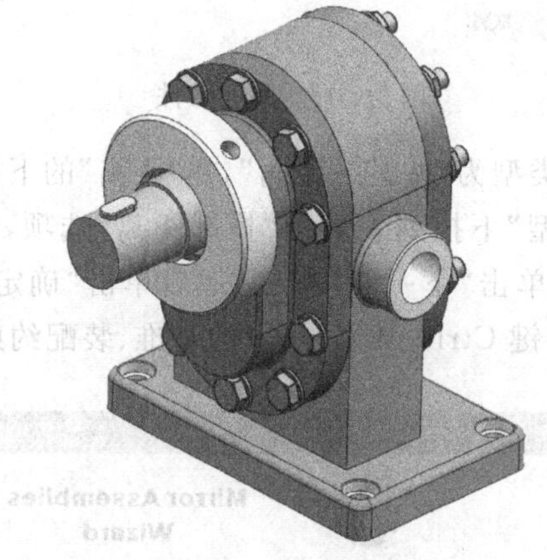

图 3-1-21　完成图

3.1.4　知识拓展

1. 装配术语

1）装配部件

装配部件是由零件和子装配构成的部件。在 UG NX 中，允许向任何一个 Part 文件中添加部件构成装配，因此任何一个 Part 文件都可以作为装配部件。在 UG NX 中，零件和部件不必严格区分。需要注意的是，当存储一个装配时，各部件的实际几何数据并不是存储在装配部件文件中，而是存储在相应的部件（即零件文件）中。

2）子装配

子装配是在高一级装配中被用作组件的装配，子装配也拥有自己的组件。子装配是一个相对概念，任何一个装配部件可在更高级装配中用作子装配。

3）组件对象

组件对象是一个从装配部件链接到部件主模型的指针实体。一个组件对象记录的信息有部件名称、层、颜色、线型、线宽、引用集和配对条件等。

4）组件

组件是装配中由组件对象所指的部件文件。组件可以是单个部件（即零件），也可以是一个子装配。组件是由装配部件引用而不是复制到装配部件中。

5）单个零件

单个零件是指在装配外存在的零件几何模型，它可以添加到一个装配中去，但它不能含有下级组件。

6）主模型

主模型是供 UG 模块共同引用的部件模型。同一主模型可同时被工程图、装配、加工、机构分析和有限元分析等模块引用，当主模型修改时，相关应用自动更新。当主模型修改时，有限元分析、工程图、装配和加工等应用都根据部件主模型的改变自动更新。

2. 引用集

在装配过程中，如果要显示装配中各部件和子装配的所有数据，一方面容易混淆图形；另一方面由于引用零部件的所有数据，需要占用海量存储器，不利于装配工作的进行。通过引用集可以减少这类混淆，提高机器的运行速度。

1）引用集的概念

引用集是用户在零部件中定义的部分几何对象，它代表相应的零部件装配。引用集可包含下列数据：零部件名称、原点、方向、几何体、坐标系、基准轴、基准平面和属性等。引用集一旦产生，就可以单独装配到部件中。一个零部件可以有多个引用集。

2）默认引用集

每个零件都有两个默认引用集，分别是整个部件和空。

整个部件：该默认引用集表示整个部件，即引用部件的全部几何资料。在添加部件到装配中时，如果不选择其他引用集，默认是使用该引用集。

空：该默认引用集为空的引用集。空的引用集是不含任何几何对象的引用集，当部件以空的引用集形式添加到装配中时，在装配中看不到该部件。如果部件几何对象不需要在装配模型中显示，可使用空的引用集，以提高显示速度。

3）引用集的操作

在菜单栏中选择“格式”→“引用集”命令，将弹出“引用集”对话框。

在“引用集”对话框中，可进行引用集的建立、删除、更名、查看、指定引用集属性以及修改引用集的内容等操作。该对话框中各选项的功能或含义如下。

（1）创建□：用于建立引用集，部件和子装配都可以建立引用集。部件的引用集既可在部件中建立，也可在装配中建立。如果要在装配中为某部件建立引用集，应先使其成为工作部件。单击该按钮，将弹出“创建引用集”对话框。

在该对话框中输入引用集的名称，可以根据需要创建引用集 CSYS。如果勾选“创建引用集 CSYS”复选框，用户需要创建引用集坐标系；如果不勾选该复选框，系统默认当前工作坐标的方向与原点为引用集坐标的方向与原点。在“创建引用集”对话框中单击“确定”按钮，将弹出“类选择”对话框，用于选择添加到引用集中的几何对象。在图形窗口中选取要添加到引用集的对象后，单击“确定”按钮，则建立一个用所选对象表达该部件的引用集。

(2) 删除：用于删除部件或子装配中已建立的部件，在“创建引用集”对话框中选择需要删除的引用集，然后单击此按钮即可。

(3) 重命名：用于对创建的引用集重新设置名称，在“创建引用集”对话框中选择需重命名的引用集，然后单击此按钮，用户可以直接更改引用集的名称。

(4) 编辑属性：在“创建引用集”对话框中选择引用集，然后单击此按钮，将弹出“引用集属性”对话框。可以在“标题”和“值”文本框中输入属性，单击“确定”按钮后将完成对引用集属性的编辑。

(5) 信息：用于查看当前零部件中已建立引用集的信息。选择一组引用集后，该按钮被启动，单击此按钮，将弹出“信息”窗口，将列表当前部件中所有引用集的名称。

(6) 设置为当前：用于将高亮显示的引用集设置为当前引用集。

(7) 添加对象：用于为已建立的引用集添加几何对象。选择一种引用集后，该按钮被启动，单击此按钮，将弹出“类选择”对话框，用于选择要添加到该引用集的对象。

(8) 移除对象：移除已建立引用集中的几何对象。选择一种引用集后，该按钮被启动，单击此按钮，可以从所选择的引用集对象中选择要移除的对象，单击“确定”按钮即可移除对象。

(9) 编辑对象：为引用集指定新的对象。选择一种引用集后，该按钮被启动，单击此按钮，可以在绘图窗口中选择新的引用集的对象，单击“确定”按钮即可为引用集指定新的对象。

3. 装配命令介绍

1) 添加组件

在菜单栏中选择“装配”→“组件”→“添加组件”(添加现存的部件)命令，或者在装配工具栏中单击“添加组件”按钮，将弹出“添加组件”对话框。

(1) 定位方式。

用于设置组件在装配中的定位方式。系统以下拉列表的形式提供了 4 种定位方式，其含义如下。

① 绝对原点：按绝对坐标方法设置组件在装配中的位置。

② 选择原点：该选项是按关联条件确定部件在装配中的位置。选择该选项后，将弹出“点”对话框，用于确定部件在装配中的目标位置。

③ 配对：选择该选项，在“添加组件”对话框中单击“应用”按钮，系统将弹出“配对条

件"对话框，要求用户设置部件关联的各种信息。该对话框中的各选项及关联方式的概念将在第 3.2 节中具体介绍。

④ 重定位：在"添加组件"对话框中单击"应用"按钮，系统将弹出"点"对话框，用于确定组件在装配中的位置，指定了位置后将弹出"重定位组件"对话框，提示用户重新定位组件在装配中的位置。

(2) 复制选项组。

在"添加组件"对话框中的"多重添加"下拉列表中，包含了 3 种复制方法。

① 无：只添加一个组件。

② 添加后重复：可以连续添加同一组件。

③ 添加后排序：选择此选项，在"添加组件"对话框中单击"应用"按钮，将弹出"创建组件阵列"对话框。可以在该对话框中设置组件为圆形阵列或线性阵列，选择"线性阵列"单选按钮，单击"确定"按钮，将弹出"创建线性阵列"对话框。

"创建线性阵列"对话框中，需要定义线性阵列的方向，定义方向后，需要设置线性阵列的总数和阵列组件之间的偏置距离。

(3) 设置选项组。

① 名称：用于设置组件的新名称。

② 引用集：用于更改引用集。可通过该下拉列表选择其他需要的引用集。

③ 图层选项：用于设置组件在装配中的所在层。在该下拉列表中包含"原先的"(保持在原来的层)、"工作"(放置在当前工作层)、"按指定的"(指定新的图层)3 个选项。

2) 配对组件

单击"装配"工具栏中的"配对组件"按钮，将弹出"配对条件"对话框。使用该对话框可以指定组件之间的约束关系，相对于装配中的其他组件来重定位组件。

(1) 配对列表框。

在这个区域列出了装配中各组件的配对条件和约束关系。其中有 3 种类型节点，分别是根节点、条件节点和约束节点，每类节点都有相应的快捷菜单，用于产生、编辑配对条件和约束条件。

① 根节点：此类节点由工作组件的名称组成，通常是装配件或子装配件。根节点只有一个，在根节点上右击，弹出快捷菜单。其中，"创建配对条件"用于产生一个空配对条件；"创建被抑制的配对条件"用于产生一个空的且可被抑制的配对条件。

② 条件节点：此类节点是根节点的子节点，显示组件的配对关系。在条件节点上右击，弹出快捷菜单。

③ 约束节点：显示组件配对条件的约束。在约束节点上右击，弹出快捷菜单。可以利用于快捷菜单替换、转换、删除或重命名组件配对类型。

(2) 配对类型。

"配对条件"对话框中所有配对类型含义如下。

① 配对：该配对类型定位两个同类对象一致。对于平面对象，用配对约束时，它们

共面且法线方向相反。

② 对齐 ：该配对类型对齐对象的表面。当对齐平面时，使两个表面共面且法线方向相同。当对齐圆柱、圆锥和圆环面等对称实体，使其轴线一致。

③ 角度 ：该配对类型是在两个对象间定义角度尺寸，用于约束相配组件到正确的方位上。角度约束可以在两个具有方向矢量的对象间产生，角度是两个方向关量的夹角。这种约束允许关联不同类型的对象，例如可以在面和边缘之间指定一个角度约束。角度约束有两种类型：平面角度和三维角度。平面角度约束需要一根转轴，两个对象的方向矢量与其垂直。

④ 平行 ：该配对类型用于约束两个对象的方向矢量彼此平行。

⑤ 垂直 ：该配对类型用于约束两个对象的方向矢量彼此垂直。

⑥ 中心 ：该配对类型用于约束两个对象的中心，使其中心对齐。中心对象下拉列表中包含 4 个选项。

⑦ 距离 ：该配对类型用于指定两个组件表面的最小三维距离，距离可以是正值也可以是负值，正、负号确定相关联对象是在目标对象的哪一边。需要在“距离表达式”文本框中输入距离。

⑧ 相切 ：该配对类型用于将两个对象相切。

(3) 选择步骤。

① 从 ：当该图标被激活时，可以在要被配对的组件上选择第一个几何对象。

② 到 ：当该图标被激活时，可以在要配对到组件上选择第一个几何对象。

③ 第二个从 ：当该图标被激活时，可以在要被配对的组件上选择第二个几何对象。

④ 第二个至 ：当该图标被激活时，可以在要配对到组件上选择第二个几何对象。

(4) 过滤器。

过滤器用于限制所选对象的类型，通过过滤器可以快速选择组件上的几何对象进行约束。

(5) 其他选项。

① 预览：该选项用于预览配对效果。

② 列出错误：该选项用于列出配对错误信息。如果定义的约束相互冲突，或选择的对象与配对类型不适合，则该选项激活。

③ 改变约束：该选项用于重新确定组件的绝对位移约束，单击此按钮，将弹出“改变约束”对话框。

3) 重定位组件

在菜单栏中选择“装配”→“组件”→“重定位组件”命令或单击“装配”工具栏中的“重定位组件”按钮 ，将弹出“类选择”对话框，选择组件后单击“确定”按钮，系统将自动打开“重定位组件”对话框。“重定位组件”对话框中各选项的含义如下。

（1）移动方式。

① 点到点：将所选组件从一点移动到另一点。单击该图标后，将弹出“点”对话框，先指定组件移动的基点，然后指定目标点即可将组件沿基点移至目标点。

② 平移：用于平移所选组件。单击该图标后，将弹出“变换”对话框。

③ 绕点旋转：用于绕点旋转所选组件。单击该图标后，将弹出“点”对话框，用于旋转中心点，指定中心点后，将回到“重定位组件”对话框中，需要在“角度”文本框中输入旋转角度。

④ 绕直线旋转：用于绕轴线旋转所选组件。单击该图标后，将弹出一个“点”对话框，指定点后，系统将会自动打开“矢量”对话框，用于指定矢量方向，指定矢量方向后，坐标系原点移动到定义点，*XC*轴指向定义的矢量方向，用户就完成了重新定位旋转轴的创建，将回到“重定位组件”对话框中输入角度即可绕旋转轴旋转组件。

⑤ 重定位：用移动坐标方式重新定位组件。单击该图标后，将弹出“CSYS构造器”对话框，用于指定参考坐标系和目标坐标系。将所选组件从参考坐标系移动到目标坐标系位置。

⑥ 在轴之间旋转：用于在所选的两轴之间旋转组件。单击该图标后，将弹出“点”对话框，用于指定参考点，然后将弹出“矢量”对话框，需要指定参考轴和目标轴的方向。定义参考轴和目标轴后，在“重定位组件”对话框中输入角度值，即可将组件在选择的两轴间旋转指定角度。

⑦ 在点之间旋转：用于将组件在点之间旋转。单击该图标后，将弹出“点”对话框，指定第一点后，坐标系原点与第一点重合，然后指定第二点和第三点，第一点、第二点的连线与第二点、第三点的连线构成的夹角就是组件旋转的角度。

（2）移动选项。

① 移动对象：将所选组件移动到指定的位置。

② 只移动手柄：用于移动WCS手柄。

（3）动作选项。

① 运动动画：调节组件移动速度。可以向精细方向拖动“运动动画”滑动，将放慢显示组件移动路径。

② 碰撞动作：用于在重定位组件时，控制组件与其他组件之间发生碰撞关系。包含3个选项，分别是“无”“高亮显示碰撞”“在碰撞前停止”。

③ 碰撞检查模式：在选择后两种碰撞动作时激活。包含两个单选按钮，分别是“小平面/实体”“快速小平面”。

课后练习题

根据以下图纸，装配油泵装配体。

1. 油泵支架

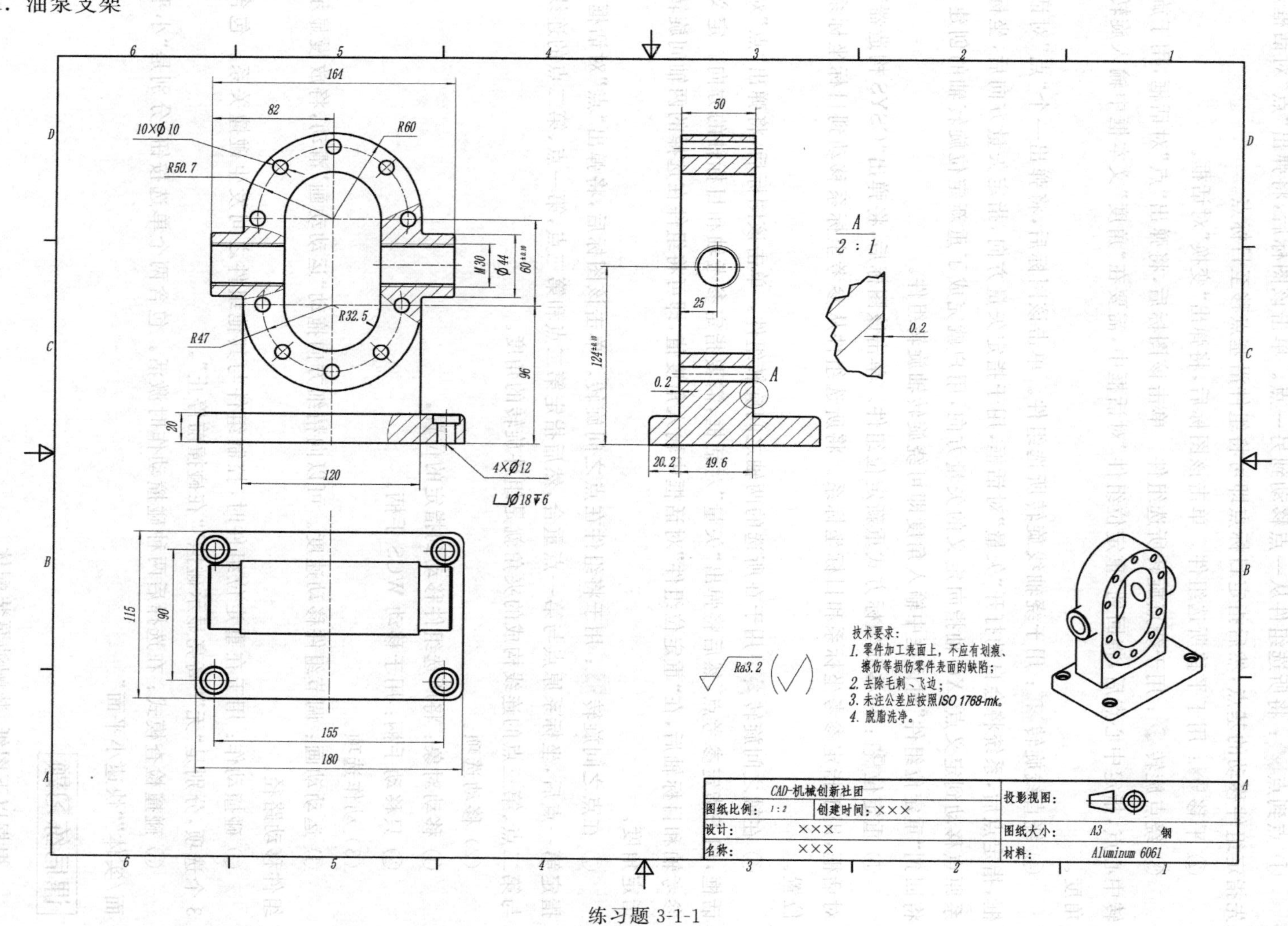

练习题 3-1-1

2. 齿轮轴

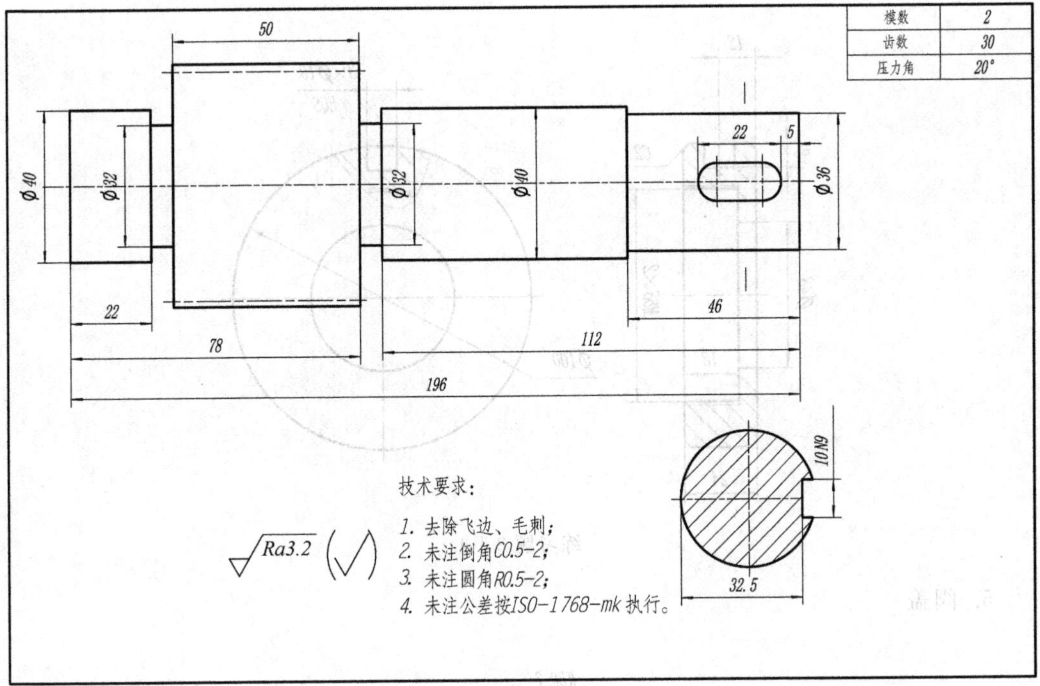

练习题 3-1-2

3. 小齿轮

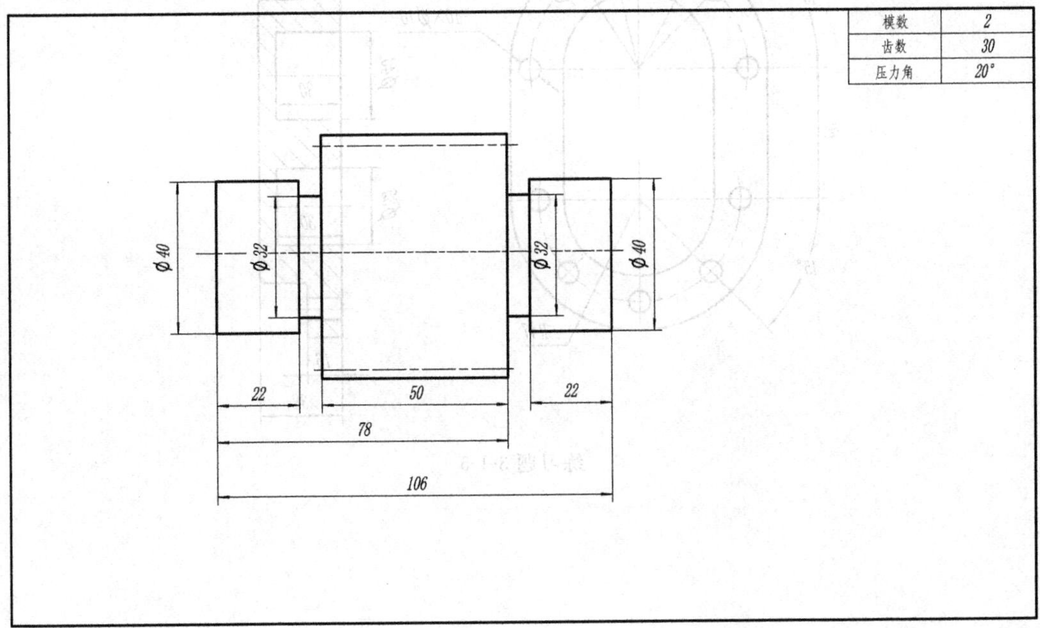

练习题 3-1-3

4. 挡环

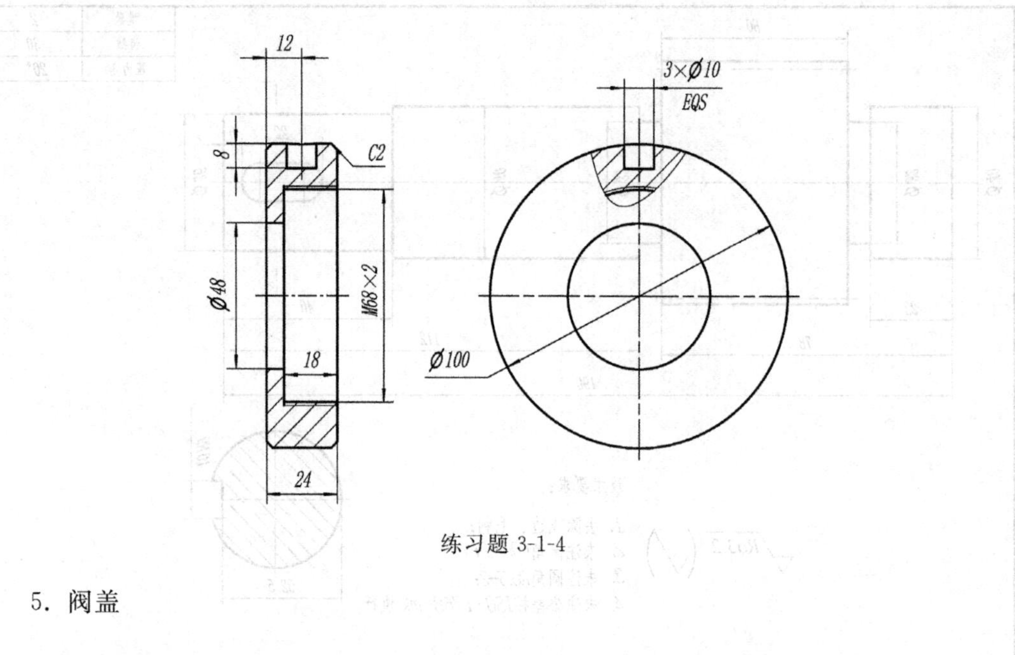

练习题 3-1-4

5. 阀盖

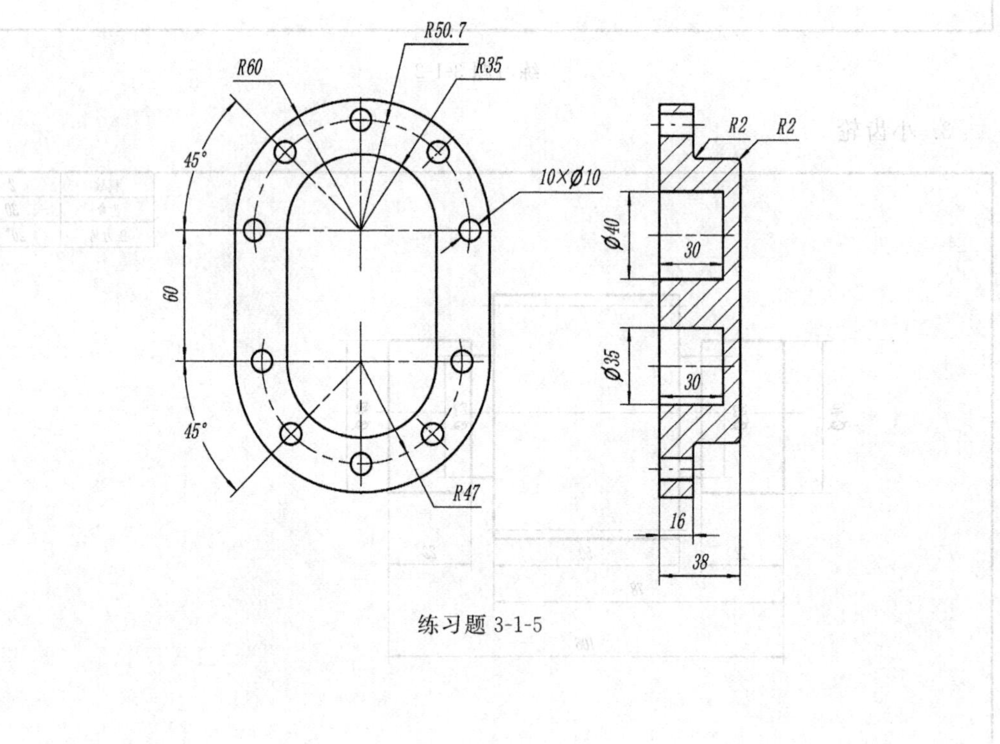

练习题 3-1-5

6. 透盖

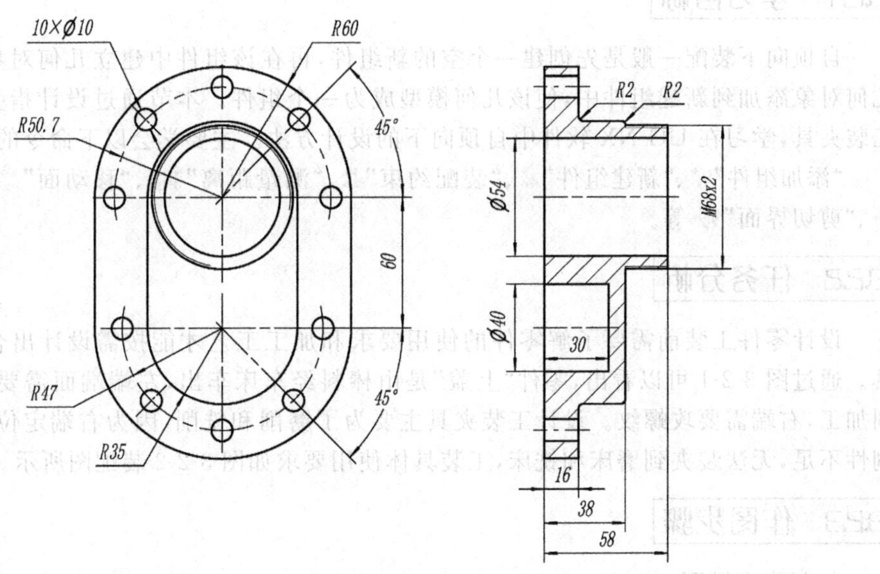

练习题 3-1-6

7. 铜套

8. 挡圈

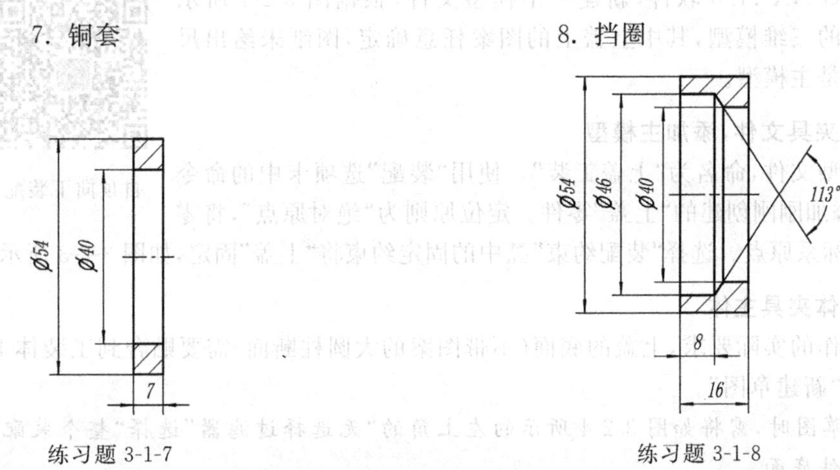

练习题 3-1-7

练习题 3-1-8

3.2　指尖陀螺零件夹具设计

在实际生产设计中，往往不会有现成的图纸让你按照图纸去画图，而是会有一个大的方案或者是草图，这就需要先画出装配图再一件件的拆图，去完善方案或者草图。这种设计方法称为“自顶向下装配”。

自顶向下装配指的是先建装配图，然后在总装配图里建模零件图，它的优点就是方便边设计、边改、边装配。因为它常用在你并不知道下一个零件是什么样的、下一个是什么零件的情况下装配，所以这种设计方法是机械产品中最常用的，尤其是在纯设计、新产品开发等方面用得比较多。

3.2.1 学习目标

自顶向下装配一般是先创建一个空的新组件，再在该组件中建立几何对象或将原有的几何对象添加到新建组件中，使该几何模型成为一个组件。本节通过设计指尖陀螺上盖的工装夹具，学习在 UG NX 软件中自顶向下的设计方法。主要学会以下命令的使用方法：

"添加组件"、"新建组件"、"装配约束"、"测量距离"、"移动面"、"编辑界面"、"剪切界面"等。

3.2.2 任务分析

设计零件工装前需要了解零件的使用要求和加工工艺才能按需设计出合适的工装夹具。通过图 3-2-1 可以看出，零件"上盖"是由棒料经车床车出，左端端面需要磨削加工、铣削加工，右端需要攻螺纹。设计工装夹具主要为了磨削和铣削，因为右端定位面太小，本身刚性不足，无法装夹到磨床和铣床，工装具体使用要求如图 3-2-2 装配图所示。

3.2.3 作图步骤

1. 创建主模型

双击打开 UG NX 11.0 软件，新建一个模型文件，根据图 3-2-1 所示任务创建"上盖"的三维模型，其中上盖上的图案任意确定，图纸未给出尺寸要求。该零件是主模型。

2. 创建工装夹具文件，添加主模型

新建一个模型文件，命名为"上盖工装"。使用"装配"选项卡中的命令"添加"组件，添加刚刚创建的"上盖"零件。定位原则为"绝对原点"，将零件放置于基准坐标系原点。选择"装配约束"中的固定约束将"上盖"固定，如图 3-2-3 所示。

自顶向下装配

3. 创建工装体夹具主体

按照夹具工作的实际要求，上盖的底面(不带图案的大圆柱断面)需要贴合到工装体上，因此选择该底面"新建草图"。

注意：新建草图时，需将如图 3-2-4 所示的左上角的"无选择过滤器"选择"整个装配"，否则无法选中零件底面。

以主体模型的圆心为圆心作"草图圆"或按快捷键 O，设置其直径为"50"。直接选择"拉伸"命令，此时不需要退出草图命令或者按快捷键 X。按住鼠标中键旋转视图，旋转方向接近如图 3-2-5 所示时，按 F8 键放正视图，此时可用鼠标拖动向左拉伸箭头，注意观察拉伸量相对于零件的位置，此时选择拉伸距离为 10mm。

4. 设计夹具主体细节特征

1）测量

为了加强上盖零件在加工时的强度及其稳定性，需要将上端大圆柱沉入一部分进入工装体中，使用测量工具"测量距离"命令测出零件上平面到工装体的实际距离。"测量距离"命令中"类型"下拉菜单选择投影距离，"矢量"为测量投影方向，选中"指定矢量"命令，鼠标选择零件或工装体测量面，起点选择工装体测量面，终点选择上盖测量面，测量出距离 2mm，如图 3-2-6 所示。

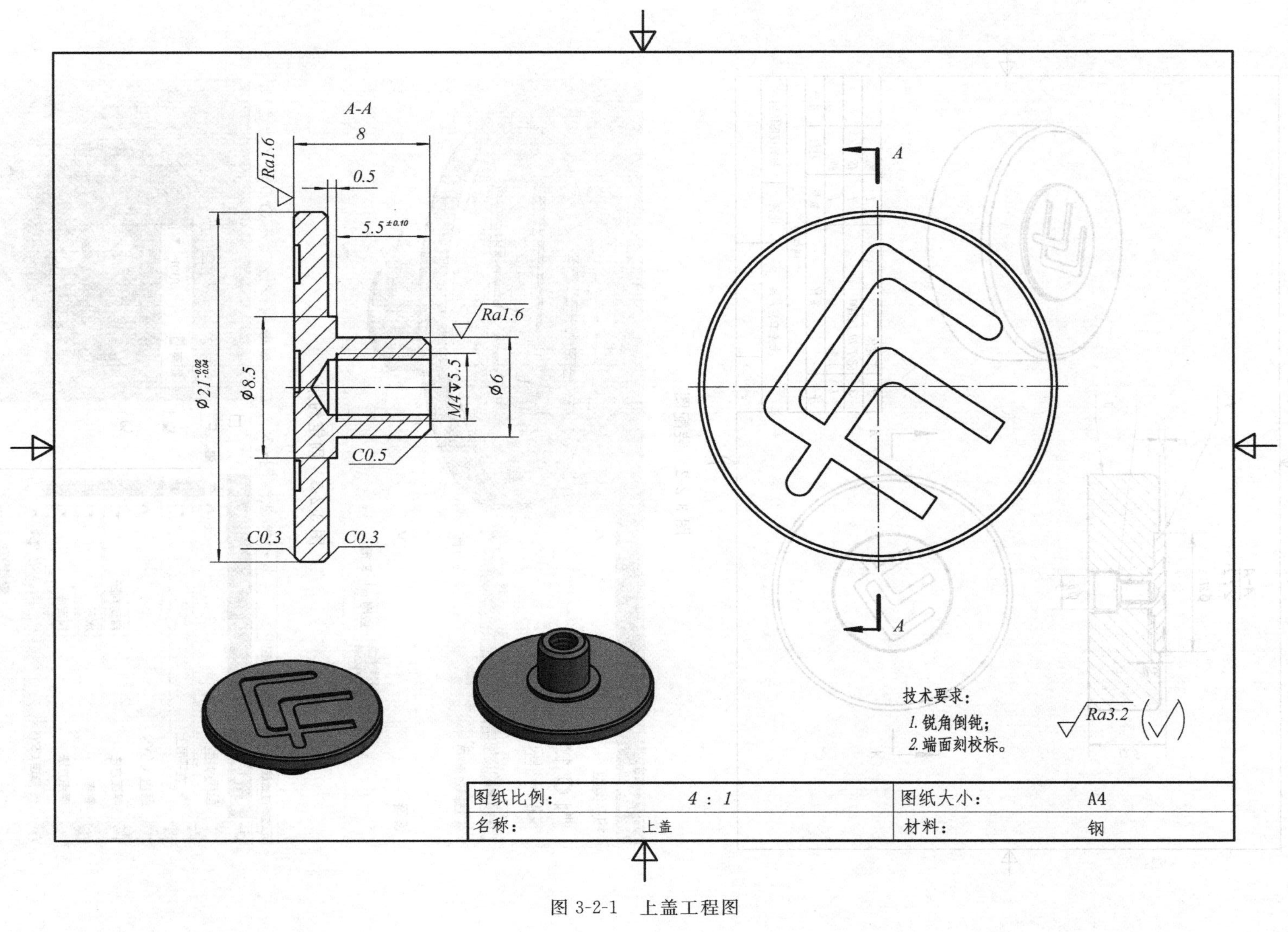
A-A
8
Ra1.6
0.5
5.5 ±0.10
Ø21 -0.02 -0.04
Ø8.5
Ra1.6
M4↧5.5
Ø6
C0.5
C0.3
C0.3
A
A
技术要求：
1. 锐角倒钝；
2. 端面刻校标。
Ra3.2
图纸比例：　4 : 1
图纸大小：　A4
名称：　上盖
材料：　钢

图 3-2-1　上盖工程图

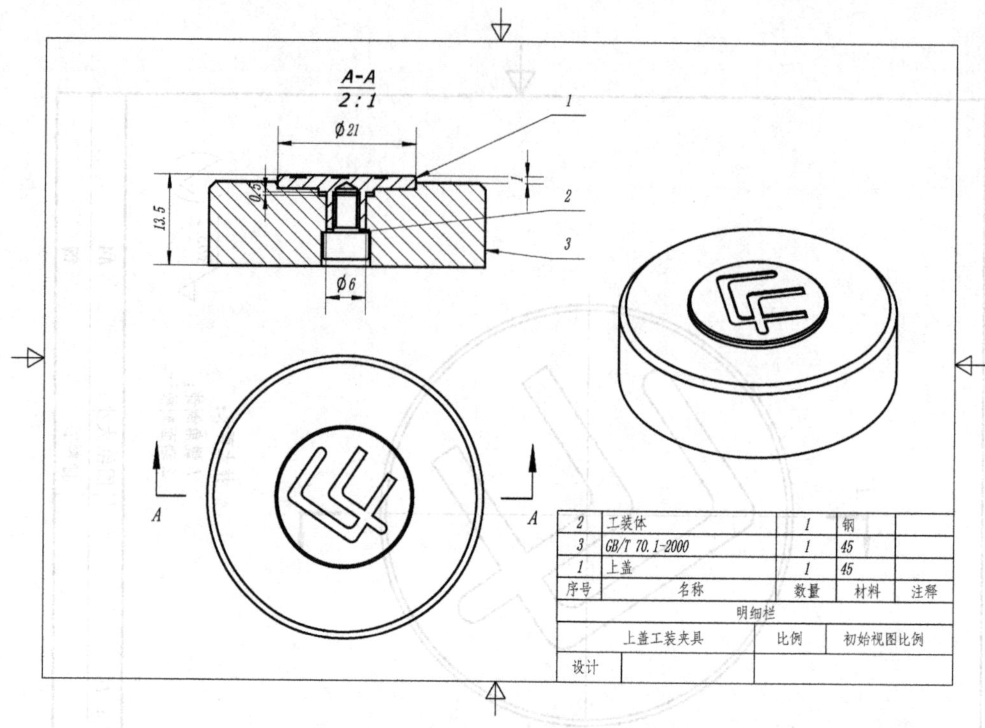

图 3-2-2　装配图

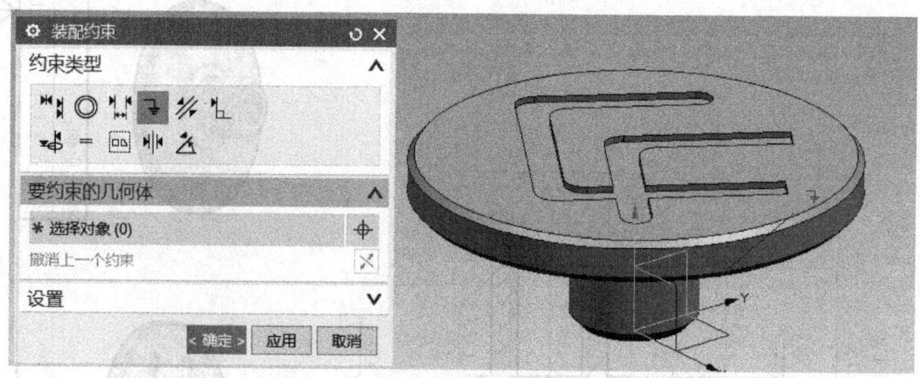

图 3-2-3　固定约束

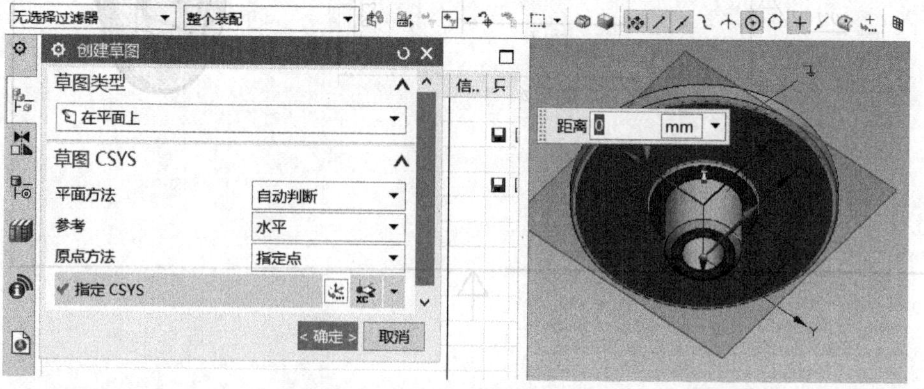

图 3-2-4　新建草图

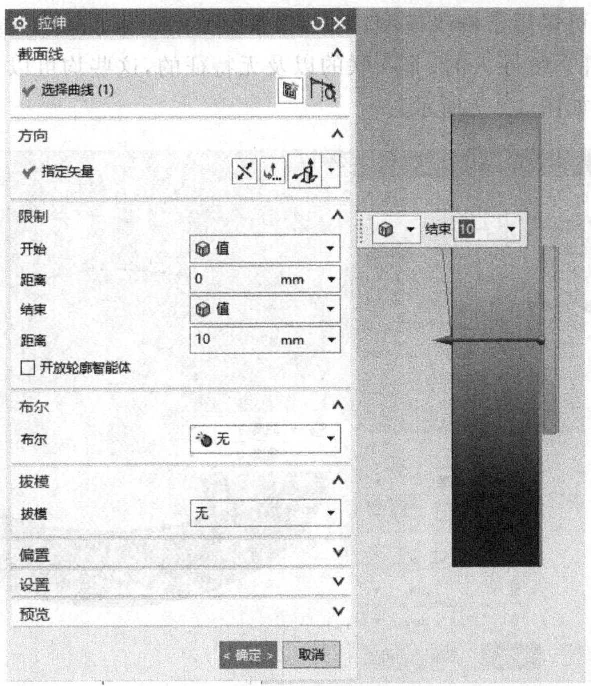

图 3-2-5　拉伸(1)

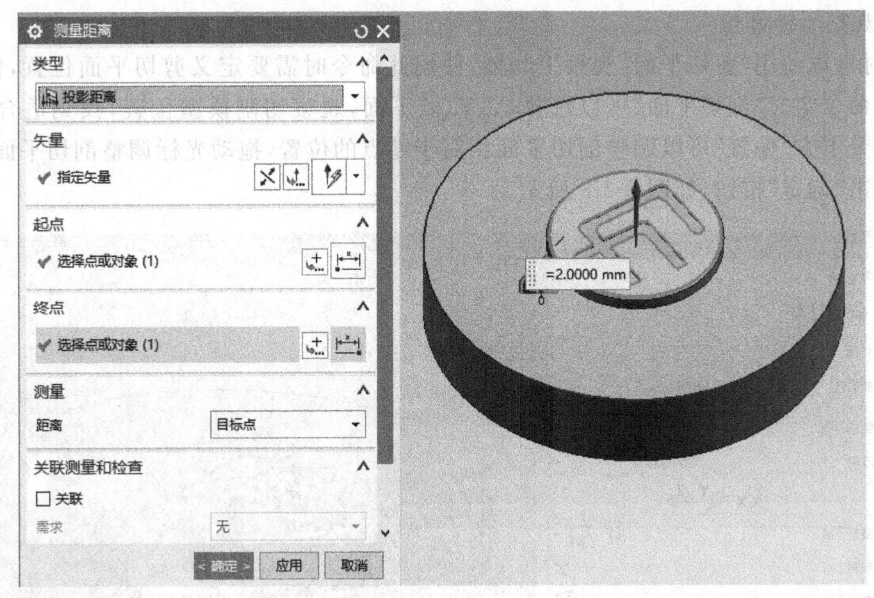

图 3-2-6　测量具体

2）移动面

需要将工装体面向上拉伸 1mm，这样可以将零件沉入工装内部 1mm。此时可以采用拉伸或者修改上次拉伸的参数，不过在此建议使用“移动面”命令，将工装上面移动 1mm。

同步建模在 UG NX 中的应用广泛，主要对实体的面进行操作，例如旋转、对称、移动等。这些是基于面的操作，往往对建模操作意义重大，可以帮助设计者快速完成建模，而不需要利用草图完成，可以用于修改模型，而不考虑模型的原点、关联性或特征历史记录。模型可能是从其他软件系统导入的、非关联的以及无特征的，这些均可以直接使用“同步建模”命令进行修改模型，如图 3-2-7 所示。

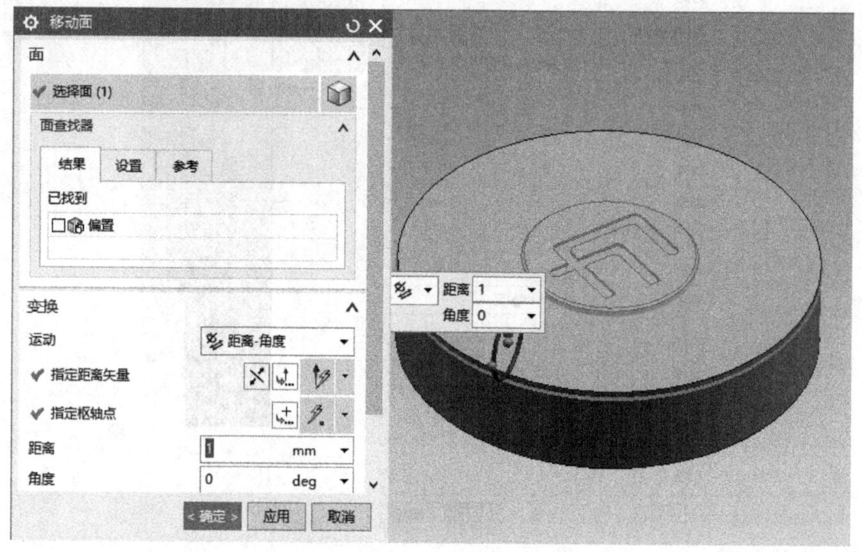

图 3-2-7　移动面

3）观察干涉部位

此时可以使用“剪切平面”观察工装体，使用此命令时需要定义剪切平面位置，使用“编辑截面”命令定义“剖切平面”可以选择 X、Y、Z 平面，观察切割模型位置，找到适合模型的平面，命令下方“偏置”可以调整剖切平面相对于零点的位置，拖动光标调整剖切平面至中心位置，单击“确定”按钮，如图 3-2-8 所示。

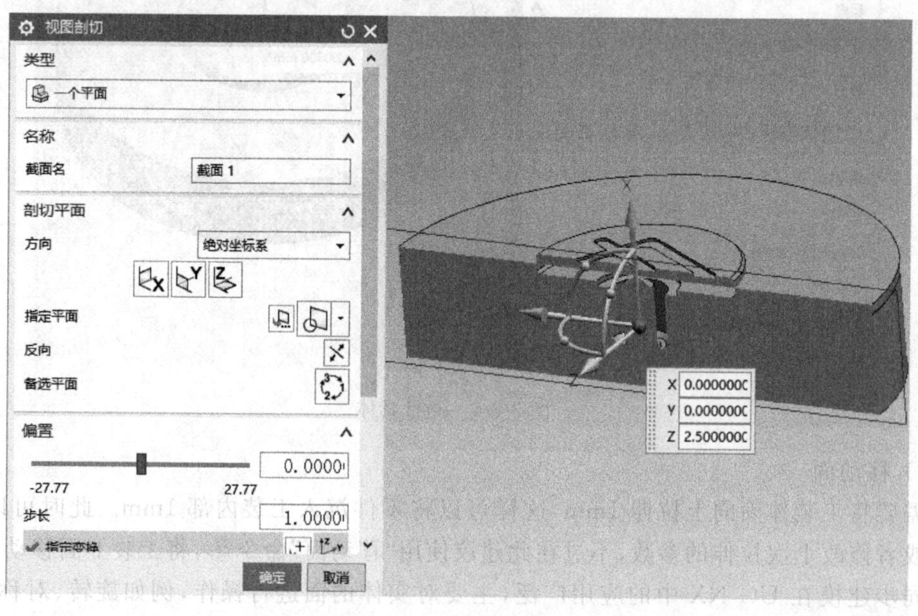

图 3-2-8　编辑截面

截面视图中工装体缺少部分即为零件与工装重合部分，因此可以根据此截面具体细化设计工装体。

4）去除重合部分

在工装体上表面新建草图，绘制与零件最大直径相同的圆，直径为 21mm，画草图圆时需要将左上角的“捕捉过滤器”改为“整个装配”，以便于捕捉零件外圆上的点，拉伸距离为移动面的距离 1mm，“布尔”选择“减去”选项，如图 3-2-9 所示。

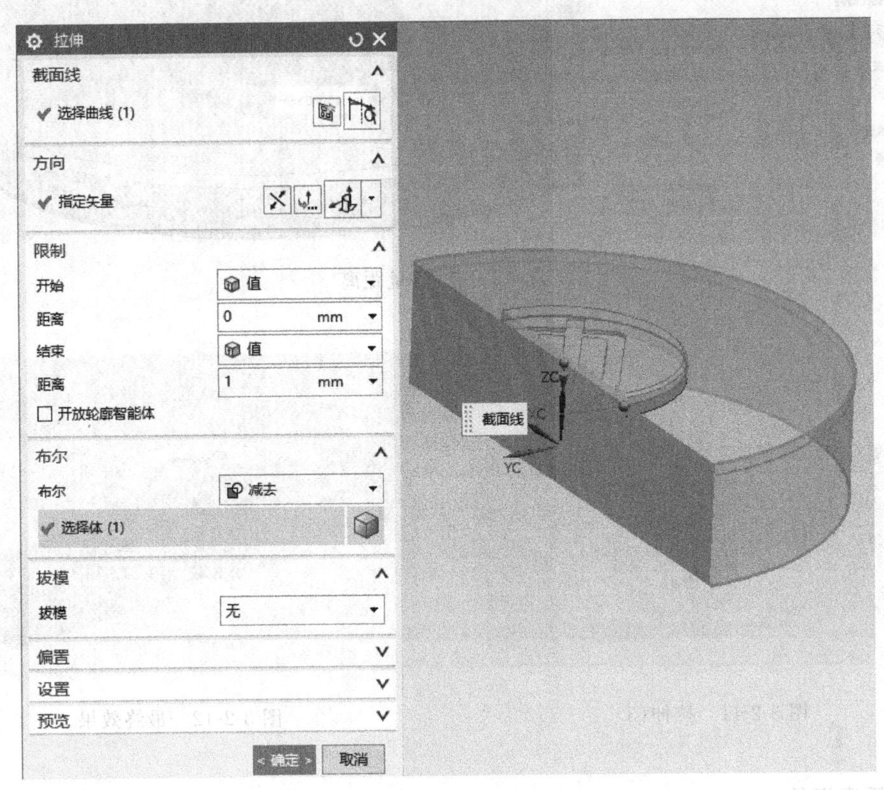

图 3-2-9　拉伸(2)

注意：在绘制直径 21mm 圆时，最好使用“投影曲面”，将上盖外轮廓投影到草图上，这样主模型“上盖”在修改尺寸(直径)时，夹具体相应位置也可以随之变化。

5）修正直径为 8.5mm、高度为 0.5mm 的圆柱干涉部位

在“部件导航器”中隐藏工装体，使用“测量距离”测量零件第二个台阶的直径和长度，如图 3-2-10 所示。在测量类型里面分别选择“投影距离”和“直径”，测得直径为 8.5mm、轴长为 0.5mm。

显示工装夹具主体，在直径为 21mm 的内孔底面绘制草图圆并拉伸除料，直径为之前测得值 8.5mm，拉伸距离为 1mm(大于 0.8mm 即可)，布尔求差，如图 3-2-11 所示。

6）修正直径为 6mm 的圆柱部分

同样测量零件最后轴段的直径、使用“打孔”或者“拉伸”命令，使之贯穿，如图 3-2-12 所示。

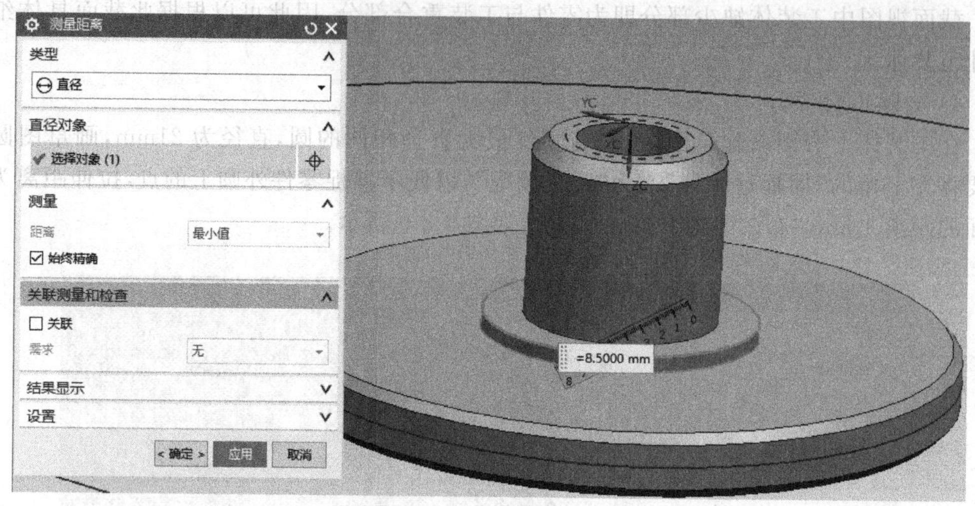

图 3-2-10 测量距离

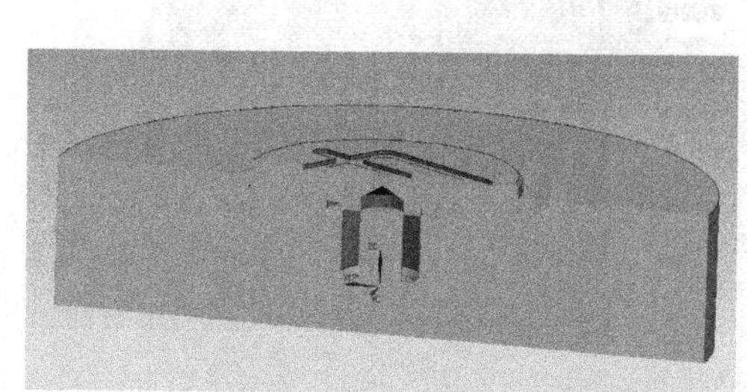

图 3-2-11 拉伸(3)

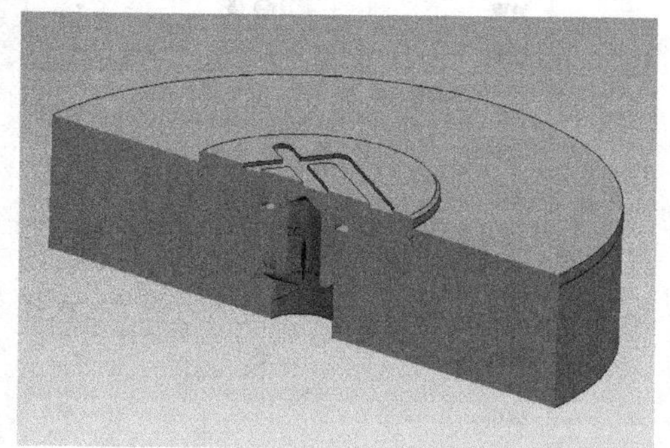

图 3-2-12 最终效果

5. 新建组件

工装夹具的主体零件已经画出，但是现在工装夹具的主体和上盖(主模型)还属于同一个零件。下面需要将工装体拆成一个单独的零件。在“装配”选项卡里或者在菜单“装配”→“组件”→“新建组件”里选择“新建组件”命令。

新建组件和新建文件类似，修改文件名，并设置文件保存路径(和装配、主模型等文件在同一个文件夹内)，单击“确定”按钮后，出现如图 3-2-13 所示窗口，选中“选择对象”一栏，单击拾取“大圆柱”(刚刚设计的工装夹具体)，设置“引用集”为“模型(‘MODEL’)”，设置“图层选项”为“工作的”，将最下方的“删除原对象”选中，单击“确定”按钮。观察“装配导航器”(软件界面左侧)会发现出现“工装体”零件。

在“装配导航器”中，可以双击新建的“工装体”或者在名字上右击，选择“设为工作部件”选项，这样可以看到设计环境中，除工装体之外其余零件变成透明，此时为打开工装体零件模式，而非装配模式。这样可以对工装体进行编辑。双击装配文件或者在装配文件上右击，选择“设为工作部件”选项，回到装配模式。

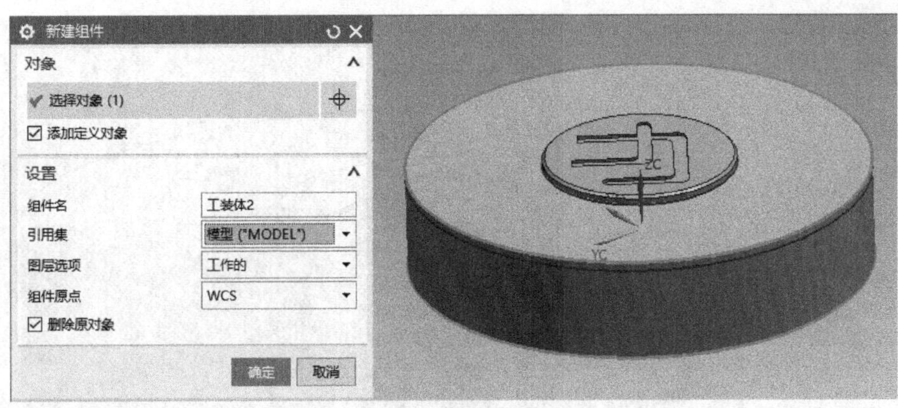

图 3-2-13　新建组件

6. 调用标准件,设计沉头孔部位

UG NX 重用库里提供了各种各样的标准件,需要调出 M4X6 的内六角螺栓。单击左侧"重用库"找到 GB Standard Parts/Screw/Socket Head 中的 GB-T 70.1-2000 内六角螺栓,双击选择 M4×6。用"测量距离"测量内六角螺栓头的直径和长度,分别为 ϕ7 和 4mm,因此在工装体底部按测量值做出沉头孔,直径为 8mm,深为 4.5mm,如图 3-2-14 所示。

图 3-2-14　沉头孔

通过观察和测量可以发现,上盖底部比螺栓基础面要高 0.5mm,需要利用"同步建模"工装体加厚 1mm,结果如图 3-2-15 所示。

7. 保存标准件

将螺栓约束到正确位置,同时双击螺栓将螺栓另存为(Ctrl+Shift+A 组合键)装配文件目录下,如图 3-2-16 所示。

8. 完成

保存装配文件,完成夹具的设计。

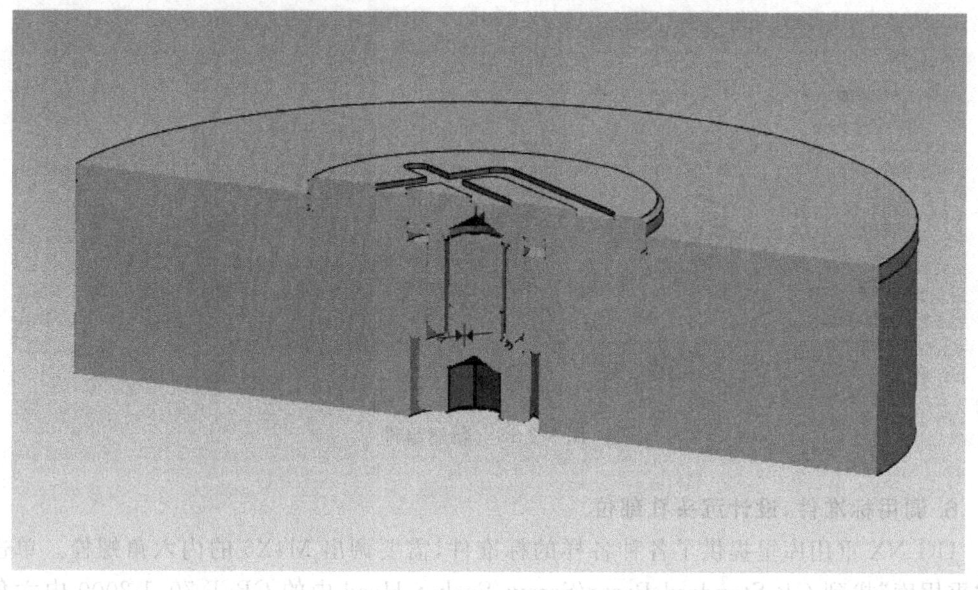

图 3-2-15　加厚

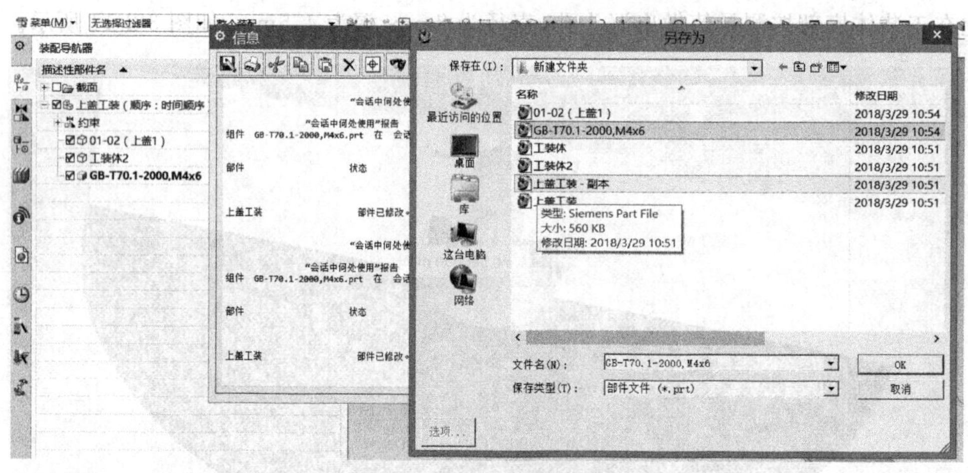

图 3-2-16　标准件另存为

3.2.4 知识拓展

1. 第一种自顶向下装配方法

先在装配中建立一个几何模型，然后创建一个新组件，同时将该几何模型链接到新建组件中。其具体操作步骤如下。

首先，打开一个文件，该文件中包含有实体模型或者新创建一个模型。其次，在“装配”工具栏中单击“新建组件”按钮，确定名称和保存路径，确定后弹出“新建组件”对话框。最后，选择添加到组件中的实体。

“新建组件”对话框中各选项的含义如下。

(1) 组件名：可以指定新组件的名称，在此文本框中修改名称。

(2) 引用集名：在此文本框中指定引用集的名称。

(3) 图层选项：用于设置把产生的组件加到装配部件中的那一层。包含"原先点""工作""按指定的"3 个选项。

(4) 零件原点：指定组件原点采用的坐标是 WCS(工作坐标)还是绝对坐标。

(5) 删除原对象：勾选此复选框,从装配中删除所选的实体。

2. 第二种自顶向下装配方法

先建立一个空的新组件,不含任何几何对象,然后使其成为工作部件,再在其中建立几何模型。其具体操作步骤如下。

(1) 打开一个文件。该文件可以是一个不含任何几何体和组件的新文件,也可以是一个含有几何体或装配部件的文件。

(2) 在"装配"工具栏中单击"新建组件"按钮,输入文件名称和路径,单击"确定"按钮,将弹出"新建组件"对话框,再次单击"确定"按钮,将在装配中新建一个新组件。

(3) 创建新组件后,为了在其中创建几何对象,首先要使其成为工作部件。双击"装配导航器"中的新组件或右击选择"设为工作部件"选项。

(4) 将空组件设置工作部件后,就可以进行装配建模了。有两种创建几何模型的方法：一种方法是直接应用 UG NX 建模方法建立几何对象；另一种方法是建立关联几何对象,如果要求新组件与装配中其他组件有几何关联性,则应在组件间建立链接关系。在组件间建立链接关系的方法是应用"WAVE 几何链接器"建模。在"装配"工具栏中单击"WAVE 几何链接器"按钮 ,将弹出"WAVE 几何链接器"对话框,下面介绍 WAVE 几何链接器建模。

WAVE 几何链接器可以将其他组件中的点、线、面、体链接到当前工作部件中,该对话框中各选项的含义如下。

(1) 对象类型在类型下拉列表中,包含了 WAVE 几何链接器可以链接的对象。

(2) 类型下拉列表中各选项的含义如下。

① 复合曲线：用于建立链接复合曲线。选择此选项,选择操作曲线、曲线或实体的边缘线,单击"应用"按钮,即可将曲线链接到当前部件中。

② 点：建立链接点。可以将点链接到当前工作部件中。

③ 基准：用于建立链接基准轴或基准平面链接。选择此选项,可以链接其他部件中的基准轴或基准平面,单击"应用"按钮即可将其链接到当前部件中。

④ 草图：用于建立链接的草图。

⑤ 面：用于建立链接面。选择此选项时,可以在"面选项"下拉列表中选择面的类型,可以选择一个或多个实体表面。单击"应用"按钮,即可将面链接到当前工作部件中。

⑥ 面区域：将建立链接区域。选择此选项,先单击选择种子面图标,从其他组件上选择种子面；然后单击选择边界面图标,并指定各边界,单击"应用"按钮,可以将指定边界包围的区域链接到工作部件中。

⑦ 体：用于建立链接的体。选择该选项,在其他部件中选择实体,然后单击"应用"按钮,即可将实体链接到当前工作部件中。

⑧ 镜像体：建立链接镜像体。选择该选项后,对话框中部将显示镜像实体的选择方式,先单击选择实体图标,并从其他组件上选择实体；然后单击选择镜像平面图标,指定镜

像平面。单击“应用”按钮，即可将所选实体按所选平面镜像到工作部件中。

⑨ 管线布置对象：建立链接管线对象。设置选项组如下。

a. 关联：勾选此复选框，建立的链接组件与原组件关联。

b. 隐藏原先的：勾选此复选框，链接组件后将隐藏原先的组件。

c. 固定与当前时间戳记：勾选此复选框，所选的链接在后面产生的特征将不出现在链接所建立的特征上；否则，链接所建立的特征上将出现后面产生的特征。

d. 删除孔：勾选此复选框，链接组件后将删除组件上的孔。

课后练习题

完成下面零件的工装设计。

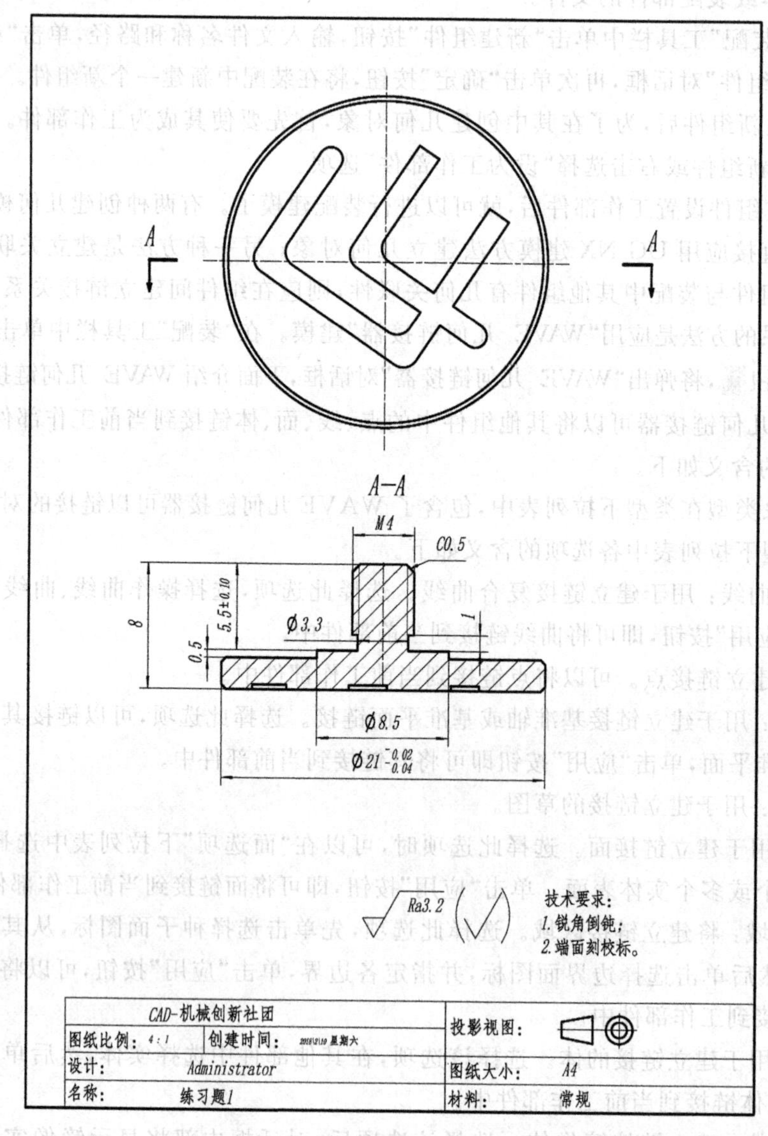

练习题 3-2-1

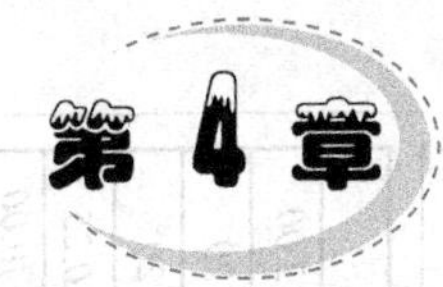

典型零件的工程图设计

工程图纸是指导生产制造的重要工具，使用 UG NX 软件实体建模功能创建的零件和装配模型可以引用到工程图功能中，快速生成符合国家标准的二维工程图。由于 UG NX 的工程图功能是基于创建三维实体模型的二维投影所得到的，因此，工程图与三维实体模型是有关联的，实体模型的尺寸、形状和位置的任何改变，都会引起二维工程图做出相应变化。

UG NX 软件的工程图功能不仅可以在图纸中创建多个二维投影视图，可以创建各种复杂的剖视图等，还可以自动标注在建立模型时已设置的尺寸特征、形位公差和其他符号标注。

4.1 齿轮轴工程图

4.1.1 学习目标

本节通过一个典型零件——齿轮轴工程图创建(见图 4-1-1)，主要学习使用 UG NX 软件进行工程制图的基本流程和方法，掌握常用命令，主要学会以下命令的使用方法：

“新建图纸页”、“替换模板”、“基本视图”、“全剖视图”、“快速尺寸”、“基准特征符号”、“特征控制框”、“中心标记”、“表面粗糙度”、“图层设置”、“技术要求”、“齿轮参数”、“编辑文本”及零件属性的添加等。

4.1.2 任务分析

轴套类典型零件在实际生产应用中很常见，而齿轮轴在传动中应用更为广泛。齿轮轴由齿轮和几个轴段组成，需要标注齿轮参数和各轴段的直径及其长度，并按其使用要求进行技术要求的标注。轴类零件一般可以用一个视图表达，但是齿轮轴上带键槽，还需要一个键槽位置断面图。

4.1.3 作图步骤

1. 打开制图模块

打开齿轮轴零件三维模型(在第 2 章已经创建完成该模型)，选择“应用模块”选项卡中的“制图”命令，进入如图 4-1-2 所示的工作界面。

齿轮轴工程图

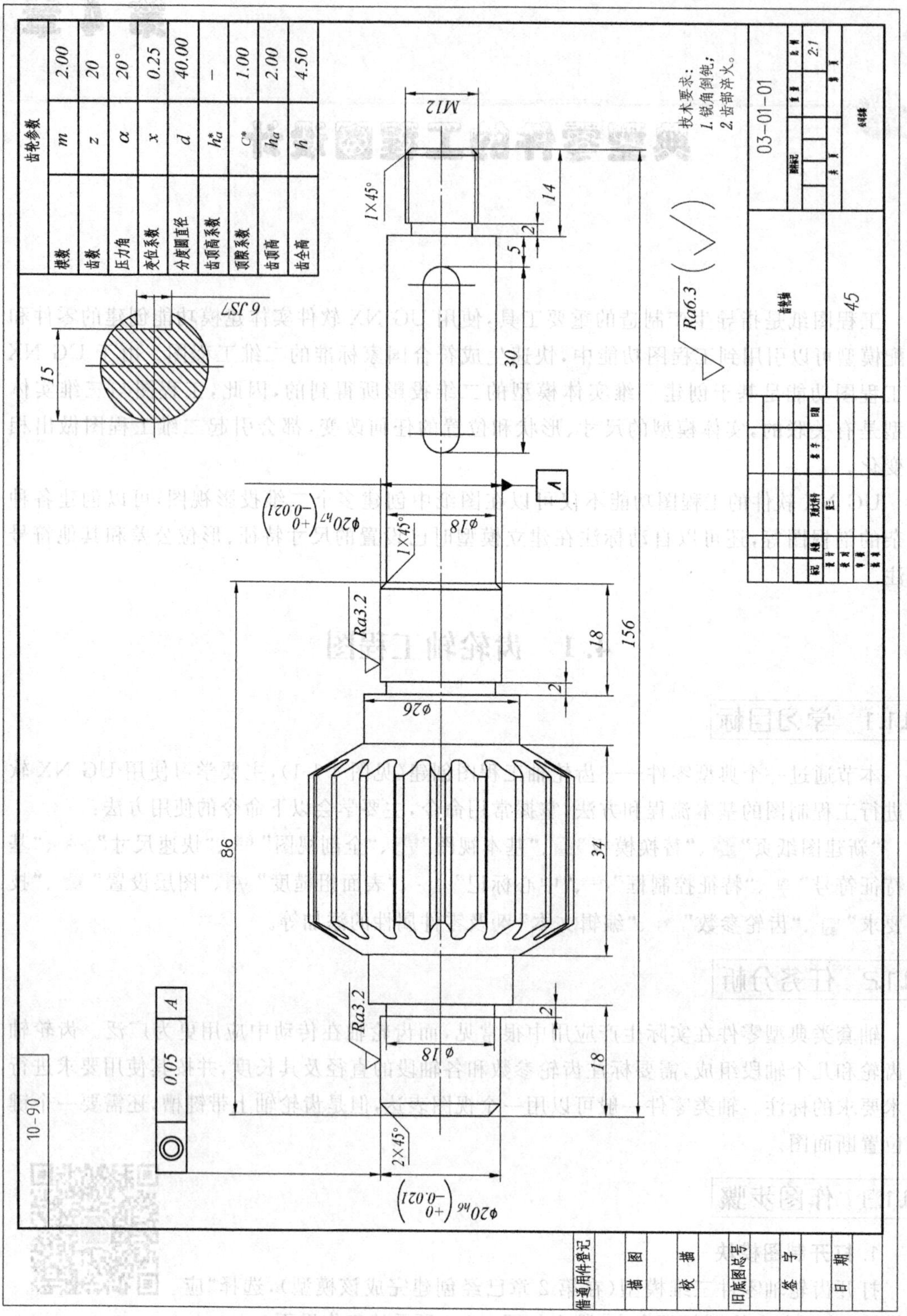

齿轮参数
模数 m 2.00
齿数 z 20
压力角 α 20°
变位系数 x 0.25
分度圆直径 d 40.00
齿顶高系数 ha* –
顶隙系数 c* 1.00
齿顶高 ha 2.00
齿全高 h 4.50
技术要求：
1.锐角倒钝；
2.齿部淬火。
03-01-01
45
2:1
Ra6.3
Ra3.2
M12
1×45°
2×45°
6 JS7
15
14
5
2
30
18
156
86
34
φ18
φ26
φ20h7
φ20h6
A
0.05
10-90
借通用件登记
描图
校描
旧底图总号
签字
日期

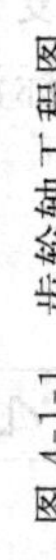

图 4-1-1 齿轮轴工程图

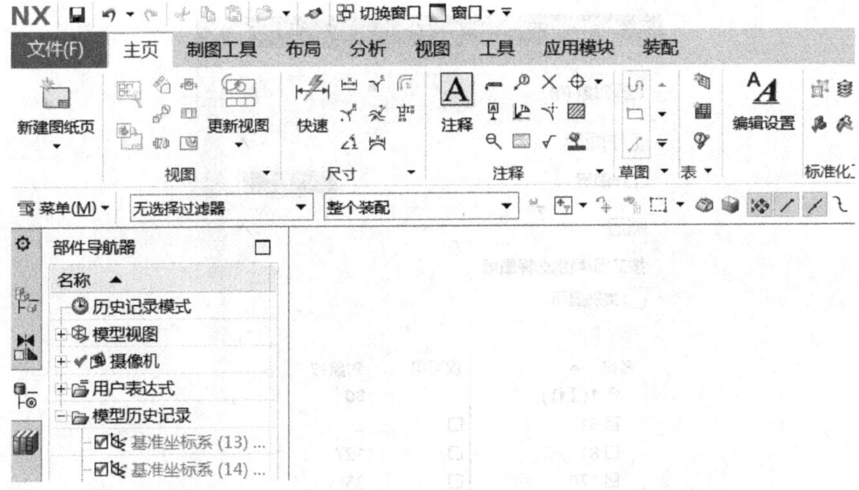

图 4-1-2　制图初始页面

2. 新建图纸，设置图层

单击“新建图纸页”，选择 A3 图纸，如图 4-1-3 所示，单击“确定”按钮。单击“标准化工具”里的“存档状态设置”命令，出现如图 4-1-3 所示的界面，单击“确定”按钮后，即可出现图纸框和标题栏。

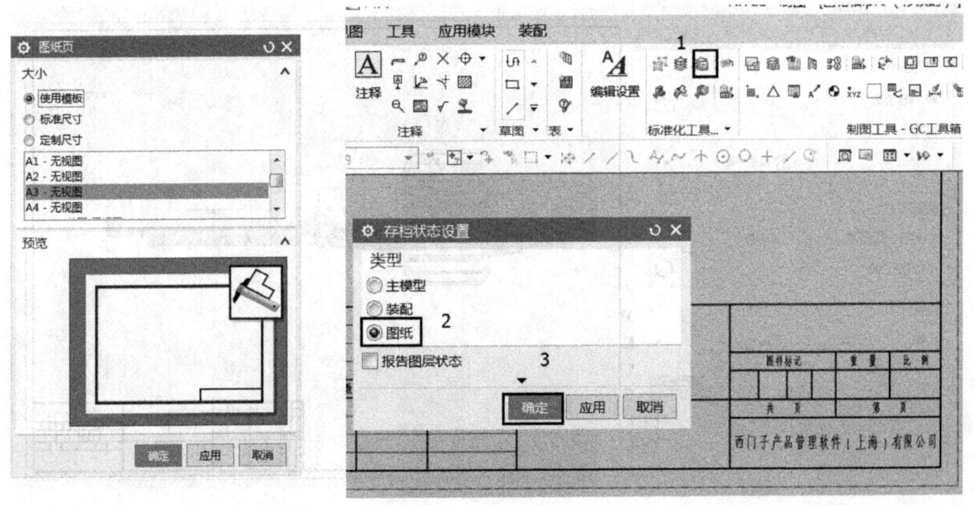

图 4-1-3　制图模板

注意：此处存档状态很重要，如果不在此进行设置，就需要进行工作图层的设置，具体可打开“图层设置”或按 Ctrl＋L 组合键查看，如图 4-1-4 所示。

3. 创建基本视图

选择“主页”选项卡中“视图”选项卡里的“基本视图”命令，单击“定向视图工具”按钮，在弹出的小窗口中将带有键槽的一面，按 F8 键，将模型在图纸上摆正，“比例”选择“2∶1”，单击“关闭”按钮，如图 4-1-5 所示。在初始视图选择时也可在“模型视图”处选择各个方向的视图进行排布。

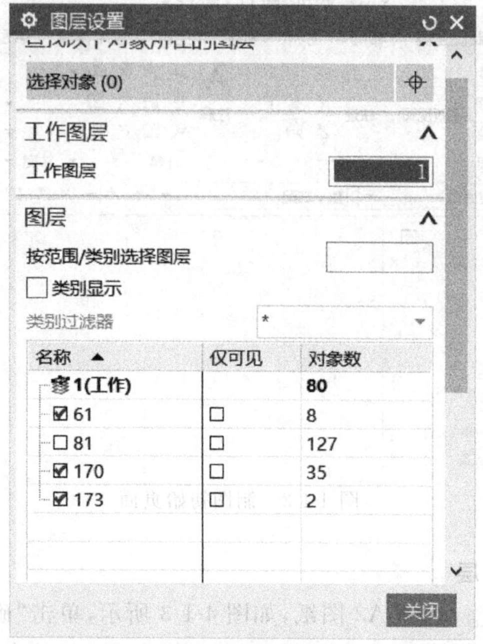

图 4-1-4　图层设置

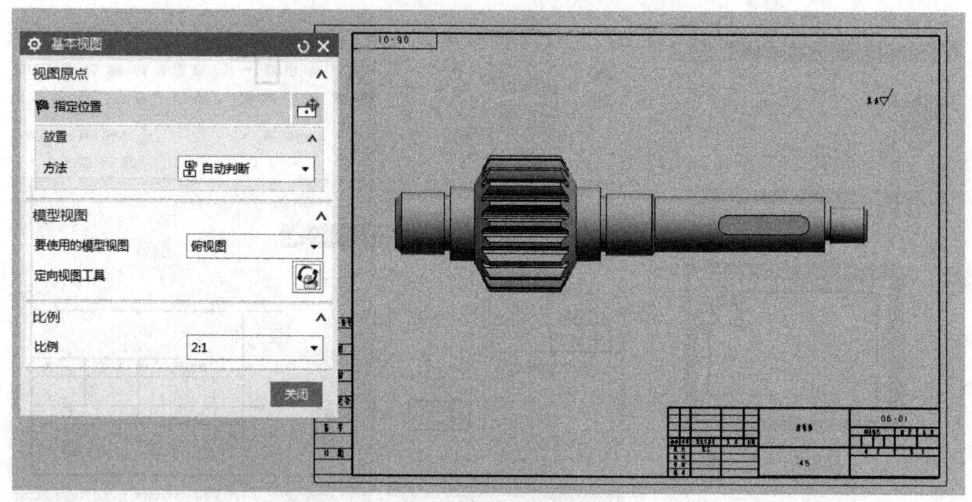

图 4-1-5　正视图

4. 创建剖视图

选择"剖视图"命令，将"截面线段"选择在键槽的中点位置，光标移动到左端，单击"关闭"按钮。按国标要求，键槽剖视图在键正上方时可以将剖切符号隐藏，选中剖切符号，单击"隐藏"按钮，再次单击符号下拉菜单里的按钮或按 Ctrl+B 组合键，如图 4-1-6 所示。在"主页"选项卡中的"注释"工具栏中，选择"中心标记"命令，将键槽的端面图加上中心线。

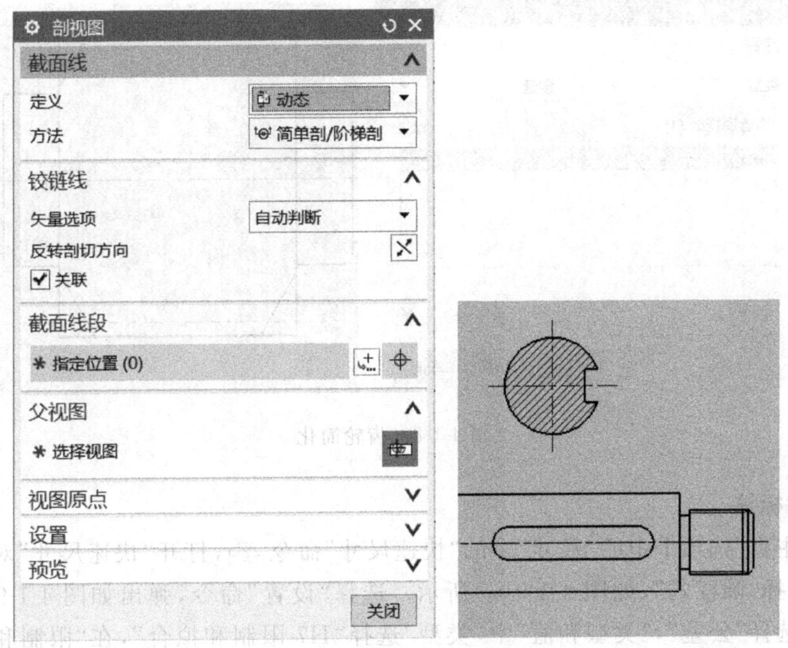

图 4-1-6　全剖视图

5. 创建齿轮参数表和简化图

将工程图中的默认粗糙度值拉到右下方。选择“主页”选项卡中“制图工具”的“齿轮参数”命令，选择列表中的“gear_1”，选择指定的点为图纸的右上角，单击“确定”按钮；把不需要的参数全部删除，单击选中列宽调整每列的间距，如图 4-1-7 所示。

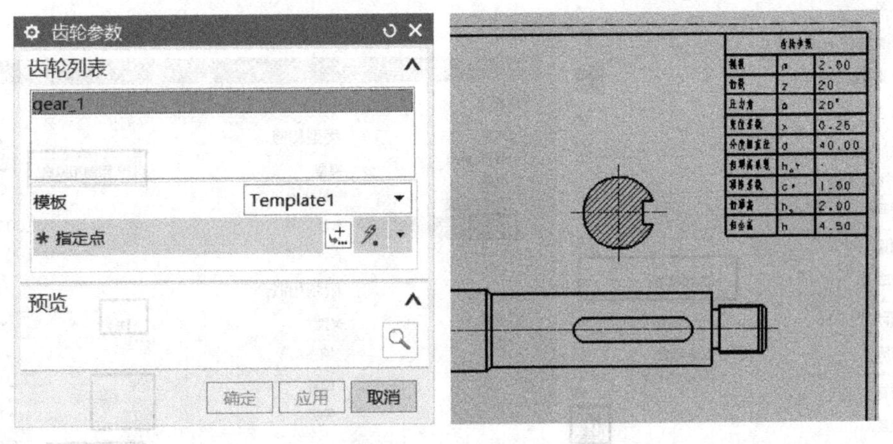

图 4-1-7　齿轮参数

此齿轮轴工程图为了更形象地表示，所以齿轮部分未按国标要求简化，可以选用“齿轮简化”命令将齿轮部分做成国标要求的形式，如图 4-1-8 所示。“选择视图”处选择主视图，齿轮选择“gear_1”，单击“确定”按钮。

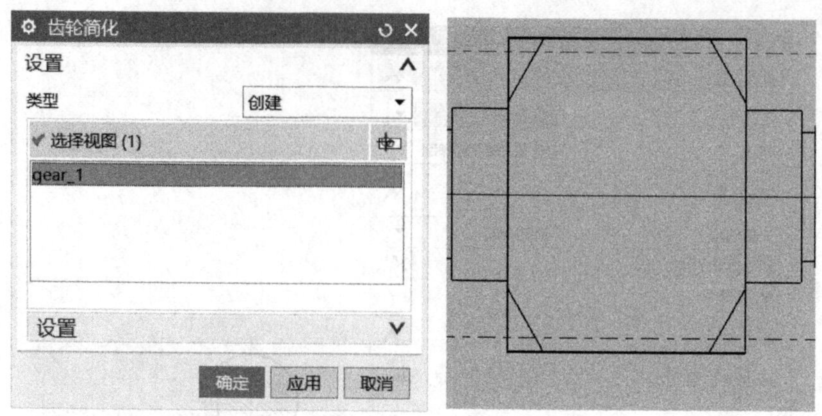

图 4-1-8　齿轮简化

6. 尺寸标注

选择“主页”选项卡中的“尺寸”中的“快速尺寸”命令，打开“快速尺寸”对话框，在测量方法中选择“圆柱式”，如图 4-1-9(a)所示。选择“设置”命令，弹出如图 4-1-9(b)所示窗口，在左侧选择“公差”，“类型和值”中“类型”选择“H7 限制和拟合”，在“限制和拟合”类型中选择“轴”，偏差选择“h7”，“格式”选择“带公差拟合”，对齐选择“中心值”，设置完成后关闭对话框。先后单击齿轮轴左侧轴端两个端点作为“选择第一个对象”和“选择第二个对象”。标注如图 4-1-10 所示。

注意： 安装轴承的轴段一般选用 h7 公差带，在零件图中标注公差尺寸要求选用“带公差拟合”形式。

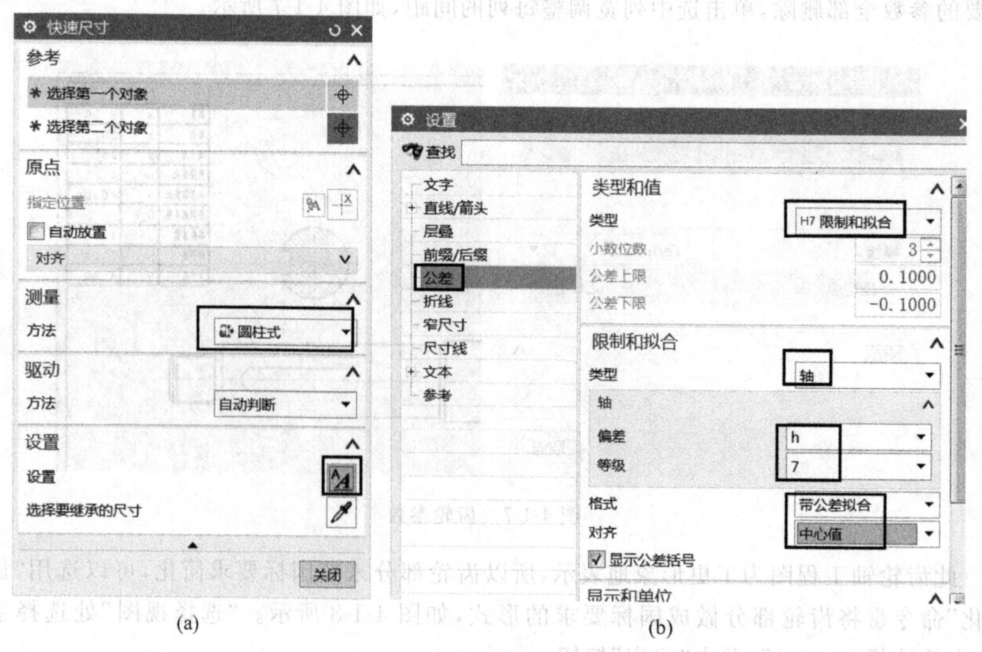

图 4-1-9　“快速尺寸”格式设置

在各轴段处分别标注如图 4-1-11 所示尺寸，标注时用鼠标拖住需要放置的尺寸和现有尺寸，靠近时会出现对齐箭头。

其中有一些标注尺寸要根据设计要求或加工要求，往往不标出实际尺寸，而是比实际尺寸偏大，留出加工余量。这就需要在工程图中人为修改标注尺寸，另外，由于使用自带的“螺纹标注”命令标注出的尺寸往往不符合国标要求，为了做出符合国标要求的工程图，需要修改已标出的尺寸。

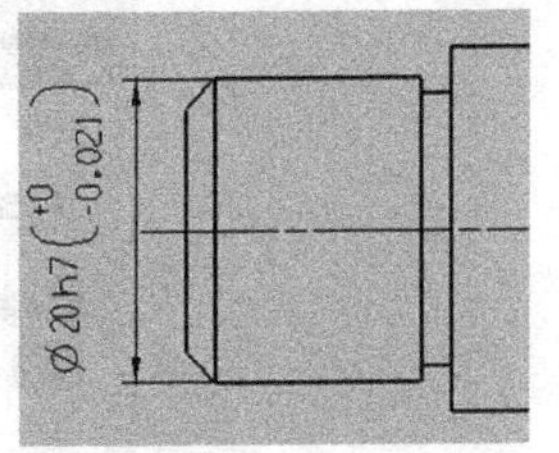

图 4-1-10　尺寸标注

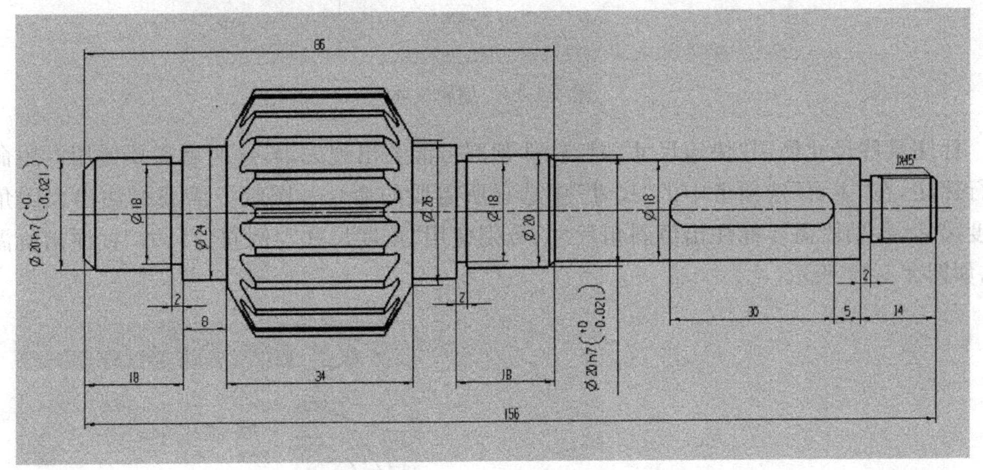

图 4-1-11　其余尺寸

使用“快速尺寸”命令，将右端螺纹处标上尺寸 12，打开“编辑文本”命令，在“主页”选项卡中的“注释”工具栏，单击工具栏右下角的黑三角符号▼，勾选“编辑文本”命令，如图 4-1-12 所示。打开“编辑文本”命令，选择“12”为注释的文本，在“12”前面加 M，单击“确定”按钮，如图 4-1-13 所示。

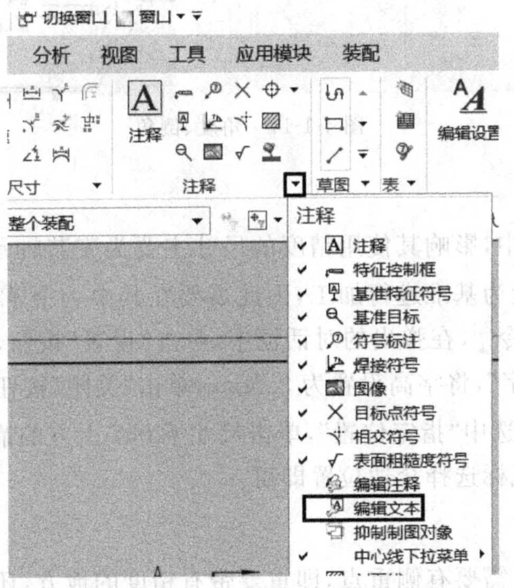

图 4-1-12　打开“编辑文本”命令

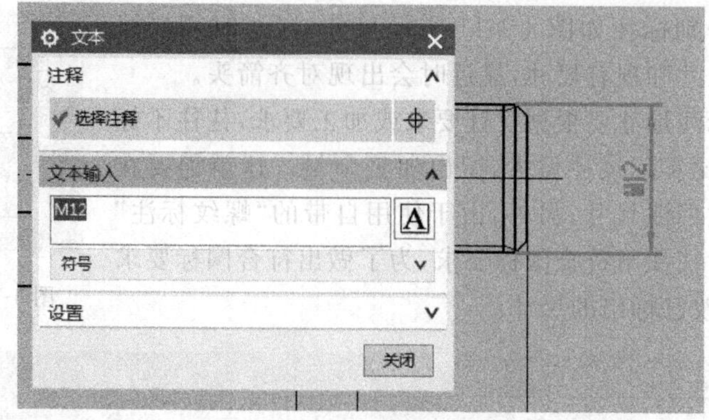

图 4-1-13　编辑文本

标注某些尺寸使用“快速尺寸”时，软件预判可能会出现失误，这时就需要使用专用命令进行标注，在“主页”选项卡中的“尺寸”中选择所需要的命令。图纸上需要标注出大倒角的角度尺寸，各轴段需要标注出倒斜角尺寸，分别使用“角度尺寸”“倒斜角尺寸”标注出所需尺寸，如图 4-1-14 所示。

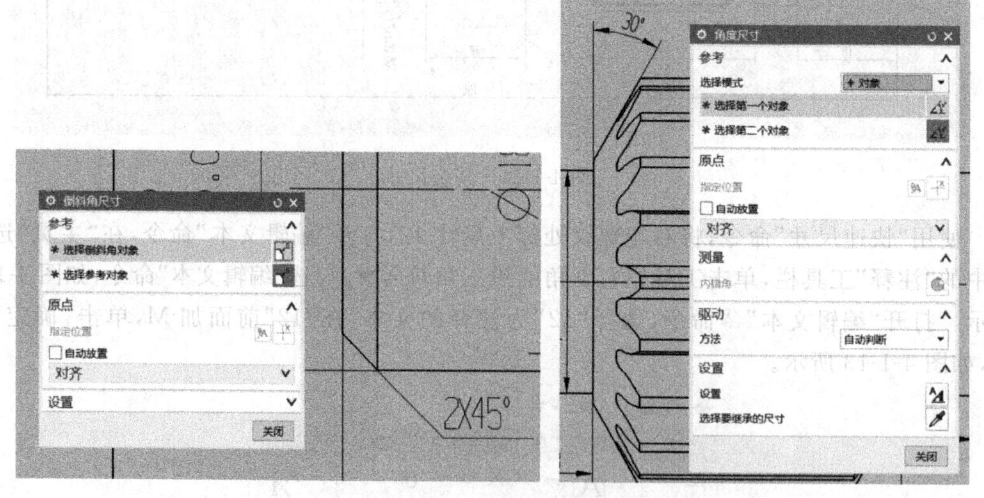

图 4-1-14　角度、倒角

7. 标注基准符号

齿轮轴在使用过程中，影响其使用精度的尺寸主要为安装轴承的轴段，所以，在加工过程中，需要以安装轴承段为基准进行加工，因此需要在其中一个 ϕ20h7 轴段标注基准符号。选择“基准符号特征”命令，在弹出的对话框中，单击“设置”按钮，弹出如图 4-1-15(a)所示的对话框，左侧选中“文字”，将字高设置为 3.5mm，单击“关闭”按钮或按鼠标中键。“基准特征符号”对话框里“原点”选中“指定位置”，单击尺寸 ϕ20h7 上方的箭头会出现如图 4-1-15(b)所示的基准符号，拖动鼠标选择合适位置即可。

8. 标注粗糙度

零件在加工过程中，需要有侧重点，即重要带有精度的地方，还有自由尺寸公差的地方，齿轮轴段的安装要求精度比较高，需要安装表面光洁度高，因此表面粗糙度赋予 Ra3.2，其

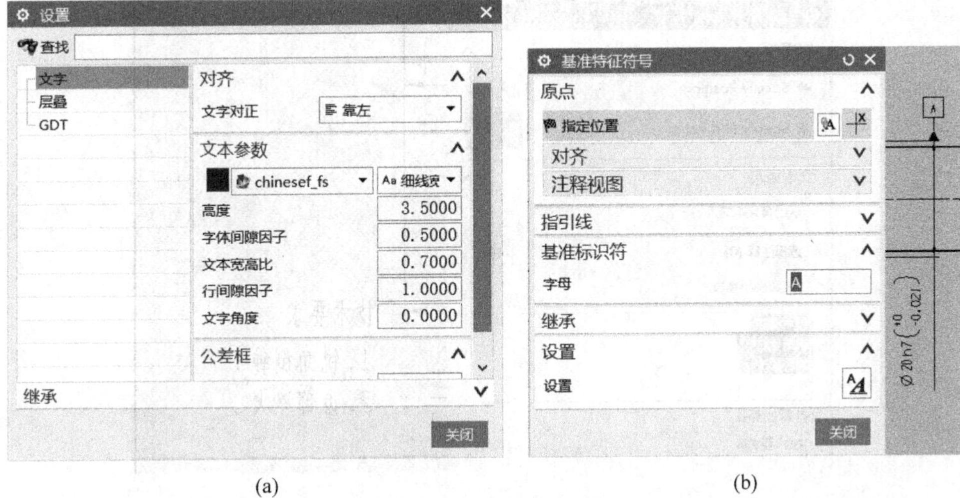

图 4-1-15　基准特征符号

余轴段在使用过程中对表面粗糙度的要求并不高，因此技术要求在其余处标注 $Ra6.3$。选择“表面粗糙度符号”命令√‾，在“属性”中选择“√‾修饰符，需要除料”，在“切除(f1)”处输入“$Ra3.2$”，将齿轮两端 $\phi20$ 轴段的表面分别标注，如图 4-1-16 所示。同时将技术要求其余中的表面粗糙度替换为 $Ra6.3$。

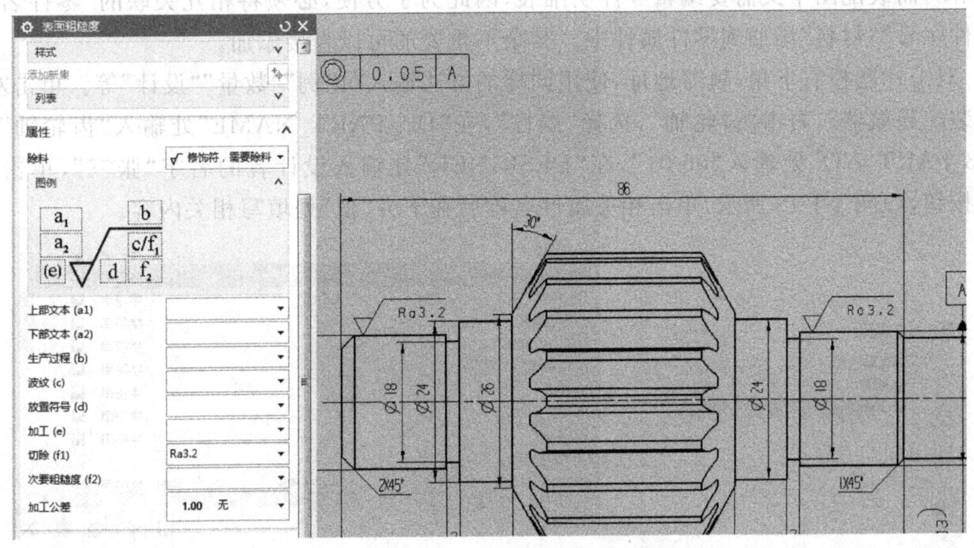

图 4-1-16　表面粗糙度

9. 添加技术要求

零件所有尺寸和位置精度要求标注完成之后往往需要将技术要求标注在图纸的右下角。UG NX 11.0 中自带技术要求库，选择“技术要求”命令，在菜单栏中输入如图 4-1-17 所示内容，并将技术要求拉到图纸右下角。在技术要求库中提供了通用件的技术要求，可以直接选择使用。

图 4-1-17　技术要求库

10. 编辑标题栏

在 UG NX 11.0 标题栏中提供了两种编辑方法，其一直接双击需要编辑的位置将内容输入；其二在“装配导航器”上右击选择“属性”，在弹出的“属性”对话框中编辑属性，自动添加到零件标题栏中。在机械设计中，一个零件往往并非出现一次而是需要和其他零件组成装配图，而装配图中又需要编辑零件明细表，因此为了方便，必须将相互关联的“零件名称”“零件序号”“材料”添加到零件属性中。其余不重要的可以直接添加。

双击标题栏右下角，填写地址，使用同样的方法输入“比例”“数量”“设计”等。单击左侧的“装配导航器”，右击“齿轮轴”，选择“属性”，在“DB_PART_NAME”处输入“齿轮轴”，在“DB_PART_NO”处输入“06-01”，在“DESIGNER”处输入设计者的名字“张三”，单击“确定”按钮，如图 4-1-18 所示，单击相关属性名称后在下方“值”处填写相关内容。

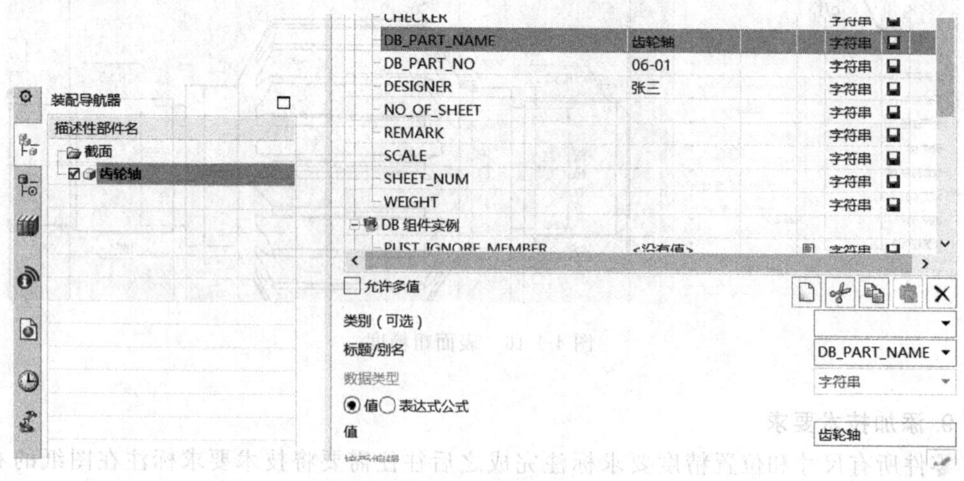

图 4-1-18　零件属性编辑

添加材料栏的属性需要将工程图切换成模型，选择“工具”→“材料”→“指派材料”命令，如图 4-1-19 所示。

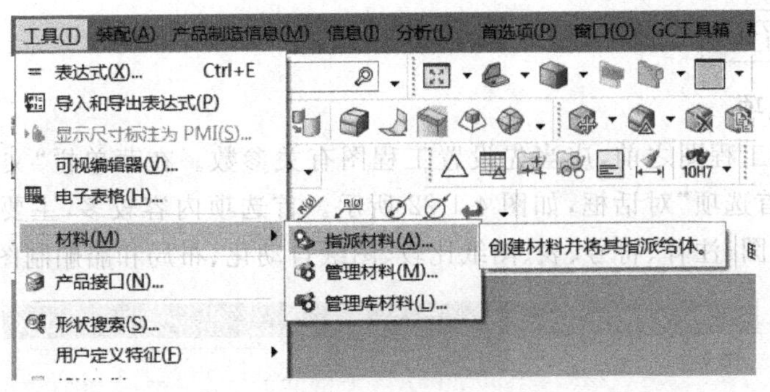

图 4-1-19　指派材料

将“本地材料”切换为“库材料”，选择“Steel”，右击选择“复制”选项，在弹出的对话框中“名称”一栏中输入“45”，单击“确定”按钮，选中实体单击“确定”按钮，如图 4-1-20 所示。

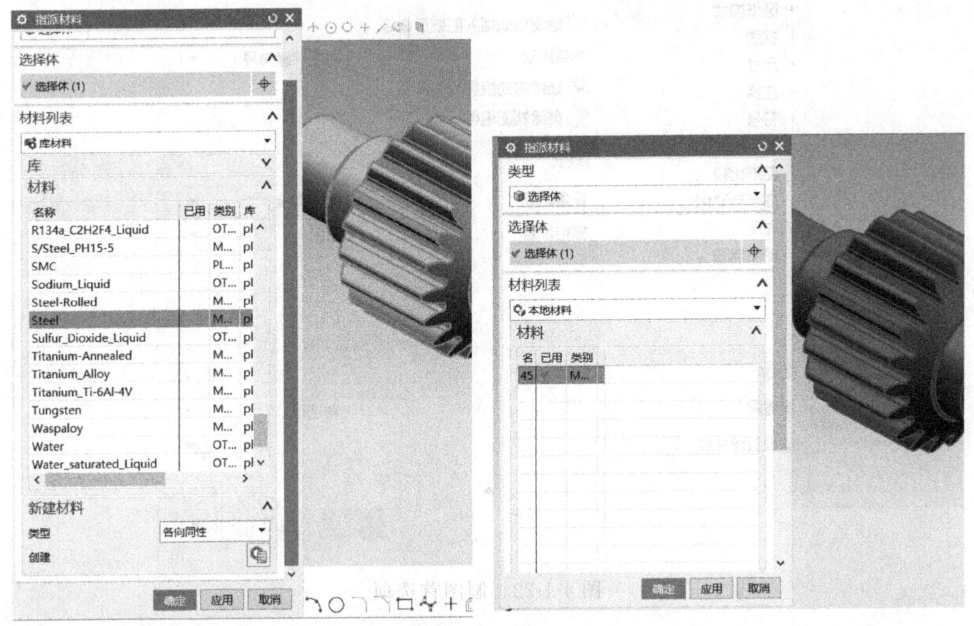

图 4-1-20　编辑材料

切换为工程图，完成标题栏，如图 4-1-21 所示。

<table>
<tr><td></td><td></td><td></td><td></td><td></td><td rowspan="5">齿轮轴</td><td colspan="4">06-01</td></tr>
<tr><td></td><td></td><td></td><td></td><td></td><td colspan="2">图样标记</td><td>重量</td><td>比例</td></tr>
<tr><td></td><td></td><td></td><td></td><td></td><td>数量X</td><td></td><td></td><td>2:1</td></tr>
<tr><td></td><td></td><td></td><td></td><td></td><td colspan="2">共　页</td><td colspan="2">第　页</td></tr>
<tr><td>标记</td><td>处数</td><td>更改文件号</td><td>签字</td><td>日期</td><td colspan="4" rowspan="5">山东劳动职业技术学院工艺系</td></tr>
<tr><td colspan="2">设计</td><td>张三</td><td colspan="2"></td><td rowspan="4">45</td></tr>
<tr><td colspan="2">校对</td><td></td><td colspan="2"></td></tr>
<tr><td colspan="2">审核</td><td></td><td colspan="2"></td></tr>
<tr><td colspan="2">批准</td><td></td><td colspan="2"></td></tr>
</table>

图 4-1-21　标题栏

4.1.4 知识拓展

1. 制图首选项

一般在添加工程图之前，应当先设置工程图有关参数。在菜单栏“文件”中选择“首选项”，打开“制图首选项”对话框，如图 4-1-22 所示。首选项内容较多，主要有常规/设置、公共、图纸格式、视图、注释、符号、表、图纸比较、图纸自动化、布局和船舶制图。

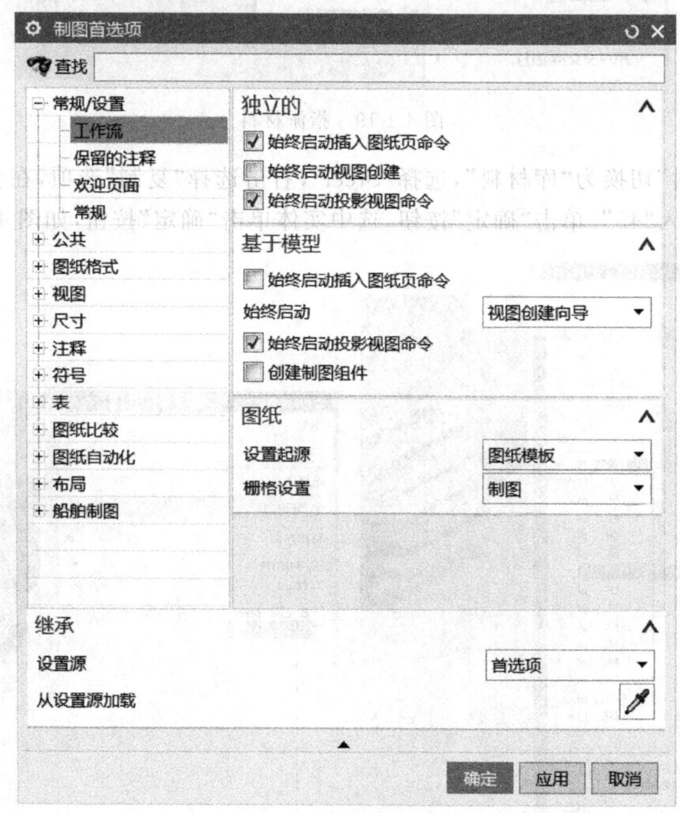

图 4-1-22　制图首选项

本节将主要介绍一些常见的设置。

(1) 常规/设置：打开“常规”，可定义图纸页边界、表面粗糙度和焊接的执行标准，在此可以均设置为“GB”。

(2) 公共：可以设置文字、直线/箭头、原点、前缀/后缀和符号等。

(3) 图纸格式：可以设置图纸页、边界和区域、标题块等选项。

(4) 视图：可以设置角度、可见线、隐藏线、虚拟交线、追踪线、螺纹、着色、光顺边和视图标签等选项，以及投影、截面、断开等。部分参数说明如下。

① 隐藏线：可以设置工程图各个视图中隐藏线的显示方式。在“视图首选项”对话框中单击此选项卡，可以设置隐藏线的各个参数，不勾选“仅参考边”复选框时，所有线条都以实线的形式显示。当勾选“仅参考边”复选框时，可以设置隐藏线的颜色、线型和线宽等显示参数，将隐藏线设置为不可见时，将不显示隐藏线。

② 可见线：可以设置工程图各个视图中可见线的显示方式。在“视图首选项”对话框

中单击此选项卡，可以设置可见线的各个参数，包括颜色、线型和线宽等。

③ 光顺边：用于设置光顺边的显示方式。在“视图首选项”对话框中单击此选项卡，可以设置光顺边的颜色、线型和线宽等，当勾选“光顺边”复选框时，才能设置各个选项。取消勾选时，视图中将不显示光顺边。

④ 虚拟交线：用于设置虚拟交线的显示方式。虚拟相交的交线是两个圆弧面过渡时的虚拟交线。在“视图首选项”对话框中单击此选项卡，可以设置虚拟交线的颜色、线型和线宽等。取消勾选“虚拟交线”复选框，视图中将不显示虚拟交线。

⑤ 追踪线：用于设置追踪线的显示方式。追踪线分为可见追踪线和隐藏追踪线，在“视图首选项”对话框中单击此选项卡，可以设置追踪线的颜色、线型和线宽等。

⑥ 螺纹：用于设置内、外螺纹在视图中的显示方式。在“视图首选项”对话框中单击此选项卡，可以设置螺纹的参数。螺纹标准下拉列表中包括 6 种类型：“无”“ANSI/简化的”“ANSI/示意性的”“ANSI/详细的”“ISO/简化的”和“ISO/详细的”，用户可从螺纹标准列表框中选取。一般将视图中螺纹的显示方式设定为“ISO/简化的”。“最小螺距”文本框用于输入螺纹的最小螺距。

⑦ 截面：在“视图首选项”对话框中单击此选项卡，可以设置剖视图背景和剖面线的显示方式。“剖切线”复选框用于设置隐藏和显示剖切线；“装配剖面线”复选框用于设置装配部件中两相邻部件剖面线的显示方向，勾选此复选框时，剖面线的显示方向相反。

2. 工程图标注

工程图标注反映零件图形尺寸和公差等信息。利用标注功能，用户可以向工程图中添加尺寸、形位公差、制图符号和文本注释等内容。

1）一般尺寸标注

尺寸标注用于标识图形尺寸的大小，三维实体造型模型和工程图模块是相关联的，工程图中的标注直接引用三维模型中的尺寸，如果修改了三维模型，工程图中的尺寸也要更新。

选择标注类型后，如果需要附加文本，则要设置附加文本的放置方式和输入文本内容；如果需要标注公差，则要选择公差类型和输入上、下偏差。完成这些设置以后，将鼠标移到视图中，选择要标注的对象，并拖动标注尺寸到理想的位置，则系统即在指定位置创建一个尺寸标注。下面介绍一下尺寸子菜单中标注类型的用法。

(1) 自动判断的尺寸 ：根据所选择的对象和光标位置自动判断尺寸类型创建一个尺寸。

(2) 水平 ：用于标注工程图中所选对象间的水平尺寸。

(3) 垂直 ：用于标注工程图中所选对象间的垂直尺寸。

(4) 平行 ：用于标注工程图中所选对象间的平行尺寸，是两点间的最短距离。

(5) 竖直 ：用于标注工程图中所选对象间的竖直尺寸。

(6) 成角度 ：用于标注工程图中所选两直线之间的角度。

(7) 倒斜角 ：创建一个倒斜角尺寸，其角度为 45°。

(8) 圆柱形 ：创建一个圆柱尺寸，这是两个对象或点位置之间的线性距离，可以测量圆柱体的轮廓视图尺寸。

(9) 孔 ：创建圆形特征的单一指引线直径尺寸。

(10) 直径：创建圆形特征的直径尺寸,创建的尺寸包含双向箭头。

(11) 半径：创建一个半径尺寸,用一个箭头从尺寸值指向圆弧。

(12) 过圆心的半径：创建一个半径尺寸,用一个箭头从尺寸值指向圆弧,并绘制一条从圆弧中心到箭头的延伸线。

(13) 折叠半径：对极大的半径圆弧创建一条折叠的指引线半径尺寸,其中心可以在绘图区之外。

(14) 厚度：可以创建一个厚度尺寸来测量两条曲线直径的距离。

(15) 圆弧长：用于标注工程图中圆弧的周长。

(16) 水平链：创建一组水平尺寸,其中每个尺寸与其相邻尺寸共享端点。

(17) 竖直链：创建一组竖直尺寸,其中每个尺寸与其相邻尺寸共享端点。

(18) 水平基线：创建一组水平尺寸,其中每个尺寸共享一条公共基线。

(19) 竖直基线：创建一组竖直尺寸,其中每个尺寸共享一条公共基线。

(20) 坐标：创建一个坐标尺寸,测量从公共点沿一条坐标基线到某一位置的距离。

2) 注释

在“注释”工具栏中,可以添加图纸中的各种注释,如图 4-1-23 所示,主要有注释、特征控制框(形位公差等)、基准特征符号、基准目标、符号标注、焊接符号、图像、目标点符号、相交点符号、表面粗糙度符号、剖面线等。

单击“注释”按钮,将弹出“注释”对话框。可以直接在“文本输入”下面的文本框中输入文本,然后将文本放置在图纸中。在对话框中单击打开“更多”(黑色三角形符号),还可以设置指引线等选项,并且在文本输入中,可以插入一些常见的符号,如图 4-1-24 所示。

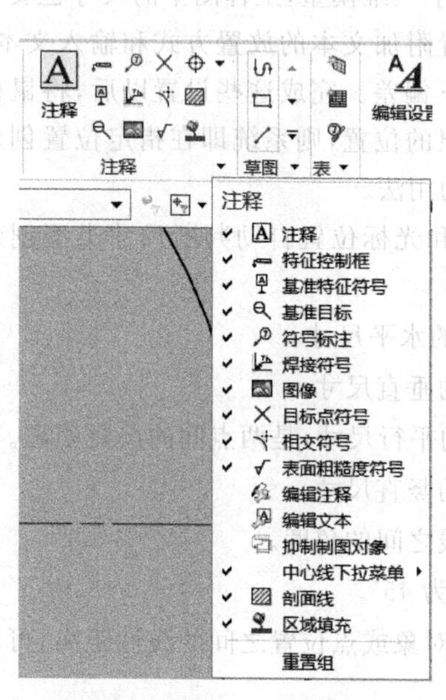

图 4-1-23 “注释”工具栏

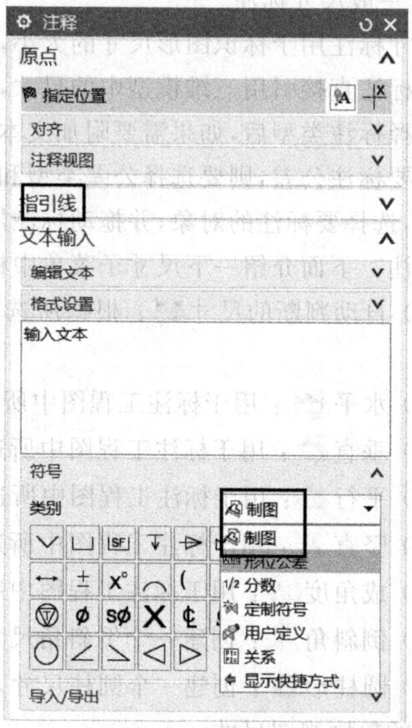

图 4-1-24 注释

在制图“注释”工具栏中单击“基准特征符号”按钮，将弹出“基准特征”工具栏和一个“基准字母”文本框，可以创建和编辑基准特征符号。在“基准字母”文本框中输入基准符号，然后在“基准特征”工具栏中单击“字母”按钮，即可将基准特征符号放置在视图中，可以将基准特征符号靠近视图中的基准边，当显示一个小箭头时，按住鼠标左键拖动可以形成指引线。当需要在基准要素上指定某些点、线或局部表面来体现各剖面时，应标注基准目标。

标注表面粗糙度时，先选择表面粗糙度符号类型，然后在对话框的中部设置该粗糙度类型的单位、文本尺寸和相关参数，输入数值时可以根据图示指定输入数值单位制，再在对话框下部指定表面粗糙度符号的方向和选择指定线类型，最后单击对话框下方的确定标注表面粗糙度符号的位置按钮，就可以按设置的要求标注表面粗糙度符号。

中心线下拉菜单中，可以向对象添加的实用符号有线性中心线、环形中心线、圆柱中心线、对称中心线和其他实用符号，如图 4-1-25 所示。其具体含义如下。

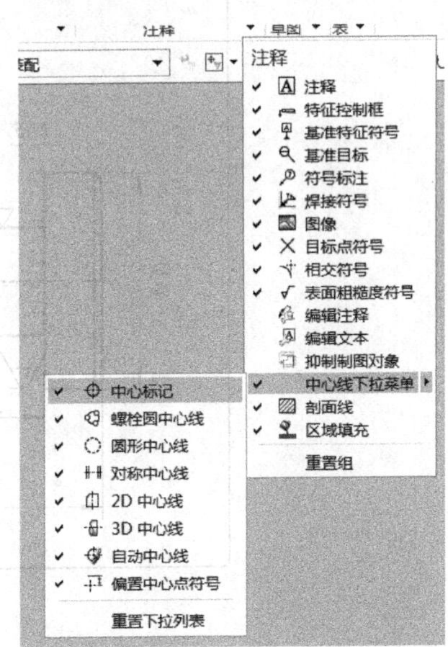

图 4-1-25　中心线下拉菜单

(1) 中心标记：用于在所选的共线点或圆弧中产生中心线，或在所选取的单个点或圆弧上插入线性中心线。可以设置选择位置，如果设置为控制点或交点，将在直线上产生线性中心线；如果设置为圆心，将在圆弧或圆上产生线性中心线。

(2) 螺栓圆中心线：用于为沿圆周分布的螺纹孔或控制点插入带孔标记的环形中心线。选择方法有两种：一种是通过三点；另一种是中心点。通过三点是利用选择的 3 个点来确定环形中心线的直径；中心点方法是利用选择的中心点与第一个选择点的距离确定环形中心线的直径。

(3) 圆形中心线：用于在所选取的沿圆周分布的对象上产生完整的环形中心线。其创建方法和创建完整螺栓圆相似。

(4) 对称中心线：用于在所选对象上产生对称中心线。其选择位置方法和创建圆柱中心线相似。

(5) 2D 中心线：用于创建平面的中心线。单击该按钮后，直接选择长方体的对边，根据需要还可以设置限制对象。

(6) 3D 中心线：用于在圆柱面或非圆柱面的对象上产生圆柱中心线。单击此按钮，需要设置点位置选项，可以选取圆柱面的选项，也可采用多种选取方式产生圆柱的中心线。

(7) 自动中心线：单击此按钮，然后在图纸中选择一个视图，单击“应用”按钮，系统将自动标识出中心线。

(8) 偏置中心点符号：在标注大半径圆弧尺寸时，其中心点经常难以找到，这时需要用偏移圆弧中心点的方法产生一个半径尺寸的标注位置。在“实用符号”对话框中单击该按钮，需要设置偏置方法和距离。在方法下拉列表中，可以选择偏移中心点的不同偏置方式。

在“注释”工具栏中，还有一些符号，例如目标点和交点符号，在使用时非常快捷。

(9) 目标点符号 ×：用于标记目标点符号形式。符号为“×”，可以设置其大小和角度。

(10) 交点符号 ┐：用于在选取对象上产生交点符号作为角落的标识。可以在设置里修改符号的大小。

课后练习题

根据提供图纸进行建模，并绘制工程图。

1.

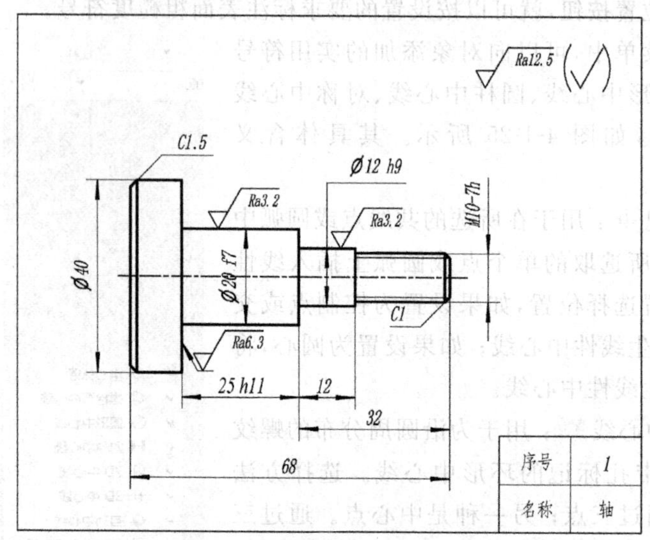

练习题 4-1-1

2.

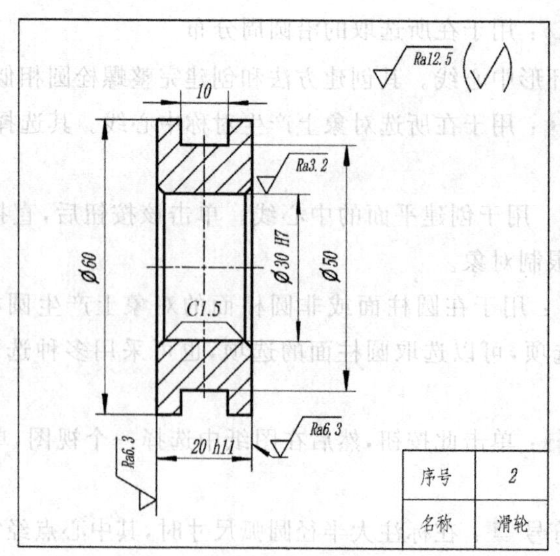

练习题 4-1-2

3.

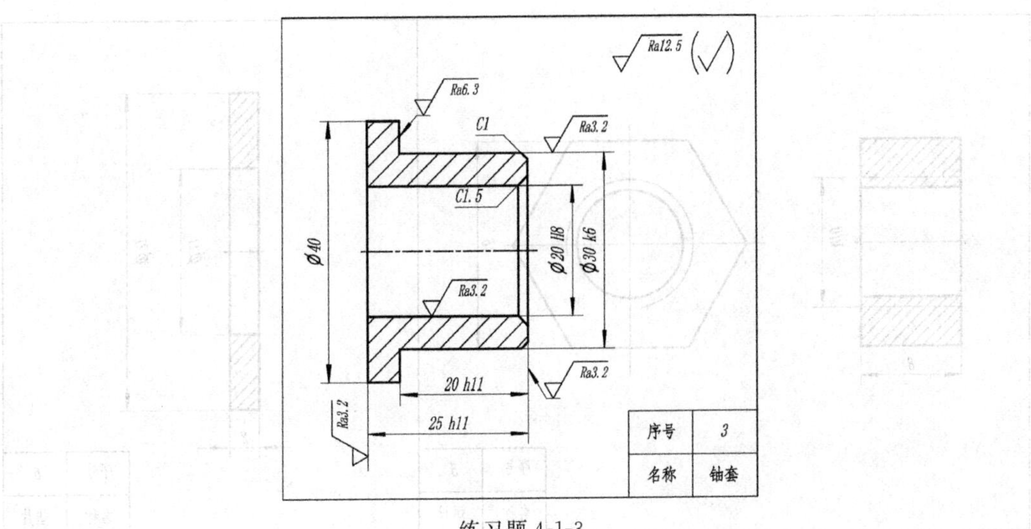

练习题 4-1-3

4.

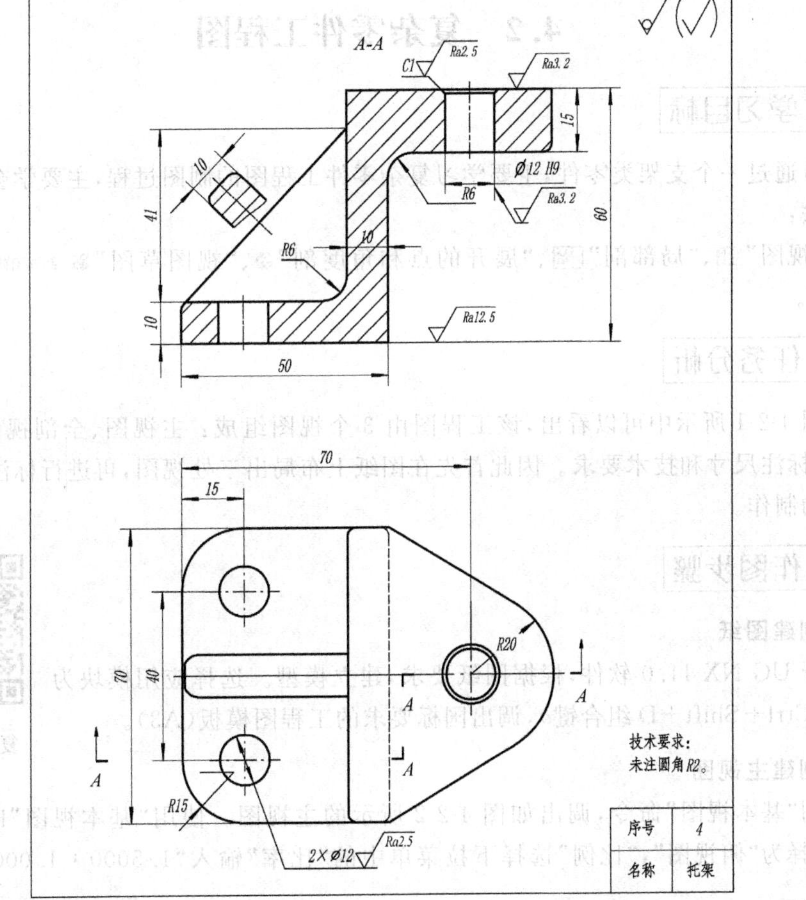

练习题 4-1-4

5.

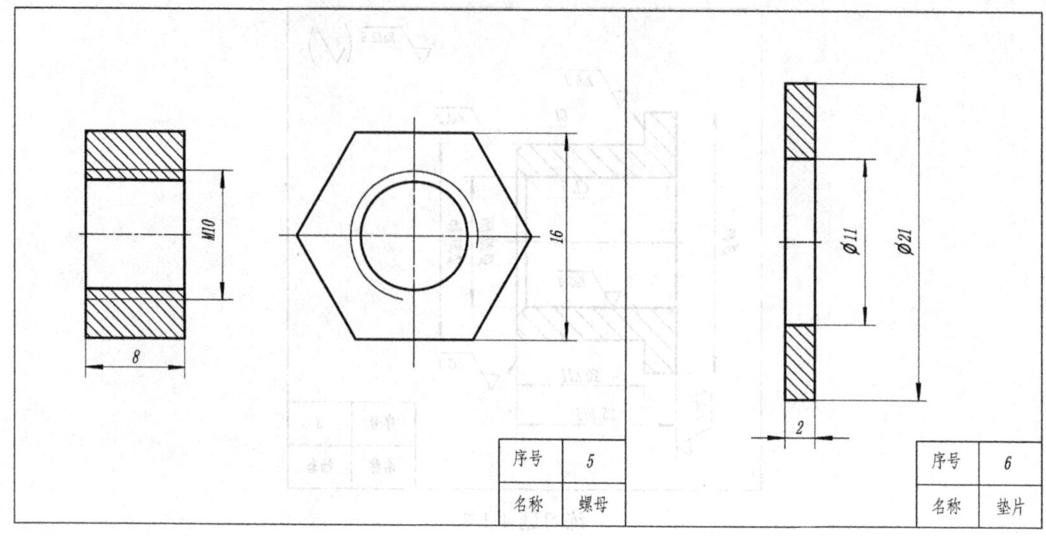

练习题 4-1-5

4.2 复杂零件工程图

4.2.1 学习目标

本节通过一个支架类零件，主要学习复杂零件工程图的制图过程，主要学会以下命令的使用方法：

"剖视图"、"局部剖"、"展开的点和角度剖"、"视图草图"活动草图视图、"快速尺寸"等。

4.2.2 任务分析

从图 4-2-1 所示中可以看出，该工程图由 3 个视图组成：主视图、全剖视图和断面图。另外，需标注尺寸和技术要求。因此首先在图纸上布局出三处视图，再进行标注即可完成此工程图的制作。

4.2.3 作图步骤

复杂零件制图

1. 创建图纸

打开 UG NX 11.0 软件，根据图纸要求，建立模型。选择应用模块为"制图"(Ctrl+Shift+D 组合键)，调出国标要求的工程图模板(A3)。

2. 创建主视图

使用"基本视图"命令，调出如图 4-2-2 所示的主视图。使用"基本视图"时将"模型视图"处选择为"俯视图"，"比例"选择下拉菜单中的"比率"输入"1.5000 : 1.0000"，单击"关闭"按钮。

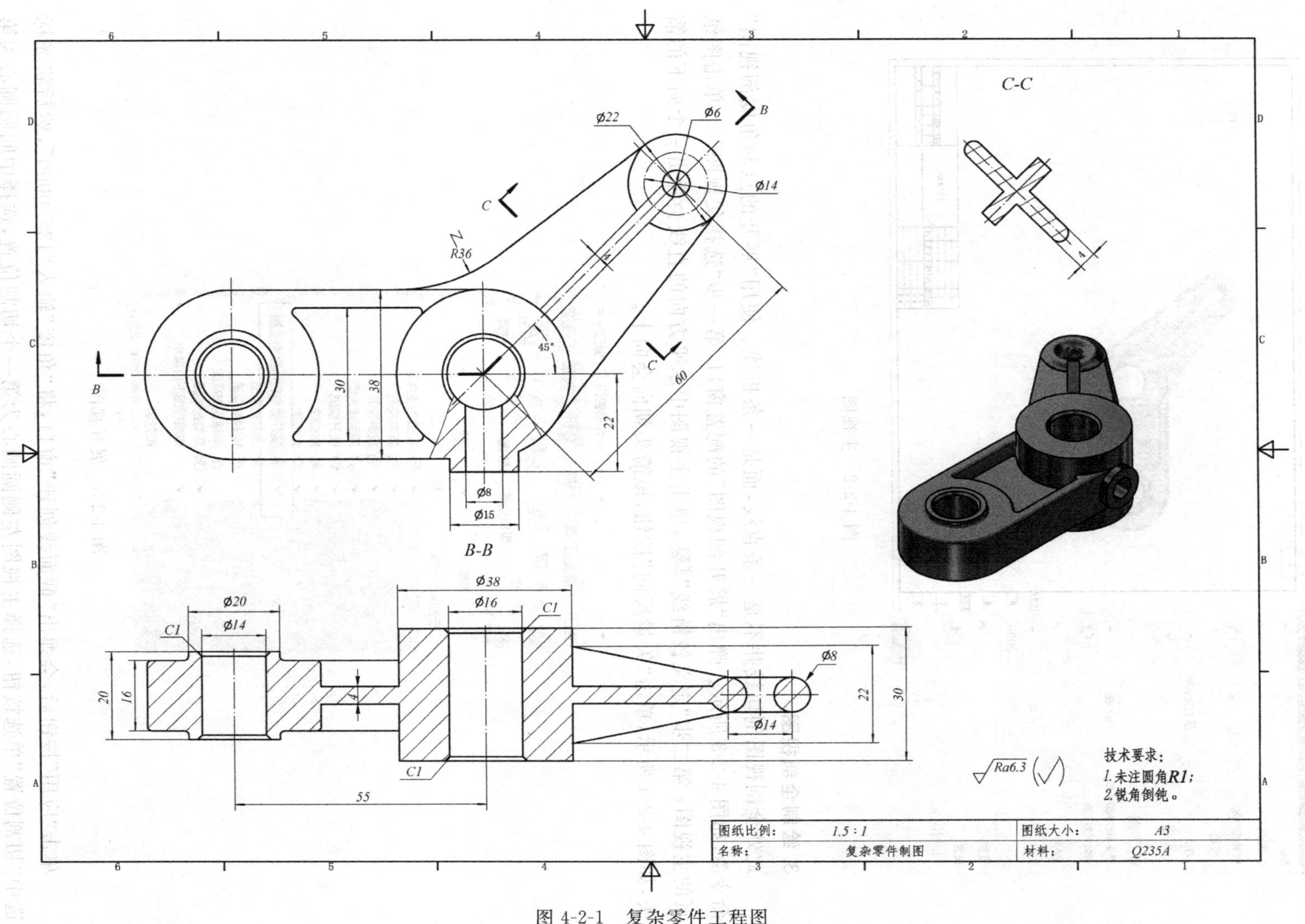

图 4-2-1　复杂零件工程图

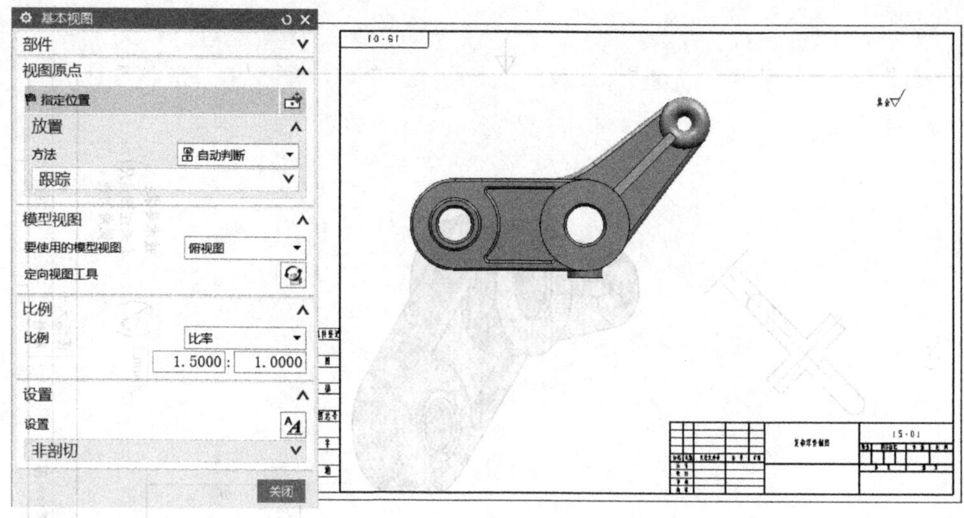

图 4-2-2 主视图

3. 绘制全剖视图

此处全剖视图剖切线并不是一条直线，而是一条折线。使用“展开的点和角度剖视图”命令，如图 4-2-3 所示。弹出“展开剖视图”的配置窗口，第一步“选择父视图”，单击图纸页的主视图；第二步“定义铰链线”，单击主视图中水平方向的直线会弹出一个向下的箭头，如图 4-2-4 所示，单击“矢量反向”按钮，该箭头朝向会向上。

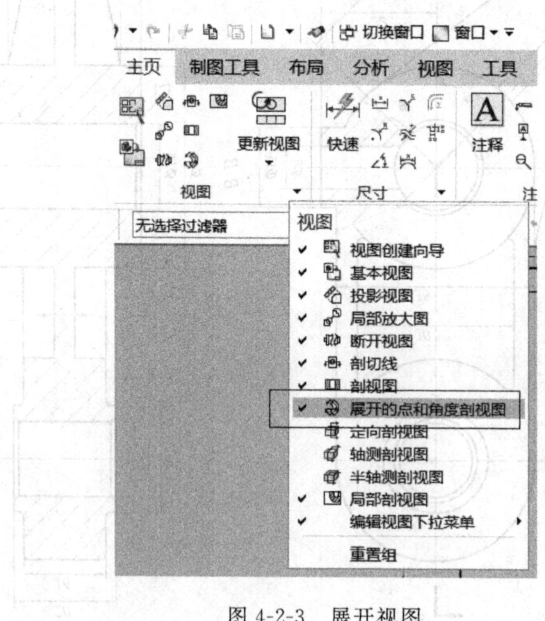

图 4-2-3 展开视图

单击“应用”按钮后，会弹出“截面线创建”窗口，将“角度”输入“135.0000”，然后将光标选中“切割位置”单选按钮，选择主视图左侧圆圆心为第一个切割位置，选择中间圆圆心为第二个切割位置，选择右侧圆圆心为第三个切割位置，单击“确定”按钮，选择视图放置位置如图 4-2-5 所示。

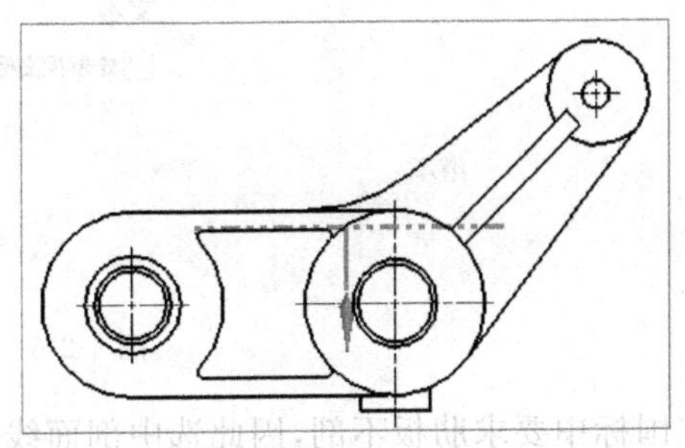

图 4-2-4　定义铰链线

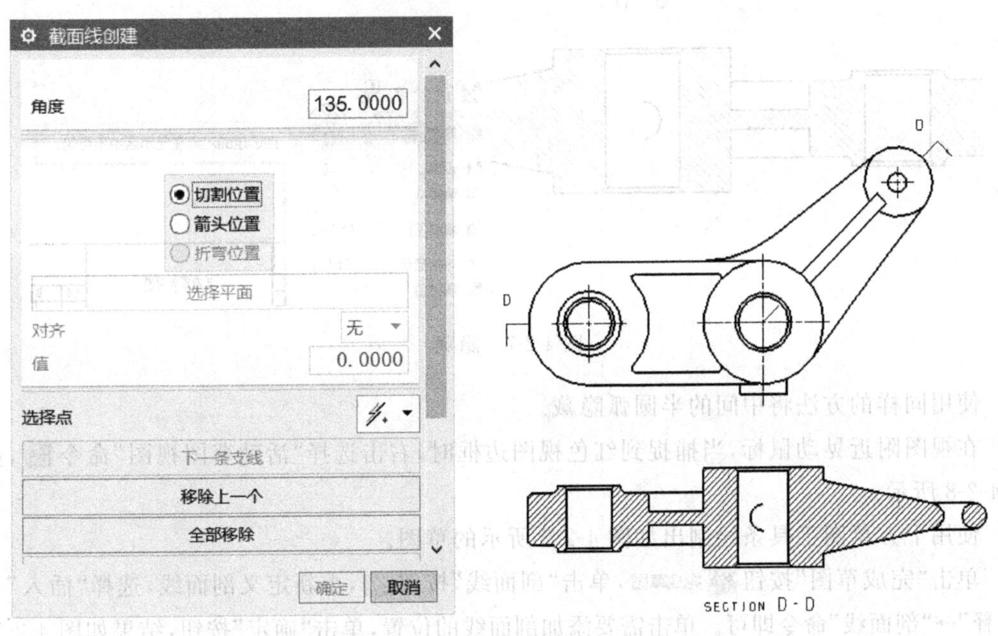

图 4-2-5　点到点角度剖视图

4. 修正剖视图

剖出的视图不符合我国国家标准，因此需要对视图进行后续操作，双击“SECTION D-D”弹出“设置”对话框，选择截面线下的标签，将前缀删除，将“格式”中的“位置”选项选择“上面”，如图 4-2-6 所示，单击“确定”按钮。

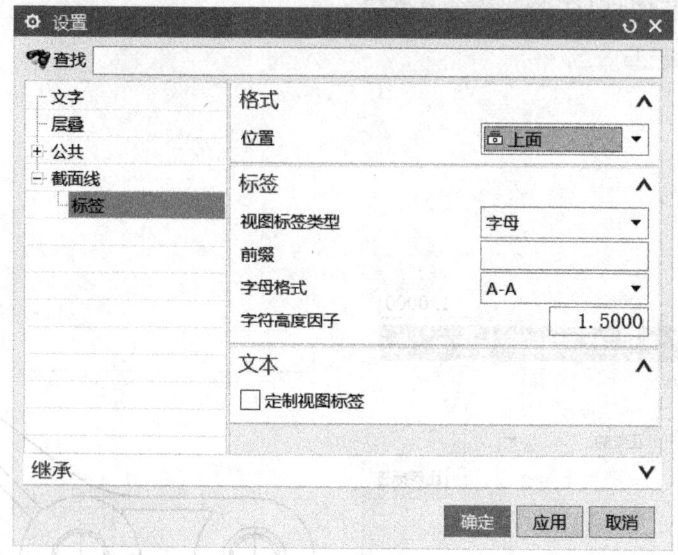

图 4-2-6　视图标签

在国标中要求肋板不剖，因此选中剖面线，右击选择隐藏(Ctrl+B 组合键)，如图 4-2-7 所示。

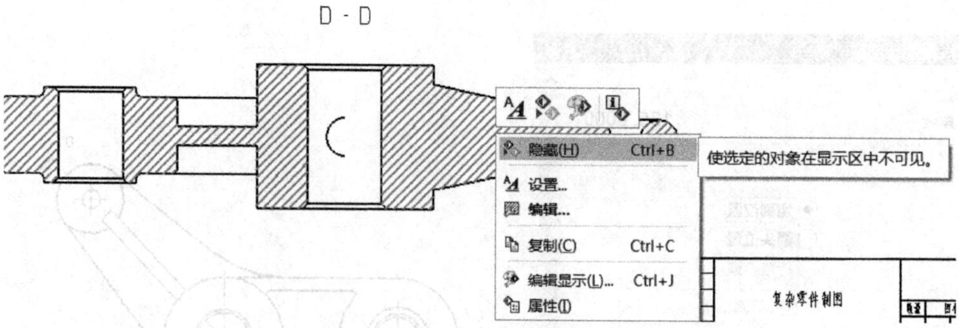

图 4-2-7　隐藏

使用同样的方法将中间的半圆弧隐藏。

在视图附近晃动鼠标，当捕捉到红色视图边框时，右击选择“活动草图视图”命令，如图 4-2-8 所示。

使用下方草图工具条绘制出如图 4-2-9 所示的草图。

单击“完成草图”按钮 完成草图，单击“剖面线”按钮，重新定义剖面线，选择“插入”→“注释”→“剖面线”命令即可。单击需要添加剖面线的位置，单击“确定”按钮，结果如图 4-2-10 所示。

5. 添加中心线

剖视图中还缺少中心线，使用“中心标记”命令，添加右侧两圆中心线，单击下拉菜单选择“2D 中心线” 2D 中心线，弹出添加 2D 中心线配置窗口，“类型”选择“从 曲线”，“第 1 侧”“第 2 侧”分别选择需要添加中心线的两个边线，如图 4-2-11 所示。将两圆柱添加中心线。

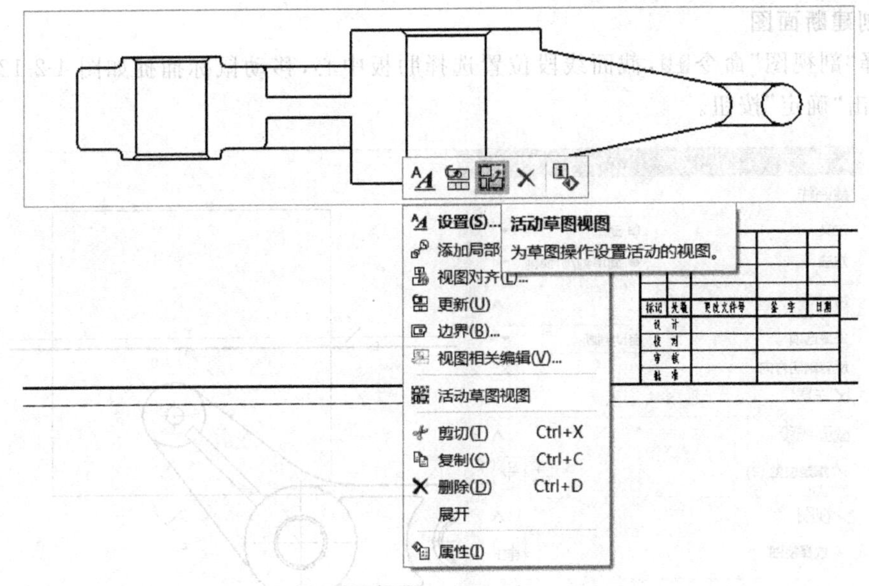

图 4-2-8　活动草图视图

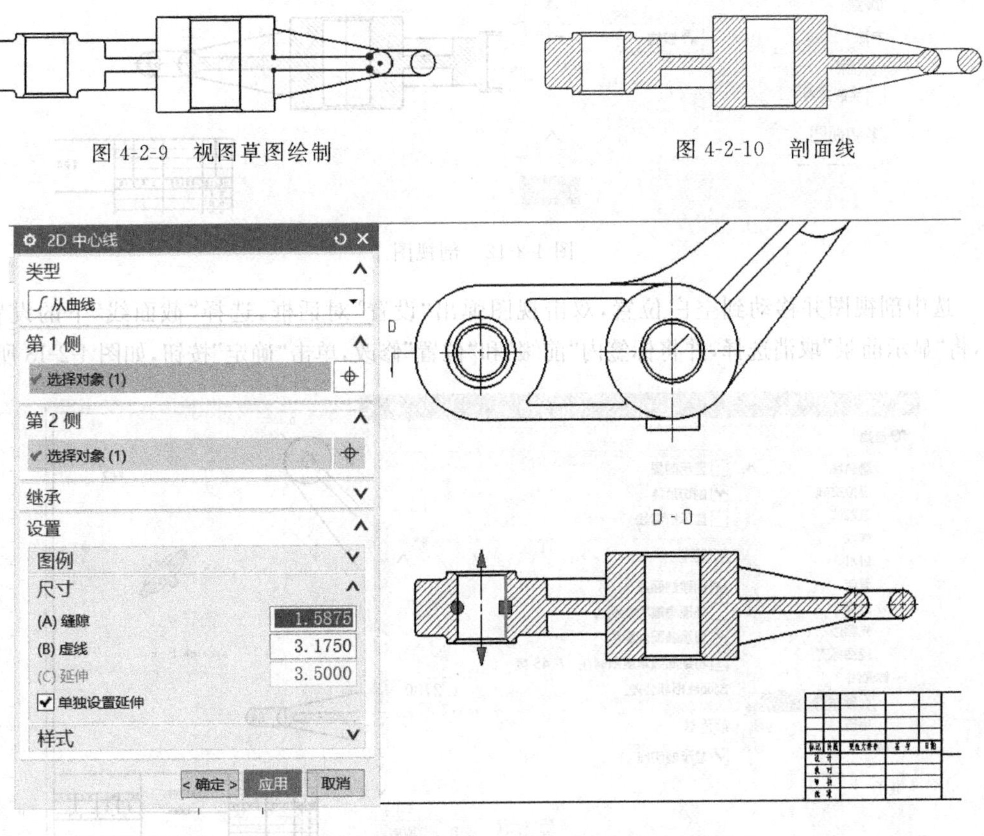

图 4-2-9　视图草图绘制

图 4-2-10　剖面线

图 4-2-11　中心线

6. 创建断面图

选择“剖视图”命令，截面线段位置选择肋板中心，移动鼠标捕捉如图 4-2-12 所示的方向，单击“确定”按钮。

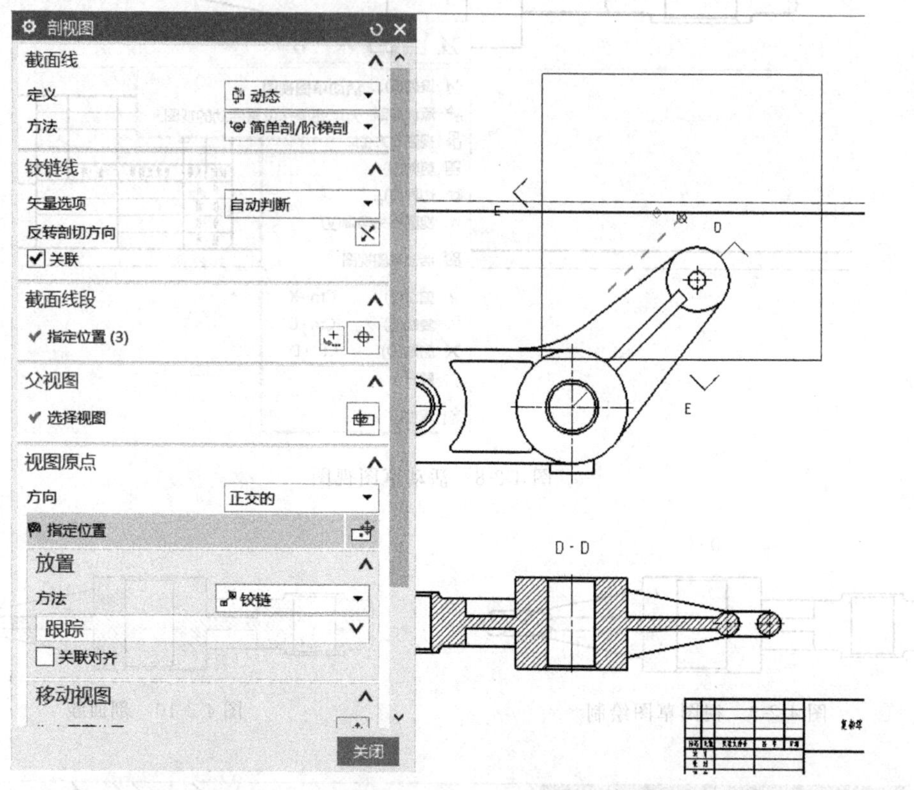

图 4-2-12　剖视图

选中剖视图并移动到空白位置，双击视图弹出“设置”对话框，选择“截面线”下的设置标签，将“显示前景”取消选择，并将标签内“前缀”和“位置”修改，单击“确定”按钮，如图 4-2-13 所示。

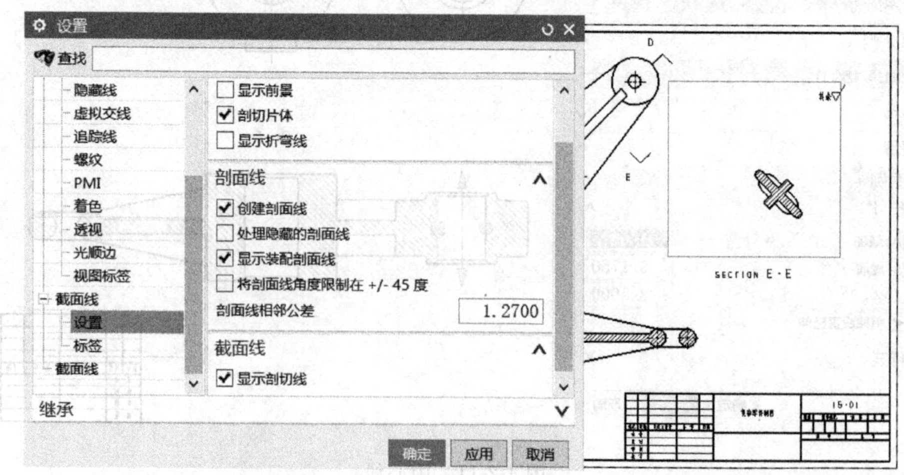

图 4-2-13　设置参数

7. 创建局部剖视图

激活主视图的 活动草图视图，使用下方草图绘制工具“艺术样条”（快捷键 S）绘制出如图 4-2-14 所示的草图轮廓，选中“封闭”复选框，单击“确定”按钮。

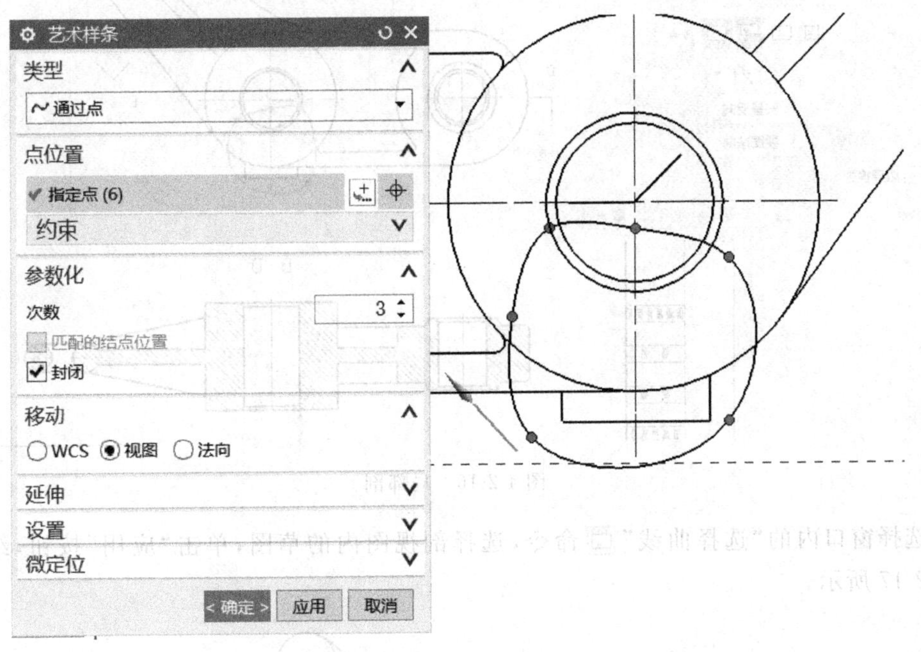

图 4-2-14　绘制艺术样条

使用“局部剖视图”命令，在弹出的窗口中选择创建，单击需要创建的视图即主视图，如图 4-2-15(a)所示，弹出如图 4-2-15(b)所示的窗口。

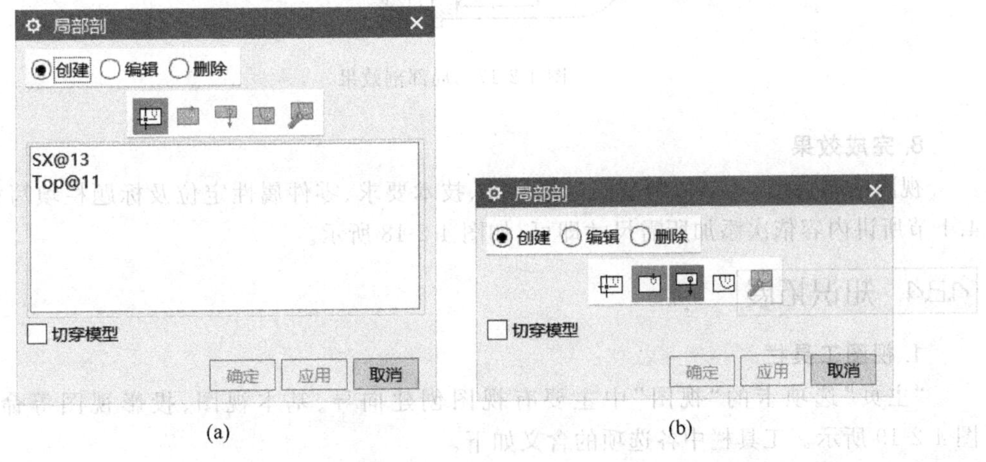

图 4-2-15　局部剖视图

选中弹出对话框中的“指出基点”，选择剖视图中间圆柱中点，变化如图 4-2-16 所示。此处定义局部剖视图的剖切深度。

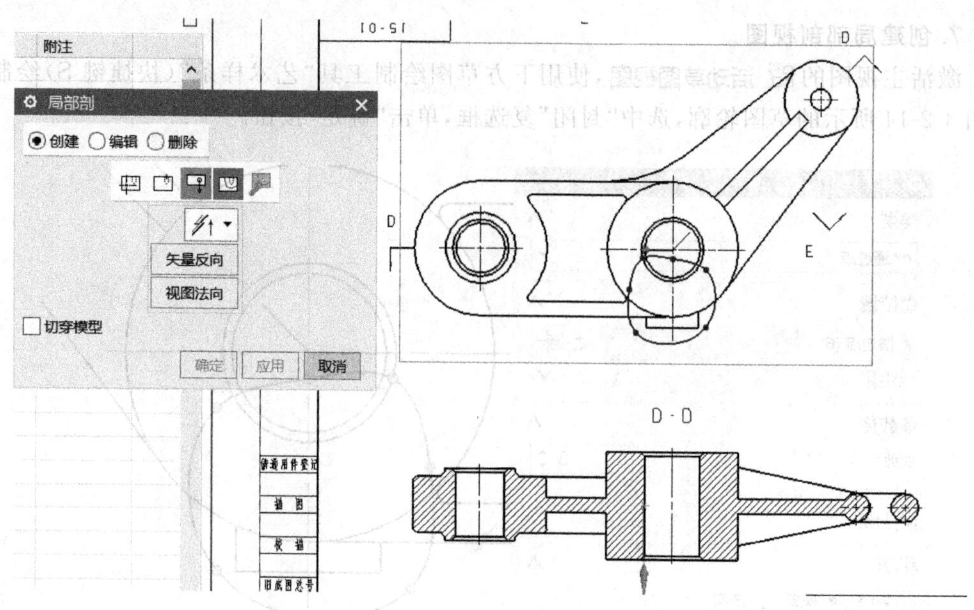

图 4-2-16　局部剖

选择窗口内的"选择曲线"命令,选择剖视图内的草图,单击"应用"按钮,结果如图 4-2-17 所示。

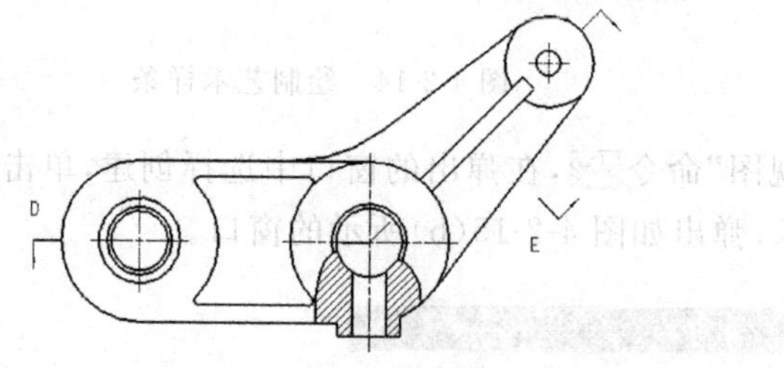

图 4-2-17　局部剖效果

8. 完成效果

视图的布局已经完成,剩余的标注尺寸、技术要求、零件属性定位及标题栏填写根据第 4.1 节所讲内容依次添加所需尺寸即可,如图 4-2-18 所示。

4.2.4 知识拓展

1. 视图工具栏

"主页"选项卡的"视图"中主要有视图创建向导、基本视图、投影视图等命令,如图 4-2-19 所示。工具栏中各选项的含义如下。

(1) 基本视图。部件:单击此按钮,将弹出"选择部件"对话框,单击此对话框中的"选择部件"按钮,可以打开"部件名"对话框,即可将部件投影到工程图中。

(2) 视图。视图提供了 11 种不同类型的视图方式,用户可以选取所需的视图类型。模型视图是指部件模型的各种向视图和轴测图,包括 TOP(俯视图)、BOTTOM(仰视图)、

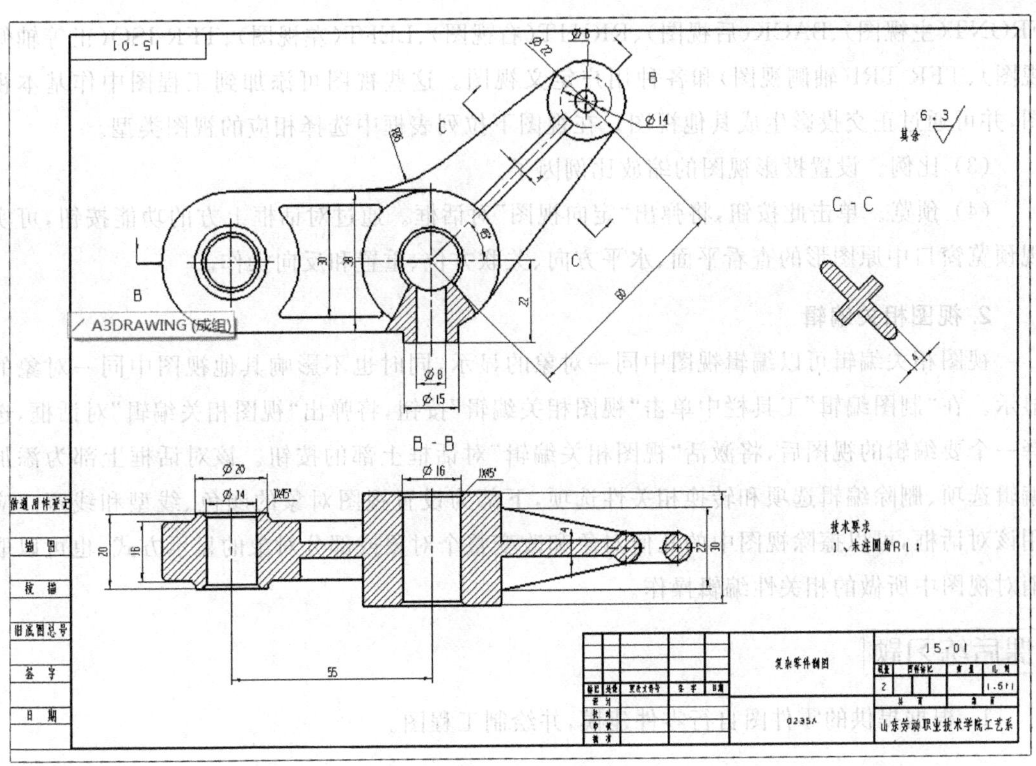

图 4-2-18　完成图

切换窗口　窗口

主页　制图工具　布局　分析　视图　工具　应用模

视图相关编辑　快速　注释

视图　尺寸

无选择过滤器

视图

视图创建向导

基本视图

投影视图

局部放大图

断开视图

剖切线

剖视图

展开的点和角度剖视图

定向剖视图

轴测剖视图

半轴测剖视图

局部剖视图

编辑视图下拉菜单

重置组

更新视图

移动/复制视图

视图对齐

视图边界

隐藏视图中的组件

显示视图中的组件

视图中的次要几何元素

视图中剖切

视图相关编辑

重置下拉列表

图 4-2-19　视图

FRONT(主视图)、BACK(后视图)、RIGHT(右视图)、LEFT(左视图)、TFR-ISO(正等轴侧视图)、TFR-TRI(轴侧视图)和各种用户定义视图。这些视图可添加到工程图中作基本视图,并可通过正交投影生成其他视图。在视图下拉列表框中选择相应的视图类型。

(3) 比例。设置投影视图的缩放比例因子。

(4) 预览。单击此按钮,将弹出“定向视图”对话框。通过对话框上方的功能按钮,可实现预览窗口中原图形的查看平面、水平方向、关联方位、重置和反向操作。

2. 视图相关编辑

视图相关编辑可以编辑视图中同一对象的显示,同时也不影响其他视图中同一对象的显示。在“制图编辑”工具栏中单击“视图相关编辑”按钮,将弹出“视图相关编辑”对话框,选择一个要编辑的视图后,将激活“视图相关编辑”对话框上部的按钮。该对话框上部为添加编辑选项、删除编辑选项和转换相关性选项,下部为设置视图对象的颜色、线型和线宽。应用该对话框,可以擦除视图中的几何对象和改变整个对象或部分对象的显示方式,也可以取消对视图中所做的相关性编辑操作。

课后练习题

1. 根据提供的零件图自行零件建模,并绘制工程图。

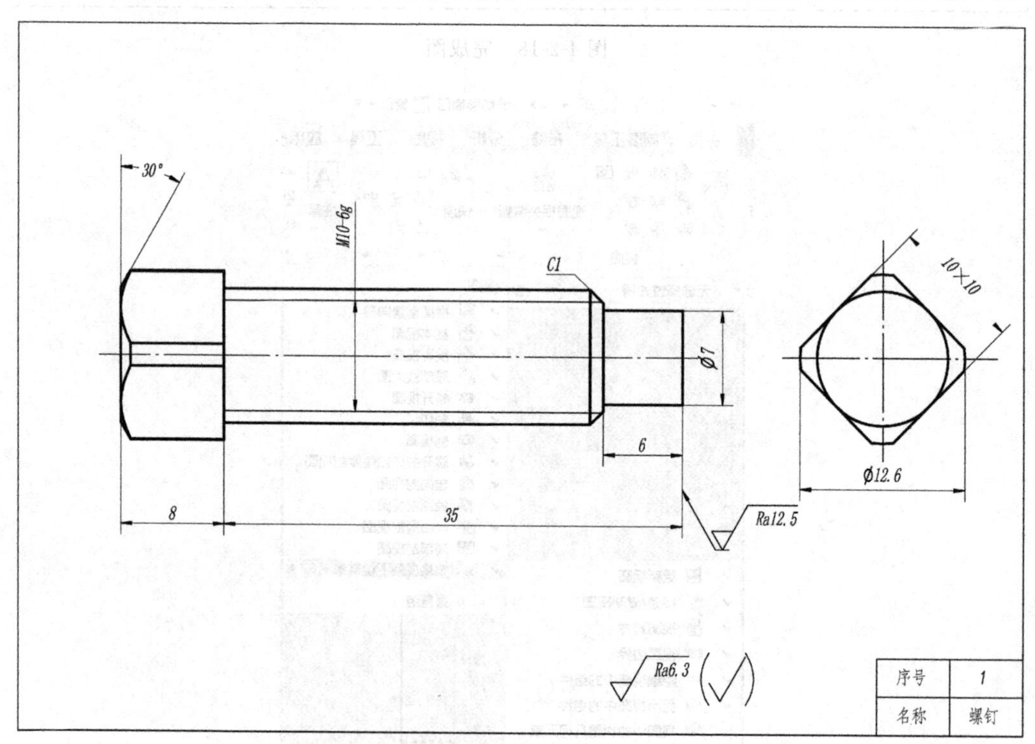

练习题 4-2-1

2. 根据提供的零件图(2 底座)自行零件建模,并绘制工程图。

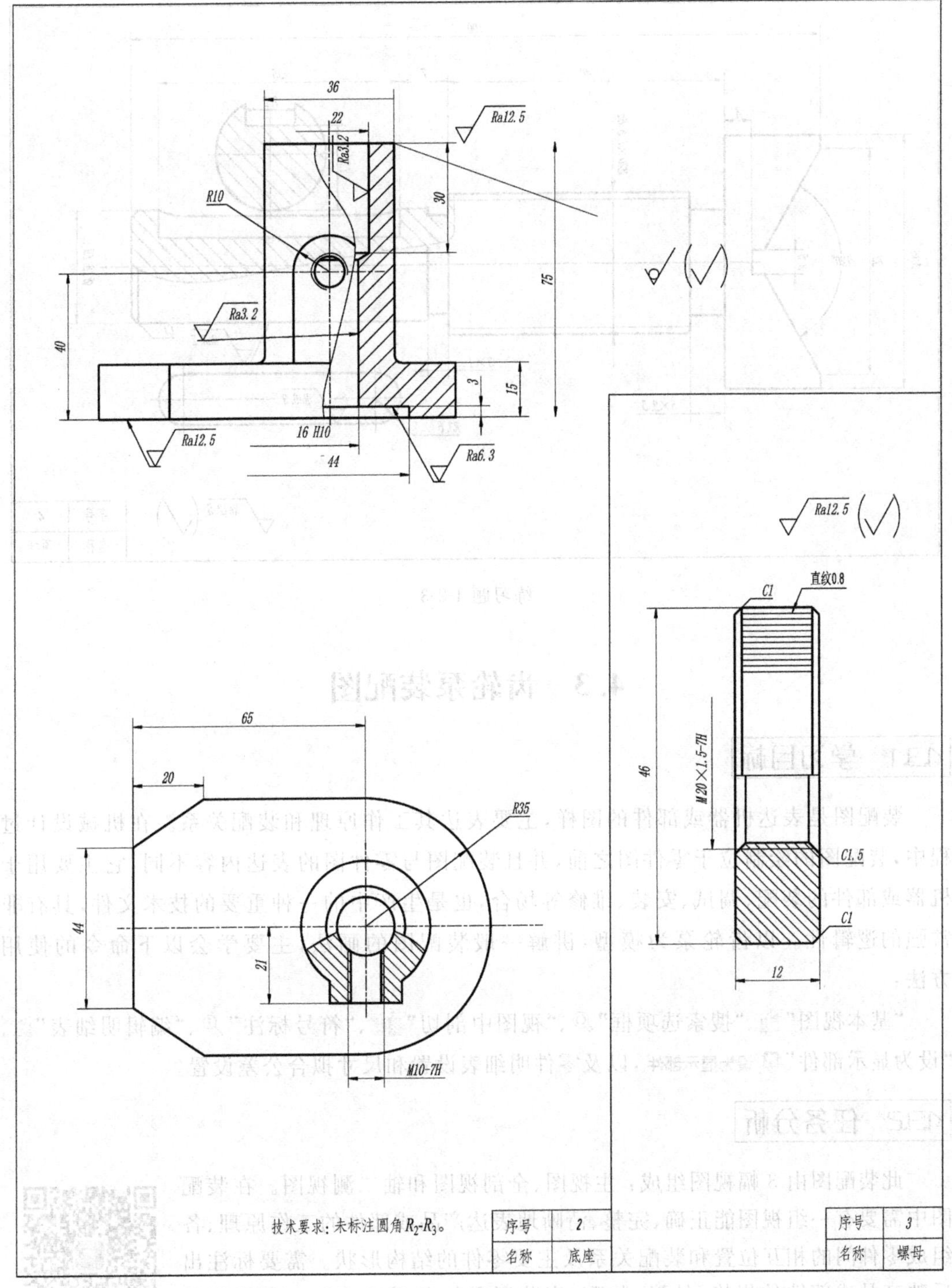

练习题 4-2-2

3. 根据提供的零件图自行零件建模，并绘制工程图。

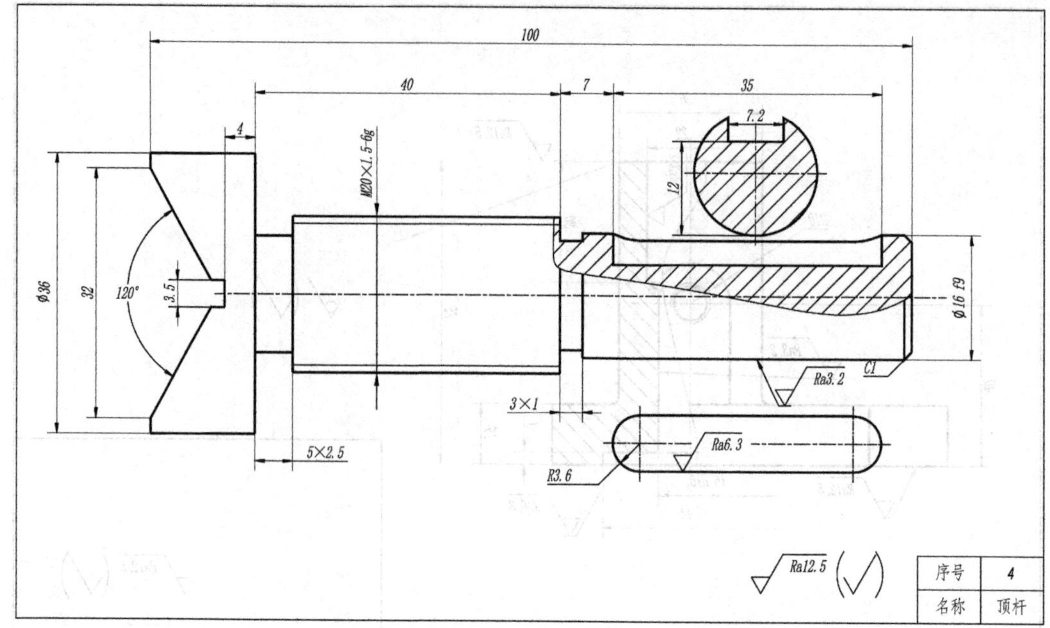

练习题 4-2-3

4.3 齿轮泵装配图

4.3.1 学习目标

装配图是表达机器或部件的图样，主要表达其工作原理和装配关系。在机械设计过程中，装配图的绘制位于零件图之前，并且装配图与零件图的表达内容不同，它主要用于机器或部件的装配、调试、安装、维修等场合，也是生产中的一种重要的技术文件，具有非常强的逻辑性。以齿轮泵为模型，讲解一般装配图的画法，主要学会以下命令的使用方法：

“基本视图”、“搜索选项框”、“视图中剖切”、“符号标注”、“编辑明细表”、“设为显示部件” 设为显示部件，以及零件明细表设置和尺寸拟合公差设置。

4.3.2 任务分析

此装配图由 3 幅视图组成：主视图、全剖视图和轴二测视图。在装配图中需要有一组视图能正确、完整、清晰地表达产品或部件的工作原理、各组成零件间的相互位置和装配关系及主要零件的结构形状。需要标注出反映产品或部件的规格、外形、装配、安装所需的必要尺寸和一些重要尺寸，按国家标准规定的格式绘制标题栏和明细栏，并按一定格式将零部件进行编号，填写标题栏和明细栏，如图 4-3-1 所示。

齿轮泵装配图

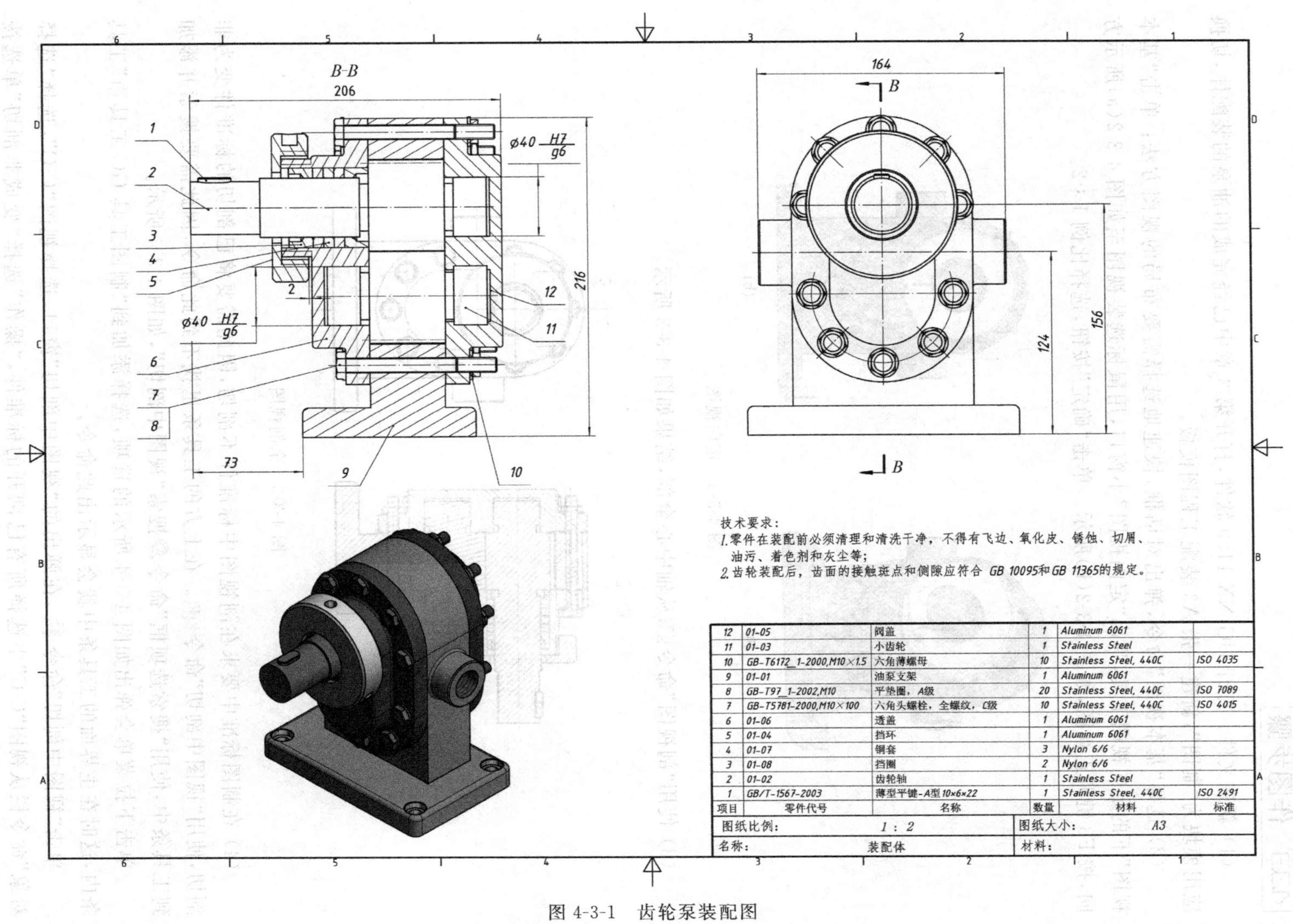
B-B
206
216
ϕ40 H7/g6
73
2
1
2
3
4
5
6
7
8
9
10
11
12
164
B
124
156
技术要求：
1.零件在装配前必须清理和清洗干净，不得有飞边、氧化皮、锈蚀、切屑、油污、着色剂和灰尘等；
2.齿轮装配后，齿面的接触斑点和侧隙应符合 GB 10095和GB 11365的规定。
12 01-05 阀盖 1 Aluminum 6061
11 01-03 小齿轮 1 Stainless Steel
10 GB-T6172_1-2000,M10×1.5 六角薄螺母 10 Stainless Steel, 440C ISO 4035
9 01-01 油泵支架 1 Aluminum 6061
8 GB-T97_1-2002,M10 平垫圈，A级 20 Stainless Steel, 440C ISO 7089
7 GB-T5781-2000,M10×100 六角头螺栓，全螺纹，C级 10 Stainless Steel, 440C ISO 4015
6 01-06 透盖 1 Aluminum 6061
5 01-04 挡环 1 Aluminum 6061
4 01-07 铜套 3 Nylon 6/6
3 01-08 挡圈 2 Nylon 6/6
2 01-02 齿轮轴 1 Stainless Steel
1 GB/T-1567-2003 薄型平键-A型 10×6×22 1 Stainless Steel, 440C ISO 2491
项目 零件代号 名称 数量 材料 标准
图纸比例： 1 : 2
图纸大小： A3
名称： 装配体
材料：

图 4-3-1　齿轮泵装配图

4.3.3 作图步骤

(1) 新建文件。打开 UG NX 11.0 软件,打开第 3 章中已经完成的油泵的装配体,切换应用模块为“制图”,新建一张 A3 装配工程图模板。

(2) 选择“基本视图”命令,弹出对话框,快速地选择需要布局的视图方法:单击“基本视图”下的定向视图工具,弹出“定向视图”小窗口,用鼠标选装视图至如图 4-3-2(a)所示方向,按 F8 键调正视图,如图 4-3-2(b)所示。单击“确定”按钮,选择比例 1∶2。

(a)

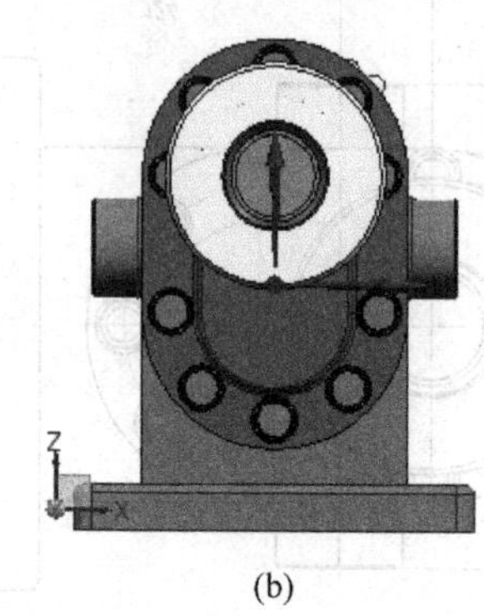

(b)

图 4-3-2　定向视图

(3) 使用“剖视图”命令从轴中心全剖,结果如图 4-3-3 所示。

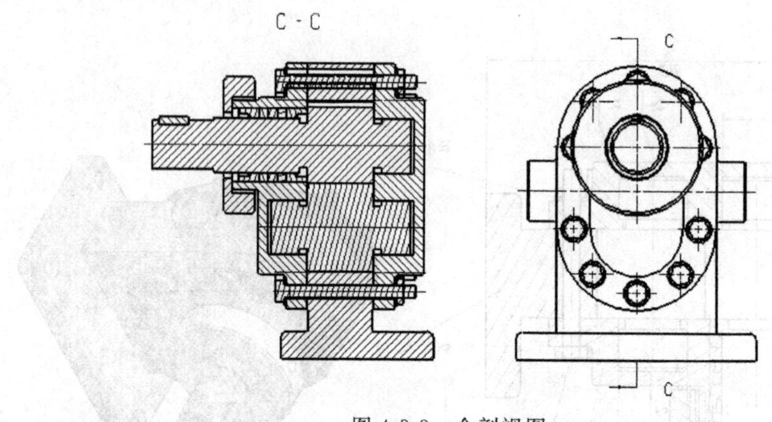

图 4-3-3　全剖视图

(4) 在制图标准中要求在剖视图中标准件不剖切,因此需要将已剖切的标准件变为非剖切,使用“视图中剖切”命令。在上方的工具条里找不到此命令,因此需要搜索并添加到工具条中,使用“搜索选项框”命令搜索“视图中剖切”,如图 4-3-4 所示。

单击下拉菜单会弹出如图 4-3-4 所示的选项,选择添加到“制图工具-GC 工具箱”工具条内,这时在主界面的工具条中就会显示出此命令。

单击“视图中剖切”命令,在弹出的“视图中剖切”窗口,选择视图“C-C”,选择“选择对象”命令栏从视图“C-C”中选择所有已剖开的标准件,“操作”选择“变成非剖切”单选按钮,如图 4-3-5 所示。

单击“确定”按钮,视图中标准件变为非剖。

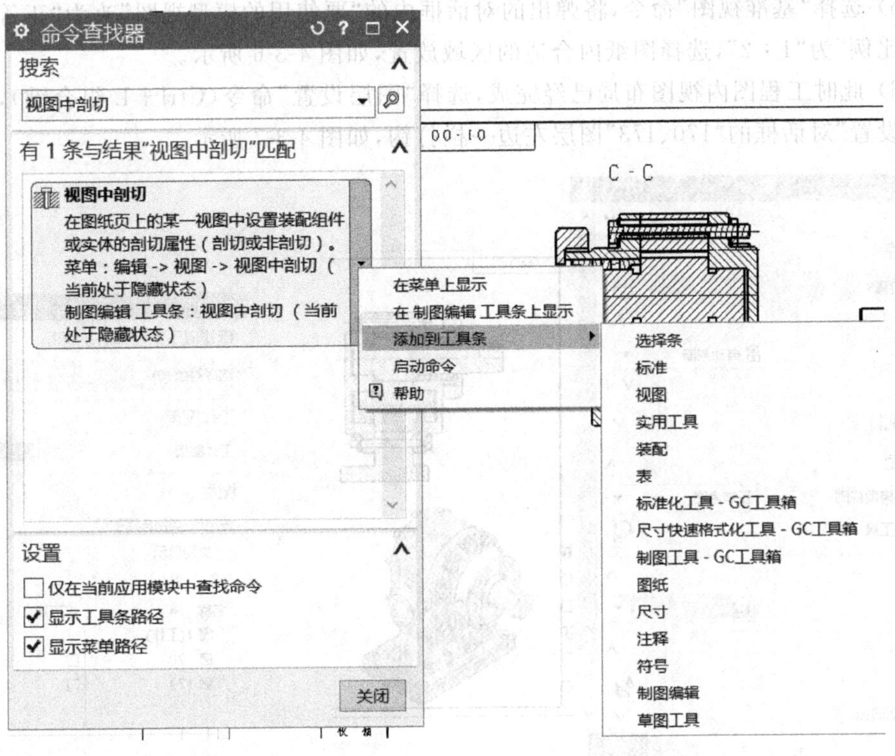

图 4-3-4　命令查找

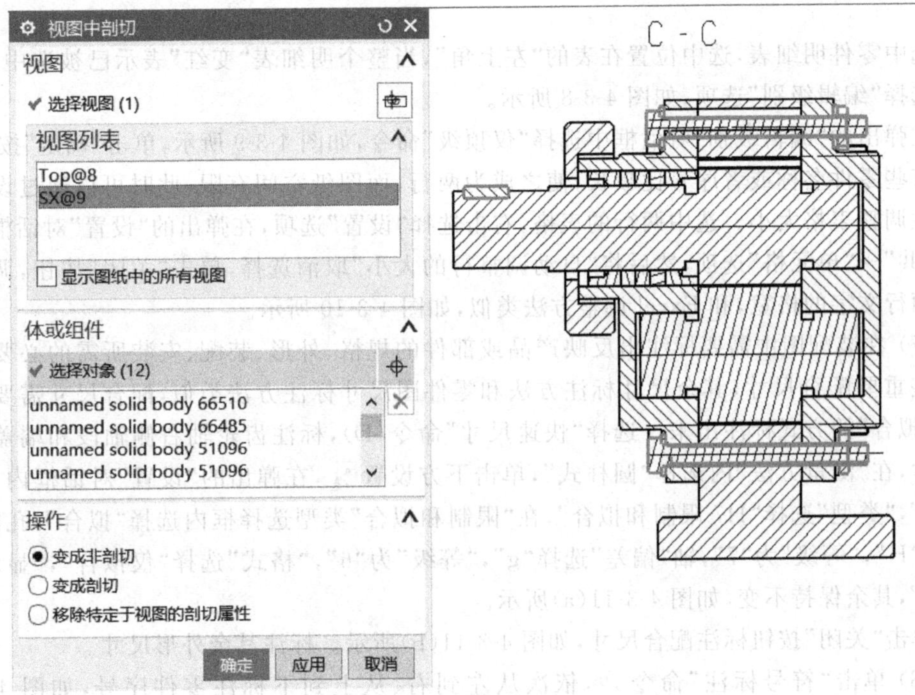

图 4-3-5　视图中非剖

(5) 选择“基准视图”命令,将弹出的对话框内的“要使用的模型视图”改为“正等测图”,选择“比例”为“1∶2”,选择图纸内合适的区域放置,如图 4-3-6 所示。

(6) 此时工程图内视图布局已经完成,选择“图层设置”命令(Ctrl+L 组合键),将弹出“图层设置”对话框的“170、173”图层左边一栏打钩,如图 4-3-7 所示。

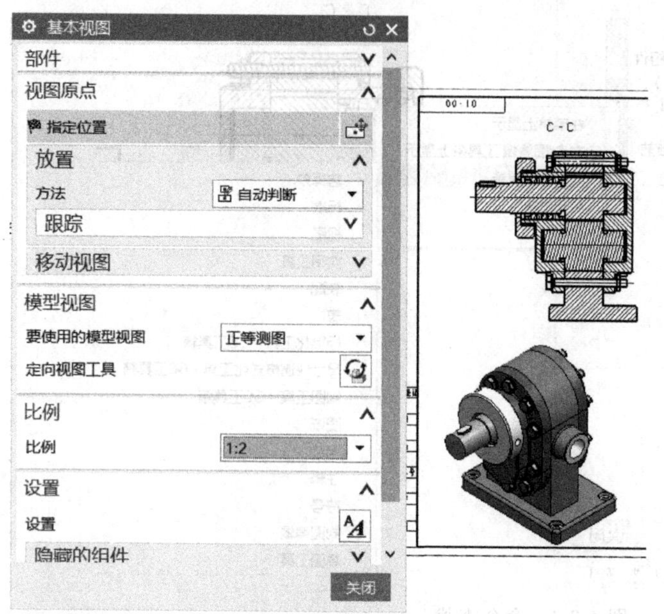

图 4-3-6　正等轴测图

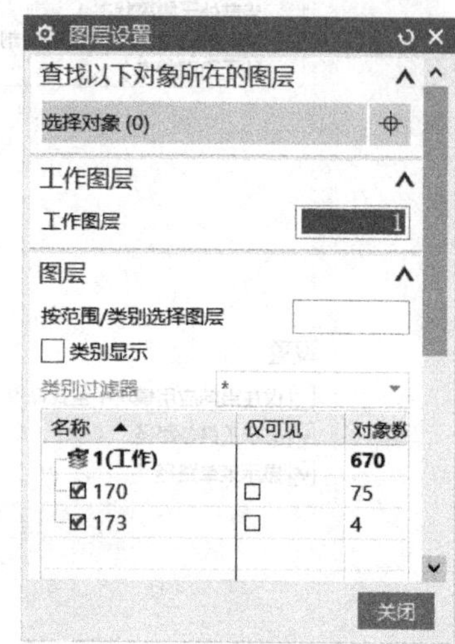

图 4-3-7　“图层设置”对话框

选中零件明细表,选中位置在表的“左上角”,当整个明细表“变红”表示已被选中,此时右击选择“编辑级别”选项,如图 4-3-8 所示。

在弹出的“编辑级别”对话框中选择“仅顶级”命令,如图 4-3-9 所示,单击“确定”按钮。

有些零件名称或者序号比较长,使之成为两行,而图纸空间有限,此时可以通过设置表格属性调整表格大小。选中两行的表格,右击选择“设置”选项,在弹出的“设置”对话框中选择“公共”→“单元格”选项,然后将“自动调整行的大小”取消选择,单击“关闭”按钮,调整明细表两行文字的格宽,和 Excel 调整方法类似,如图 4-3-10 所示。

(7) 在装配图中需要标注出反映产品或部件的规格、外形、装配、安装所需的必要尺寸和一些重要配合尺寸,其余尺寸标注方法和零件图尺寸标注方法类似,配合尺寸需要使用“公差拟合”的方式标注出来。选择“快速尺寸”命令(D),标注齿轮轴右侧轴段和端盖的配合尺寸,在“测量方法”内选择“圆柱式”,单击下方设置,在弹出的“设置”对话框内,选择“公差”,“类型”选择“H7 限制和拟合”,在“限制和拟合”类型选择框内选择“拟合”,孔的“偏差”为“H”,“等级”为“7”,轴“偏差”选择“g”,“等级”为“6”,“格式”选择“仅拟合”,“显示”为“双线”,其余保持不变,如图 4-3-11(a)所示。

单击“关闭”按钮标注配合尺寸,如图 4-3-11(b)所示。标注其余外形尺寸。

(8) 单击“符号标注”命令,依次从左到右、从上到下标注零件序号,如图 4-3-12 所示。

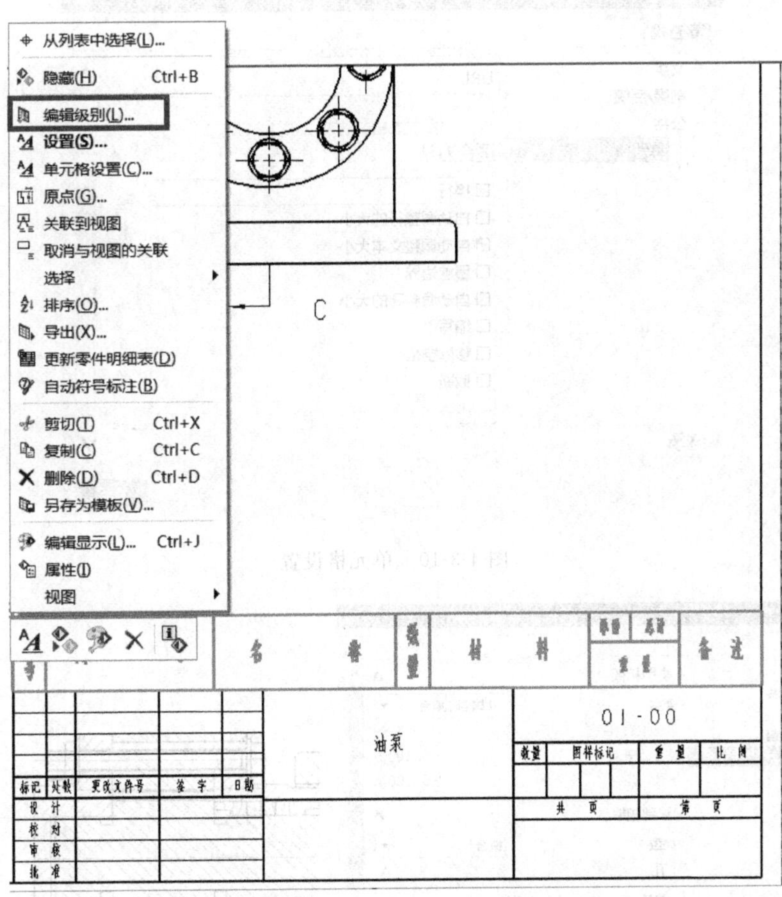

图 4-3-8 编辑级别(1)

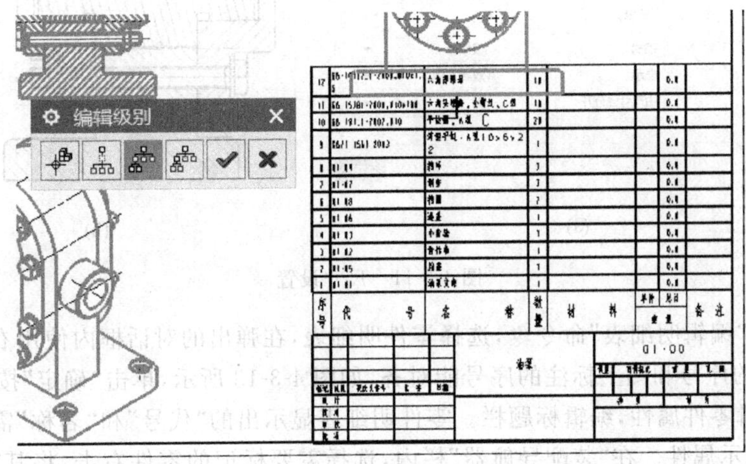

图 4-3-9 编辑级别(2)

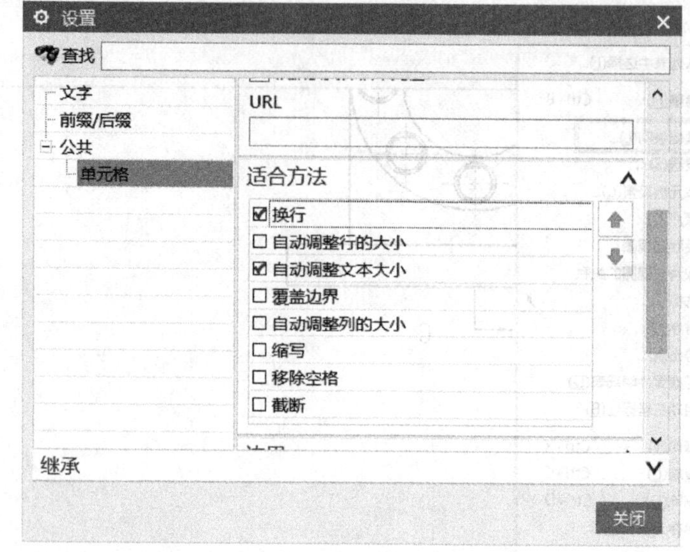

图 4-3-10　单元格设置

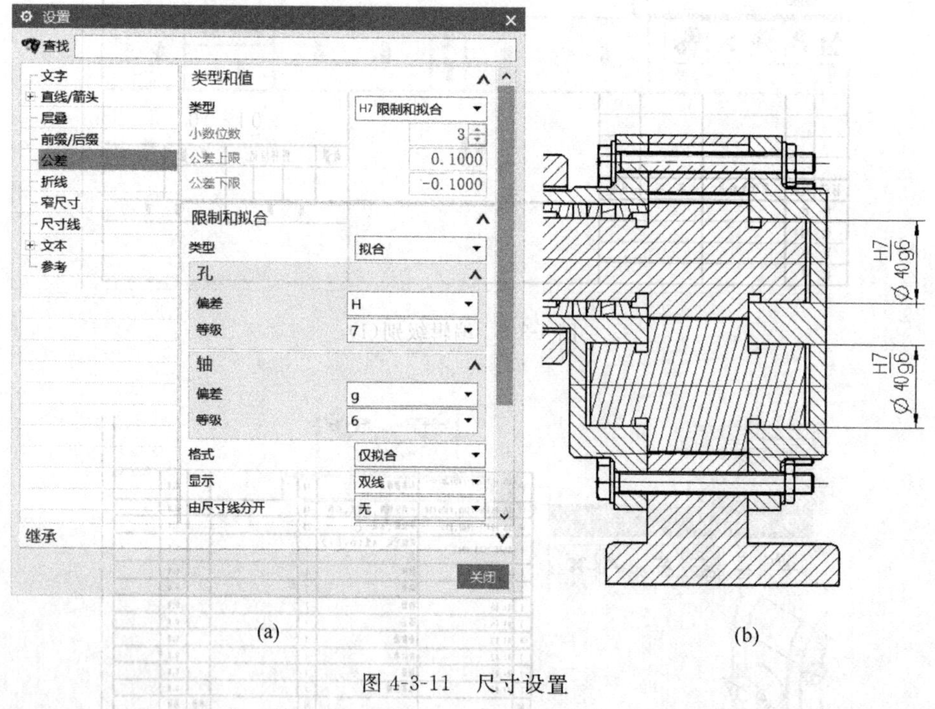

(a)　　　　(b)

图 4-3-11　尺寸设置

(9) 单击“编辑明细表”命令，选择零件明细表，在弹出的对话框内使用右侧工具进行修改，使表内的序号和图上标注的序号能对齐，如图 4-3-13 所示，单击“确定”按钮。

(10) 编辑零件属性，编辑标题栏。零件明细表显示出的“代号”和“名称”需要将每一个零件设置其显示属性。在“装配导航器”栏内，选择需要标记的零件右击，将其“设为显示部件”，如图 4-3-14 所示。

此时会单独打开该零件，对其设置属性即可。

(11) 保存文件。

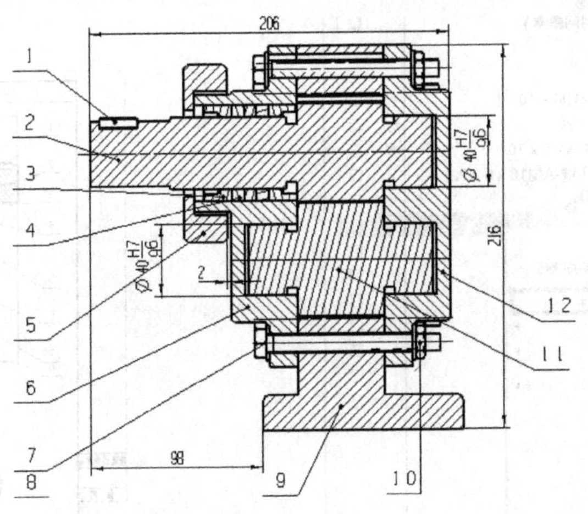

图 4-3-12 零件序号标注

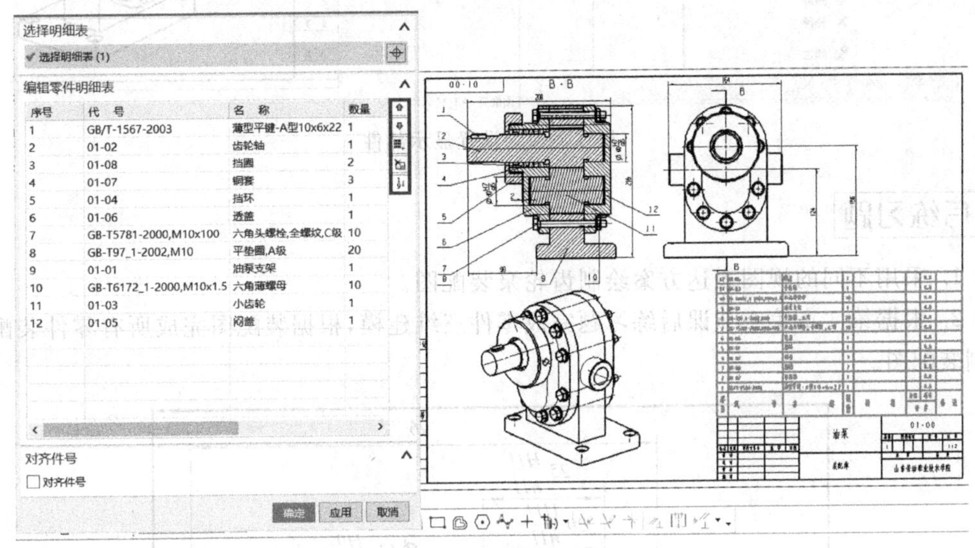

图 4-3-13 零件明细表排序

4.3.4 知识拓展

在标注完工程图尺寸后，需要在图纸中插入表格，以注明图纸相关信息等，如果是装配图，还需要插入零件明细标注，在零件明细标注输入零件的信息。

插入表格。在“表格注释”工具栏中选择“表格注释”命令，此时，光标上将显示一个表格框格，移动鼠标的位置，表格会随着移动，在合适的位置上单击，指定表格左上角的位置，将生成一个表格。UG NX 中表格的操作方法与 Excel 的操作方法相同。拖动表格四周的边缘，可以增加行和列的宽度。

双击表格单元格，可以在表格中输入文字。选中表格单元格，右击，可以在弹出的快捷菜单中选择选项来设置表格。

表格明细表可以创建用于装配的物料清单，在“表格与零件明细表”工具栏中单击“表格明细表”按钮，即可向图纸中插入明细表，表格明细表的编辑和表格的编辑相同，可以选择一行，然后在“表格与零件明细表”工具栏中单击“插入行”按钮，即可添加一行。

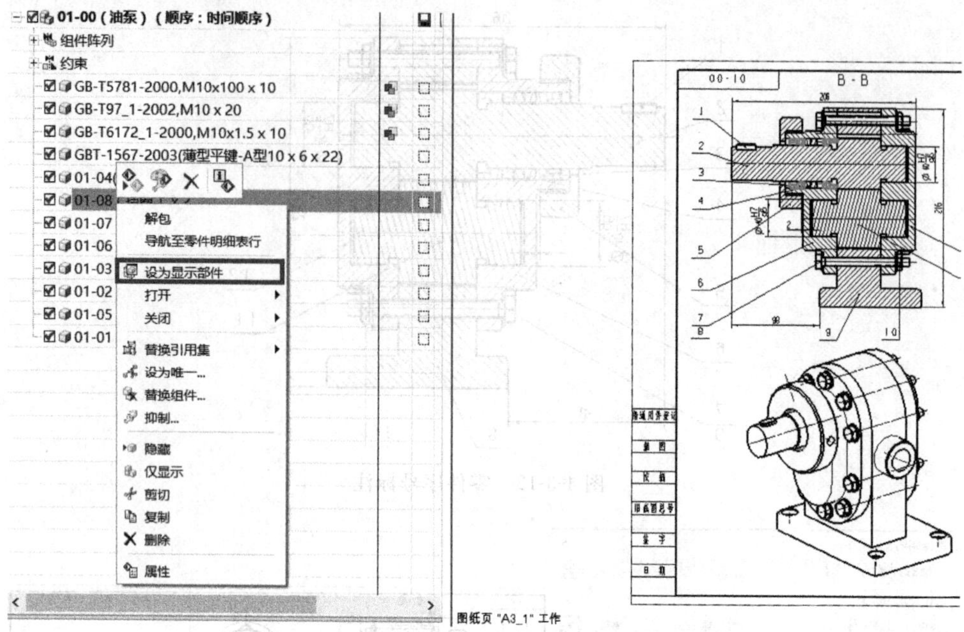

图 4-3-14　设置显示部件

课后练习题

1. 采用不同的视图表达方案绘制齿轮泵装配图。

2. 根据第 4 章第 1 节课后练习题完成零件三维建模，根据装配图完成所有零件装配并绘制装配图。

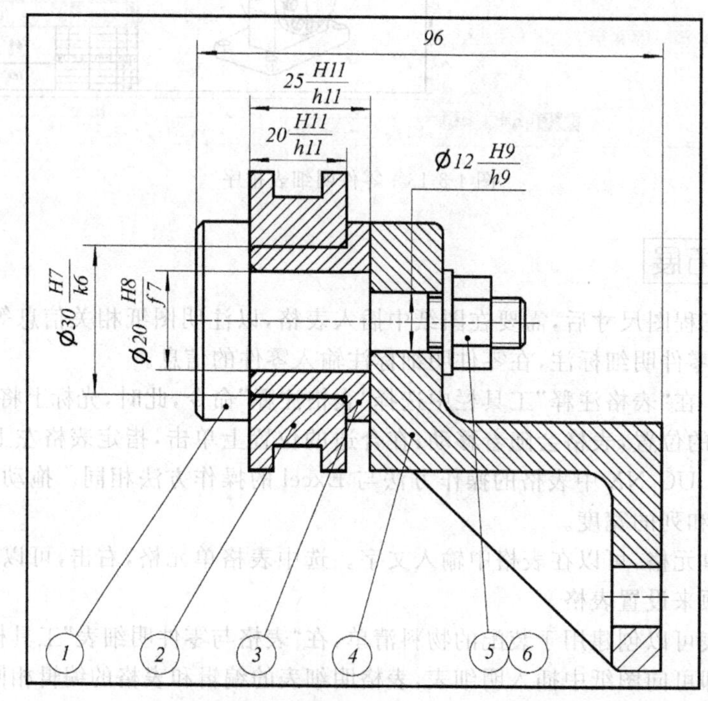

练习题 4-3-1

3. 根据第 4 章第 2 节课后练习题完成零件三维建模，根据装配图完成所有零件装配并绘制装配图。

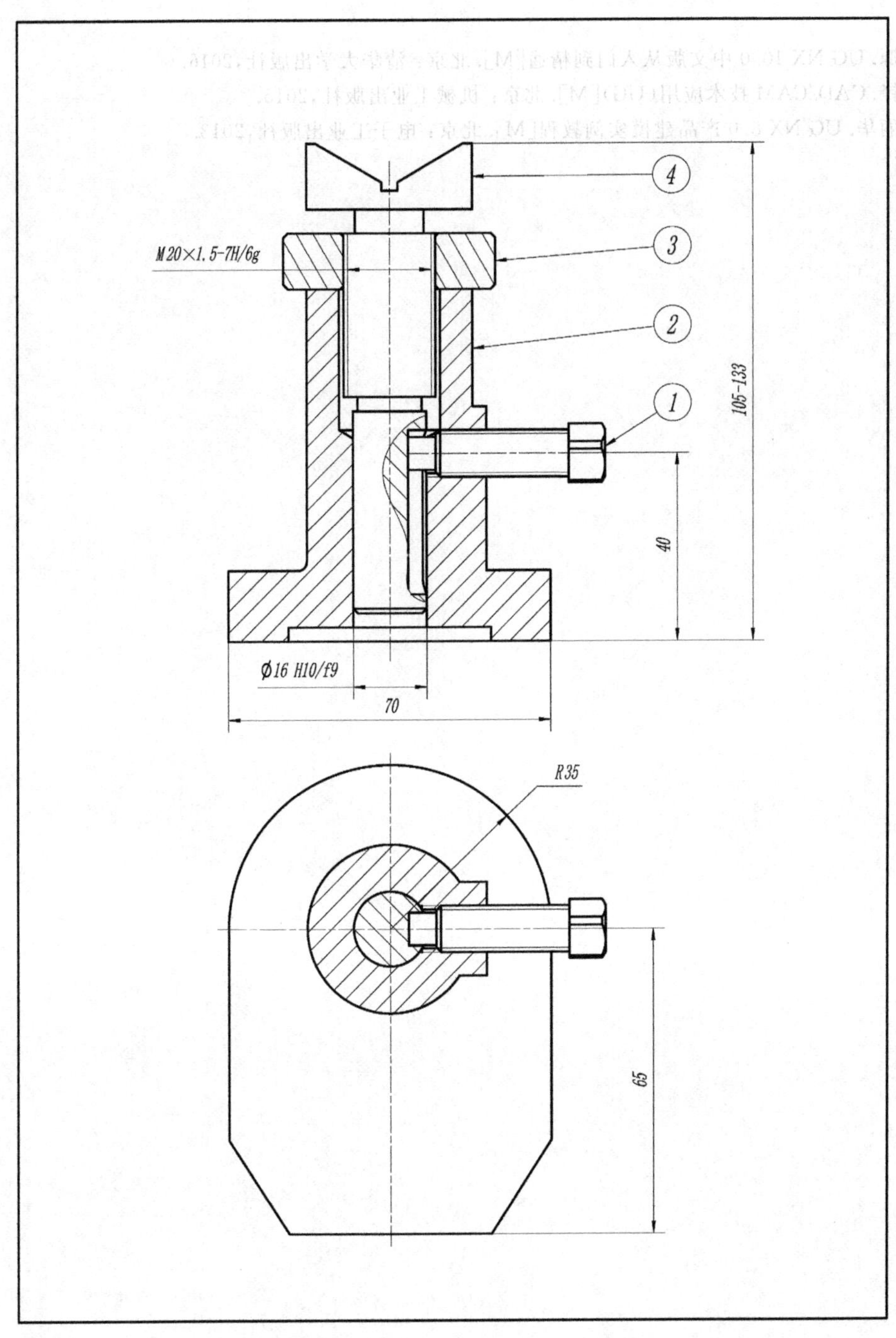

练习题 4-3-2

参 考 文 献

[1] 丁源. UG NX 10.0 中文版从入门到精通[M]. 北京：清华大学出版社，2016.
[2] 袁锋. CAD/CAM 技术应用(UG)[M]. 北京：机械工业出版社，2015.
[3] 陈丽华. UG NX 8.0 产品建模实例教程[M]. 北京：电子工业出版社，2013.

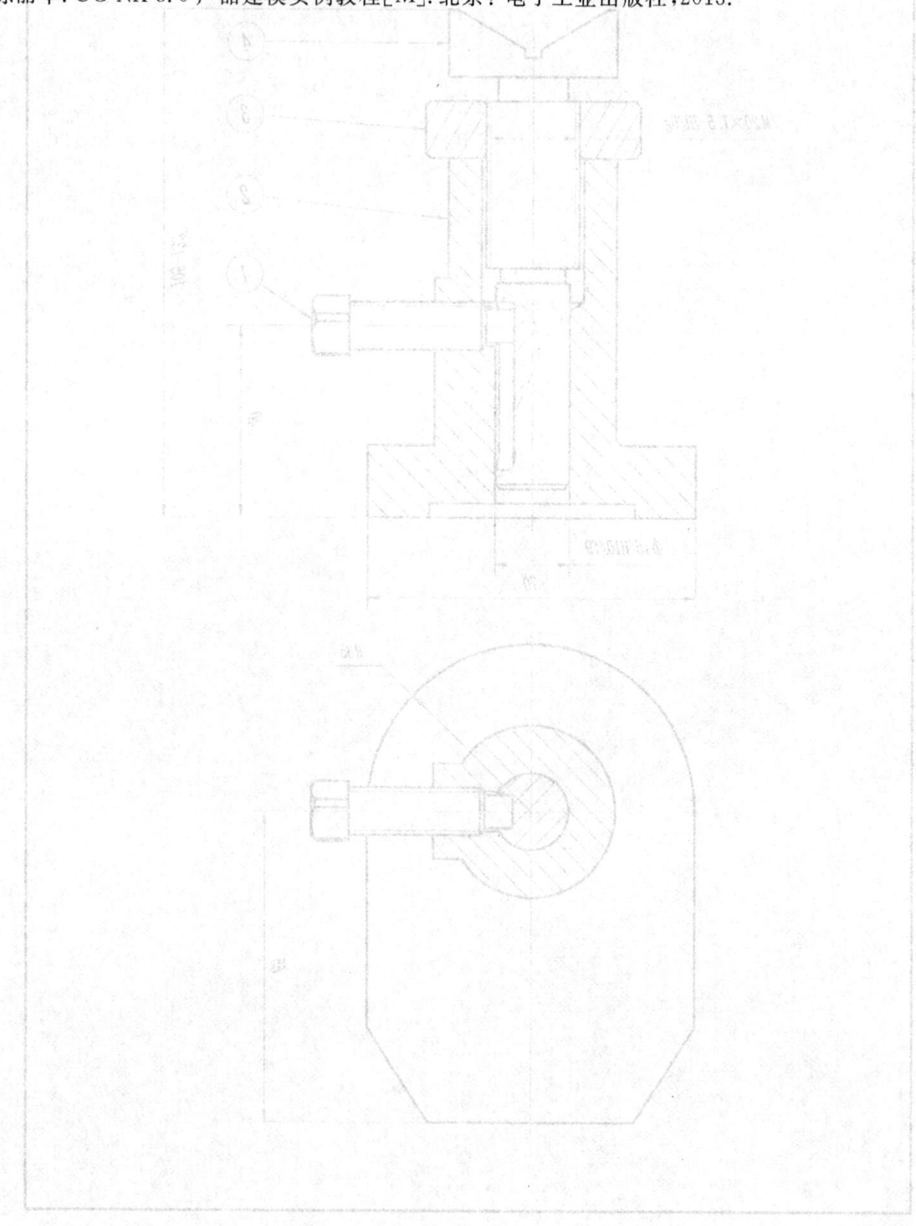